浙江水利水电学院70周年校庆献礼

浙水安澜 掬水留香

本书编委会 编

中国水利水电出版社
www.waterpub.com.cn
·北京·

图书在版编目（CIP）数据

浙水安澜　掬水留香 /《浙水安澜　掬水留香》编委会编. -- 北京：中国水利水电出版社，2023.9
ISBN 978-7-5226-1766-4

Ⅰ．①浙… Ⅱ．①浙… Ⅲ．①水利工程－浙江－文集 Ⅳ．①TV-53

中国国家版本馆CIP数据核字(2023)第164512号

书　　名	浙水安澜　掬水留香 ZHE SHUI ANLAN　JU SHUI LIUXIANG
作　　者	本书编委会　编
出版发行	中国水利水电出版社 （北京市海淀区玉渊潭南路1号D座　100038） 网址：www.waterpub.com.cn E-mail：sales@mwr.gov.cn 电话：(010) 68545888（营销中心）
经　　售	北京科水图书销售有限公司 电话：(010) 68545874、63202643 全国各地新华书店和相关出版物销售网点
排　　版	中国水利水电出版社微机排版中心
印　　刷	天津嘉恒印务有限公司
规　　格	184mm×260mm　16开本　20.5印张　499千字
版　　次	2023年9月第1版　2023年9月第1次印刷
印　　数	0001—1500册
定　　价	118.00元

凡购买我社图书，如有缺页、倒页、脱页的，本社营销中心负责调换

版权所有·侵权必究

本书编委会

主　编　陈雯兰

编　委　（按姓氏拼音排序）

蔡　彦　陈　苇　陈志根　房　利　郭温玉

胡勇军　蒋剑勇　金　城　李晨晖　李　霄

李续德　卢建宇　罗湘萍　邱志荣　沈先陈

童志洪　涂师平　汪天瑜　王　申　吴锋钢

徐智麟　杨丽婷　章　垠　周土香　邹赜韬

序

时序常易，华章日新；钱江潮涌，奔腾不息。水是生命之源，文明之源，民族发展之源。水文化是以水为载体创造的各种文化现象的综合，是民族文化中以水为轴心的文化集合体。人类社会发展的历史从某种意义上讲就是一部水文化史，中华文明的演进历程孕育了博大精深的中华水文化。

传承和发展水文化，对于实现人与水和谐相处、推进水利事业可持续发展具有重要的现实意义和战略意义。在新时代，如何从文化的意义上审视水利事业的目标和行动、政策和策略，深入探讨水的文化功能，加强治水过程中的水文化建设，是水文化研究面临的新课题。

作为浙江省唯一的水利水电特色工科类高校，浙江水利水电学院以水为名、因水而兴。学校坚持以习近平总书记"贺信精神"为根本遵循，自觉将蕴含在"节水优先、空间均衡、系统治理、两手发力"治水思路中的世界观和方法论运用于办学治校的实践，积极开展水文化研究、宣传、教育，以水育人、以文化人，推动学校事业高质量有特色发展。今年10月，浙江水利水电学院将迎来建校70周年。为此，《浙江水利水电学院学报》编辑部经过精心整理，推出了水文化论文集《浙水安澜 掬水留香》。

该书收录了学报水文化栏目开设十年来的水文化研究优秀作品，集中展示了水文化工作者的理论研究成果。它们既有对水流域历史文化的探幽发微，也有对当代水文化现象的深度解析；既有对水利工程文化遗址的深入发掘，也有对当今文化产业的概略评价；既有对历史人物的循迹溯源，也有对水文化的认知变迁分析；既有对中华传统水文化的精神解读，也有对水文化传播的机制探究；既有对生态文明理念的科学研究，也有对水资源保护开发的出谋划策……凡此种种，均表明水文化研究是一项庞大而复杂的系统工程。我们相信，论文集的出版将吸引更多的人关注和参与水文化研究，促进水文化的传承发展，进一步凝聚立德树人、治水兴水的强大合力。

值此论文集出版之际，我谨代表浙江水利水电学院，向广大水文化工作者、研究者表示崇高的敬意！愿我们携起手来，在习近平新时代中国特色社会主义思想指引下，不断开辟水文化研究的新领域新形态，挖掘水文化的时代价值，丰富水文化的时代内涵，为新时代中国特色社会主义文化建设、生态文明建设和水利事业高质量发展作出新的贡献！

浙江水利水电学院党委书记
钱天国
2023 年 8 月

前 言

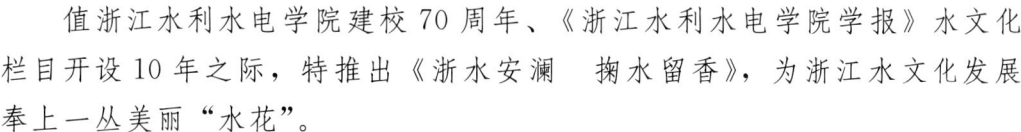

值浙江水利水电学院建校 70 周年、《浙江水利水电学院学报》水文化栏目开设 10 年之际,特推出《浙水安澜 掬水留香》,为浙江水文化发展奉上一丛美丽"水花"。

浙江因水而兴,其水文化历史浩浩荡荡,浪花朵朵,波澜壮阔。

在这片大地上,盘踞着钱塘江、瓯江、椒江、甬江、苕溪、运河、飞云江、鳌江八支水系;静卧着东钱湖、西湖、鉴湖、南湖四大湖泊;密布着杭嘉湖、姚慈、绍虞、温瑞、台州五大平原河网。这方美丽的江南水乡,水形多姿,仪态万方:有江河湖海,有溪涧泉潭,有汀浦港湾,有浜泾荡漾,更有数不清的水井、水塘、水库、水滩……水系布局自然灵动而顾盼生辉,疏密有致而动静相宜,生动大气而精致变幻,组合成美妙的自然交响曲。

浙江水文化历史悠久,源远流长。数千年治水、用水、亲水、乐水的实践活动,为这一地区遗留了数目众多、种类丰富的宝贵水文化遗产。考古发现,杭州市萧山区跨湖桥文化遗址出土的距今有 7600~7700 年的独木舟为世界上最早的舟船;宁波余姚河姆渡文化遗址出土的距今约 6000 年前的木构方井为我国最早的水井;杭州余杭良渚文化遗址 5000 年前的良渚古城外围水利系统,是迄今所知我国最早的大型水利工程,也是世界最早的拦洪水坝系统。

数千年来浙江境内建设了大量的水利工程。早在 4000 多年的大禹治水时代,就疏九河,建农田沟洫;春秋末期,越王勾践兴建了富中大塘、吴塘、山阴古道等水利工程;东汉卢文台在金华白沙溪上筑三十六堰,会稽太守马臻主持筑堤而成鉴湖;西晋贺循凿山阴运河,南北朝时期兴修了处州通济堰；唐代修建了御咸蓄淡的水利工程明州它山堰；西湖自唐宋修整白堤、苏堤以来，形成了闻名于世的"西湖文化"；五代吴越王钱镠用竹笼块石之法筑起杭州捍海塘，历代浙东海塘工程成为浙江水利奇观。

浙江拥有许多在国际国内占有独特地位的水文化遗产明珠。杭州西湖文化景观2011年列入《世界遗产名录》，成为浙江省水文化遗产的品质代表；世界文化遗产中国大运河含浙江段河道300余千米。另外，与世界文化遗产地位相同的"世界灌溉工程遗产"自2014年开始每年评选，至2022年，我国共有30个项目入选《世界灌溉工程遗产名录》，而浙江就占7处：丽水通济堰、诸暨桔槔井灌、宁波它山堰、湖州太湖溇港、龙游姜席堰、金华白沙溪三十六堰、松阳松古灌区。

中华人民共和国成立后，浙江水利工程和水文化建设水花朵朵开：新安江水电站、乌溪江引水、千里标准海塘、曹娥江大闸、浙东引水工程……无不传承着浙江人民的治水智慧和文化。曹娥江大闸枢纽工程、杭州三堡排涝工程以"水工程为体，水文化为魂"，水工建筑先后入选水利部水工程与水文化有机融合典型案例；中国水利博物馆、浙江水利水电学院水文化研究教育中心、湖州太湖溇港文化展示馆、长兴县河长制展示馆入选国家级水情教育基地。

浙江之水不但形态美丽，遗产丰富，而且故事动人。

传说"三过家门而不入"的治水英雄大禹治水成功后，在今天的绍兴会稽山召集各地诸侯举办庆功大会，论功计赏。后来，大禹逝世后，又葬在会稽山，留下了供后人敬仰的大禹陵。传说西施在古越国浦阳江边浣纱，水中的鱼儿看到她的容貌，都惊艳得忘记游动而沉入江底，有沉鱼之说的西施，是江南水乡美女的写照。东汉董黯，母患瘤疾，因住地濒临姚江，遭咸潮入侵，其水味苦涩，不适宜饮用，董黯竟然每次来回二十余里到余姚大隐溪上游的永昌潭去担水奉母，在途中绝不转换肩胛，为的是把肩前无灰尘的净水供母饮用。董孝子的传说，产生了慈溪、慈湖等地名，南宋大儒杨简说："溪以董君慈孝而得名，县又以是名，则是湖宜亦以慈名。"

浙江与水有关的动人故事，还有东汉曹娥投江寻父，人们把舜江改名为"曹娥江"；五代吴越王钱镠万箭射潮修筑海堤的传说；《白蛇传》白娘子在西湖的断桥上雨中借伞会许仙的传说；乾隆皇帝六下江南，因为非常喜爱杭州西湖美景，他在颐和园以杭州西湖为范本建清漪园，实景仿制了一座西湖……一个个传说，一段段故事，让人睹水思情，浮想联翩；让人乡愁绵绵，回忆永远。正如唐代诗人白居易《忆江南》描写的动人词句："江南好，风景旧曾谙。日出江花红胜火，春来江水绿如蓝。能不忆江南？"

浙江先民在治水用水的过程中形成了独具特色的非物质水文化遗产：钱塘江每年八月十八日的天下奇观"钱塘江潮"；绍兴市的大禹祭典；海宁市先民在车水集体劳动中产生的劳动型民歌——"车水号子"；临安区先民为感谢钱王"兴修水利、重视农桑、保境安民、富裕百姓"的恩德，创制的"临安水龙舞"；嘉兴市先民为祭蚕神而举行的"踏白船"水上竞技；温州各地端午时节举行的"划龙船"或"划斗龙"民俗活动；久居新安江上的"九姓渔民"——陈、钱、林、袁、孙、叶、许、李、何，所形成的具有特色的"水上婚礼"婚嫁风俗……举不胜举。此外，水利记忆遗产，如海塘志、河闸志、堰志、湖经等也为数众多；以水为载体的水制度文化、水精神文化产品丰富多样。

根植在丰厚水文化地域的《浙江水利水电学院学报》，为了搭建浙江水文化研究专业平台，自2013年开始，创设水文化栏目。十年磨一剑，水文化栏目汇聚了一批知名专家和研究队伍，刊发了一批富有浙江地域特色的研究论文，栏目成为全国水文化园地的一丛鲜艳夺目之花，成为全国高校水文化研究的一个品牌，硕果累累，为研究、保护、利用、宣传浙江水文化发挥了重要作用。

我们这次从水文化栏目十年刊发的论文中，选编40篇，献礼浙江水利水电学院70周年校庆。这些论文都是基于浙江省内地域范围，与水利工程相关，并且兼顾了浙江水利水电学院校内作者。本书研究内容主要分为三个方面：物质水文化研究、非物质水文化研究、水文化产业策略研究。本着理论与实践相结合的原则，体现编辑和作者水利情怀，绸缪帷幄修水利，智者乐水虑水事，不尽思绪为水谋。

《浙江水利水电学院学报》水文化栏目走过十年，这既是一个里程碑节点，又是一个崭新的起点！水文化栏目将重新扬帆起航，伴随浙江水利高质量发展，催开一朵朵绚丽的水文化之花！

浙江水利水电学院

陈雯兰

2023年5月

目 录

序

前言

第一篇　绸缪帷幄修水利

良渚文化遗址水利工程的考证与研究 …………………… 邱志荣　张卫东　茹静文（3）

清代浙江抚台督办的百沥海塘大修工程佚事探究

　——以光绪年间浙东海塘工程"羊山勒石"为例 ………………………… 童志洪（16）

绍兴古纤道沿革及建筑考 ……………………………………………………… 童志洪（26）

绍兴城市水系治理变迁与成效 ………………………………………………… 徐智麟（35）

绍兴山阴后海塘的历史沿革考略 ……………………………………………… 童志洪（45）

从良渚大坝谈中国古代堰坝的发展 …………………………………………… 涂师平（53）

清代杭州府海防同知与钱塘江海塘 …………………………………………… 杨丽婷（59）

宁波倪家堰与压赛堰位置及变迁考 …………………………………………… 吴锋钢（67）

姜席堰灌溉工程遗产技术特征及价值分析 …………………… 周土香　姚剑锋（73）

明清时期松古灌区水权管理机制考论 ………………………… 李晨晖　高　灵（79）

绍兴运河古桥修筑探源

　——以龙华桥、广宁桥为例 ………………………………………………… 蔡　彦（89）

浙江宋元明清时期水步、步堰与浮桥考论 …………………………………… 邹赜韬（99）

绍兴三江闸历史考证 …………………………………………………………… 蔡　彦（107）

浙东运河古越灵汜桥寻考 ……………………………………………………… 邱志荣（117）

兰亭遗址新考 …………………………………………………………………… 邱志荣（130）

第二篇　智者乐水虑水事

中国风水信仰中水文化的认知变迁及应用 ·· 陈　苇（141）

论海侵对浙东江河文明发展的影响 ·· 邱志荣（146）

清代两浙海塘沙水奏报及其作用
　　——兼与王大学教授商榷 ··· 王　申（154）

钱塘江流域文化治理路径与建议
　　——以杭州市江干区为例 ·· 章　垠（162）

清代钱塘江塘工沙水奏折档案及其价值 ··· 王　申（170）

河势、技术与塘工决策
　　——清乾隆朝钱塘江杭海段海塘柴改石案考论 ······································· 王　申（176）

清代钱塘江潮神崇拜研究
　　——兼论政府对民间信仰的引导作用 ·· 杨丽婷（184）

西湖历史名人分类及其代表人物举要 ·· 陈志根（192）

"浙东唐诗之路"的文化坐标及传承价值 ······································· 徐智麟　虞　挺（199）

我国古代镇水神物的分类和文化解读 ·· 涂师平（203）

天台山僧赞宁建六和塔治理钱塘江潮考 ··· 卢建宇（212）

宋代两浙路海溢灾害及政府的应对措施 ·· 金　城（219）

第三篇　不尽思绪为水谋

浙江水文化传播机制研究 ………………………………… 李　霄　闫　彦（229）

大运河水利历史营建智慧及人居环境建设的启示
——以杭州上塘河为例 …………… 汪天瑜　赵　赞　吴晓华　吴京婷　陈　琳（234）

中华传统水文化的基本精神及教育意义 …………………………… 沈先陈（243）

西湖旅游历史高峰期的分析与比较 ………………………………… 陈志根（249）

曹娥江名的孝文化经济解释 ………………………………… 蒋剑勇　闫　彦（255）

水文化传播教育新媒体平台的构建 ………………………… 罗湘萍　王伟英（259）

杭州西湖与湘湖的多维比较研究 …………………………………… 陈志根（264）

杭州三江汇的形成及其发展优势研究 ……………………………… 陈志根（270）

绍兴大禹文化的成因分析与启示 …………………………… 邱志荣　茹静文（277）

论萧绍古海塘研究与保护 ………………………………… 李续德　李大庆（287）

近世以来余杭北湖的治理及变迁研究 ……………………… 胡勇军　陆文龙（294）

清末浙江客民的迁入及对当地水利的影响 ………………………… 郭温玉（299）

生态文明理念下的宁绍平原水文化遗产资源保护与
　开发 ……………………………………………………… 房　利　苏阿兰（304）

后记 ……………………………………………………………………（312）

第一篇 绸缪帷幄修水利

天造地设妙机抒,人工巧手下神功。
引泉挖井挽归舟,凿山架桥筑堤防。
南北通驳运河浩,东西纵贯汉江流。
绸缪帷幄修水利,流芳千古浩瀚情。

良渚文化遗址水利工程的考证与研究

邱志荣[1]，张卫东[2]，茹静文[1]

(1. 绍兴市水利局，浙江绍兴　312000；2. 中国水利报社，北京　100038)

> **摘　要**：良渚文化遗址的探寻始于20世纪30年代，是目前发现的现存我国上古时期时间最早、规模最大、技术含量最高的水利围垦灌溉工程遗址之一。文物部门确认良渚古坝为水利工程，是对中国古代水利史研究的重大贡献。经实地考证和阅读有关文献资料，运用考古、地质、测绘的成果，从钱塘江两岸上古水利史发展的角度，结合历史地理、气象、农业、人类等学科对良渚遗址塘坝工程的规模、功能、性质等进行较全面系统的分析和研究，发现遗址中的山地（上坝）—山麓（下坝）—平原（城墙与城河等）水利工程的建设与发展遵循了自然演变和人类适应与改造自然的规律，坝充分显示了良渚古代文明的发达程度，也说明水利工程在社会文明发展中占有重要地位。
>
> **关键词**：良渚；水利工程；古坝遗址；水利史研究

良渚文化遗址（距今5300～4200年前），位于钱塘江北岸杭州市余杭区良渚、瓶窑两镇（街道）地域内，总面积占42km^2。文物部门确认良渚古坝为水利工程，建筑年代距今约5000年，是对中国古代水利史研究的重大贡献，也为开展多学科的进一步研究奠定了基础。

1　良渚文化遗址所处的时代地理环境

对钱塘江两岸历史地理变迁的研究从史前开端，这就是地理学科按时代分类的"古地理学"。从第四纪晚更新世起着手研究，有着特别重要的意义。因为从第四纪更新世末期以来，自然界经历了星轮虫、假轮虫和卷转虫3次地理环境沧海桑田的剧烈变迁。[1]

（1）第1次变迁。星轮虫海侵发生于距今10万年以前，海退则在7万年以前，这次海侵就全球来说，留存下来的地貌标志已经很少了。

（2）第2次变迁。假轮虫海侵发生于距今4万多年以前，海退则始于距今约2.5万年以前。到了2.3万年前，东海岸后退到−136m的位置上，不仅今舟山群岛全处内陆，钱塘江河口也在今河口300km之外。

（3）第3次变迁。卷转虫海侵在距今1.2万年前后，海岸到达现水深−110m的位置上。距今1.1万年前后，上升到−60m的位置。在距今8000年前，海面上升到−5m的位置，舟山丘陵早已和大陆分离成为群岛。而到距今7000～6000年前时，这次海侵到达最高峰，东海海域内侵到了今杭嘉湖平原西部和宁绍平原南部，这里成为一片浅海。20

世纪70年代,在宁绍平原的宁波、余姚、绍兴,杭嘉湖平原的嘉兴、嘉善一带城区开挖人防工程时,发现在地表以下10～12m之间,普遍存在着一层海洋牡蛎贝类化石层,这就是海侵最好的例证。[2]

海侵在距今6000年前到达高峰以后,海面稳定一个时期,随后发生海退。在这期间海进、海退或又几度发生。这一时期各河口与港湾的基本特征是:"由于海面略有下降或趋向稳定,陆源泥沙供应相对丰富,河水沙洲开始发育并次第出露成陆,溺谷、海湾和潟湖被充填,河床向自由河曲转化,局部地段海岸线推进较快,其轮廓趋平直化,但大部分缺乏泥沙来源的基岩海岸仍然保持着海侵海岸的特点,并无明显的变化。"[3]《钱塘江志》认为,钱塘江河口"距今五六千年以来,海面变化不大,河口两岸平原地貌和岸线的变化,主要是江流、潮浪对泥沙冲蚀淤积的结果"。[4]

钱塘江两岸诸多地貌是相似的。据20世纪80年代初绍兴环保等部门地质调查,在绍兴萧甬铁路以南至会稽山麓之间原鉴湖湖区的广阔平原中,蕴藏着广泛的泥煤层,分布范围81km²,在湖周长45km²范围内泥煤层长度占78%。泥煤分上下两层,上层泥煤埋藏在1.5～3.0m地表浅层,层厚10～30cm,层位稳定,连续性好。下层埋藏在4～6m深处,层厚5～20cm,相对上层泥煤而言,层位不稳定,分布范围小。泥煤勘探地质横剖面示意图如图1和图2所示。

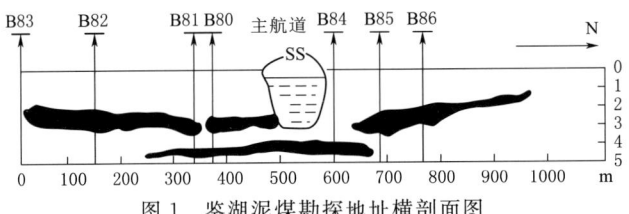

图1 鉴湖泥煤勘探地址横剖面图

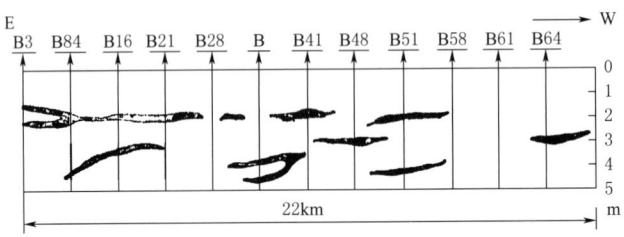

图2 鉴湖南岸泥煤勘察地址纵剖面图示

这些泥煤层分别形成于距今7000年海侵以来的"海湾—湖沼—平原"的演变过程中,当时生长在沼泽地的薹草、芦苇、咸草子和细柳大量繁殖,乃至死亡未及氧化和细菌分解就被淤泥所掩盖,成为泥煤。海进、海退或湖沼消失,泥煤被埋藏于灰黄黏土之下,由于形成年代的不同,有上、下两层。这与冯应俊《东海四万年来海平面变化与最低海平面》所持的"当时滨海平原地区地势比现今低,在海进过程中几乎均被海水淹没,今日长江三角洲、杭嘉湖平原及浙江滨海小平原,均是6000年以来海平面相对稳定后,沉积海退的结果"观点是一致的。[5]

有考古学者认为在距今7000年前时的海侵达到全盛期,"良渚一带沦为浅海,出露于海面的主要是大遮山群岛、大雄山群岛和若干孤岛"。[6]

在距今大约5000年前，良渚地区的地貌景观是："北翼有火山喷出岩构成的大遮山丘陵，绵亘于今德清与余杭之间，主峰大遮山，海拔483m。丘陵西与莫干山南翼诸丘陵相连。从梯子山、中和山等东迤，在主峰以东又有百亩山、上和山诸峰，从今余杭南山林场直抵西塘河西缘。丘陵中的不少峰峦如中和山、王家山、青龙冈、东明山等，均超过海拔300m，200m以上的峰峦则连绵不断。大遮山丘陵以南，分布着一片山体和高度都较小的大雄山丘陵，也是一片火山岩丘陵。主峰大雄山，海拔178m；此外还有朱家山、大观山、崇福山等。在这两列丘陵间的沼泽平原上，则分布着许多孤丘，最高的如马山超过300m，獐山超过200m。超过100m的就更多，这类孤丘，在海进时期原来就是孤岛。山体较大的孤丘，海进时期也可能有良渚人居住。还有更多在100m以下的……海退以后则星罗棋布地崛起于沼泽平原之间，构成了这片沼泽平原的特殊地貌景观，而且在沼泽平原的开拓中发挥了重要的作用。"[7]

在距今5000年前的良渚地区的水环境特点如下：

（1）沼泽遍布，洪潮频仍。海平面应逐渐趋于下降并稳定，但感潮河段和沼泽地并存，一般的湖泊在洪水季是湖泊，在枯水季则是沼泽。土地盐渍化，淡水资源缺乏。此外就是潮汛和台风期潮汐更会上溯侵入，造成灾害，所谓"万流所凑、涛湖泛决、触地成川、枝津交渠"之地[8]。值得注意的是，今良渚塘山坝边有村名"后潮湾村"，莫原所始，按照地名的演变特点，这里在历史上应是潮水出没之地。

（2）地势低洼。根据地貌变化，其时的平原地带，地面高程至少应比今日低3m，今高程多在黄海2.5~4m。

（3）东苕溪东南注。当时"源出于天目山，经临安、余杭的东苕溪古河道，曾经杭州东郊注入杭州湾。余杭镇附近的东苕溪直角拐转，即是袭夺湾；由余杭经宝塔山、仓前至祥符的古河道，即是袭夺后残留的断头河"[9]。

2 海侵对良渚聚落发展的影响

卷转虫海进时使钱塘江两岸的自然环境遭到了渐进性的破坏，环境开始变得恶劣，越族生存的土地面积大量缩减。此前生活繁衍于平原上的越族人纷纷迁移，当时的越族主要分四批迁徙：第一批越过钱塘江进入今浙西和苏南丘陵区的越人，以后成为句吴一族，是马家浜文化、崧泽文化和良渚文化的创造者；第二批到了南部的会稽山麓和四明山麓，河姆渡人就是越人在南迁过程中的一批，他们在山地困苦的自然环境中度过了几千年的迁徙农业和狩猎业的生活；第三批利用平原上的许多孤丘，特别是今三北半岛南缘和南沙半岛南缘的连绵丘陵而安土重迁；第四批运用长期积累的漂海技术，用简易的木筏或独木舟漂洋过海，足迹可能到达中国台湾、琉球、南部日本等地。[10-11] 其时"人民山居"，良渚人主要生活在山丘，过着"随陵陆而耕种，或逐禽鹿而给食"的生活。[12]

如前所述，至卷转虫海退时的良渚地区是一种丘陵、孤丘和湖沼的自然环境，人们开始渐进式地由山丘向山麓地带开拓发展。其部族的活动中心按照山地—山麓—平原（海退之后的滩涂地区、河口三角洲地区）的顺序发展。此时"气候变化也促使水稻农业成为维系社会经济之命脉，仅靠原有的居住地周边的小地块耕地无法满足人口需求，因此，原先很少涉足的低洼地都必须开发出来，因为这些区域恰恰是水稻的合适作业区"。[13] 人们的生产方式也适应新的自然环境，逐步以稻作农业代替渔猎采集。其间在崧泽末良渚初期，考古专家发现了石犁等，稻作农业进入精耕细作的阶段。水稻种植，必然有农田水利灌溉，《淮南子·说山训》认为，"稻生于水，而不能生于湍濑之流"。因为"稻作农业需要有明确的田块和田埂，田块内必须保持水平，否则秧苗就会受旱或被淹。还必须有灌排设施，旱了有水浇灌，淹了可以排渍"。[14] 考古还发现"崧泽末、良渚早中期的遗址呈爆发型增长"。[13] 说明了其时农业经济的发展已使人口迅速增长，垦区也随之扩大。又从良渚遗址的分布看，早期的遗址多在山麓冲积扇地带，而在之后新开发基地基本都在低地。而这其中的原因主要应是当时人们的综合生产能力在不断提高。

有资料显示，在良渚中晚期气候逐渐变冷，已出现了不利于稻作农业生产发展的趋势。[15] 其时年平均气温为12.98～13.36℃，比今低2.2～2.7℃；年均降水量为1100～1264mm，比今少140～300mm。又有学者认为良渚文化中晚期存在海平面上升的现象，海水上升使这一地区自然排洪能力下降，洪涝灾害易发。海水上升这当然是一个应考虑的因素之一，而笔者更认为此时期是由于苕溪古河道东南出受阻，改北出，穿越良渚之地，便出现其地难以容纳浩大的东苕溪来水的情况。目前的资料显示东苕溪瓶窑以上的集雨面积为1408km²，河长80.1km。[16] 因此，这里的水环境发生重大变化，水灾陡然增多。这种状况会有一个很长的调整过程，也必定影响良渚人的生存与发展。

3 良渚塘坝工程遗存之分析

自然环境演变，海侵发展变化，河流改道，形成独特的地理环境，加上人类生产、生活的需要，就产生了与之相适应的水工程。目前发现的良渚塘坝，位于良渚古城的北面和西面，共由11条堤坝组成，就区域位置看可分为3部分，如图3所示。

3.1 上坝堤塘

3.1.1 位置和规模

首先要说明的是文物考古专家按照方位所称的"高坝"应作"上坝"，"低坝"应作"下坝"。因为在坝工领域，"高坝""低坝"有特定含义："按坝的高度可分为低坝、中坝和高坝（中国规定坝高30m以下为低坝，30～70m为中坝，70m以上为高坝）"。[17] 坝位于大遮山之西丘陵的谷口位置，包括岗公岭、老虎岭、周家畈、秋坞、石坞、蜜蜂弄等6处。又可分为东岗公岭、老虎岭、周家畈；西秋坞、石坞、蜜蜂弄两组。上坝坝顶海拔（黄海高程，下同）一般为35～40m。因谷口一般较狭窄，故坝体长度在50～200m间，大多为100m左右。坝体下部厚度大概为几十米到百米之间。

值得注意的是，这两组坝体并未把之上集雨面积在山谷形成的主溪流完全截断。现场考察发现在东坝部分老虎岭和周家畈坝体是存在的，而老虎山和岗公岭之山岙间海拔多为11～13m，宽度约为200m，现场考察中又发现老虎岭—岗公岭直接流经的彭公溪溪流古河道清晰可见，其中所经（约在老虎岭—岗公岭之下约100m处）最狭窄之地的山谷东西宽仅为约40m，如图4所示。东端东西向由一组最高点海拔分别为27m、49m、54.7m自然山体组成；西端则为一最高点海拔为50m的自然山体。上游集雨面积约为6km²，如要

良渚文化遗址水利工程的考证与研究

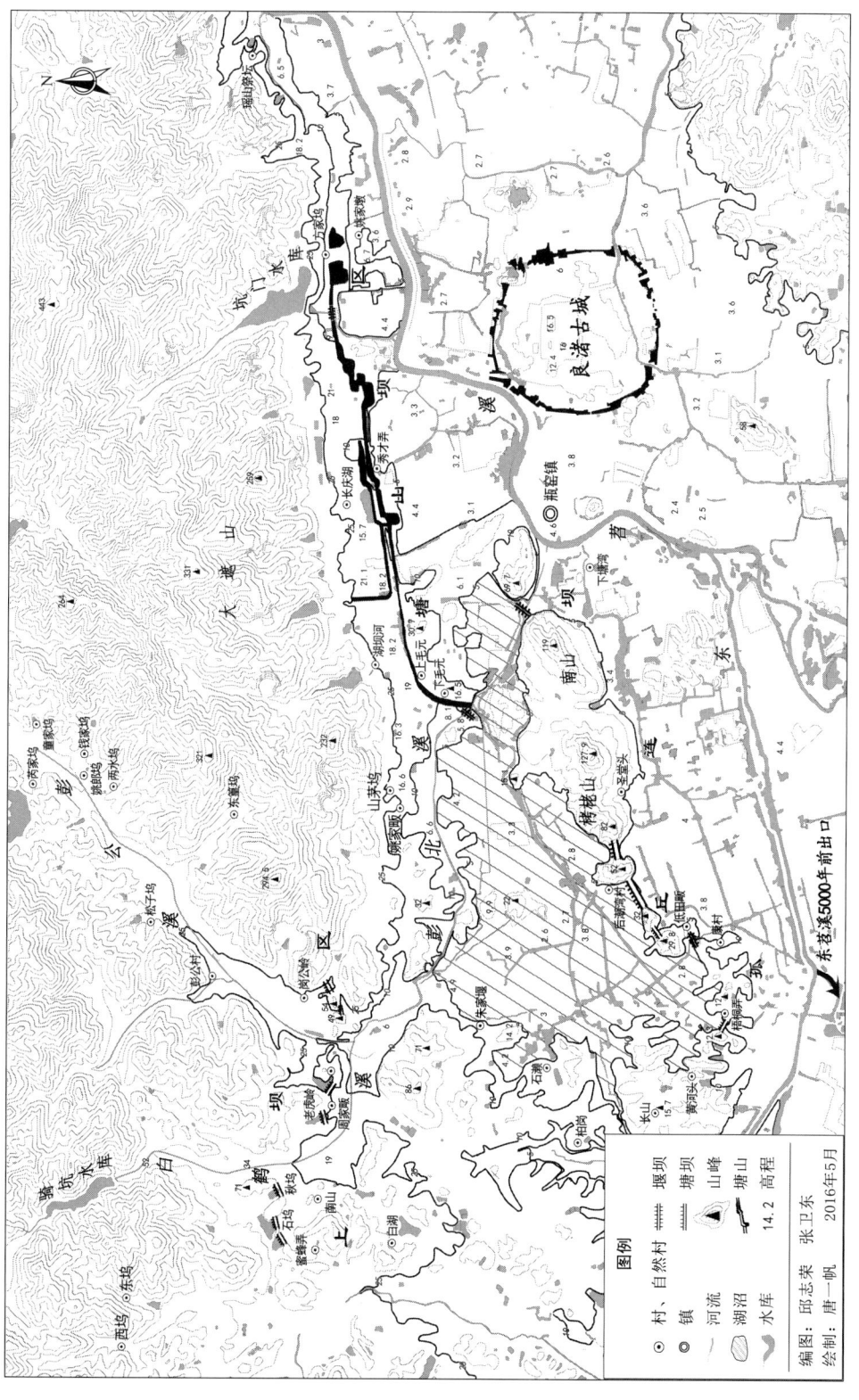

图3 良渚遗址水利工程塘坝位置示意图

建坝也应在此位置，但现场考察，主溪流通过处无筑坝痕迹，为自然山体。也或在东端27m、49m、54.7m自然山体处会有人工筑坝建独立小山塘的可能。

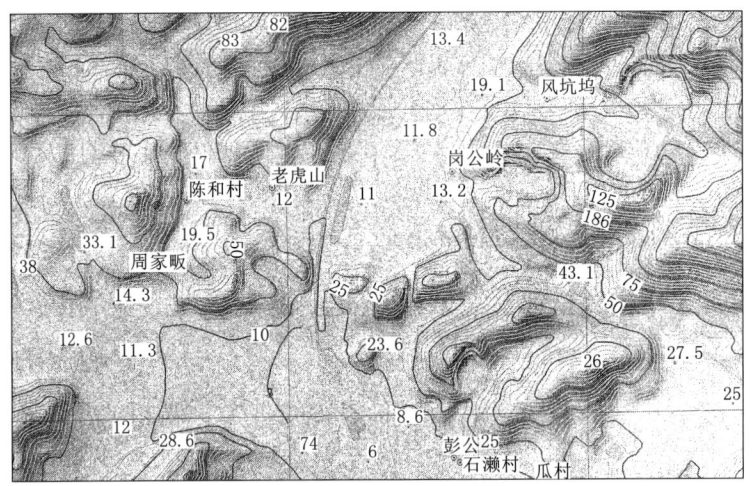

图 4　岗公岭老虎山地形图

同样，在西坝区秋湖头、石岭之间的坝体也可见遗存，至今依然蓄着不少水，为当地灌溉和旅游之用；而其上白鹤溪流经的主流河道所经的秋湖头和周家畈之间的堤坝遗存则几乎是不存在的，上游集雨面积约 5.5km²。其上游位于今白鹤溪骑坑里村的小（1）型奇坑水库，于 1967 年 10 月动工，1980 年 6 月竣工。大坝时为黏土心墙混合坝（2004 年标准化建设，大坝迎水面改为干砌块石护坡），坝高 25m。集雨面积 3.41km²，总库容 119.74 万 m³，兴利库容 96.92 万 m³，灌溉面积 93.33hm²。之下的古河道也是沿着山麓盘绕而下。[18]

可以肯定如果当时分别在白鹤溪和彭公溪所经的主流溪之间建有塘坝，理论上至今会留有遗存。既然现场暂时还未发现确凿的证据，似说明良渚时期所建的塘坝，在技术上未能在山地拦截较大溪流建成小（1）型以上水库，或是建成又溃决了。可能当时只控制了一些支流蓄水，集雨面积很小，蓄水量一般应在 10 万 m³ 以下，多为山塘类。为了取水灌溉下游农田等，上坝各处还要通过堰坝控制，总蓄水量不会超过 50 万 m³。

3.1.2　年代

目前考古已测定的部分坝体最早年代在距今 5100 年前。分析建坝年代主要在海进高峰期（距今约 6000 年）和海退期间（距今约 5000 年前），应是良渚早期的堤坝工程。

3.1.3　功能

海侵使得近海山地曾为良渚人主要的生活、生产区（当时部族居住的变动性是较大的），潮汐出没尚在此以下。因此这里的堤坝主要是为蓄淡和灌溉之用，因为如果良渚人要在近海山地生产、生活，必须要有长年不断的淡水可供，蓄淡是必要条件。还应该看到的是，如果仅是蓄水 5 万~10 万 m³，何以要建如此高大（底宽 100m、顶长 100m）的塘坝？良渚附近山上有许多"坞"，如童家坞、钱家坞、两水坞、东篁坞、西施坞等，特别有意思的是，上坝偏西的几个塘坝各自对应着一个带"坞"的地名，即秋坞、石坞、姚坞

(老乡称姚坞的坝已毁于修路)。关于"坞"的解释,其一:"土堡,小城";其二:"四面高中间低的谷地,如山坳叫山坞。"《辞海》解释与此类似:"构筑在村落外围作为屏障的土堡。"[19] 与它密切相关的词是"坞壁",是指一种民间防卫性建筑,在我国分布甚广,历史久远,如河南禹州新郑交界处的具茨山城堡、山东肥城石坞山寨等。大型的坞壁(也叫坞堡)相当于村落,有的旁侧另附田圃、池塘、泉井。今日藏在密林深处的旅游点石坞,依稀可辨古代坞壁地貌景象。所以认为几座上坝的功能不仅仅是蓄水灌溉,也不仅是后代可能存在过的"坞壁",可能早在良渚时期就有部落城堡工事的作用。

3.2 下坝堤塘

现状总体看,下坝断续分布在长10余km的范围内,形成东西向的闭合圈,其内区域略呈三角形,西部宽阔而东部略显狭窄。下坝在目前发现的良渚塘坝中处于主体和核心地位,因此应重点论述。

3.2.1 位置和规模

下坝位于大遮山以南,分别由自然山体"孤丘连坝"和人工山前长堤"塘山坝"组成。

(1) 孤丘连坝。位于上坝南侧约5.5km的平原上,由西到东分别有梧桐弄、官山、鲤鱼山、狮子山4条坝将平原上的孤丘连接成线,坝顶海拔在10m左右。坝长视孤丘的间距而定,在35~360m间不等,连坝总长约5km,人工坝体长度不超过1/5。其内(北侧)是一片低洼之地,海拔多在2.5~3.5m之间,面积约3km^2,是较理想的蓄水与垦殖之地。

(2) 塘山坝。原称塘山或土垣遗址,位于良渚古城北侧约2km,北靠大遮山,距离山脚为100~200m,全长约5km,基本呈东西走向,地处山麓与平原交接地带,从西到东可分成三段。西段为矩形单层坝结构。中段为南北双堤结构,北堤和南堤间距为20~30m,并保持同步转折,形成渠道结构;北堤堤顶海拔在15~20m,南堤略低,堤顶海拔12~15m。"渠道"底部海拔7~8m。东段为单坝结构,基本呈直线状分布,连接到罗村、葛家村、姚家墩一组密集分布的土墩(部分为山丘)。以上塘山坝宽度在20~50m之间,呈北坡缓、南坡较陡状。塘山坝南侧则有筑坝取土时留下的断断续续的护塘河。

随着考证的深入,还发现这段塘山坝至山麓以内地面海拔多在10~15m之间,更有多处在海拔20m以上,也就是与"孤丘连坝"之内的2~3m的地面海拔相差在10m以上,不可能成为同一蓄水之所。

值得注意的是,在大遮山南麓的小冲积扇地带,多有蓄水1万m^{3}左右的小山塘,沿山棋布。

以上"孤丘连坝"和"塘山坝"多为与山丘相连的人工堆积而成,看似大致相连,其实有明显不同:

(1) 所处位置。前者基本是自然山体之间的连接,后者则是在一片山麓台地上连成的人工坝体。

(2) 坝的高程。前者海拔一般在10m,其内地面海拔一般为2.5~3.5m;后者海拔12~15m,其内地面高程也多在海拔10~15m之间。

（3）蓄水类型。前者在其内可形成沼泽湖泊水库，蓄水量较大；后者主要是护塘河、小山塘及南北向的自然河流。

（4）集雨面积。前者明显大于后者。

以上两坝比较相同的是坝之外（南侧）的地面海拔类同，多为 2.5～4m，如果通过堰坝控制实施农种或其他自流灌溉用水，应都是便利的。

3.2.2　年代

考古认为塘山坝在 1996 年、1997 年、2002 年、2008 年、2010 年经过多次发掘，有确凿的地层学依据证实其为良渚时期遗迹，测定为距今 5000 年左右。笔者认为应略迟于上坝年代，主要是基于"山地—山麓—平原"开发顺序的渐进考虑。又据对后潮湾村开挖段坝下原始基层土由现场考古人员取样，并由绍兴市水利水电勘测设计院检测中心土工试验，测定为海相沉积粉沙土，属碱性土。说明在未筑坝时这里确实为海潮直薄进出之地。

3.2.3　功能

（1）"下坝"蓄水量是有限的。"下坝"蓄水量受制于上游大遮山及坝上游集雨面积和来水的多少。据水文部门估算，"下坝"以上的集雨面积约为 $30km^2$，按多年平均年降水 1300mm、径流系数 0.4 计，年来水量约为 1500 万 m^3。现存水库除奇坑水库外，另在大遮山有一座小（1）型康门水库（坑门水库），1958 年 10 月动工，1960 年 2 月建成。坝型为黄泥心墙坝，坝高 17.30m。集雨面积仅为 $4.65km^2$，兴利库容 97.61 万 m^3，灌溉面积 154.4hm^2。[19] 因此"下坝"的蓄水能力不能过分夸大。当时的蓄水主要在其内的湖沼、河道及护塘河之内。按复蓄系数 2、湖沼水面 $3km^2$、水深 2m 计，孤丘连坝之内蓄水在 500 万～600 万 m^3 之间；塘山坝之内的护塘河（按长 5000m、宽 20m、深 2m）、河道、小水塘（10 余处）蓄水量为 100 万～150 万 m^3。"下坝"内的正常蓄水量估计有 650 万～750 万 m^3。

（2）"下坝"内水位的控制及与外围河道的连通主要靠堰坝（泄水或取水建筑物）。理论上无论是水库泄洪还是对外引水灌溉都必须有溢洪道或堰坝。按良渚时期的技术能力应以自然古河道加低平堰坝控制蓄水为主。在堤坝未筑时这里存在着多条古河道。建坝后主要会在原水道流经处形成多条堰坝，既能控制正常水位，为下游提供自流水源，又能在汛期溢洪，还能阻挡下游海潮上溯。满足以上条件的堰顶高程有一个合理范围，最低一般不会低于海拔 2m，同时最高也不会超过海拔 5m（孤丘连坝之过水堰坝）或 10m（塘山坝之过水堰坝）。

今存的古河道主要是：从"上坝"白鹤溪、彭公溪流经彭北溪到毛元岭出口至东苕溪的河道；由"双堤"桥头村，经大滩村到东苕溪的河道；由康门水库通往东苕溪的河道。建堰坝的另一位置应主要在堤坝山麓的山岙间，如"孤丘连坝"中康村和低田畈村两山岙间应为古堰坝所在地；又如整条塘山坝又有"九段岗（九个缺口）"之说。[6] 这些缺口，无疑是建堰坝的首选位置。

（3）"下坝"不能形成对良渚古城的保护。缺少"下坝"为古城防御洪水的数据证明，即使后来改道后的苕溪也在"下坝"与古城之间穿过。但古城建立后，通过堰坝及古河道有为城内河道提供淡水资源的功能，如毛元岭出口河道。

基于上述距今约 5000 年前时良渚之地的地理、水文环境条件和人们的生产、生活方式，尤为稻作生产所需，将"下坝"定性为：所建成的"下坝"严格意义上是在山麓与平原交接地带、多层地形区建成的早期良渚人聚落围垦区。可视为我国东南沿海最早的围垦塘坝之一。

"下坝"功能为对外挡潮拒咸，保护其内的人民生命、生产安全，其内蓄淡灌溉，包括自流灌溉和人力提水灌溉，也可为之外的平原地区开发提供部分生产、生活用水。

按山麓线 10m 等高线计，下坝保护区范围约为 8.5km²。又可分为"孤丘连坝"和"塘山坝"两块。前者以蓄水为主，后者可能是生产、生活区。以此推测，这里或许是良渚古城建成之前良渚人聚集活动的中心，可能存在"山麓版"的良渚古城。

至于双堤，笔者认为在其上应是以人居为主的活动区，此外还兼有公共活动场地功能。塘山坝中心位置，尤为宽大平整，适于公共活动，有东西向河道贯穿其中。另外值得关注的是双堤今所处的村名为"河中村"，一作"何中村"，似与古村落有关。[6]

3.3 古城城墙堤塘

3.3.1 位置和规模

良渚古城（莫角山），俗称"古上顶"。位于"下坝"以下，直线距离最短约 3km。古城城墙呈"一个正方向圆角长方形的整体，南北纵长 900~1800m，东西宽 1500~1700m，总面积 290 万 m²"。[6] 古城城墙底部宽度大多为 40~60m，最宽处多达 100m。"城墙一般底部先铺一层 20cm 的青胶泥，再在上面铺设石块基础面，然后用黄土堆筑成墙体。"

3.3.2 年代

只有在良渚文明相对发展的背景下，才有可能建立城市。因此良渚古城应是建于"下坝"系统略后的工程。需说明的是，这个推断是假设良渚人没有像河姆渡人那样在海进开始之前就已经在平原上发展出更早的文明。

3.3.3 功能

从水利工程的角度分析，此城墙有着防洪、挡潮的作用。此外古城还有环城河、城内河道、水城门等水系和设施。部分遗迹尚存。诸如城墙西、北、东三面都发现有内外壕沟，宽度 20~40m 不等。城墙西、南两面还发现有内壕沟，北城墙内侧现有数十米的河道，也可能是良渚时期的内壕沟。考古者多称良渚时期交通以水运为主，城墙基础铺有一层数量可观的块石，据信是通过护城河和竹筏取自远处的山谷地带。城内城外水网密布，河密率超 30%，水门在 6 处以上，因此，也可称良渚古城是我国最早的水城之一。

4 同期钱塘江两岸还有类似工程体系

《越绝书·卷四》中曾这样描写古越后海的水环境："西则迫江，东则薄海，水属苍天，下不知所止。交错相过，波涛浚流，沉而复起，因复相还。浩浩之水，朝夕既有时，动作若惊骇，声音若雷霆，波涛援而起，船失不能救，未知命之所维。念楼船之苦，涕泣不可止。"同钱塘江北岸一样，面对卷转虫海侵造成自然环境沧海桑田的巨大变化和恶化的水环境，大越民族一直致力于开展对自然的抗御和改造，其主要方式之一便是筑堤防蓄淡水、挡洪潮。

4.1 余姚河姆渡遗址为阻挡海进的简易塘坝遗存

金普森等[20] 认为：距今6555～5850年间的皇天畈海进开始以后，海水不断上涨，致使河姆渡人居住的村落和田地逐渐为海水吞没，之后又渐次为海侵时的沉积物所覆盖，从而构成第四文化层。在皇天畈海进逼近村落之初，河姆渡人不甘心离开自己的家园，使用大小石块进行回填筑堤建坝，借以抵御海水的侵袭，保护自己的家园，因此而造成一些遗物和回填的石块与海水沉积物相掺混的现象，形成第三文化层。但由于抗御自然的能力有限，难以抵挡浩浩上涨汹涌进犯的海水，河姆渡人最后迁到了四明山麓生活居住，可以认为河姆渡人实施大小石块回填阻止海水侵袭的简易堤坝工程，即是当时一种小规模的阻挡海水的建筑物，应是最早的海塘。

4.2 会稽山地早期塘坝

与海进一样，海退也是一个持续多年的进程。越人从会稽山区进入平原，是一个复杂的历程。因为海水是逐渐北退的，滩涂平原也是逐渐扩展的。而且随着海退而出现的平原，是一片沼泽，一日两度的咸潮，土地斥卤，垦殖维艰，越人依靠北流的河川溪涧和天然降水，筑堤建塘，拒咸蓄淡，一小片一小片地从事垦殖。

绍兴会稽山以北的山—原—海之地也发现了诸如位于兰亭、南池、坡塘的古越时期山地古塘。以今兰亭景区南侧（景区入口）一条被称为西长山的山塘为例进行分析：西长山西接兰渚山麓，东近木鱼山，海拔20～24m，高约10m，东西长多达250m，宽30～35m。西山麓处为今兰亭江通道，约20世纪70年代初兰亭江裁弯取直时开塘形成。据当地年长村民回忆，20世纪70年代开挖此塘通过兰亭江时，见此塘均为黄泥堆积，部分亦有木桩。2015年笔者在实地看到兰亭江正在河道砌磡开挖坝体，坝体的各填筑层清晰可见，其中青膏泥、黄泥、芦根等在不同堆积层面中显露，明显为人工堆筑。

此西长山即宋吕祖谦《入越录》中"寺右臂长冈达桥亭，植以松桧，疑人力所成者"之"长冈"。西长山应是越国早期的塘坝工程，基本判断是类似良渚下坝的工程，主要作用是为这一带古越聚落筑塘坝御咸、蓄淡、灌溉。西长山西段是全封闭的，到以东与木鱼山交界段明显低于主体段，其原因，一是要溢流过水（之下又为溪流），二是此地亦为原山阴城往兰亭古道（南北向）过往之地。[21]

4.3 会稽山麓与平原交接地区的早期围垦区

绍萧平原还可参证的较典型的围垦工程是越国的富中大塘。《越绝书·卷八》载："富中大塘者，句践❶治以为义田，为肥饶，谓之富中，去县二十里二十二步。"据考，富中大塘在绍兴平原东部，大致范围南至会稽山北麓，东、西两侧分别为富盛江和若耶溪，北为人工挑筑的长堤，长约10km。塘内面积约51hm²，有近4000hm²可耕农田。

富中大塘北拒由后海直薄山会平原河流的潮汐，东、西可摒富盛江和若耶溪的洪水于外，塘内又拦截上游溪河形成诸多淡水湖泊以蓄淡灌溉，干旱时又可引塘外之水灌溉。

---

❶ 春秋时，越国国王勾践也作句践。

富中大塘建成以前，越部族的农业生产相当落后，其时产量低下，粮食匮乏，主要农业生产在南部山丘一带。此塘兴建后，山会平原的水利条件有了一定范围的改善，农业生产的重心开始由山丘向平原水网地带转移，是越族自海进后较大规模向平原大范围开发发展的重要围垦工程。水稻已成为主要农作物，良好的种植条件又使稻谷产量和质量不断提高，"三年五倍，越国炽富"。甚至吴王夫差也称："越地肥沃，其种甚嘉，可留使吾民植之。"[12] 其时，越族主要产粮区便在富中大塘。此塘的建成也为山会平原自然环境的改造和经济、文化的发展奠定了重要基础。

复述富中大塘的开发方式，旨在间接说明良渚下坝并不是单纯的蓄水大坝，而是一个类似富中大塘的围垦工程，垦区内有河湖，也有田地庐舍；外有滩涂，也有不断扩大的可垦区。

4.4 越国都城由山地向平原发展的证明

越国的早期都城也经历了在南部山地嶕岘大城，到山麓地带平阳，再到句践到平原建都城的过程。

《水经注·渐江水》中记载：越部族的中心原有两处：一是"埤中"，在诸暨北界；二是"山南有嶕岘，岘里有大城，越王无馀之旧都也"。无馀，相传为禹五世孙少康氏之庶子。所建的大城位置约在若耶溪的源头，即《水经注·渐江水》中"溪水上承嶕岘麻溪"之说。以上都城均在会稽山地内部。至越王句践（约前520—前465）时，海进早已经结束，原来的浅海，成为一片沼泽之地，山麓与平原交接的地势较高之地，已逐渐成为越族人民耕作和居住之地。越王句践不甘久居山里，将都城迁到了若耶溪以北今平水镇边的平阳，这里地处会稽山北，地势广阔平坦，又因群山环抱，既利生产种植，又易守难攻。越部族的生产生活中心，进入了会稽山冲积扇地带。越王句践又于其七至八年（前490—前489年）接受了大夫范蠡提出的"今大王欲立国树都，并敌国之境，不处平易之都，据四达之地，将焉立霸主之业"建议[12]，先筑小城，即"句践小城，山阴城也，周二里二百二十三步"[22]，位置在今卧龙山东南麓。这里位于山会平原的中心地带，是一片有大小孤丘九处之多，东西约五里，南北约七里，相对略高于平原的高燥之地。之后，又建大城，"周二十里七十二步，不筑北面"[22]，成为越国政治、军事中枢。当时的大小城已颇具气势和规模，当然城墙建筑应还较简陋，以土木为主。大城设"陆门三、水门三"。大小城范围设四个水门。

5 结语

（1）海侵不但使钱塘江两岸的自然环境产生了沧海桑田的巨大变迁，而且对这里史前的人类文明发展有着决定兴衰的作用。良渚文化中遗址中的山地（上坝）—山麓（下坝）—平原（城墙与城河等）水利工程的建设与变化发展，遵循着自然的演变和人类适应与改造自然的规律。

（2）良渚山地的上坝出现在良渚早期，控制范围有限，主要溪流白鹤溪和彭公溪没有被拦截成水库。通过堰坝控制，总蓄水量不会超过 50 万 m^3。上坝的主要功能为蓄水、灌溉及城堡工事等。这里产生了我国历史上第一批大坝、水库。

（3）下坝出现在良渚的全盛期，为围垦工程，可分为两部分：低丘连坝蓄水约500万～600万 m³；塘山坝蓄水约100万～150万 m³。下坝总蓄水量约650万～750万 m³。蓄水主要通过堰坝控制。主要功能是综合的，随着自然环境与人类需要而变化：一个时期主要是挡潮、防洪、蓄淡，保护塘内的农田、人口、聚落安全；另一个时期主要是为下游农业垦种提供灌溉用水，或为良渚古城以及航运等供水。当然，不论什么时期都还应有渔业养殖等功能。这里有了继河姆渡之后的海塘，有了堤防，有了大坝、水库，有了相应的取水、泄水建筑。

（4）良渚古城是我国最早的水城之一。城墙有着防洪、挡潮、防卫等作用。此外古城还有环城河、城内河道、水城门等水系和设施，可用于航运。城内城外水网密布，河密率超过30%，水门在6处以上。这里还有了人工运河。

（5）良渚古堤坝是目前发现的现存我国上古时期时间最早、规模最大、技术含量最高的水利工程遗址之一。特别是水利工程体系的规划布局思想，解决堰坝溢洪等问题的能力，以及鲤鱼山、老虎岭等地发现的草裹泥、草裹黄泥（或黄土）筑坝工艺等，充分显示了良渚古代文明的发达程度和社会组织能力，也反映了水利在文明发展中的重要地位。

（6）钱塘江两岸的地貌、历史地理演变、人类改造自然活动有着诸多相似性，良渚、河姆渡、富中大塘，同是大越治水，可互为印证。多学科的进一步深入研究对探索钱塘江两岸人类文明的活动形态、系统构成、演变发展、承传关系等有着重要意义。

致谢：除特别注明外，文中有关良渚考古引用的相关数据主要参考浙江省文物考古研究所2015年十大田野考古新发现申报材料《良渚古城外围大型水利工程的调查与发掘》，感谢浙江省文物考古所王宁远先生的支持，并提供资料！

参 考 文 献

[1] 邱志荣，魏义君. 湘湖与浙东运河的申遗建议和思考 [J]. 浙江水利水电学院学报，2015，27（1）：1-6.
[2] 陈桥驿. 越文化研究四题 [C] //车越乔. 越文化实勘研究论文集. 北京：中华书局，2005：5.
[3] 金普森，陈剩勇，徐建春. 浙江通史·先秦卷 [M]. 杭州：浙江人民出版社，2005：31.
[4] 戴泽蘅. 钱塘江志 [M]. 北京：方志出版社，1998：65.
[5] 冯应俊. 东海四万年来海平面变化与最低海平面 [J]. 东海海洋，1983（2）：40.
[6] 赵晔. 良渚文明的圣地 [M]. 杭州：杭州出版社，2013.
[7] 陈桥驿. 论良渚文化的基础研究 [C] //陈桥驿. 吴越文化论丛. 北京：中华书局，1999：571.
[8] 郦道元. 水经注校释 [M]. 陈桥驿，校释. 杭州：杭州大学出版社，1999：524.
[9] 韩曾萃，戴泽蘅，李光炳，等. 钱塘江河口治理开发 [M]. 北京：中国水利水电出版社，2003：21.
[10] 邱志荣，陈鹏儿. 浙东运河史 [M]. 北京：中国文史出版社，2014：50；
[11] 陈桥驿. 越族的发展与流散 [C] //陈桥驿. 吴越文化论丛. 北京：中华书局，1999：43.
[12] 赵晔，徐天祐，苗麓，等. 吴越春秋 [M]. 南京：江苏古籍出版社，1999.
[13] 朱金坤，姜军. 遥远的村居——良渚文化的聚落和居住形态 [M]. 杭州：西泠印社出版社，2010.

[14] 严文明. 稻作农业与东方文明 [C] //严文明. 农业发生与文明起源. 北京：科学出版社，2000：48.
[15] 张瑞虎. 江苏苏州绰墩遗址孢粉记录与太湖地区的古环境 [J]. 古生物学报，2005（2）：314-321.
[16] 浙江省水利厅. 浙江省河流简明手册 [M]. 西安：西安地图出版社，1999：64.
[17] 《中国水利百科全书》第二版编辑委员会，中国水利水电出版社. 中国水利百科全书·第1卷 [M]. 北京：中国水利水电出版社，2006：17.
[18] 孙连法. 余杭水利志 [M]. 北京：中华书局，2014.
[19] 商务印书馆. 辞源（修订本）[M]. 北京：商务印书馆，1988：338
[20] 金普森，陈剩勇，林华东. 浙江通史·史前卷 [M]. 杭州：浙江人民出版社，2005：75.
[21] 邱志荣. 绍兴风景园林与水 [M]. 上海：学林出版社，2008：80-89.
[22] 张仲清. 越绝书校注 [M]. 北京：国家图书馆出版社，2009：205.

清代浙江抚台督办的百沥海塘大修工程佚事探究

——以光绪年间浙东海塘工程"羊山勒石"为例

童志洪

（绍兴市鉴湖研究会，浙江绍兴　312000）

摘　要： 在绍兴市羊山石佛寺景区岩壁上，发现一块清光绪年间由上虞人王惠元所记102字的摩崖石刻。经反复考证，确认石刻内容为目前省、市、县三级志书未载的一项浙东海塘的重大塘工。该工程始于清代光绪年间，由浙江巡抚府督办，改建石塘约3.8km，新砌石质坦水约3.2km。两者相加，总长度约7km。该发现对考察羊山石材在浙江海塘建设中所起的作用，研究清代的浙江海塘史，具有史料价值。

关键词： 光绪年间；勒石；浙东塘工；百沥海塘

0　引言

2017年4月，笔者参加鉴湖研究会组织的一次田野考察，在柯桥区齐贤街道羊山石佛寺后的岩壁上，见到一处由清光绪年间王惠元所记的摩崖石刻。这篇石刻题记，凿于110多年前的清光绪后期。早在50年前小学"远足"时，就已见过。而后又至少见过七八次，但都并未在意。但此次专题考察，再次见到这块摩崖石刻，则有了不同的感觉。笔者认为，这石刻背后必定隐藏着一段鲜为人知的故事。而破解羊山摩崖中《王惠元题记》（以下简称"羊山勒石"），对全面了解羊山石材在浙江海塘建设中所起的作用，与清代的浙江海塘史，应该具有较高价值。

为此，笔者根据"羊山勒石"中显露的蛛丝马迹，经过了一年多的寻踪追迹，并多次现场踏看，反复考证，终于发掘出了当代省、市、县三级志书未载，一段发生在清代光绪年间，由浙江巡抚府督办的（浙东海塘）上虞百沥海塘（改建石塘3.8km，新砌石质坦水约3.2km。两者相加，总长度约7km）的一起塘工佚事。从而使这起尘封百余年的重大塘工真相浮出水面。

1　"羊山勒石"蕴含的基本信息

1.1　"羊山勒石"原文

该"勒石"以隶书为主，掺杂个别小篆体。直排左起共8行，全文为阴刻，计103

字，无标点。全文照录如下：

"光绪二十六年夏，余以塘工运石，长驻于兹。明年春复来，岩栖累月。工将竣，留雪鸿以别之。是役也，综其成者：江西喻太守兆蕃、淮安曹赞府宗达、南昌杨赞府国观；同次者：邑绅潘炳南、俞彦彬、俞士鉴、顾陛荣也。上虞王惠元智凡敬记并书。时严佐宸伴读，羊山同勒石"。❶

这短短100余字，记录了自光绪二十六年（1900年）起，勒石者一段在羊山的亲身经历。现对该铭文试释如下：

光绪二十六年（1900年）夏季，我受命督办修复海塘工程的石料运输事宜，长期驻守此地。光绪二十七年（1901年）春季，又奉命再次回到这里。经年累月，栖身在羊山孤岩下的禅房。现工程行将竣工，谨留下记录往事的文字，作为告别。这次海塘工程之所以得以成功，综合起来，应归功于主持此次工程的江西籍知府喻兆蕃（藩，下同）、江苏淮安籍县丞曹宗达、江西南昌籍县丞杨国观这三位大人，还有一同效力的同县乡绅潘炳南、俞彦彬、俞士鉴、顾陛荣等人。上虞县王惠元，字智凡，敬记拜书。曾任"伴读"的严佐宸，也一同参与了这次勒石。

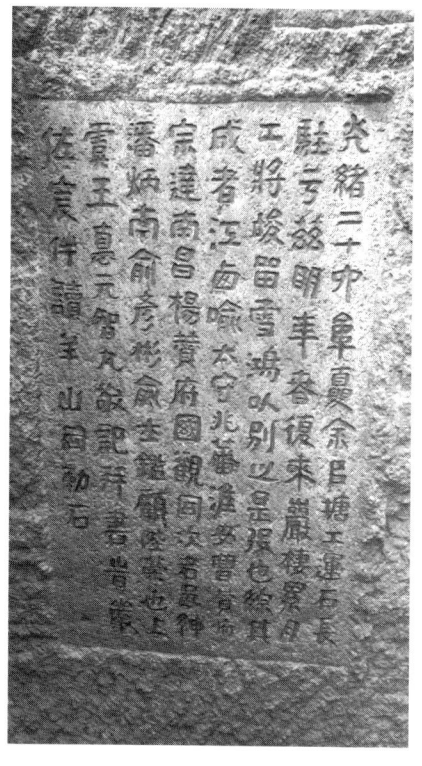

图1 羊山摩崖中王惠元题记

1.2 "羊山勒石"释文得出的信息

该"羊山勒石"所记，为修复绍兴府上虞县某段海塘工程时，铭文者王惠元，长驻于山阴县羊山采办、转运石料的一段史实。这一史实，应发生于110多年前的清光绪二十六年（1900年）夏季，至光绪二十七年（1901年）间。该"勒石"落款虽未见具体年月，但推测其大体时间，应在工程告竣，作者即将离别时的光绪二十七年（1901年）年秋季某日。铭文中提及的潘炳南等多位乡绅，应系王惠元的上虞县同乡，属于一些热心公益，关心塘工，奉献乡梓的乡贤。而与作者一同参加勒石的严佐宸，则是曾担任过"伴读"的上虞县人；由此可进一步推断，王惠元当年长驻于山阴县羊山石佛寺内，是受上虞县有关方指派，来此采办石料运输等事宜，并组织从水路将石材运至该县受损海塘，以应塘工急需。具体督办上虞县这段受损海塘工程的行政主官为江西籍的知府喻兆蕃及江苏淮安籍的曹宗达、江西南昌籍杨国观这两名佐吏。

从"羊山勒石"百余字所反映的史实看，作者王惠元为采办筑塘石材，驻守羊山时间前后近两个年头。可见光绪年间上虞县的这段海塘受损十分严重。而这段海塘修复的工程，并非一般的小修小补。由于工程浩大，所以才会有知府喻兆蕃与曹宗达、杨国观等佐

---

❶ 文中所提的摩崖石刻现存于绍兴市柯桥区齐贤街道羊山石佛寺后残山岩壁。

吏亲自参与其事。并且在这期间，上述官吏应该会就相关事项，与绍兴府及山阴、上虞等县主官具体做过衔接，并来过羊山采石场实地考察。因此，王惪元方才得以了解这些官吏的职衔，甚至对他们的籍贯亦了然于心。

1.3 上虞人王惪元来山阴县羊山采办海塘用石的原因

众所周知，上虞县沿海的夏盖山自古就出产石材。王惪元为何舍近就远，跨过会稽县，受命来山阴县（今绍兴市柯桥区）采办石料，并长期坐镇羊山？这是因为，羊山自古以来，便是名闻越地的采石基地。方志明载：位于今绍兴市柯桥区齐贤街道境内的羊石山，所产大块石板与超长石条，素以质地坚固耐磨，抗压力强著世。作为古代越地主要建材之一，早已广泛用于军事构筑城郭、哨所，与民间构屋、造坟、架桥、铺路。在水利建设上，宋嘉定年间，绍兴知府赵彦倓修筑山阴后海塘；明代嘉靖年间，知府汤绍恩建造中国最大的河口大闸——绍兴三江28孔应宿闸；成化年间，知府戴琥等兴建扁拖闸等诸多水利设施时，早就将羊山石用于建闸筑塘，用以抗御海潮的侵袭[1]。

由于羊山石材质地坚韧，具有一般石材所不具备的属性，特别适合修筑海塘之用。即便一旦海塘被冲毁，但当这些石材捞起后，仍能二三次地重复利用。虽然表面看，采办与运输成本相对会略高些。但从长远看，仍然是合算的。因此，广受熟知塘工材料的有识之士所青睐。此外，"羊山勒石"也证明，清代及先前的羊山石佛寺，曾是包括上虞县在内，地处浙江海塘各地，来此接洽采办石材事务的塘工人员，长期栖身的场所。

2 省内方志中海塘工程的记载情况

2.1 清代光绪年间，上虞县境内的海塘工程史料的记载

上虞县的海塘，系由前江塘（今称"百沥海塘"，下同）、上虞后海塘等海塘组成。在《上虞水利志》里，载有清同治年间至光绪二十四年（1898年）间，上虞乡贤连仲愚兴修海塘事迹，及他与其子连蘅先后撰写的《塘工纪略》《塘工纪要》等文献的记载；该志书的"大事记"中，记录光绪年间的水利大事仅为两件。一是光绪十七年（1891年），在张溪上建蔡家坝，同年建张岙闸；二是光绪二十三年（1897年），筑梁湖沙塘外沿江4km的备塘（土塘）。但并无光绪二十六年（1900年）由知府喻兆蕃参与相关海塘大修并改建石塘的记载。但在该志第二章"水旱灾害"中，载有清光绪二十五年（1899年）夏季，该县后郭塘溃，夏盖东西乡发生过水灾等文字[2]。虽然该方志未提到始于光绪二十六年（1900年）的这起大修塘工，但据此基本可以确定："羊山勒石"所提及的这起塘工，应该是上虞前江塘（百沥海塘）大修工程。

2.2 《钱塘江志》《明清钱塘江海塘》的相关记载

《钱塘江志》《明清钱塘江海塘》两部专业史籍中，所记载的百沥海塘大修的地段、新建石板塘的长度基本相同。但两者记述的时间，有较大出入。《钱塘江志》记载："光绪十八年（1892年）、二十五年至二十七年（1899—1901年）近10年中，在花宫（弓）至余家埠一线，间断新建条块石塘1131丈；在东花宫（弓）至黄家堰新建石板塘5段，共长

64丈"。[3] 而《明清钱塘江海塘》则记载为："光绪十八年至清末（1892—1911年），这近20年中，先后在花宫（弓）至余家埠一线间断新建石塘1131.4丈，在贺家埠、孙家渡、双墩头等处建成石板塘64.4丈。"[4]

2.3 其他史志记载的相关情况

究竟"羊山勒石"中提及的这起百沥海塘大修工程，发生在哪一年？具体又是其中的哪一段？遗憾的是，经查《浙江水利志》[5]《钱塘江志》《明清钱塘江海塘》《绍兴市志》[6]《上虞县志》[7] 及《上虞县水利志》均未见具体记载；至于自光绪二十六年（1900年）开始，受命督办此次塘工的知府喻兆蕃等人姓名及事迹，更无只字片言的记录在案。这段光绪后期，前后迁延近两年的前江海塘大修工程，犹如"泥牛入海"，音讯渺茫，让人颇有扑朔迷离之感。

要破解这起前江海塘大修工程，无疑须要查考史籍对喻兆蕃的记载。但查考《绍兴市志》，在清光绪年间的历任绍兴知府中，却并无喻兆蕃其人的记载，证明喻兆蕃并非绍兴知府[6]。

3 从头开始，查考喻兆蕃其人的史料信息

根据羊山摩崖石刻中提及的信息，喻兆蕃籍贯为江西，只能从江西省有关史志查考。最后，在江西《萍乡市志》中发现了关于他的记载。喻兆蕃（1862—1920年），字庶三，萍乡福田乡清溪村人❶。清光绪十五年（1889年）进士，钦点翰林院庶吉士，后分发工部，任都水司主事；光绪十八年（1892年）因父死丁忧回家守孝；光绪二十四年（1898年），按清廷惯例，捐得知府（衔），分发浙江任职；光绪二十九年（1903年），奏补授任宁波知府；因围海造田与发展海运有功，朝廷授予二品顶戴。先后历任宁绍台道（道台）、杭州知府、浙江布政使（二品）、宁绍台兵备道（道台）等职（这期间，曾两任宁波知府、宁绍台道）；光绪二十四年（1898年），因母死丁忧，离职返乡。对喻兆蕃其人，《萍乡市志》的评介中，充分肯定了他爱国爱乡、勤政务实的业绩，并以较大篇幅记载了他在江西萍乡、浙江宁波等处赈灾、围垦海涂、兴办教育等惠政。遗憾的是，该方志同样并未记有他光绪二十六年（1900年）起，在绍兴府督办大修上虞县相关海塘这段史实[8]。

而再查《宁波市志》的人物传记、水利、教育等相关篇章，由于该方志的资料收集，局限于仅记述宁波籍人物。因此，除在"州府道署"名录中，列有光绪后期，喻兆蕃先后两任知府与宁绍台道（道台）的起讫时间，并未载有任何具体业绩，当然也更无他在绍兴府上虞县督办前江海塘大修与改建石塘的文字[9]。

据《萍乡市志》载，喻兆蕃在"光绪二十四年（1898年），按清廷惯例，捐得知府（衔），分发浙江效力。光绪二十九年（1903年），奏补授任宁波知府"。由此可推断："羊山勒石"中所记上虞县这起塘工，应是光绪二十四年（1898年）起，至光绪二十九年（1903年）止，喻兆蕃正式授任宁波知府之前，在"分发浙江效力"，候任知府期间所发生的事。由于喻兆藩曾任工部都水司主事，分发浙江后，由浙江巡抚委派他督办理钱塘江

---

❶ 喻兆蕃，《萍乡市志》记载为喻兆藩，为统一起见，本文中按"羊山勒石"所记，写作喻兆蕃，下同。

19

周边海塘河工事务，自在情理之中。而上虞县前江塘大修，极有可能正是他在这段期间主办的重大工程之一。

以上推断虽合乎逻辑与常理，但要证实喻兆蕃此次前江塘大修史实，仍须有明确的史料加以印证。由于省、市、县相关志书并无记载，只能从大量文史资料堆中深入查考相关依据。

4　百沥海塘的史料依据

经反复查阅光绪年间上虞县由乡贤连仲愚所撰《上虞塘工纪略》四卷，及连仲愚幼子连蔚所撰《上虞塘工纪要》两卷等史料，均未见到清光绪二十六年（1900年）夏季，至光绪二十七年（1901年）间这起海塘大修工程的记录[10]。但再继续查考史料，最后，在并不起眼的《上虞五乡水利记实》里，有了意外地收获：其中，由上虞塘董会成员金鼎所撰的《改建石塘颠末》（下文称《颠末》）一文中，十分详细地记载了这次前江塘大修并改建石塘的经过。在他的另一篇《上段塘工并新建小港善后》记实中，则记述策划此起塘工一些热心乡绅的身份，以及相关塘工善后等情节。从而揭开了这起尘封百余年，光绪年间发生在上虞县前江海塘的重大塘工"面纱"[10]。

4.1　《改建石塘颠末》实录的记载

曾任安吉县训导的上虞乡绅金鼎，在他撰写的《颠末》史料中，首先记述了清光绪二十五年（1899年）夏季塘溃所造成的严重灾情："二十五年已亥夏大水，后郭塘决七口，祸延三邑（县）"[注：此节与《上虞市水利志》记载："清光绪二十五年六月十四、十五日，风涛大作，后郭塘溃七日，沿村水深丈余，夏盖东西乡俱淹没，漂流庐舍无算"的文字完全相符]。以及该灾情发生后，自秋至冬，当地官府与民间赈济救灾。至次年二月，以工代赈，组织灾区丁壮，整修了后郭、前江、叶家埭、施家堰等处土塘10里许。同时，经过乡绅酝酿，发动募集款项，拟将前江塘涉险处改为石塘，经上虞县、绍兴府，转呈浙江巡抚衙门审批等大体经过。

4.2　《改建石塘颠末》记录的前江海塘改建过程

《颠末》较为详细地记述了自光绪二十六年（1900年）二月至光绪二十七年（1901年）秋后，喻兆蕃受浙江巡抚府委派，与上虞官民，合力大修前江海塘，将该段海塘最为险要的地段，逐一改建为石板塘的全过程。

（1）部署阶段。光绪二十六年（1900年）二月下旬，分发浙江效力的候任知府喻兆蕃，与他的助手曹宗达、杨国观一行，奉浙江巡抚府之命抵达上虞县，主办前江海塘工程。当月27日，在会同绍兴知府熊起磻及上虞县相关官吏，在赴贺家埠祭祀土神后，即对工程提纲挈领，作了逐一布置。决定将工程分为两段实施。在塘工机构上，在前江塘的后郭，设上段分所；在花弓（宫），设下段分所。为采办工程大修所需各档石料，又在山阴县羊山、会稽县鸟门山两地，设立石材转运所；并在曹娥下塘湾，设立收量所。于是，整个工程即随之启动。

（2）塘工的第一阶段。正值桃汛初过，曹娥江江水小。喻兆蕃便赶催桩石，雇石工夯土班，要求施工中突出重点，先在春季，分别抢筑丁坝、吕埠、花弓段最险处海塘。喻兆蕃等的办公地，先驻于离上虞县百官镇后郭工地不远的旌教寺内。但为便于实地巡视与抵前指挥、督办，随后又将驻地迁至现松厦镇水利局内。曾任工部都水司主事的喻兆蕃，十分重视工程质量。在此期间，他不时会率领佐吏，深入工地现场，要求施工者必须严格依照承揽标准。在当年的春季筑塘部分刚完工，梅汛、伏汛随之而来，掘土暂停。但喻兆蕃仍督促"赶进各类木、石料，令匠人椎凿大小。各塘石满堆塘边隙地，并多削桩木预储以待。至秋，潮汛平，遂大集夫役，大兴工作"。这期间，后郭、花弓这上下两段工地，总计每日土石施工者达千人。如此连续奋战3～4个月，至当年农历年末，工程已近完成一半。在此期间，喻兆蕃与上虞县塘董潘炳南、俞士麐隔几天便相面晤，互通塘工情况。面对原计划为期施工2年的工程，大半年内就已完成了一半，余下工程已足有把握，双方感到十分欣慰。

(3) 塘工的第二阶段。余下的工程于光绪二十七年（1901年）春节后正月十五开工，依然督办如前，赶筑石塘。鉴于春雨绵长，曹娥江水旺涨，喻兆蕃要求趁晴天较多，抓紧夯起脚桩。先砌石塘底盘的2～3层，待水大时再砌上层，从而确保了工程不间断。自春至夏，如此这般，不断地运作。端午节一过，整个前江塘最险处改建为石塘的工程就已全部完成。在梅、伏两汛期，喻兆蕃便督促塘工机构，预购毛杉、毛石分运至后郭、花弓(官)这两段工地。于当年的秋季期间，喻兆蕃再行派出监理人员，组织工匠与夫役继续抓紧施工，按标准筑好了相关地段石塘外的坦水。

(4) 海塘大修工程的成效。由喻兆蕃督办，上虞塘董会具体经办的前江海塘大修工程，经全体乡绅与工匠夫役等共同努力，自光绪二十六年（1900年）二月底，至光绪二十七年（1901年）秋后竣工止，这样预计为期两年的工程，提前数月完成；塘工上下段（含王姓乡绅在吕埠段认造的盘头石塘）共改筑完成石板塘总计达1141丈、石质坦水960丈（按小数点后3位换算，即改建石塘约3.8km，新砌石质坦水约3.2km，总长度约7km）。另外，又于上段乌树庙前南至石塘接头处，加筑土塘一百数十丈〔上述工程量，不含光绪二十八年（1902年），该地段工程的善后事宜〕。

总计整个前江塘大修与改建石塘工程，共耗费英（鹰）洋10.3575万元。据绍兴市钱币协会章增伟会长介绍：光绪年间的一元英（鹰）洋，当年约可折合官银0.72两。以此推算（按小数点后3位换算），这10.3575万元英洋，约可兑官银7.4574万两。

4.3 《上虞松夏志》对修百沥海塘工程的实录

毫无疑问，要确定省、市、县相关方志未载，喻兆蕃受命督修百沥海塘工程一事，仅靠当事者上虞乡绅金鼎撰写的《改建石塘颠末》这一孤证，显然还是不够的。因此，必须继续查证，以增强其证据力。经查证，在由上虞当地乡绅连光枢所撰的《松夏志》中，有记载：

"先是己亥蛟患（即光绪二十五年，前江海塘被毁）后，庠贡顾乃眷首陈石塘八议。绅潘炳南、金鼎、俞士麐等奏记藩宪（即浙江巡抚府），请将江塘受潮顶冲处所，改建石塘一千一百丈、磐头二座，估需银七万余两。仰恳官督民办，筹给经费半数。恽（即浙江巡抚的恽祖翼）为一劳永逸计，允拨巨款，遴委候补知府喻兆蕃，率杨县丞国观、曹照磨宗达,于庚子二月,驰抵百官。当经分别首险次要,提出:丁坝当山水之冲,花弓当潮之冲,吕埠居中,潮汐上窜,山水暴临,防堵尤形吃重,列入春工,先建一百二十六丈。闰八月秋汛后,将上下游划分十段,次第兴筑。辛丑五月,续成九百八十二丈,并以余賸(剩)桩石,在赵村添筑三十三丈,共一千一百四十一丈,添筑护塘坦水九百六十丈。十二月初旬竣工,计直费洋十万四千六百余元"。[11]

据此,《上虞松夏志》记载的修百沥海塘工程,除工程总费用数,与《改建石塘颠末》所记略有出入外,其余内容完全一致。

4.4 《清史稿·恽祖翼传》对修建海塘工程的记载

尽管本省、市、县以上相关海塘与水利的志书中,对上虞前江塘大修与改建石塘工程并无提及,但经过深入查证,《清史稿》却有具体记载。而且,正史所载的这起重大塘工,与当年主政的浙江巡抚恽祖翼直接相关。

恽祖翼,江苏湖阳(今常州)人。同治三年(1864年)举人。历官知县道员至浙江布政使,光绪二十六年(1900年)起任浙江巡抚,在浙江水利建设中多有建树。《清史稿·恽祖翼传》明载:"……上虞南塘旧以土筑,水至辄决。(恽祖翼)采众议,改建石塘千一百丈,始免水患。"[12] 而光绪二十六年(1900年)至光绪二十七年(1901年)间,正是恽祖翼在浙江巡抚任内。由他委派候任知府喻兆蕃等,督办大修上虞前江塘,便是他任期间发生的一起重大塘工工程。虽然现有史志未明载恽祖翼有否到过现场,绝大部分塘工事务应均为喻兆蕃所为。但他作为一省巡抚,关心民瘼,采纳民意,在获悉上虞后郭土塘七处被毁,延祸上虞、余姚等3县后,作出上虞县前江塘改建决策,在经费拮据的情况下,预拨启动改建石塘工程巨款,并特派曾任工部任都水司主事,熟悉水利的候任知府喻兆蕃与2名得力助手,赴工程现场全权督办,并圆满完成改建工程。正史将此业绩列于其名下,亦是名至实归。恽祖翼对上虞前江塘大修所作的贡献,在《松夏志》中,亦有记载:作为官吏亲历亲为的首创,捐出个人养廉银;设立大舜庙、南北湖粥厂开展赈济灾民;入冬后,又为流离失所者广施寒衣,离浙数月后病故,经两江总督刘坤一陈情,光绪帝亲赐御祭葬。上虞县人为感念其恩德,经省抚院批准,在曹娥江畔的龙山下为其立"中丞恽公德政碑",并在后郭村专设恽公祠,春秋祭祀。这些足以反证《清史稿》所载内容完全属实[11]。

4.5 光绪后期上虞前江海塘大修工程与绍兴府内历代塘工的不同之处

(1)在浙江海塘史上,钱塘江南岸绝大部分海塘毁损工程的大修,均由当地府、县主官负责兴办。虽然喻兆蕃也是知府级主官,但却是由浙江巡抚直接委派的官差,是代表浙江巡抚来上虞县实地督办海塘大修的。说明了光绪"二十五年已亥夏大水,后郭塘决七口,祸延三邑(县)"灾害的严重性。而这一工程,应当属于省级重点海塘修复工程。

(2)喻兆蕃曾任工部都水司主事,作为浙江巡抚委派主持督办的知府级主官,与一般府县官吏相比,在治理水患与海塘工程上更具有专业的见地。

(3)地方官吏在主办塘毁工程中,按例都会到现场视察,但大多数指挥,均在衙门内运作。但与此不同,喻兆蕃受浙江巡抚委派到上虞督办前江海塘工程,并未驻于条件较好,位于上虞县城(丰惠)的驿馆。而是与当地官民一起,常驻工地。先是驻扎离前郭工地不远的百官镇旌教寺内，为了督办更加方便，后又从旌教寺搬到松厦镇水利局。由远而近，实施抵前指挥。

（4）110多年前的光绪后期，喻兆蕃受命督办上虞县前江海塘大修，前后历时20个月，共耗资英（鹰）洋10.3575万元，其工程规模之大，化费之巨在浙江海塘史，在钱塘江南岸海塘史上是比较突出的。

喻兆蕃与上虞众乡贤的业绩，不仅受到当地民众的赞誉，也得到了清廷的肯定。光绪二十九年（1903年）七月初八，护理浙江巡抚翁曾桂（即由布政使代理巡抚的翁同书三子），在向光绪帝的《奏议》中，对在前江塘大修中任劳任怨的喻兆蕃，倡建上虞前江石塘的兵部员外郎潘炳南，慷慨捐资的上虞籍二品封职、花领道衔的陈渭、内阁中书王济清等人一批有功人员，建议朝庭一并从优议叙，在得到光绪帝准许后，分别给予了褒奖[11]。此后，据江西《萍乡市志》记载，喻兆蕃后升任宁绍台道、浙江布政使等职，在任职时亦多有政绩。

4.6　上虞前江塘大修与改建石塘的经费来源

与钱塘江北岸的海塘修护经费来源不同，清廷对钱塘江南岸绍兴府各县海塘工程，除出险救助由省拨部分款项外，修建、改建海塘的费用，历来按照实行"官办民捐""官督民办"的惯例办理。在清代除一些用于抢险救灾应急的财政拨项由朝廷命官、当地乡绅主动捐助。为了给绍兴府濒海各县田户"减负"，乾隆皇帝曾于乾隆元年（1736年）三月初五日下旨，决定取消这一做法："朕闻浙江绍兴府属山阴、会稽、萧山、余姚、上虞五县，有沿江海堤岸工程，向系附近里民按照田亩派费修筑，而地棍衙役于中包揽分肥，用少报多，甚为民累。嗣经督臣李卫檄行府县，定议每亩捐钱二文至五文不等，计值银三千余两，民累较前减轻，而胥吏仍不免有借端苛索之事。朕以爱养百姓为心，欲使闾阎毫无科扰，著将按亩派钱之例即行停止。其堤岸工程遇有应修段落，着地方大员确估，于存公项内动支银两兴修，报部核，永著为例。"[13]但由于修塘费用支出巨大，且小修不断，大修平常，致使地方府、县财政捉襟见肘，而难以承受。因此，这道"圣谕"，不仅很难得到落实，更无法做到"永著为例"。而后，一旦海塘出险，官府除了组织抢险、赈济灾民等项外，在大多数情况下，只能暂从官府库银中预拨若干银两，以应塘工急需。此次上虞县前江海塘改建费用，除先报浙江巡抚府核准，由省厘库预拨半数作为启动外。在多方筹资中，主要是依靠上虞籍的官吏、富商、乡绅捐款。据《石塘征信录》载，其中，仅该县乡贤陈渭、王济清等6人，一次捐助就达鹰洋23300元[10]。

5　上虞前江塘工的实绩与史志依据

（1）据光绪年间，上虞塘董会成员金鼎所撰的《改建石塘颠末》，及民国时期连光枢所纂《松夏志》等史料实录，自光绪二十六年二月至光绪二十七年（1900—1901年）秋后，在不到两年时间内，完成由省巡抚府委派喻兆蕃等现场督办，并由上虞塘董会具体承办的上虞前江塘大修工程。作为直接参与喻兆蕃主持大修前江塘的当事人与知情人，他们的记载具有客观性。

（2）《清史稿·恽祖翼传》亦有较明确的记载："……上虞南塘旧以土筑，水至辄决。

采众议，改建石塘千一百丈，始免水患。"正史所确定前江塘改建的石板塘总量（除未列入坍水外），与浙江巡抚翁曾桂具文《奏议》，及上虞乡绅所撰的《改建石塘颠末》及《松夏志》相符。

（3）对这起"官督民办"的上虞前江海塘改建石塘的实绩，在光绪二十九年（1903年），浙江巡抚府曾委派候补知府尹良，专程赴上虞县前江塘工地现场，对工程耗费及工程质量，逐段核实无误后，由护理浙江巡抚（布政使代理巡抚）翁曾桂，具文《奏议》呈报清廷，并经光绪皇帝准奏[11]。

6 由"羊山勒石"文字引起的思考

6.1 搞清了"羊山勒石"中尚未记全的一些情况

（1）《改建石塘颠末》等明确记载：这起塘工的转运所，分别是位于山阴县羊山、会稽县鸟门山这两处。由山阴县羊山、会稽县鸟门山这两处采石场所采办的各档石材，从水路运至曹娥下塘湾，经在曹娥所设的收量所查验后，再运到上虞前江塘的后郭、花弓（宫）这两段工地备用。

（2）"羊山勒石"中记载的一些上虞这起塘工的热心发起与操办者，都是当地有身份、地位与威望的乡绅。其中，上虞县塘董潘炳南，曾授兵部员外郎衔；俞彦彬、俞士鉴、顾陞荣，均系上虞县塘董与当地乡绅。其中：俞士麐（"羊山勒石"中误为"俞士鉴"），曾任试用教谕之职；"羊山勒石"中未载入的上虞县塘董金鼎，曾任安吉县训导；而"羊山勒石"者王惠元，则是受上虞塘董会委派到山阴县，采办前江塘大修所用石材，并长驻羊山石场的转运所主管；一同参加"羊山勒石"的严佐宸，则系上虞县知名乡绅。

6.2 一些史志未记载这起塘工修筑的原因分析

《宁波市志》只记了喻兆蕃在甬任职年月，而未载其具体事迹，应该是出于修志者的考量。因该志书所列的人物传记，均仅载甬籍人士。况且喻兆蕃办理上虞塘工，是在他任宁波知府之前，而上虞又非宁波府属县，这也可以理解。至于20世纪90年代印行的《上虞县志》《上虞县水利志》，因何未记载这起喻兆蕃督办塘工的原因不详；由于市级志书的相关素材，大多来源于县级志书。上虞县相关志书未收录这起塘工，《绍兴市志》及有关志书当然也就无载；此外，因喻兆蕃具体办过的差事甚多，加之他并未曾正式任职绍兴，在850km外的江西《萍乡市志》遗漏未载，亦情有可原。

7 结语

这起前后历时20个月，耗资巨大的上虞前江海塘大修、改建石塘工程，由浙江巡抚恽祖翼所委派，并由候任知府喻兆蕃具体督办的上虞县前江海塘大修。改建石塘工程，应当属于浙江省级重点海塘改建工程。作为省级重点塘工，此事在当年的档案应有文字记载。而据考现存的宋、明、清历代绍兴府、县方志，大多海塘工程均由县或府为主督办。而由浙江巡抚委派知府级官员，进驻工程现场，级别之高、时间之长、耗费之巨，这是有史志记载的钱塘江南岸海塘工程中，极为少见的案例。但在《钱塘江志》《明清钱塘江海塘》这两部专业志书，所列的"南岸百沥海塘"条目中并无提及；而且，上述两部史志的记载，从统计时间到总工程量，存在明显矛盾：《钱塘江志》的统计时间，为光绪十八年（1892年）与光绪二十五年至二十七年（1899—1901年），海塘两段相加，总计均为3.98km系近10年中所建的石塘量；而《明清钱塘江海塘》的统计时间，则为光绪十八年至清末（1892—1911年），两段相加总数均约为3.98km，为近20年间所建总的石塘数，这些都有待进一步核实与梳理。

参 考 文 献

[1] 陈元泰. 齐贤镇志 [M]. 北京：中华书局，2005.
[2] 上虞市水利局. 上虞水利志 [M]. 北京：中国水利水电出版社，1997.
[3] 钱塘江志编纂委员会. 钱塘江志 [M]. 北京：方志出版社，1998.
[4] 陶存焕，周朝生. 明清钱塘江海塘 [M]. 北京：中国水利水电出版社，2001.
[5] 浙江省水利志编纂委员会. 浙江水利志 [M]. 北京：中华书局，1998.
[6] 绍兴市志编纂委员会. 绍兴市志 [M]. 杭州：浙江人民出版社，1996.
[7] 上虞县志编纂委员会. 上虞县志 [M]. 杭州：浙江人民出版社，1990.
[8] 萍乡市地方志编纂委员会. 萍乡市志 [M]. 北京：方志出版社，1986.
[9] 俞福海. 宁波市志 [M]. 北京：中华书局，1995.
[10] 冯建荣. 绍兴水利文献丛集（下）[M]. 扬州：广陵书社，2014.
[11] 上虞市地方志办公室.《松夏志》校续 [M]. 北京：中国文史出版社，2018.
[12] 赵尔巽. 清史稿 [M]. 北京：中国文史出版社，2002.
[13] 李亨特. 乾隆绍兴府志 [M]. 北京：中华书局，2006.

绍兴古纤道沿革及建筑考

童志洪

（绍兴市鉴湖研究会，浙江绍兴　312000）

> **摘　要**：绍兴古纤道源于依古越时期山阴故水道而筑的山阴故陆道，经东汉会稽太守马臻围筑镜湖堤塘、西晋会稽内史贺循开凿西兴运河时筑起堤塘后，由唐代浙东观察使孟简增筑为运道塘。这条紧挨唐、宋、元、明、清历代漕运"国道"，历经千年沧桑的古纤道，作为中国大运河沿岸存世稀少的世界文化遗产保护地，历代所筑的形态、种类不一，建筑结构、工艺、技术各有特色，应在科学研究的基础上，切实加以保护、利用和传承。
>
> **关键词**：绍兴古纤道；内涵外延；建筑工艺

2014年6月，浙东运河作为中国大运河的重要组成部分，被联合国教科文组织列入世界文化遗产名录。绍兴古纤道作为全国重点保护单位，是中国大运河沿线存世稀少的世界文化遗产保护地，是一项极具浙江地方特色的大运河文化遗产。

多年前，笔者曾在学术刊物上发表过绍兴古纤道的形成与养护方面的文章[1]。回首看来，对绍兴古纤道的基本内涵、外延与历史沿革论述尚不尽完善，对绍兴古纤道的作用尚需作系统的研究，对绍兴古纤道的性质、种类、建筑形态等方面的认知也有待于深化。

1 绍兴古纤道的概念与范围

1.1 绍兴古纤道的基本含义

绍兴古纤道是指始于古越、止于清末，在长达2000多年的历史长河中，越地先民为求生存、谋发展，因时因地制宜，利用紧靠各类水道旁的堤堰，将它用于陆地交通、行舟举纤、防浪避险、保岸护田等实践所逐步形成的陆道。它是古人集体智慧的结晶，也是现今中国大运河沿岸独一无二的历史文化遗产与古建筑瑰宝。从这一概念可以看出：①绍兴古纤道始于春秋时期，涵盖了从山阴故陆道时期的泥塘，发展到明清石塘"巨工完成"时期的漫长历史进程；②古纤道作为古代越地民众集体智慧结晶，它的范围包含了官塘与民塘两大块，并具有多种建筑形态；③就基本属性而言，绍兴古纤道既是连接越地东西部的陆道，同时又是集行舟举纤、避浪祛险、护岸保田等多种功能于一体的水利工程。

1.2 绍兴古纤道涵盖的范围

广义上的绍兴古纤道，包括古代越州（绍兴府）所属山阴、会稽、萧山3县运河上，所有由官府及民间主持所筑，具有行舟举纤、护岸避险等作用的陆道；狭义上的古纤道，则主要是指由古代越州（绍兴府）、县官府主持所筑的纤道塘，即人们所熟悉的、筑于鉴湖南塘与西兴运河漕运水道旁的纤道。

根据不同的标准，绍兴古纤道可以作出不同的划分：①按历史沿革分，可以分为古越时期、汉晋时期、唐宋时期与明清时期的古纤道；②按主持建筑的主体分，可以分为官塘与民塘；③按建筑材质与形态分，可以分为泥塘与石塘；④按石塘建筑形态，还可以分为依岸而筑的纤道与破水而筑的石塘，而在破水而筑的石塘中，还可以进一步细分为破水而筑的实砌纤道、破水而筑的石墩纤道（石墩平梁桥）等。

2 绍兴古纤道的官塘与民塘

2.1 绍兴古纤道的官塘及功用

作为由官府主持修筑的陆道，除具有水利、避险的一般功能外，不同的官塘，其主要功用又有所侧重。具体说，南塘与北塘，主要用于漕运；御河塘，主要用于南宋时期运载帝后灵柩的御舟通行，与皇族、百官赴攒宫宋皇陵祭祀出入；西小江塘，从主要用于防患洪涝灾害，后发展到水陆交通；昌安塘，最初主要用于军事海防，逐步发展为军民两用。

2.1.1 南塘与北塘

南塘亦称南渠，即源于古越时期依山阴故水道所筑的山阴故陆道，后又在东汉会稽太守马臻所筑镜湖堤塘的基础上，发展演变而成的古纤道。北塘，亦称北渠、中塘（即位于鉴湖南塘与山阴后海塘中间的堤塘），系在西晋会稽内史贺循开凿的西兴运河堤塘基础上，由唐代浙东观察使孟简所筑的运道塘。

以上两条经越州（绍兴府）城东西相连接的古纤道塘，始于会稽县的曹娥堰，止于钱塘江南岸的萧山县西兴镇（图1）[2]。而现今保存良好的绍兴市境内这段，便是人们最为熟悉、早已公布为全国重点保护单位的绍兴古纤道，也是中国大运河独具一格的世界文化遗产保护点。除具有水利、避险等功能外，主要用于水陆交通中的行路出入、行舟背纤。

2.1.2 御河塘

系南宋初期，朝廷在会稽县宝山设立攒宫陵寝时，出于殡葬、帝后梓宫御舟通行与祭祀需要，在紧靠会稽运河支流（现名攒宫河）旁所筑起的纤道。万历《会稽县志》载："御河，在县南十五里。自董家堰抵宝山，以宋有攒陵故名。"[3] 御河自会稽运河的董家堰进入，经上蒋、腰鼓山、芝山等地，至攒宫村，长约8km。

董家堰至攒宫的御河纤道，始筑于绍兴元年（1131年）四月，孟太后灵柩归葬前。据嘉泰《会稽志》载："为营造攒宫皇陵，朝廷任命攒宫李回为总护使、胡直孺为桥道顿递使。"[4]"桥道顿递使"的使命，除保障出殡船队所经之地的食宿、县际交接等事项外，便是保证御舟过桥与水陆道路包括纤道出入的顺畅。攒宫山陵总护使、桥道顿递使的人选，历年又有所变动。御河沿岸的道路、桥梁等设施，在孟忠厚任绍兴知府时期的绍兴十三年（1143年）六月全部竣工。

2.1.3 西小江塘

南宋嘉定六年（1213年），在浦阳江占道钱清西小江所带来水患，与台风正面袭击的共同作用下，"清风、安昌两乡所处的山阴后海塘溃决五千余丈"[5]，"田庐漂没，转徙者

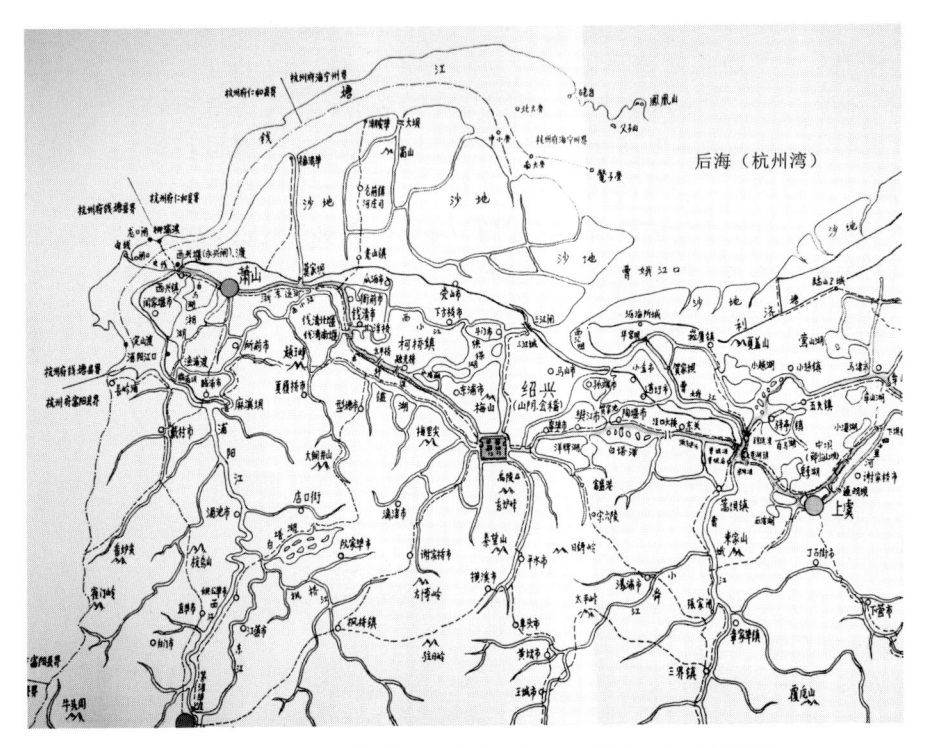

图1　明清浙东运河越州（绍兴府）城东西相连接的古纤道段

二万余户。斥卤渐坏者七万余亩"[5]。绍兴知府赵彦俅在组织民众抢修海塘的基础上，围筑起西小江堤塘。

明代成化年间（1465—1487年），绍兴知府戴琥主持修筑临浦麻溪坝，将浦阳江归于钱塘江，切断了因浦阳江占道西小江，而对山阴、会稽、萧山3县造成的水患；又于濒海之地，修筑柘林、夹篷、扁拖等多所水闸，以节制潮水，从而化害为利，使西小江水患随之消除[6]。嘉靖十五年（1536年），绍兴知府汤绍恩又在玉山斗门2000m外的三江村沿海，建起28孔应宿闸，最终使西小江成为内河。而原先的西小江堤塘，也成为民间用作交通的陆路与运河行舟背纤的纤道。据嘉庆《山阴县志》记载，随着西小江水患的消除，宋明时期在西小江沿岸围筑的"渔后堰、鸭赛堰、西墟堰、蜀阜堰、华舍堰、姚弄堰、抱盆堰，以上多在西小江南塘上，蓄泄塘南之水。因江塞，俱废。今建桥"[7]。方志中所称的"因江塞"，并非指西小江的堵塞，而是指历史上经常占道西小江，祸害山阴西北部的浦阳江水患被堵住后，已归入了钱塘江流域。在西小江变为内河后，原先防患水患的堤岸，作为陆路与纤道，随着年代的迁移，其中的不少堰堤陆续改建为桥梁。其中，现存柯桥区钱清镇渔后桥段纤道，已于2013年公布为全国重点文物保护单位。

2.1.4　昌安塘

嘉靖《山阴县志》载："三江所城，去县北三十，在浮山之阳。国朝洪武二十年（1387年）信国公汤和所筑。……水门四，可通舟楫。三江巡检司城，在龟山之上，……亦汤和所筑。"[8] 万历《绍兴府志》载："昌安塘，在昌安门外，直抵三江海口。明洪武二十年，筑三江城，因为堤，置舍铺焉。"[6]

昌安塘的建筑，与明初绍兴卫直属的三江千户所直接相关。当年在三江设立所城与巡检司城，主要是为了防范元代后期起，浙东沿海倭寇与海盗的侵扰。其中，洪武年间（1368—1398年）所建绍兴卫的三江所，在编千户等军官21员、额兵1352名，下辖6座烽堠。从配备看，不仅明显高于沥海所，甚至还优于当年绍兴府辖内的临山、观海两卫，足以证明三江所在绍兴海防中的地位。

作为三江海防的配套设施，昌安纤道塘的建设，主要为从水上向三江所及巡检司等军事机构运输军火、器械、粮秣等后勤保障与支援，与必要时调运兵力所需。始于绍兴府城昌安门（即三江门）外，终于三江所城的这条纤道塘，全长约10km，其建筑形态大多为依河岸而筑。古代从昌安门外去三江的官塘，筑有里、外二塘：里官塘，是从石泗、寺东、王相桥至三江所城；外官塘则出昌安门，沿直落江一路向北，经赵墅、谷社、富陵、何间房、斗门盐仓溇，辗转至三江所城。

2.2 绍兴古纤道中的民塘及功用

民塘是指由绍兴民间乡贤主持，由民间乐善好施的乡绅、商贾、寺庙（庵、观）等单独或共同出资兴建、修筑，供民间行路与行舟举纤的陆道。

2.2.1 狭獬湖避塘

狭獬湖避塘（图2）位于今绍兴市越城区灵芝街道境内的狭獬湖中，全长约3000m。避塘既可用于舟楫进入塘内规避风险，又是沟通湖南北两端，用于登岸举纤的陆道。同时，还具有保护河岸、防止水土流失的功用。这条避塘，由会稽县乡贤张贤臣独自捐资，于崇祯十五年（1642年）开建。"山阴西北有湖曰狭獬，直阔十里许，舟过遇巨风辄覆。贤臣筑石塘其中，石费工费六千两有奇，七阅岁而落成。舟行登塘举纤，舟无覆者。"[9]

图2 狭獬湖避塘及其建筑形态

经实地考察，这座破水而筑的避塘，与筑于运河中的官塘最大的不同在于：塘身大部分的石材，是用宽30～40cm、长1.2～2.4m未经修凿的石条毛料，直接在湖中南北向层层往上叠筑，而后在塘面上，用石板东西向覆盖上而成。塘两边并不整齐规则，整条塘形态连续呈S形状，显得较为粗放。这种建筑状态可以明显看出，当年筑塘时（除中间的3座石桥外），筑砌避塘塘身时并未筑坝，而是利用多年旱季湖水较浅时，直接向湖底投石，层层向上砌筑而成。

2.2.2 柯齐纤道

起自绍兴市柯桥古镇下市头直街尾部，沿管墅直江经道塘桥一路向北，抵达今柯桥区齐贤街道下方桥。在《齐贤镇志》中，这条纤道是作为陆路来记载的，"明清时期，山阴县域主要道路进一步拓展……"，由下方桥"至柯桥，途经湖岙、兴浦、张家垫、周家桥、管墅"[10]。这段纤道，除一些乡村集市旁的纤道相对较为周正外，大部分是在沿河泥路上覆盖上石板的陆道。

2.2.3 马鞍纤道

马鞍纤道位于今绍兴市柯桥区马鞍街道境内。"马鞍古运河，南起夹蓬闸，北绕马鞍山，……直至马鞍汤湾坝桥。共穿越16个村，全长多达5000m。……古时石板平铺岸边，沿河筑有一条完整的纤塘路，纤塘路平整光洁，连绵延伸至马鞍丁家堰庵桥，逆水行舟时可拉纤前进。河道每隔一段路设埠头。"[11]

3 绍兴古纤道构筑形态与种类

绍兴古纤道构筑形态及种类，大致上可分为泥质（或上覆防滑沙石）土塘、土塘上覆盖石板的纤道、用块石与条石层层筑砌（上覆石板）的纤道3种。

3.1 泥塘

泥塘是绍兴古纤道最原始的形态。身处河湖纵横泽国水乡的越人，为求生存发展，自古便以舟为马，驱楫为车，利用一切可以利用作为行纤的靠水河岸，在没有纤路的情况下，逐步开辟成为行路举纤陆道。绍兴古纤道从最初的纯泥土塘，发展为上覆以沙泥、细石的泥塘；再从泥塘上覆盖部分石板，发展到全部为条石砌筑、上覆石板的纤道，这是一个漫长的历史进程。大体说来，古越至汉、唐时期分布于乡间的纤道，基本为泥塘。尔后，逐步改为上覆一些防滑沙子、细石的泥塘。直到宋代，除府县、集镇、街市周边局部地段出现了一些石砌纤道外，鉴湖南塘沿岸用以行路举纤的堤塘，大部分仍然是上覆防滑沙泥、零星石块的泥塘。这在陆游寓居"三山别业"时，在《春日杂兴》诗里所记"方塘盎盎带泥浑，远草青青没烧痕"，在《肩舆历湖桑堰东西过陈湾至陈让堰小市抵暮乃归》的"堤远沙平草色匀，新晴喜得自由身"，以及在《雪晴欲出而路泞未通戏作》的"雪消重作雨，冰释又成泥"等诗句中，[12]可以得到佐证。而从明代起，则是古纤道大规模石化的时期。到清代，分布于绍兴水乡河湖旁的各类民塘，则进入了"巨工完成"时期。

3.2 石塘

即在运河边或河中，用条石按"顺丁"砌筑法，从河底层层筑成高达2m以上，上面横覆1.2～1.5m宽的石板，用以行人或行舟举纤的陆路堤塘。

石塘初始于南宋，盛行自明清。石塘的构筑形态与种类，主要可分为依岸而筑的石塘、筑于河中的石塘这两大类型。这类纤道，既是古代民间行路、举纤的陆道，是水上交通的配套设施，同时又是避浪祛险、保岸护礓的水利设施。

石塘具体分为依岸而筑的石塘和破水而筑的石塘两种。依岸而筑的石质纤道，为单面临水、紧靠河岸，一般设于河面不太宽阔处。塘基的砌法有两种：一是用条石错缝，横平间砌筑丁石，层层上叠；二是采取"一顺一丁"之法垒砌。纤道路面高出水面0.8～1m，上用以宽0.7～1m、长1.2～1.5m的石板横铺。这类纤道，无须筑坝，用工、用料较省。

施工前在河岸旁打上木桩，清除浮泥杂草，夯实基础，即可将条石层层向上砌筑，最后在上面覆以石板。这种依岸而筑的纤道，长约占75km的绍兴古纤道的80%。

破水而筑的石塘，则系两面临水、破水砌筑，通常均位于河面宽阔之处。因船只突遇狂风恶浪，极易导致倾覆。这种石塘，除了发挥方便行路、举纤的主功能外，在突发气象灾害时，亦能使漕运与民间舟楫，通过纤道上的桥梁，进入塘内躲避风浪，确保安全。这类纤道亦可称之为古纤道的避风塘，或者是具有避风功能的古纤道。

3.3 破水砌筑

（1）破水而筑的实砌纤道。施工前，在河中筑起临时堰坝，再用水车抽干坝内之水。清理、夯实河床上的纤道基础后，再将条石交错于石缝间，层层向上砌筑，最后在上面覆以横铺的石板（图3）。这类纤道宽度约1.5m、高出水面0.8~1m。作为连接，每隔一段纤道，建有一座梁桥或拱桥，既方便运河（湖）支流的舟楫进出，亦可在狂风恶浪下用于紧急避险。

（2）破水而筑的石墩纤道（石墩平梁桥）。破水而筑的石墩纤道（石墩平梁桥）与破水而筑的实砌纤道施工要求相同，事前也须在河中围起临时堰坝，用水车抽干坝内之水，清理、夯实河床上的纤道基础后，每隔约2.5m设一石墩，采用"一顺一丁"法干砌，墩与墩之间用3根长约3.5m、宽0.4~0.5m不等的大条石，并列搁置，用作石梁。纤道面宽1.2~1.5m、高出水面约0.5m。这种贴水而过的水上平桥，民间一般称为"锁链桥"，在现代史料中称为"纤道桥"（图4）。

图3 破水而筑的实砌纤道　　　图4 破水而筑的石墩纤道

为贯通南北向水道，在石墩纤道中间，每隔一段建有桥梁，它既可行人，亦可背纤。一旦遇上风浪，舟楫即可就近从桥下进入塘内避险。石墩纤道由于高度降低，石墩用材无须巨大的石条，用块石砌筑后的墩与墩之间又存有较大空间，因此所用石材大为减少，成本也相对较省。其投工量与建筑成本，约为实砌纤道的1/3~2/5。

破水而筑石质纤道的工序，方志中并无记载，但有现代案例可作佐证。直到21世纪初期，在柯桥主城区广袤的瓜渚湖上，兴建约500m破水而筑的游步道与桥梁时，仍然是先行筑坝，在抽尽坝内湖水，出净并打实基础后，才从湖底部向上层层砌筑的。

这一事例足以证明：在500多年前，在缺乏现代工程设备、技术条件的弘治前期（1488—1493年），要在水深2m的运河中，砌筑上下相对整齐划一的石质纤道，在施工前筑起临时堤坝，征用与调集大批农用木制水车，抽干河水清除河床淤泥、乱石杂物，平实塘基，乃是保障破水而筑石砌纤道施工质量、安全，与顺利完工的基本前提。

需要说明的是，破水而筑的实砌纤道与石墩纤道，虽然均建于河中，但并非建在运河的中心位置，一般为靠近河岸，离岸多在20～30m。这是因为：一是此地河水比运河中央相对较浅，可以省工省料；二是这类避风塘性质的纤道，目的是让舟楫在突遭狂风大浪时，经桥洞入内避风祛险。从实际需要看，即便当年入内避险的是较大的舟楫，在塘内转弯、掉头等，离岸20～30m的空间已完全足够。

3.4　绍兴古纤道的区域特色

会稽县段古纤道（今分属越城、上虞区，下同），多位于运河北首，依鉴湖官塘而筑。建筑形态，除东关、皋埠等地有一些筑于河中的实砌纤道外，大部分为依岸而建的石塘；萧山县段运河纤道坐落及形态，与会稽县段大体相同，亦多建于运河北首。因宽阔的河面并不太多，除新塘、衙前等地有一小部分筑于河中的实砌纤道外，多为依岸而筑的纤道。

山阴县迎恩门外至钱清镇这段运河纤道，均坐落于运河南岸或靠近南岸的河道中。与会稽、萧山两县境内的古纤道相比较，其建筑形态更呈多样性：①单面临水、依岸而筑的纤道；②两面临水、破水而筑的实砌纤道；③两面临水、破水而筑的石墩纤道（锁链式平梁桥）；④建于实砌纤道与石墩纤道之间的各类拱形、梁式石桥；⑤南首筑于古纤道上的跨西兴运河的拱桥与拱梁组合大桥。其中的迎恩桥、融光桥、太平桥现均为全国重点文物保护单位。这段古纤道，也是古代绍兴运河纤道中，造型最为丰富、最具本地水乡特色的一段。

4　绍兴古纤道的石化历程及经费

4.1　始于宋代、盛于明代

据《宋史》河渠志载，南宋绍兴初年（1131—1132年），宋高宗赵构驻跸绍兴府城时，曾因会稽县运河浅涩、漕运受阻，疏浚、整治从都泗堰至曹娥塔桥河身、夹塘。但这段文字并未载明当年是否在沿途纤道用石材做过硬化。史志中确切记载古纤道"甃以石"的文字，应是嘉定十四年（1221年），绍兴郡守汪纲主持对西兴运河大规模疏浚时，对部分运河纤道实现的硬化。据《宋史》载："萧山有古运河，西通钱塘，东达台、明，沙涨三十余里，舟行则胶。乃开浚八千余丈，复创闸江口，使泥淤弗得入，河水不得泄，于涂则尽甃以达城阖。十里创一庐。名曰'施水'，主以道流。于是舟车水陆，不问昼夜暑寒，意行利涉，欢欣忘勤……"[13]"方志明载：汪纲认为，疏浚萧山运河三十里，创碑江口，以止涨沙，甃石通途凡十里，中为施水亭，往来称便。"[14] 也就是说，嘉定十四年（1221年），西兴运河西端至少有约5km古纤道用石材作了硬化。

绍兴古纤道的全面石化盛于明代。据万历《绍兴府志》载："山阴官塘，即运道塘（方志中亦称北渠、北塘），在府城西十里。自迎恩门至萧山，唐观察使孟简所筑。明弘治（1488—1505年）中，知县李良重修，甃以石。"[15] "李良，字遂之，山东人。弘治间（元年至六年，即1488—1493年在任）以进士知县事。才略过人，轻徭节费。时运河土塘，霖雨浃旬即颓塌，水溢害稼，且病行旅。所司岁修筑，劳苦无成功。良设法甃以坚石，亘五十余里，塘以永固，濒河之田免于水患，至今便之。"[16]

李良在改造绍兴古纤道中，大面积使用采自山阴县柯山、羊山等处坚硬平实的石材，来重新铺砌运河纤道。其中采取的一个大动作，是将不少地段的纤道，筑于水面宽广的运河中，作为连接，还在纤道中间建起了不同造型的石桥，既硬化了绍兴城西迎恩门至山阴县钱清的陆道，又有利舟楫避风祛险、保护河岸。这是绍兴纤道建筑工艺上的一次历史性飞跃。

4.2　工期与经费

据《宋史》载："嘉定十四年（1221年），郡守汪纲申闻朝廷，乞行开浚。除本府自备工役钱米外，蒙朝廷支拨米三千石，度牒七道，计钱五千六百贯添助支遣，通计一万三千贯。"[14] 从以上文字可以看出，汪纲在整治西兴运河及古纤道时，工期为一年，即嘉定十四年（1221年）当年完工。经费来源：一是奏请朝廷拨项资助；二是利用本府自筹部分资金；三是征调府内工匠夫役、充服徭役等方法解决工费。而朝廷的拨项资助，无疑是一个重要来源。

现存明代府县方志记载李良筑北渠（即山阴官塘、运道塘，下同）、汤绍恩筑南渠（即鉴湖南塘，下同）的石质纤道，文字仅寥寥数笔。汤绍恩筑南渠的时间，为嘉靖十七年（1538年），因为基本是依岸而筑、在泥塘上覆以石板的陆道，工期并不长，系当年完工。而李良对北渠"甃以石"具体施工期限则无载。且以上两段工程，均无经费来源等记载，后世方志亦并无补记。

从工期与经费来源看，崇祯年间乡贤张贤臣筑3000m狭猞湖避塘，耗银"石费工费六千两有奇，七阅岁而落成"（历时7年）[9]；康熙初期，山阴"邑庠生余国瑞倡修，首捐赀产远近乐输万余金（银两）"[7]。从这两个典型案例可以证明：即使李良作为一县主官，举一县之力，对山阴运道塘"甃以石"，动员力远胜于民间的情况下，如此巨大的工程量，虽不致一拖数年，但2年左右的工期也是少不了的。

因明代方志无弘治年间山阴县税赋记载，现以方志有载的永乐十年（1412年），山阴县税赋收入作为参照。据考："该年的山阴县，共征收夏税麦1696余石、本色麦1573余石，钞一千六百三十六贯八百九十二文；秋粮米10.26余万石、本色米10.23余万石，租钞二万四千四百七十三贯四百一十二文；加上一些官房赁钞、农桑等租钞收入，尚不到3万贯（一贯铜钱1000文，折银一两）。"[16] 即便将方志无载的盐、酒、锡铂税等地方收入估算增加一倍，即总税赋为6万余银两[7]，仍然是不够的。

另据方志记载：万历九年（1581年）"一条鞭法"在山阴县全面推行后，受到民众的欢迎。"每岁揭榜示民，执以输纳，司税者不能为奸，民尤便之"。尽管如此，山阴县当年的岁赋主要收入也仅为区区几项："赋额大率二项：曰本色米，共一万八千四百五十六石有奇；曰条折银，六万一千六百七十九两有奇。"以上各项相加，该年山阴县田赋收入为61860余两银子；而剩下未列入"一条鞭法"范围的，仅盐粮米、盐钞银、油榨钞、门摊钞4小项，山阴、会稽两县总计收入才184余两[17]。

由此可以推断出，弘治初期的知县李良，在山阴县数十里运河纤道上"甃以石"，除本县厘库投入部分财力外，主要是充分运用行政权力，集全县之力，征派工匠、民夫，应服徭役,广泛动员民间各界捐助等多种方式。也就是说,明代绍兴府、县将境内运河边上大部分官塘改筑石塘,虽由官府发起主持,并投入相应的地方财力,但购置石材、建设资金及用工等,绝大部分均源于民间。这从绍兴古纤道"甃以石"完成后,方志有载的历代维修中,其经费均出自民间热心公益的乡贤、士子,与寺庙庵观的捐资,可以得到印证。

5 结语

综观古今,这条源自与古越山阴故水道并行的山阴故陆道,经东汉会稽太守马臻围筑镜湖堤塘、东晋会稽内史贺循开凿西兴运河筑起堤塘,由唐代浙东观察使孟简增筑为运道塘,绍兴古纤道作为唐代至清代漕运"国道"的配套设施,历经千年沧桑,见证了沿岸的历史兴衰。历代所筑的古纤道种类不一,建筑结构、工艺、技术亦各有千秋。在新形势下,很有必要对它的内涵外延、历史沿革及各个时期的分类、形态等古纤道文化,进行系统的研究、宣传,并严格遵照《浙江省大运河世界文化遗产保护条例》规定,给予切实保护、利用和传承。

参 考 文 献

[1] 童志洪. 浙东萧绍古纤道的形成与修护考[J]. 浙江水利水电学院学报,2016,28(4):1-8.
[2] 邱志荣,陈鹏儿. 浙东运河史[M]. 北京:中国文史出版社,2014.
[3] 杨维新. 万历会稽县志:卷二 山川志[M]. 北京:中华书局,2006.
[4] 沈作宾. 嘉泰会稽志:卷六 陵寝[M]. 北京:中华书局,2006.
[5] 张淏. 宝庆会稽续志:卷四 堤塘[M]. 北京:中华书局,2006.
[6] 萧良幹. 万历绍兴府志:卷十七 水利志[M]//绍兴丛书编辑委员会. 绍兴丛书:第1辑. 北京:中华书局,2006.
[7] 徐元梅. 嘉庆山阴县志:卷二十 水利[M]//绍兴丛书编辑委员会. 绍兴丛书:第1辑. 北京:中华书局,2006.
[8] 许东望. 嘉靖山阴县志:卷一 疆域志[M]//绍兴丛书编辑委员会. 绍兴丛书:第1辑. 北京:中华书局,2006.
[9] 王元臣,董钦德. 康熙会稽县志:卷二十二 人物志四[M]//绍兴丛书编辑委员会. 绍兴丛书:第1辑. 北京:中华书局,2006.
[10] 齐贤镇志编纂委员会. 齐贤镇志[M]. 北京:中华书局,2005.
[11] 马鞍镇志编纂委员会. 马鞍镇志[M]. 北京:中华书局,2009.
[12] 钱仲联,马亚中. 陆游全集校注[M]. 杭州:浙江教育出版社,2011.
[13] 脱脱,阿鲁图. 宋史:卷四百八 汪纲传[M]. 北京:中国文史出版社,2002.
[14] 萧良幹. 万历绍兴府志:卷三十七 汪纲传[M]//绍兴丛书编辑委员会. 绍兴丛书:第1辑. 北京:中华书局,2006.
[15] 许东望. 山阴县志:卷七 宦绩传[M]//绍兴丛书编辑委员会. 绍兴丛书:第1辑. 北京:中华书局,2006.
[16] 许东望. 山阴县志:卷三 民赋志[M]//绍兴丛书编辑委员会. 绍兴丛书:第1辑. 北京:中华书局,2006.
[17] 徐元梅. 山阴县志:卷二十三 田赋[M]//绍兴丛书编辑委员会. 绍兴丛书:第1辑. 北京:中华书局,2006.

绍兴城市水系治理变迁与成效

徐智麟

（绍兴市水利局，浙江绍兴 312000）

> **摘　要**：城市河湖水系是城市发展及居住环境极为重要的组成部分，直接关系城市的品位和发展。绍兴的城市特色决定了其发展必然与水相连，而治水尤重。绍兴水系在历史上几经治理，累有变迁，从越国时期的平原河网水系形成如今的曹娥江大水系，城市也因之不断发展繁华。绍兴城市水系治理通过拓联大环河、修治古运河、疏清古城河、通浚新区河、整治古鉴湖等多项举措，在治理实践中传承弘扬了大禹治水的精神。
>
> **关键词**：水系；治理；变迁；成效

水是城市自然环境的重要组成部分，构建健康和谐美丽的城市水系环境是城市发展的重要条件，也是城市建设的重要内容。近年来，随着社会的发展和城市化进程的加快，人们对与水相关的资源环境、文化景观等都提出了更高的要求，越来越清醒地认识到城市河湖水系是城市发展及居住环境极为重要的组成部分，水系的建设程度直接关系城市的品位和发展。

绍兴的城市特色决定了其发展必然与水紧密相连，而治水肯定是贯穿其中的关键篇章。从古代大禹治水到汉代太守马臻修筑鉴湖，从晋贺循疏凿运河、唐修海塘到明修三江闸，绍兴治水代有所成。1999年，绍兴启动了市区环城河综合整治工程，至今已再次谱写出绍兴城市建设史和水利发展史上的华彩篇章。

在河湖水系治理中，梳理其治理变化过程和成效，无不透出大禹治水精神的光芒。

1　绍兴城市河湖水系的变迁

1.1　绍兴城市水系的起源

气候地理环境是历史演进的舞台，也是水系形成的基础条件。气候地理环境的变迁直接影响到人类的生产活动，在历史发展的早期更具有重要的作用。绍兴山水地貌独特，全境处于浙西山地丘陵、浙东丘陵山地和浙北平原三大地貌单元的交接带，地貌多样，地势由西南山区向东北平原和杭州湾倾斜趋势。绍虞平原平均海拔为5～10m。地表江河纵横，湖泊棋布。

绍兴气候环境优越，属亚热带季风气候区，四季分明，湿润多雨，绍虞平原一年中约有一半是阴雨天，平均降水量达1400mm以上，年平均气温在16.2～16.5℃。丰沛的雨量经山区大面积集雨后，从高向低依势流向平原，使绍虞平原形成30余处湖泊及

2000km的河流，这些湖泊与河流成为河网型水库，起到了滞洪、排涝、蓄水、用水及水上交通的功效，然后再从三江口注入杭州湾[1]。

1.2 绍兴水系形成

绍兴江河水系依山脉而分，龙门山脉是富春江和浦阳江的分水岭；会稽山是境内的主要山脉，连绵于柯桥区南部、诸暨东部和嵊县西北部，为浦阳江和曹娥江的分水岭；四明山连绵于上虞东南部、嵊县东部和新昌东北部，为曹娥江和甬江的分水岭；天台山绵亘于嵊县南部和新昌东南部，为曹娥江、甬江和灵江的分水岭。受地质构造和山脉走向制约，境内形成了浦阳江、曹娥江和鉴湖水系[2]。

1.3 绍兴城市水系的演变

1.3.1 越国时期的平原河网水系

越地曾被视为一片穷山恶水，这种境况到春秋越国时期开始发生了明显的变化。由于越国一系列水利工程的兴建，改造了平原的河网水系，促进了春秋时期绍兴地区经济的发展。宁绍平原的水环境到春秋晚期越王句践"徙治山北"后开始进行了巨大的改造。据《越绝书》记载，当时在宁绍平原的西部（山会平原）兴建了一大批水利工程，如富中大塘、练塘、吴塘、苦竹塘、石塘、山阴故陆道、山阴故水道、大城城墙等。

1.3.2 鉴湖水系的形成与式微

鉴湖位于会稽山北麓，在古代山阴、会稽两县境内。它是我国东部沿海地区最古老的水利工程之一，是和今安徽寿县的芍陂和河南息县以北的鸿隙陂齐名的我国古代最大的灌溉蓄水工程之一（图1）。

东汉顺帝永和五年（140年），会稽郡太守马臻主持修筑鉴湖，巧妙地利用了山-原-海高程上的变化，以会稽郡城为中心，分东西两段筑起堤塘，拦蓄会稽山脉诸溪之水，湖堤与稽北丘陵之间，从山麓冲积扇以下，包括所有平原、洼地、河漫滩等，都因积水而成为一片泽国，这样就形成了古鉴湖。鉴湖由于是筑塘成湖，水位抬高，于是就可以顺着自然地势启放湖水灌田。在当时和此后的一段时期，鉴湖以其工程规划之合理、建筑之完整、设施之齐全、管理之科学，在国内人工蓄水工程中处于领先地位。

鉴湖为绍兴的社会经济、文化的发展做出了巨大的贡献。但是，随着时间的推移，由于鉴湖自身的变迁、社会人口的增长、人地矛盾的发展，对山会平原北部的开发提出了更高的要求，鉴湖的局限性也逐渐显露出来，鉴湖无法解决后海涌潮沿潮汐河流上溯北部平原的问题，而这些问题的解决反过来也促使鉴湖的湮废。

海塘的完成使远离南塘的土地也具备了垦殖的条件，因此，在南部围垦湖田，让水体转移到北部，成大势所趋。此事在北宋盛行，到南宋就基本完成。南塘消失使原来的鉴湖成为一片阡陌纵横的河江农田。湖水一部分转入北部，形成如瓜渚湖、狭獠湖等许多新的湖泊，使山会平原的水系发生变化。

1.3.3 运河水系的形成

史料研究表明西兴运河为：山会平原段西起浦阳江（西小江、钱清江），东濒曹娥江（东小江），南屏会稽山，北以萧绍（山会）海塘为界，从西兴起到郡城止。运河水系特指

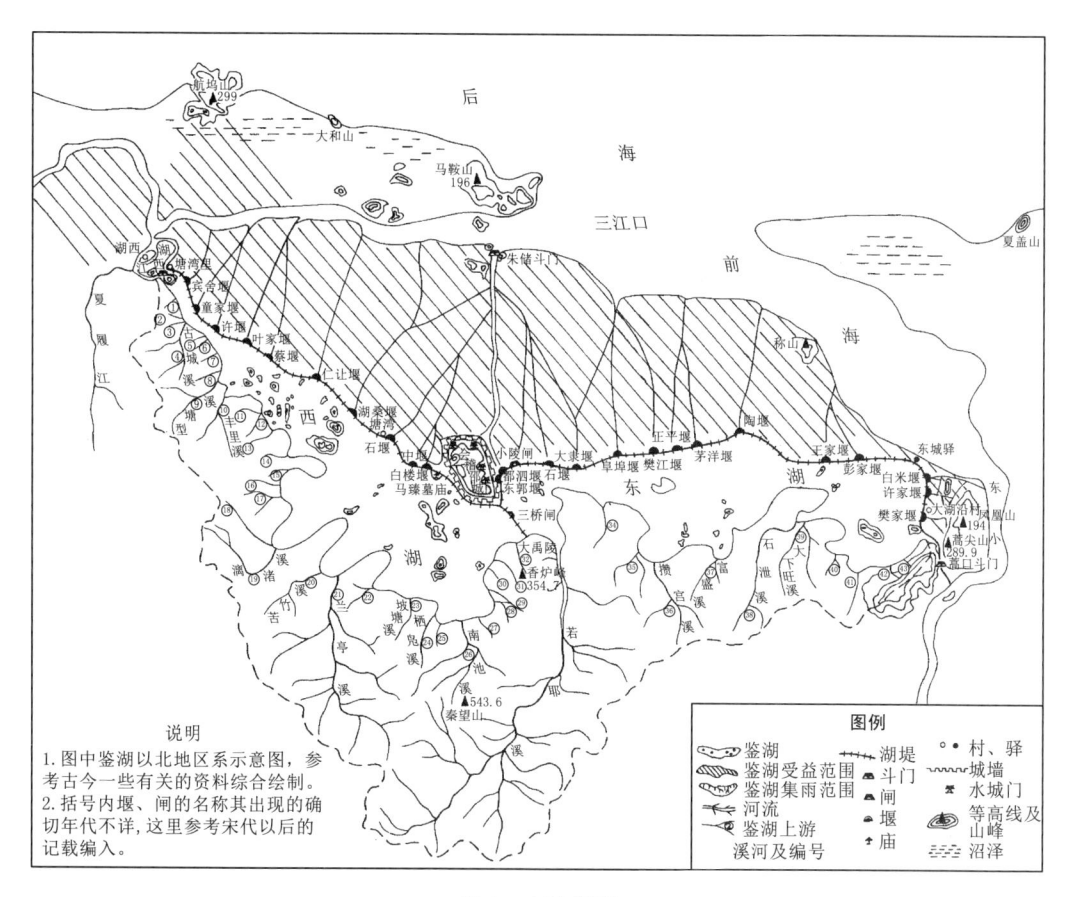

图 1　古鉴湖图

绍兴北部平原区（山会平原）内以运河为主干、以河湖网为特色、以海塘为屏障、以三江闸为枢纽的平原河湖水系，整体以运河串联水系的主干河道。运河水系是在鉴湖水系的基础上，经历了漫长的历程而成形。贺循于西晋永嘉元年（307 年）疏建西兴运河是运河水系的肇始；唐宋时期大规模修筑山会海塘，为运河水系与后海隔绝创造了条件；南宋鉴湖湮废，使这一段主干河道作用更加地突出；明开碛堰使浦阳江归复故道，基本隔断了运河水系与浦阳江的联系，后来，于嘉靖十年（1531 年），汤绍恩建三江闸，使水系吐纳有节，运河水系最终才真正成为内河水系并确立。

2008 年 12 月 18 日，曹娥江口门大闸正式启用，标志着曹娥江大水系时代的到来。

1.3.4　曹娥江大水系的逐渐形成

（1）曹娥江原水系。曹娥江干流过去曾分段称为剡溪、上虞江、舜江和东小江，后为纪念东汉孝女曹娥而改今名。曹娥江上游属山溪性河流，下游原属潮汐河道，在 2008 年底曹娥江河口大闸建成后成为内河。干流长 197km，平均比降 3.0‰。主流澄潭江发源于磐安县尚湖镇城塘坪长坞，向北流经新昌县的镜岭、澄潭、梅渚至嵊州市苍岩，转东北流至下南田，右纳新昌江后称曹娥江；再下行左纳长乐江，北流约 4km，右纳黄泽江，干支流形成扇形汇集于嵊州市城区南北约 6km 范围内，继续向北流，右纳嵊溪，经三界镇入上虞区境，流经章镇右纳隐潭溪，至浦口右纳下管溪，至上浦左纳小舜江，流经蒿坝，至百官镇以北折向西北,在新三江闸下游经曹娥江河口大闸注入钱塘江河口段。曹娥江东沙埠以下河段长度78km,在新三江闸以下河宽达1.2~1.6km。曹娥江主要一级支流(自上而下)有左纤江、小乌溪、新昌江、长乐江、黄泽江、嵊溪、隐潭溪、下管溪、小舜江等,以长乐江为最大。流域面积6080km^2,其中绍兴境内5169km^2,占全市总面积的62.6%,是绍兴市境内最大的河流[3]。

(2) 引水工程扩大了曹娥江流域。2006年,绍兴市委、市政府经过慎重决策,正式提出实施绍兴市城区曹娥江引水工程。工程引水口位于上浦闸库区小舜江口,主要由进口河道、进口闸站、输水隧洞、连接箱涵、出口河道、下游配水节制闸和调度控制中心等组成。整个工程从小舜江口至平水东江节制闸全长约26km,其中输水隧洞全长14.673km,工程静态总投资4.97亿元。历时近3年,曹娥江引水工程正式建成通水。曹娥江引水工程示意图见图2。

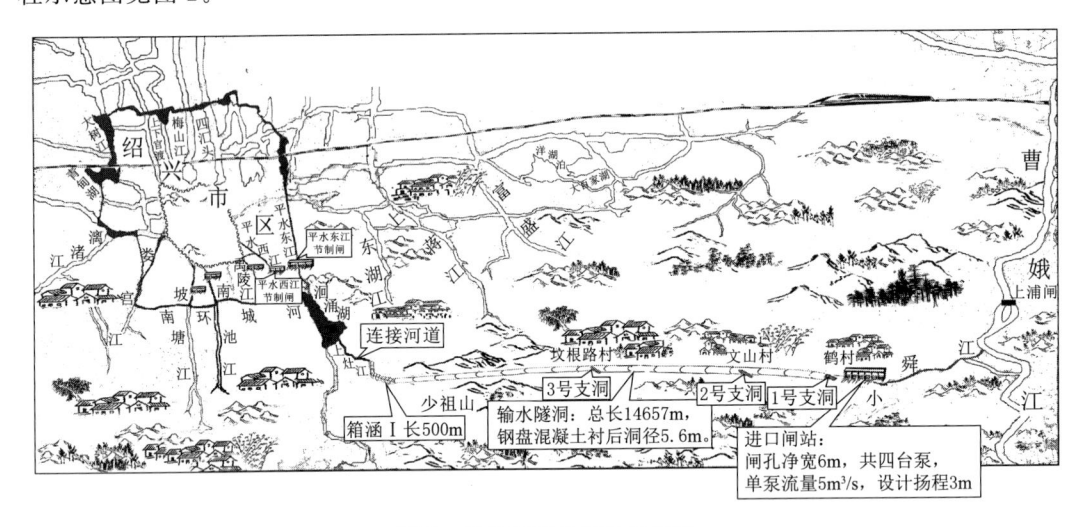

图2 曹娥江引水工程示意图

曹娥江水流经南环河,漫延至市区行政区域内的大小河道,带来新的活力。工程自2009年2月14日正式通水以来,已初步实现了活水进城的目标。进口河道、闸站、隧洞、出口箱涵等均已达到设计工况和设计要求。从水量的情况看,已达到了10m^3/s的径流标准,日引水量达86万m^3。运行以来,年引水量已达到2.4亿m^3。为让来自曹娥江的清水最大限度地流淌在市区河道,曹娥江大闸、上浦闸、新三江闸、马山闸、平水东江闸、平水西江闸、禹陵闸、环城东河闸以及绍兴城区8km^{2}以内的节制闸等按照调度规程,协调一致进行调度。市区内河东郭、南门、螺丝畈三个泵站加强翻水力度,实现了24小时翻水,以使曹娥江水最大限度地在城区流动起来。据测算,环城河及内河水1年可替换10次以上。

通过曹娥江引水工程,使整个市区(除山区外)成为曹娥江流域,从曹娥江引水,最后水又回流曹娥江出海,这样便大大增加了曹娥江流域面积。

(3) 大闸使绍虞河流汇聚曹娥江。中国第一河口大闸的曹娥江大闸枢纽工程是国家批准实施的大(1)型水利项目,在浙江省"五大百亿"工程浙东引水起着重要枢纽的作用,也是绍兴大城市建设的重大基础设施工程。

曹娥江大闸是绍兴大城市建设启动性重大基础设施工程，对绍兴未来发展具有重大影响。至2009年6月底，如期完成国家批复初步设计工程建设内容，年底完成细部完善、内部装饰及文化配套等各项工程扫尾工作，累计完成投资12.37亿元。工程荣获浙江省"钱江杯"和"鲁班奖"。2005年12月30日，浙东引水曹娥江大闸枢纽工程开工。2008年12月18日大闸下闸蓄水，标志着大闸功能性建筑全部完工，并进入运行阶段。

（4）区划变革使曹娥江成区内河。2013年，国务院下发了《关于同意浙江省调整绍兴市部分行政区划的批复》，浙江省政府发出了《关于调整绍兴市部分行政区划的通知》要求，撤销绍兴县，设立绍兴市柯桥区；撤销县级上虞市，设立绍兴市上虞区。由此，曹娥江从最初上虞与会稽的一条县域界河，到东关划归上虞而变成县城内河，再次演变为了一条市区内河。

绍兴市境之内原分为3个水系，即曹娥江水系、鉴湖水系、浦阳江水系。浦阳江单独成系且由萧山入海，鉴湖因湮废而被运河及平原河网水系所取代，唯曹娥江水系千年未变，且随着越地水利的发展而逐渐形成为既关联新昌、嵊州，又影响上虞、柯桥、越城三区的大水系。无论是流经的区域及面积，还是水系的干支流及最终出海口，尤其关键的是上游有源源不断的来水，下游有调度蓄泄的大闸，这是形成大水系所需具备的关键要件。由此，曹娥江大水系跃然成形。

综观越地水系的变迁总是与绍兴城市的发展相辅相成，历代先贤"因天才就地理"，"道法自然"，尊重自然而又能动地改造自然，终使绍兴一路发展，成为"鱼米之乡""江南水城""东南大邑"。

2 绍兴城市水系演变成效

2.1 越国河网水系改造的意义

越国时期水利工程的大量发展，因以围堤筑塘开发沼泽平原而起，并逐渐由南向北推进。实乃后世鉴湖、运河和海塘之嚆矢。它对山会平原经济文化的发展产生了深远的影响。

（1）促进了稻作农业的进一步发展，使水稻得以大面积种植。在春秋时期，这一地区的水稻作农业对经济的发展起了很大的促进作用。

（2）促进了交通运输业的发展，逐步形成了整个平原地区的水上交通运输网。

（3）促进了手工业的发展，特别是冶铸业和造船业得以迅速发展。铸造青铜器，要解决铜矿的开采和冶炼问题。这首先要求解决矿区和冶炼中心的运输问题。越国的水利工程就解决了这一问题。春秋时期，越国的造船业发展迅速。这是因为，一方面，当地越人原来就有习水扁舟的传统，以擅长舟楫著称海内。由于这一时期水利工程的建筑、水上交通运输网的贯通、相互交流的频繁，船舶作为这一地区主要交通工具的需求日益扩大，从而促进了造船业的发展。另一方面，越国大规模的战役中都动用水军，舟师的建设直接促使造船业的发展。春秋时期，越国的船有各种名称和形制，见于文献记载的有舲、戈船、楼船、乘舟、方舟、大船等。

（4）促进了经济文化的交流，并为这一地区日后经济文化的兴盛奠定了基础。

2.2 鉴湖水系的功效

鉴湖是古代越地的一个划时代的水利工程。它的兴建对越地的社会和经济文化发展奠定了必要的基础，曾发挥过重要作用。原来沮洳的山会平原，逐渐变成了旱涝保收的鱼米之乡。

（1）优化了越地的自然面貌。鉴湖把山会平原从原来的咸潮直薄、土地斥卤、沼泽连绵的穷乡僻壤，改造成为灌溉便利、泄洪快捷、山清水秀的鱼米之乡。同时，促进了生态环境的优化，使稽山鉴水成为"山阴道上行，如在镜中游"的人间胜境。

（2）造就越地的繁荣。鉴湖工程的创建使山会平原北部的沼泽地获得了大面积的改造，将"九千顷"农田变为灌溉便利、泄洪快捷的旱涝保收的水稻田。"傍湖"良田，已是"亩值一金"，该地区的繁盛甚至超过了当时富庶的关中地区。鉴湖的建成，湖面宽广，蓄水丰富，使宁绍平原的水上航运得到空前的发展。

（3）造就越地文化的兴盛。鉴湖使越地的自然环境得到了优化与美化，使稽山镜水成为一个人间胜境。会稽山青，鉴湖水秀，山阴道上应接不暇的优美自然风光曾吸引不少的历代文人学士，他们纷纷到这里游览甚至定居，为这一地区文化的兴盛奠定了坚实的基础；也吸引了中原大族及主流文化萃聚越地，使越地在文化上极一时之盛。而其最有代表性的是东晋永和九年（353年）的兰亭修禊。唐代诗人竞相游越，更是形成了一条灿烂的"唐诗之路"。及至宋、元、明、清，依然讴歌不断。

2.3 运河水系的功效

浙东运河水系是从鉴湖水系脱胎形成的，在历史上的作用可以大致分为灌溉、航运、漕运、水驿四个部分。水系约有水面142km，平均水深2.44m，正常蓄水量3.46亿 m³。灌溉运河两岸的耕地是浙东运河的一大重要任务。南朝时设置堰埭4座，唐代元和十年（815年）运河官塘得到修筑，浙东运河蓄水排涝的功用得到完善。从宋代至明清，历代修缮运河河网蓄泄设施，使得运河的闸坝节制系统较为完善。三江闸起到抵御咸潮和调蓄淡水的作用，保护了萧绍平原约533.33km² 的农田和环境。

航运是浙东运河重要的功能，它是浙东唐诗之路的一段，也是日本遣唐使从海路到明州（今宁波），再从内河水路北上长安的必经之路。"中间不少信使和商品的往来，都通过自明州至越州的水道北上。"浙东是中国古代重要的漕粮征发地区，因而浙东运河承担了漕运的重要任务。直到明代，经由浙东运河的漕运仍然较为发达。浙东运河的另一项重要功能是作为驿道存在，曾设立西兴驿，途径浙东运河转发各地来往绍兴、宁波、台州的公文。同时还设有递铺，负责邮政事务[4]。

2.4 曹娥江大水系的初期功效

近几年来，随着杭州湾海岸线向北推进和绍兴三江口外大片海涂的形成，源出会稽山麓的西小江、漓渚江、南池江、平水江等十几条山溪性河流与鉴湖、萧绍运河等构成的河网水系，由于大闸的建造，也不再直接入海而注入曹娥江，绍兴平原河网水系由此汇聚曹娥江，并由单一可控的大闸出海，曹娥江大水系形成。

大闸工程不但具有防潮、防洪、治涝、水资源开发利用、水环境改善和航运等综合利用功能，而且建成后变92km的感潮河段为内陆河，使曹娥江江道成为近50km^{2}的河道水库，并可综合调蓄该地区水资源。随着曹娥江两岸国民经济的快速发展，从沟通江海交通、改善航运条件出发，迫切需要发展港口、码头和出海通航，亟须在曹娥江口建设通海船闸。根据规划，曹娥江通航标准为1000t级船舶的3级航道。工程河段历史上具有江道宽浅、潮流强急、流路多变等不利条件，随着"治江围涂工程"规划的实施，钱塘江尖山河段南岸逐渐形成较稳定的深槽，为船闸建设创造了有利时机和条件，随着绍兴港建成，通海船闸建设进入规划阶段。

2010年，浙江省人大通过了《曹娥江流域水环境保护条例》；2011年，绍兴市政府办公室下发了《贯彻落实〈浙江省曹娥江流域水环境保护条例〉实施方案》。由此，开启了曹娥江流域水环境的立法保护。

3 绍兴当代城市水系的治理及成效

3.1 环城河综合治理的典范

绍兴环城河外与浙东古运河、鉴湖相连，内与城区河道相通，全长12.5km，河宽为30～100m，历史久远，文化深厚。为了建设高标准的城市防洪工程，依据绍兴市城市总体规划，以河道综合治理和改善城市水环境为主线，集水利、城建、环保、文化、旅游等五大功能于一体，开展了河道综合整治。经过两年的努力，使原本岸塌、水脏、淤深、建乱、绿少的环城河面貌焕然一新，城市品位得到显著提高。粉墙黛瓦相映白玉长堤，水城特色形象更加鲜明，古城水乡重现旖旎风光[5]。

(1) 环城河治理特色。环城河的治理和建设是一项综合性的城市防洪河道整治工程。在整个治理过程中，把开展防洪整治工作与推进城市建设、挖掘古越文化、实施民心工程及创新发挥政府主导作用与运用市场机制结合起来，探索出一条现代城市水利建设的新路子。

(2) 环城河综合治理工程成效。2003年，环城河获评为"国家级水利风景区"。环城河不仅是绍兴市民休闲娱乐的好去处，更成为绍兴市一条历史文化特色鲜明、水乡特色浓厚的旅游线和休闲带。2004年，绍兴市区环城河综合整治工程被授予"中国人居环境范例奖"，绍兴市被授予"国家园林城市"称号。

环城河的整治，改善了广大居民的居住环境，使水体质量明显好转，使古城新区得到有机衔接，对有关历史文化进行了深入挖掘，恢复了部分原有古迹，延续了绍兴的历史文脉。

(3) 环城河整治工程的历史意义。环城河的整治使单一的水利工程发挥了潜在的多功能作用，使环城河成为城市的一道独特风景，从根本上改变了城市品位，彰显出城市特色，而且使绍兴从此走出了城市建设发展的迷途，找准了绍兴城市的特色定位及个性魅力所在，彰显出了绍兴的水城神韵。绍兴水利以此为契机，在城市水环境整治中，以卓有成效的作为，取得良好的治水效果。

3.2 城市水系宏观层面的治理

环城河整治取得巨大成功，获得各界的肯定，绍兴不但明确了城市水利的方向目标，而且找到了城市特色的经纬坐标，绍兴水系综合整治开始进入快车道。自此始，绍兴渐次展开其他河道治理——大环河、古运河、大闸、三湖六湖连通、活水、清水等工程与非工程措施。

3.2.1 城市水系治理概况

（1）拓联大环河。在环城河治理的成功经验和成效的基础上，提出了"城在水中，水绕城走"的绍兴城市建设发展思路，在古环城河外，再拓建串联大环河。从平水东江到大环河南河，西北利用平原河网现有河道修建串联，经过3年时间建设，使全长35km的大环河全线贯通。

（2）修治古运河。按照"传承古越文脉，展示水乡风情"和"一古到底"的思路，对全长14.5km的古运河进行全线整治。其中一期运河园于2002年10月动工，2003年9月建成开放，景区面积28万m^2，全长4.5km，总投资6000多万元。2004年开始，实施了龙横江整治，建成鹿湖园。

（3）疏清古城河。占地8.3km^2的古城内有河道18条。这些河道与沿河民居、城市街道紧密相依，是绍兴古城的历史河、文化河和特色河，通过截留污水、城外翻水、修砌河磡、修复沿河民居、建设历史街区等手段，使古城河道恢复生机和活力，重现了清流潆碧、虹桥卧波、粉墙黛瓦的美景。

（4）通浚新区河。随着城市的拓展，大量农村河道变成了城市河。近年来，做到城市建设到哪里，新理念的河道就整治到那里，新区河湖相联通，先后启动完成了"三湖""六湖"连通工程，成为水城建设的新亮点[6]。

（5）整治古鉴湖。鉴湖是绍兴的母亲湖，鉴湖水环境综合整治工程全长5.35km，规划面积1.2592km^2。通过水系整治、文化遗迹保护、景观建设等实施鉴湖水域的保护，改善鉴湖周边生态环境；通过整治，将鉴湖区域建成集绍兴地方历史、风光、民俗风情等集中展示的标志性地区，建设水上旅游等重要的游线，让周边居民可以有休闲健身的公共水岸空间。目前，工程一、二期已竣工，并先后荣获了浙江省河道生态建设优秀示范工程和浙江省开发建设项目水土保持示范工程。

（6）升级亮化效果。为拓展旅游功能，推出夜游环城河项目。2012年进行亮化工程提档升级，投资近亿元。入夜的城河，灯光辉映，大屏映播《大美绍兴》，喷泉龙舞，引人入胜。迪荡湖亮化工程更是长江后浪推前浪，水岸一体，达到了规划设计建设的完美，实为臻品。

（7）通连步行道。2012年实施了环城河步行道贯通升级工程，投资近亿元。加上前期供水水库——汤浦水库的建设和污水处理厂的建设，绍兴共投入几百余亿元，进行了"上中下水"的综合治理，终于形成了今天良好的城市水系和水环境。环城河步行道工程是一项惠民、利民工程。环城河成为真正的市民乐园、城市旅游的又一亮点，对于深入挖掘水城旅游内涵、发展水上旅游有着重要而深远的意义。

3.2.2 城市水系宏观治理成效

（1）生态成效显著体现。环城河的整治使水体质量明显好转。市区环城河水质由1999年的Ⅴ类甚至劣Ⅴ类提升到目前的Ⅲ类、局部Ⅱ类。水生态环境得到根本改善，沿河居民告别了臭气熏天的日子。每年环城河中游泳、嬉水的人们越来越多。绍兴国际皮划艇马拉松赛每年在环城河上开赛。同时也带动水上旅游的发展，环城河夜游，成为当前绍兴水城旅游的一个品牌。

（2）水资源得到有效利用。根据老城区内河水质情况，从南、东、西三个方向将环城河中的水抽入内河，利用内河与环城河中的几个闸门，将内河水位蓄高至4.2m，再向北通过闸顶自流入环城河，从而形成内河水流的循环，以达到改善内河水质的目的。通过配水措施，将曹娥江水有效引入市区各主要河道，特别是环城河，再通过翻水泵站将水翻入内河，从而有效改善内河水质。

（3）经济成效逐渐显现。通过城市水系的整治建设，统筹经济效益、社会效益、生态环境效益，为构建和谐社会提供支撑：解决了大量水土资源长期闲置甚至流失的问题；带动了一大批相关产业尤其是房地产业的发展；促进了区域经济效益的发挥。同时，环境对于招商引资的助力，新兴产业的勃发，为当地政府提供了大量直接、间接的工作岗位，增加了下岗、失业或待业人员的就业机会。每年水上游客数达到了10余万人次，休闲健身市民则不计其数。

（4）社会成效长期体现。城市水系的整治，改善了广大居民的居住环境。在环城河整治过程中，拆迁了沿河3000多户居民，共涉及10000多人，使广大被拆迁居民告别了原先低矮、潮湿、阴暗、狭窄的破旧住房，住进了宽敞明亮、环境优美的新兴住宅小区，稽山新村、风泽园、水木清华、枕河人家等一批设施齐全的拆迁居民安置小区相继建成。整治使人居环境变得更加宜人，枕河而居成为广大居民的居住首选，市民的生活质量得到进一步提高，城市水系的整治成为创建国家园林城市、旅游城市、文明城市的一项重大基础设施工程。

（5）文化成效成为亮点。城市水系的综合整治还对有关历史文化进行了深入挖掘，恢复了部分原有古迹，延续了绍兴的历史文脉。通过景点中的展览馆及楹联匾额、图文雕塑、建筑铺装等形式，提升了景点的文化品位和水环境整治工程的内涵，突显出绍兴丰厚的历史文化，体现了绍兴作为历史文化名城应有的风貌，同时也将水的物质、精神、景观、文化理念融入了水环境建设工作和市民的生活当中[7-8]。

综观当代绍兴水系综合治理和城市发展，无不感受到大禹治水精神的光芒。首先是因势利导治水，抓住城市防洪契机，全方位开展水系治理，供、用、排一体。其次是公而忘私干事，绍兴治水缵禹之绪，上下同心，代有所成。最后是实事求是谋划，抓住绍兴江南水城特性，以规划为龙头，进行综合功能整治，其做法成为了全国城市水利建设的典范。

参 考 文 献

[1] 盛鸿郎. 绍兴水文化[M]. 北京：中华书局，2004.
[2] 张校军. 绍兴·鉴湖[M]. 杭州：西泠印社出版社，2010.

［3］ 谭徐明，王英华，李云鹏，等. 中国大运河遗产构成及价值评估［M］. 北京：中国水利水电出版社，2012.

［4］ 浙江省水利志编纂委员会. 浙江省水利志［M］. 北京：中华书局，1998.

［5］ 王建华. 越文化与水环境研究［M］. 北京：人民出版社，2008.

［6］ 方杰. 越国文化［M］. 上海：上海社会科学院出版社，1998.

［7］ 何信恩. 修志文存——《绍兴市志》编纂实录［M］. 杭州：浙江人民出版社，1997.

［8］ 王建华. 鉴湖水系与越地文明［M］. 北京：人民出版社，2008.

绍兴山阴后海塘的历史沿革考略

童志洪

(绍兴市鉴湖研究会,浙江绍兴 312000)

> **摘　要**：针对绍兴山阴后海塘始建于唐代开元十年（722年）的观点，作者依据史实及相关考证，提出早在古越时期，后世的山阴段就存在海塘的雏形；汉代时期起，在镜湖最北处的山阴后海边，还筑有防潮泄洪的斗门；即便同为唐代的海塘，建于唐垂拱二年（686年）的"界塘"，作为山阴后海塘的前身，也比开元十年（722年）李俊之等人增修的山阴防海塘要早。在阐述了山阴后海塘在汉、唐、宋、明等时代所修建的一些重大塘工的同时，对处于清代浙江海塘"巨工完成"时期的山阴后海塘塘工的一些基本情况，进行了梳理。
>
> **关键词**：绍兴；山阴后海塘；历史；沿革；考证

0　引言

一些水利论著在认定绍兴府山阴县的海塘史时，常以南宋名士李益谦载入嘉泰《会稽志》的一段文字为依据，即："府城北，水行四十里，有塘曰防海。自李俊之、皇甫政、李左次躬自修之，莫原所始。"[1] 据此认为其起源自唐代中叶。笔者反复查考相关史志，结合50年前投身绍兴水利建设的经历，与近些年的田野考察，认为：山阴海塘始于唐代开元年间一说，有待商榷。山阴后海塘的建造历史，绝非"莫原所始"，而应是起源于古越。并且与东汉马臻筑镜湖时，在最北端所设的抗潮泄洪的砾储（玉山）斗门相关。同时笔者还对山阴后海塘的各个历史发展阶段及其形态特色、管理体制等事项，尤其是塘工经费来源，与钱塘江北岸塘工的不同，作了一些梳理。

1　山阴后海塘的地理概念与长度

山阴后海塘，是建于钱塘江南岸山阴县辖区内的防海堤塘。其长度，自旧时萧山、山阴两县交界的三祇庵东"天"字号塘起，至与会稽县交界的宋家溇"气"字号塘止，计375字号。依照每字号为20丈计算，全长约25km。它是北海塘（即现代所称的萧绍海塘）与唐代会稽海塘的组成部分。因地处郡治所在山阴县后方的北部濒海处，方志上亦称之为"后海塘"与"北海塘"；又因这段海塘地处钱塘江南岸，故又是南塘的一部分。此外，在古代志书上，还有"界塘""山阴海塘"等称谓。

2 古越时期山阴后海塘的雏形

2.1 越国时期的水军港口——石塘

早在春秋时期的越王勾践七年（前490年），在后世的山阴县境内，就有过海塘的记载。据东汉《越绝书》载："石塘者，越所害军船也。塘广六十五步，长三百五十三步。去县四十里。"[2] 嘉泰《会稽志》在相关条目中，又再次作了确认[1]。方志里的"害"字，应作险要的处所解释，即地处险要、停泊越国水军战船的海港与堤塘。《越绝书》中所载的石塘，与其毗邻的航坞、防坞（后世属萧山县）一样，除了军用性质外，同时具有保护堤岸、防止海潮侵袭的功能。这段海塘虽然不长，只是土塘外抛石所筑成的防海堤塘，但却是华夏最早载入方志的海塘之一。

2.2 越地先民在朱馀所筑的泥堤

提及古越时期的海塘，还要提到看起来似乎与此无关，却与海岸堤塘相关的另一个地名——朱馀。"朱馀者，越盐官也。越人谓盐曰'馀'。去县三十五里。"[4] 所谓越盐官，就是越国在朱馀盐场设立征课盐税的管理机构。《越绝书》中所载的朱馀，即后世山阴县玉山斗门（历史上曾有朱馀斗门、硃储斗门、三江斗门，及陡亹、陡门等称呼，下同）所处地段，这里自春秋时期起便是浙东重要的海盐产地。[3]

春秋时期，距大越城约10km外的山会平原北部，还是一片茫茫海涂。但"以舟为马，驱楫为车"的古越先民为了谋生，不畏艰险，就已沿着海退时期形成的自然河流，栖身于玉蟾、金鸡等山麓，并以此作天然屏障，利用海水，借助炉灶煎熬等方式，来制作海盐。为保证提取海水与制盐作业的连续性与安全性，越地先人因陋就简，已在海边围筑有一些零星的泥堤（塘），设置开启或关闭海水的木门。囿于低下的生产力水平，这些海堤属于原始粗放型，是没有连片成线的土筑泥堤（塘）。

3 汉代在山阴县沿海局部地段出现的防海堤塘

3.1 山阴县濒海处局部地段堤防海塘开始成形

山阴沿海的防海堤塘，作为水利设施的出现，与东汉永和五年（140年）间，会稽太守马臻所开筑的镜湖（即鉴湖，下同）直接相关。马臻在围筑镜湖时，在周长179km湖区的最北处，即"去湖最远，去海最近，地势斗下，泄水最速"的地段上，建起了借以泄洪的硃储（玉山）斗门。从而承担起外防海浪、咸潮侵袭的任务；当会稽山脉的若耶溪等"三十六源"溪流山洪暴发、湖区面临水患时，履行开闸向外排涝的职能。

嘉泰《会稽志》曾对镜湖有作过如下客观评述："案旧经云：湖水高平畴丈许，筑塘以防之，开以泄之。平畴又高海丈许。田若少水，则闭海而泄，湖水足而止。若苦水多，则闭湖而泄田水，适而止。故山阴界内比畔接疆，无荒废之田，无水旱之岁。虽简，湖之利害尽矣。"[1] 这里的"平畴"，不仅指的是平坦的田野，而应包括在濒海边缘，打桩后垒起高于海面的护岸堤塘。而"利害"二字，当是指镜湖及堰、闸、斗门、阴沟等各种水利设施在防旱泄洪防潮的功用十分显著。

3.2 砾储（玉山）斗门周边的堤塘遗迹

越地千年防海抗洪的实践证明，闸、斗门、阴沟等水利设施，与堤塘、堰坝密不可分，它不可能单独存在。但史志对砾储（玉山）斗门周边，汉代是否设有一部分防海堤塘，其具体长度及形态并无详载。

笔者通过考察，发现在古代钱塘江、西小江、曹娥江"三江"交汇处，汉代砾储（玉山）斗门遗址东北约500m处（现越城区斗门街道斗门村境内），尚遗存有一处"塘头"的地名。虽然村东首原先在濒海处，自嘉靖十六年（1537年）建成28孔应宿闸后，在400年前已成为内河。但这段约500m的海塘遗址，应是唐宋时期至明代前期，在东汉的砾储（玉山）斗门周围堤塘基础上，经历代增修后的一段海塘遗址。这个"塘头"，既是玉山斗门东北部海塘的终点，又是与当年山阴后海塘（即"界塘"）连接的起始处。根据当年塘工水平，这段海塘最初的形态应为土塘或抛石土塘。

4 山阴防海塘之名始见于唐代正史

4.1 《新唐书》中出现涉及山阴海塘的首次记述

《新唐书》明载：越州"东北有防海塘，自上虞江（即曹娥江）至山阴百余里，以蓄水溉田。开元十年（722年），令李俊之增修。大历十年（775年）观察使皇甫温、大（太）和六年（832年）令李左次又增修之"。[4]《新唐书》的这段记载，包含了两层内涵：其一，在唐开元十年（722年）之前，上虞江以西的会稽至山阴两县沿海百余里，就已"有防海塘"存在，而并非李俊之等地方官所首筑；其二，会稽县令李俊之、李左次与浙东观察使兼越州刺史皇甫温等三名州、县主官的主要贡献，是先后对这段海塘作了"增修"。由此可见，山阴海塘始建于唐开元年间的说法，并不确切。

如果进一步对照"府城北，水行四十里，有塘曰防海。自李俊之、皇甫政、李左次躬自修之，莫原所始"这段载入嘉泰《会稽志》的李益谦原话，人们就会发现，这段话不仅未谈古越时期与山阴海塘相关的石塘，与东汉马臻在筑镜湖时所开砾储斗门等史实，还人为地将《新唐书》明载的大历十年（775年）增修会稽海塘的浙东观察使皇甫温误认为贞元元年（785年）在山阴重建砾储（玉山）斗门闸、增修越王山堰的浙东观察使皇甫政。此外，删除了《新唐书》所载"增修"中"增"字，添加了"恭自修之，莫原所始"数字，这一加一删，直接导致后世将这段文字，当成了山阴后海塘及会稽海塘始建于唐开元十年（722年）的主要依据。

4.2 历代山阴县建制及区划变化与山阴、会稽海塘相关

秦初设立山阴县后，延续长达800多年。但自隋（平陈）开皇九年（589年），山阴、上虞、余姚等县撤并后曾一度改名会稽县，又数次再从会稽县分立。因此，《新唐书》所载这段长达百余里的会稽防海塘，与山阴后海塘相关地段，客观上存在着重合关系。

嘉泰《会稽志》载明：唐代的会稽海塘相关地段"皇朝改隶巫山、威（感）凤二乡，适其地，为田八百顷"[4]。这段文字说明：此防海塘所涉及的地段，至迟在宋代，就已属

于巫山、威（感）凤二乡辖内；海塘内受益的良田面积，为八百顷。而同一志书的相关卷目中，明确记载巫山、感凤二乡为"望山阴县"属地[4]。

4.3 唐垂拱二年（686年）已筑成的"界塘"

据嘉泰《会稽志》载，除曾设有越国石塘、汉代马臻所筑的朱储（玉山）斗门等外，在唐开元十年（722年）之前，山阴县沿海就已筑成海塘："界塘，在县西北四十七里，唐垂拱二年（686年）始筑为堤五十里，阔九丈，与萧山（永兴）县分界，故曰'界塘'。"[4] 这段与萧山县交界、山阴县所建的海塘，比《新唐书》记载由李俊之在开元十年（722年）增修会稽至山阴的防海塘，早了整整36年。

4.4 山阴沿海的越王山堰

《新唐书》记述："越州会稽郡……山阴，紧。武德七年析会稽置，八年省，垂拱二年复置；大历二年省，七年复置；元和七年省，十年复置。北三十里有越王山堰。贞元元年，观察使皇甫政凿山以蓄泄水利，又东北二十里作砾储斗门。"[4]

这段记述不仅呈现了唐代山阴县与会稽县多次分设与撤并的历史，同时也说明：一是早在唐贞元元年（785年），皇甫政整治海塘前，历史上此处就筑有防海堤堰——越王山堰；二是皇甫政对山阴后海塘最大的贡献，是在东汉马臻在镜湖最北濒海处用以泄洪所筑的斗门基础上，在玉蟾山与金鸡山之间凿山后扩建了砾储（即玉山）斗门闸，从而使之与山阴后海塘（即界塘）在抵御旱洪、潮患上互为作用。

5 玉山（即砾储）斗门闸在浙东水利塘闸史上的历史功用

嘉泰《会稽志》载：贞元年间（785—805年），浙东观察使皇甫政增修山阴越王山堰同时，在东汉太守马臻修筑镜湖时遗存的玉山斗门基础上，于玉蟾山与金鸡山之间，凿山建成2孔砾储斗门闸；北宋景德三年（1006年），山阴知县、曾任大理寺丞的段斐（棐），又对它作了进一步改造；嘉祐三年（1058年），山阴知县李茂先、县尉翁仲通"更以。治斗门八间（即改建成石砌水闸，并将原先的2孔，扩建为8孔水闸），覆以行阁。阁之中为亭，以节塘北之水……东西距江一百一十五里，溉田二千一百十九顷，凡所及者一十五乡"[1]❶。

历史上的玉山斗门（闸），曾是越地最早位于钱塘江、西小江、曹娥江三水交汇处的三江斗门老闸（图1）。自唐代至明代嘉靖十五年（1536年），即绍兴知府汤绍恩建在玉山斗门闸2500m处，兴建28孔三江应宿闸之前，山阴、会稽、萧山（永兴）三县之水，均经此泄三江入海，一直是古代越地的重要水利枢纽。

即便不计东汉永和五年马臻筑镜湖时，为泄洪所建的斗门后这640多年的历史，仅从贞元元年（785年）皇甫政凿山重建砾储（玉山）时起算，砾储（玉山）斗门闸就历经唐、五代十国、宋、元及明代前期，发挥功用就长达750年，在浙东水利、塘闸史中，无疑留有浓墨重彩的一笔。

---

❶ 注：此处方志所载数字有误，玉山斗门闸的溉田数，受益的山、会、萧三县面积应为三千一百十九顷。

图 1　万历《绍兴府志》斗门闸，即砾储、三江、玉山斗门图

6　山阴后海塘之名正式出现于宋代

北宋嘉祐三年（1058年），玉山斗门闸扩建为8孔大闸后，山会平原的排涝条件曾得以改善。但因北宋末年的大规模填湖为田，原先广袤的镜湖湖区，在南宋时已大部湮废，导致浦阳江水借道西小江，横贯山阴北部入海。一遇淫雨季风，便洪水横溢，泛滥成灾，山阴、会稽、萧山等县大批良田受涝受淹，民苦不堪。由此，就出现了南宋嘉定（1208—1224年）期间，绍兴知府赵彦倓大规模整修山阴后海塘的历史事件。

"山阴后海塘，在府城北四十里。亘清风安昌两乡，实频大海。南宋嘉定六年（1213年），溃决五千余丈。田庐漂没，转徙者二万余户。守赵彦倓请于朝，颁降缗钱殆十万，米万六千余石，又益以留州钱千余万……重筑兼修补共六千一百二十丈，砌以石者三之一。起汤湾，迄王家浦。"[5] 嘉定十六年（1223年），在山阴后海塘再次遭损毁后，绍兴知府汪纲又对后海塘作了整修。

7　清代浙江塘闸史"巨工完成"时期的山阴后海塘塘工

7.1　所兴的塘工十分频繁

在清代，山阴县北部因濒临沿海，遭受到正面的台风与海潮频频侵袭，山阴后海塘时有坍塌，一直是困扰绍兴府、县安宁的心腹大患。

康熙五十一年（1712年），八月风潮，山阴海塘30里坍如平地。这年底，绍兴知府俞卿到任方两日，即至海塘四处巡视。见塘夷为平地，而蔡家塘、丈午村塘及马鞍山塘诸要为内水所漱啮，深至五六十丈，遂立下"海塘一日不可不修，一处不可不固"的誓言。于五十二年（1713年），雇夫千余，贷金3000余两，抢修丈午村塘、蔡家塘、马鞍山塘三处决口，培修土塘30余里。当年七、八月间，淫雨连旬，山水弥漫，塘复溃毁，乃谋以石易土再筑海塘，按田亩受益等级，征得捐银27700余两，于五十五年（1716年）四月兴工，自九墩（今绍兴市柯桥区安昌镇北）至宋家溇（今绍兴市越城区马山镇西）10余里海塘间，叠以巨石，牝牡相衔[6]。

据资料记载，在"康乾盛世"的"乾隆元年（1736年），潮势南趋汤湾新城、丁家堰等，塘外海沙冲尽，水与塘平。知县刘晏详请动项，改筑石塘二千二百余丈；乾隆四年（1739年），又自小石桥起，至寺直河止，自童家塔、迥龙庙西起，至姚家埠止，共520丈，一体改筑石塘。又拆筑旧石塘五百余丈，由布政使拨项两万余两兴工；乾隆五年（1740年），巡抚檄饬，接修大树裖至童家塔石工二百十五丈，用项七千多两。"[7]

清代自顺治元年（1644年）至宣统三年（1911年）的268年间，仅萧绍海塘内（西江塘、北海塘、后海塘、东江塘）有记载的较大工程，总计兴工达192年次[8]。其中，山阴后海塘为53年次。也就是说，平均约5年，山阴后海塘就须兴工大修海塘1年次。

7.2 塘工材料、工艺出现的变革

根据千年捍海的经验教训，与海塘所处位置的险要程度、潮侵的不同现状，分别将土塘、柴塘、竹篰石塘，逐步改建为鱼鳞塘、丁由塘、条块石塘、丁石塘、块石塘、石板塘等重力型石塘。从而结束了千百年间主要利用土塘、柴塘等抗御海潮的塘工历史。

现存山阴后海塘重力型石塘的遗存，基本是在清代新建，或由清代从明代残剩塘基上加以改建。这些石塘的险峻地段，还筑有备塘，以防主塘一旦出险溃堤，应急使用。塘前筑有坦水，塘后有塘河、护塘地，用于储料、运料、取土抢险，形成了一整套布局合理、富有实效的防御体系[9-10]。

7.3 海塘修护经费的主要来源

与钱塘江北岸海塘情况不同，清代山阴后海塘出险后，虽有一些临时赈济灾民的拨项，亦有一批府、县主官与乐善好施的乡贤慷慨捐助。但修护海塘（闸）经费的主要来源，基本是靠山阴、会稽、萧山三县境内多达60km^2"江塘田"的捐费，及在三县从三江应宿闸受益的5333.33hm^{3}良田中，按田亩摊派所得。

为了给山阴等各县田户"减负"，乾隆皇帝在乾隆元年（1736年）三月初五日曾下旨，决定取消这一做法："朕闻浙江绍兴府属山阴、会稽、萧山、余姚、上虞五县，有沿江海堤岸工程，向系附近里民按照田亩派费修筑，而地棍衙役于中包揽分肥，用少报多，甚为民累。嗣经督臣李卫檄行府县，定议每亩捐钱二文至五文不等……计值银三千余两，民累较前减轻，而胥吏仍不免有借端苛索之事。朕以爱养百姓为心，欲使闾阎毫无科扰，著将按亩派钱之例即行停止。其堤岸工程遇有应修段落，着地方大员确估，于存公项内动支银两兴修，报部核，永著为例"[11]。

正因为这一"御旨"载入了正史与方志，因此现代一些海塘论文作者便以此为凭，认为自乾隆初期开始，绍兴府属山阴及会稽、萧山、余姚、上虞五县沿江海堤岸工程款项，从此已全部列入了国库开支。但客观事实上，由于购置石料等材料及塘工修护费用支出巨大，且小修不断，大修平常。久而久之，致使地方省、府、县财政捉襟见肘，而难以承受。因此，乾隆皇帝的这道"圣谕"，不仅很难真正落实，更无法做到"永著为例"。而后，一俟海塘出险，官府除了组织抢险、赈济灾民等项外，沿江海堤岸工程抢修维护款项，大多只能暂从官府库银中借支若干银两，以应对塘工急需。到时，则仍须从地方收缴的"捐费"等收入中如数归还。

清代档案显示：绍萧塘闸经费，山、会两县，历来就有名种名谓的"捐"例。如记载有："山阴县后海塘'效'字号至'信'字号段田 92203 亩，每亩海塘捐银四厘三毫七丝八忽；又'辰''宿'二字号下田 16327 亩，每亩小捐二文。两项相加，每年租钱 493 千 669 文……云云。"[12] 尤其在嘉庆、道光朝后，内外交困，国力日衰。每遇山阴后海塘出险，则改为由山、会、萧三县，临时就受益田亩推派，成了事实上官府主导下的"民捐民办"。如同治四年（1865年），后海塘东、西两塘同时决口，倒坍八九百丈，浙江巡抚马端憨拨借厘库 12 万串，兴工修筑。并在事先就向朝庭奏明：尔后须由以上三县，在所受益的田亩内，按亩推捐，分年归还上述款项[12]。曾任宁绍台道的安徽宿松人段光清，明确指出："海宁、仁和之塘费，皆出自皇上；绍兴之塘，向系民捐民办。"他还十分详细地道出了同治四年（1865年），他从宁波离任后，途经绍兴时，应知府李树棠及当地乡绅之请，向浙江巡抚府争取借款言明下年起归还厘库，用以修复山阴、会稽、萧山三县海塘毁损工程急需的史实。[13]

8　结语

清代山阴后海塘整修中的成败得失，只是封建时代浙东塘闸史上的一个缩影。随着清王朝的终结，它遗存的海塘工程，为其后新中国化潮为利、兴利除弊、造福桑梓，打下了相应的物质基础；历代积累的塘工经验教训，以及不畏艰险、与恶劣的自然环境作斗争的精神，则成了后人丰厚的精神财富。新中国成立后，尤其是改革开放 40 多年来，绍兴的海塘结构、施工技术不断发展，早已由清代筑鱼鳞石塘，丁由石塘，民国期间的浆砌块石斜坡塘，发展为现代浆砌块石护坡塘；施工方式亦从几千年一贯制的人力筑塘改成了机械筑塘。如今的一线海塘，浆砌块石护坡塘，已达百年一遇防洪标准。

随着海岸线的北移、海涂的围垦，新时期又新建成了曹娥江河口大闸等水利设施。大片现代化标准海塘最远处已在老海塘 20km 以外。封建时代频频发生的潮患塘毁的悲剧，早已一去不返。但山阴后海塘存废的千年史实，与越地民众与恶劣环境抗争中的坚韧不拔的精神，必将永垂史册、激励后人。

参　考　文　献

[1] 沈作宾，施宿. 嘉泰会稽志 [M]. 北京：中华书局，2006.
[2] 袁康，吴平. 越绝书 [M]. 北京：中华书局，2006.
[3] 童志洪. 浙东萧绍古纤道的形成与修护考 [J]. 浙江水利水电学院学报，2016，28（4）：1-8.
[4] 欧阳修，宋祁，范镇，等. 二十五史新唐书 [M]. 北京：中国文史出版社，2002.
[5] 张淏. 宝庆会稽续志 [M]. 北京：中华书局，2006.
[6] 《齐贤镇志》编纂委员会. 齐贤镇志 [M]. 北京：中华书局，2005.
[7] 李亨特. 乾隆绍兴府志 [M] //绍兴丛书编辑委员会. 绍兴丛书：第 1 辑. 北京：中华书局，2006.
[8] 绍兴县水利志编纂委员会. 绍兴县水利志 [M]. 北京：中华书局，2012.

[9] 邱志荣. 绍兴三江研究文集 [M]. 北京：中国文史出版社，2016.

[10] 童志洪. 清代浙江抚台督办的百沥海塘大修工程佚事探究——以光绪年间浙东海塘工程"羊山勒石"为例 [J]. 浙江水利水电学院学报，2019，31（6）：1-7.

[11] 李亨特. 绍兴府志（卷首）[M]. 北京：中华书局，2006.

[12] 冯建荣. 绍兴水利文献丛集 [M]. 扬州：广陵书社，2005.

[13] 段光清. 镜湖自撰年谱 [M]. 北京：中华书局，1960.

从良渚大坝谈中国古代堰坝的发展

涂师平

(中国水利博物馆，浙江杭州　311215)

摘　要：中国古代堰坝是古代蓄水工程和引水工程的壅水建筑物。浙江余杭良渚大坝的发现，进一步证实我国古代堰坝历史最早出现在距今 5000 年前。古堰坝修建的时间、目的、规模、类型、功能随着时间的不同而有所变化与发展，古代堰坝根据筑造坝材料可以分为土坝、木坝、草木坝、灰坝、木笼填石坝等主要 5 种。中国古代堰坝的出现、发展、废弃或重修使用，见证了古代水利科技的进步和中国水利的发展历史，是一笔宝贵的水文化遗产和财富。

关键词：古堰坝；良渚大坝；水文化遗产；水利史

　　良渚文化是分布于环太湖地区一支著名的史前考古学文化，位于浙江省杭州市余杭区的良渚、瓶窑两镇。距今约 4200～5300 年，在长江下游太湖流域的广袤土地上，良渚文化在这方美丽的土地上生息、繁衍时间逾 1000 年。而良渚先民打井修渠，建造水坝更令考古界、学术界赞叹不已。站在良渚遗址西侧的栲栳山上向东北望去，可以清晰地看到一条高出地面、呈现"L"形的土岗，当地世居的村民称为"塘山"[1]。塘山遗址南起瓶窑栲栳山与南山，往北到彭公的毛元岭转弯向东，全长约 10km，宽度 40～70m，现存高度 3～5m。良渚大坝防洪原理是中间堵、两头疏，堵疏结合，与大禹治水有相通之处。我国古堰坝历史在良渚大坝出现后，可以上推到 5000 年前[2-4]。在古代，古堰坝有很多称呼，如堰、坝、埝、碨、塘、堤、陂等，其中人们称呼最多的是堰。古堰坝和现在高坝相比，虽然看上去平凡，但功能却不容小觑，它以灌溉农田为主，解决了农田旱灾，消除了水患，保证了粮食生产。在古代基础设施薄弱、科学不发达的情况下，古代堰坝对我国农村发展起到了重要作用[5]。

1　古代堰坝的发展

　　关于古代堰坝的起源，根据世界坝工史记载，世界上最早的水坝建于距今 5000 年前的约旦，与良渚大坝的建成时间相近。另外，在亚美尼亚也说有为时更早的类似工程，只是没有明确记载。世界上有记载的早期知名的大坝则是位于埃及的考赛施坝，建于公元前 2900 年。公元前 2650 年建立的异教徒坝，高 14m，坝顶长 113m，是世界上迄今所知具有如此规模最古老的水坝，至今还残留着一段挡水坝的遗址。而我国最早的堰坝起源何时，在良渚大坝发现之前，并没有明确记载，只是诸多文献中出现过几次。《国语·周语下》记载共工"壅防百川，堕高湮庳"借助山陵来筑拦河坝。在《吕氏春秋·君守》

世本作篇中，记载"鲧作城"，在黄河中下游地带筑堤防修城郊，《国语·周语下》提到，禹和四岳治水时，就采用"陂障九泽"的方法，这里的陂障即堰坝[6]。从这些传说记载的时期来看，我国堰坝起源也较早，大约于4000年前。浙江余杭良渚大坝的发现，进一步证实我国古堰坝历史最早可追溯到4700～5100年前，这也使得中华文明有了同时期堪比埃及、两河文明的水利系统。由于当时农业已成为社会的经济基础，为了生产生活的方便，人们集体居住在河流、湖泊岸边的阶地上，但河流湖泊的泛滥又给人们带来灾难，于是，在"自然堤"的启示下，那时候先民开始修筑防洪堤埂保护自己。在早期，堤和坝是难以分开的，共同发挥作用。这些原始挡水工程不断发展完善，逐渐形成了不同标准的河堤和堤埂，埂即坝。后来随着生产的发展，堤坝从单一的挡水变成可蓄水灌溉。

上面提到的挡水蓄水的治水活动多数在河流下游平原地带。这些早期的蓄水工程以堤坝来提高低洼地带的蓄水能力，形成平原水库。这时候的堤坝很长，但高度和宽度都较小。后来随着人口的增加和生产发展的需要，这些堤坝围成的水库逐渐被垦殖挤占，数目越来越少。在这些平原水库或近似平原水库中，现仍保留着、有文字记载的，并且是最早的古代早期大型堰坝当属芍陂（图1）。

芍陂现在也称安丰塘，位居安徽寿县城南25km，堰坝高度较低，修建于春秋时期（前598—前591年），与都江堰、郑国渠、漳河渠并称为我国古代四大水利工程，

图1 古代淮河流域水利工程芍陂

至今2600多年仍发挥灌溉效益，并入选2015年世界灌溉工程遗产名录。另外，据《水经注》记载，在今淮河中下游和长江支流的唐白河流域，也曾有大片在平原地带筑坝拦蓄水的工程。由于平原水库工程量大、淹没量大，古人又开始筑坝来建造山谷水库，这些山谷水库直接利用天然山丘间沟谷洼地来蓄水，减少了工程量和淹没损失。在两汉时十分发达，比如汉代建造的河南沁阳县马仁陂、江苏仪征县的陈公塘（图2）等，属于此类蓄水工程，不过这时坝的高度、宽度仍较低。东汉时进一步向南方发展，比如杭州余杭的南湖工程，它的规模较大。之后三国时期在江苏句容市兴建的赤山湖，西晋时期在江苏镇江引诸山之水修建的练湖都是类似的山谷水库，除筑有堰坝外，还设置了溢流设施、水门等，成为一套完整的蓄水工程。新中国成立后，在南方山区可以见到大量此类的陂塘堰坝、山谷水库。杭州良渚古城的水利工程，就是类似蓄水工程的一种，在山体中修建高坝和低坝，并利用山谷和低地来蓄水，从而阻挡了天目山上洪水的袭击。

以上的堰坝都属于蓄水工程中的坝，除此之外，另外一种就是引水工程中的坝，这种坝在历史上数量最多。《水经注》就记载了多处这样的坝。历史上有文献记载的最早的用

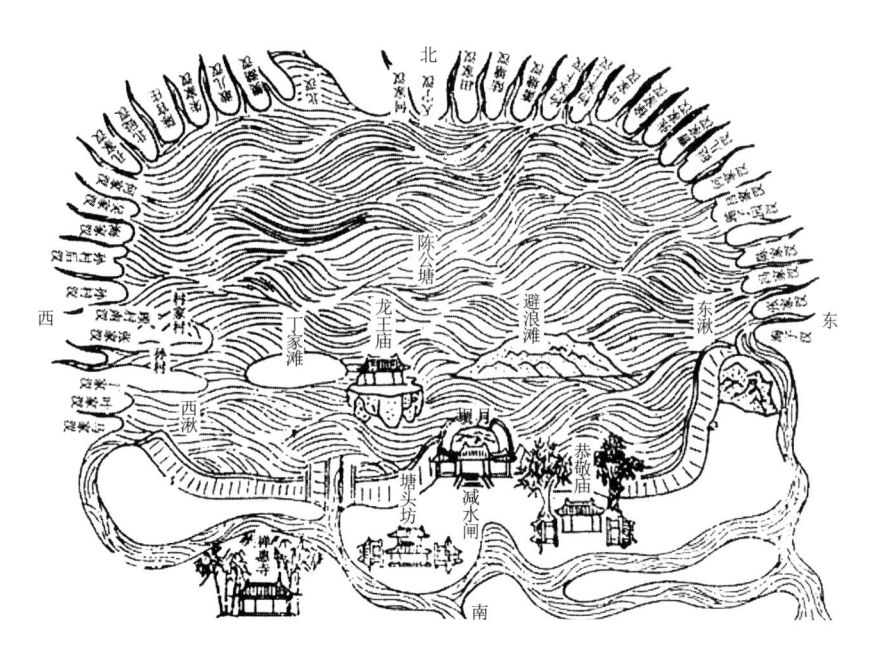

图 2　江苏仪征县的陈公塘

来引水取水的坝是智伯渠（图 3），建于春秋战国公元前 453 年，起初它是出于政治军事目的而建立的拦河坝，后来在旧渠基础上经过疏浚兴修，成为了灌溉农田的引水工程。战国时期（前 475—前 221 年），西门豹在漳河不同高度的河段上筑 12 道拦水坝，修建引漳十二渠—地梯级堰坝。随后，公元前 214 年灵渠上的拦湘大坝、三国时期庱陵堰相继出现，一些大型引水灌溉渠系出现，并被广泛地运用到了农田水利、城市供水、航运水源等方面。

2　古代堰坝的分类

古代堰坝按照不同分类方式有多种分类，也随着功能、建造时间、规模的不同而有所变化与发展。古代堰坝根据筑造坝材料可以分为土坝、木坝、草木坝、灰坝、木笼填石坝等主要 5 种[7]；根据筑坝方式又可分为支墩坝、砌石坝、砌土夯土混合坝、碓石坝等。限于篇幅，本文仅讨论按筑坝材料分类的古堰坝。

图 3　智伯渠

2.1　土坝

土坝是由人工夯土筑成，据记载，是目前为止最早的堰坝类型。古巴比伦人在 4200 多年前就已在幼发拉底河筑造土坝，我们古代先民则是在春秋（前 770—前 476 年）前在黄河两岸修建土堤来防御黄河洪水，这时的土堤就结构而言就是土坝。良渚大坝中塘山遗址——低坝系统发现后，将土坝历史上推到4800多年前。我国古代早期堰坝以土坝这种类型居多，一层石一层土叠加而成。例如两汉有记载的河南的鸿隙陂、南北朝时期安徽交界处的浮山堰（图4）等，从浮山堰遗迹还可以看到当时坝体状况，作为当时世界上最高的土石坝，浮山堰在历史上还是一座出于军事目的[8]，以"军事水攻，以水代兵"的大型拦河坝。据史书记载，虽然它的修建使梁朝付出了重大代价，但却在中国科技史上留下了不可磨灭的一页，在世界水利史上也占据领先的地位。国外的土石坝在20世纪才突破30m的高度，而浮山堰修建于514年，这时它的主坝已有40m左右，浮山堰要早600多年。

图4　浮山堰遗址

2.2　木坝

木坝在秦代时就已经出现。巧夺天工，被称为国宝的枋口堰是其中代表。枋口堰现在也称五龙口水利工程或秦渠（图5），位于河南济源五龙口镇，修建在沁河出山处。据《济源县志》《唐书》记载，它建于公元前221年，用方木堆砌成堰坝，抬高水位，将河水引到河渠里，用来灌溉周边农田，取枋口堰这个名称也是因为它的渠首是用方木作门来蓄水泄水的。在当时闭闸口没有现代化机械的情况下，古代靠人工用方木一块挨一块合上口，作为水闸门。秦渠枋口规模不算大，也未记录在秦的正史上，但它利用"水流弯道"来"隔山取水"，成为中国水利史上第一个采用"暗渠"来达到"隔山取水"的水利工程，也是人类历史上首次利用"水流弯道"原理来取水的水利工程，被称为"北国都江堰"。另外一个枋城堰，是永济渠浚县段的水工遗存（图6）。《水经注》记载，东汉建安九年，在淇水入黄河口，今河南淇县，下大木成堰，截断淇水，壅其入白沟以通船。用巨大的枋木作为拦截河流的堰，在水利史上也算一个创举，此坝型在水利工程史上应用得不多[7]。

图5　五龙口水利工程，古名秦渠

图6　枋城堰

2.3 草木坝

草木坝是一种透水的软堰,如芍陂及运河上的一些堰埭等。1959年,安徽省文化局在古芍陂越水坝附近,发现了汉代草土混合结构的堰坝遗址。遗存的主要结构灰黑色胶泥质土层,是草层土互相间杂叠筑的草木混合层。稻草的草层增加了土壤的黏力,草木层中间又加上木桩,让土体更加结实。草木层与一般土坝相比更有弹性,加上的木桩增强了它的阻水能力,保证溢流堰的整体稳定。草木混合桩前还有个由木材叠成的叠梁坝。草木混合坝的渗透性、灵活性比较好,在水量稀少时,陂内少量的水可以渗透草土混合桩坝的草木层,流到坝内水潭中,再流到田里,而较多的水则留在陂内。在水量增大时,水可越过草木坝坝顶,泄到水潭内,再由叠梁坝挡住,缓缓流出坝外,十分坚固而又符合科学原理。

另外,草木坝也是一种临时挡水坝,由草、土和绳索筑成,在功能上一般起到防洪、蓄水的作用,它十分特殊,因为是用草、绳、土筑成,放置于河流较浅的汴河河段作临时堰坝来壅水提高河流的水位以通航。当水位到达通航要求后,决堰来使船前行,船过了以后再堵塞,就这样用草木坝的建堰和决堰来代替闭闸和开闸。这种坝造价低,容易制作,时常用作临时挡水。

草木坝其实也是利用了良渚大坝的技术,因为良渚古城水利系统的彭公水坝——高坝系统关键位置,用"草裹泥包"方法,将茅草裹泥土包成长圆形的泥包,再将泥包横竖堆砌而成。"草裹泥包"和草木坝结构类似,比如之后出现的黄河埽工是大型的草木坝,只是建造方式更复杂。北宋柴塘也利用这种技术,在底下铺一层藤条树枝的混合物,上面垫夯过的黏土,再加一根木桩加固。这种形式比土坝更有柔性和弹性,增强了对水的抗击力。

2.4 灰坝

灰坝是一种和土坝类似的硬堰,用三合土和卵石做骨架,以三合土作坝面的过水坝。其中三合土是用石灰、糯米汁、黏土和砂等配制而成。这种坝多用于坝与堤的溢流段,使用较广泛,如高家堰等。

2.5 木笼填石坝

木笼填石坝是一种透水的软堰,是用木笼(或竹笼)装石筑成的一种水工建筑物。汉代至三国、两晋南北朝时期都有这样的水工建筑物,这些水工建筑物与都江堰的竹笼有些类似(图7)。当年李冰利用四川随处可见的竹笼装上石头之后,放在岷江里,来抵挡激流[7]。三国时建造在北京石景山旁湿水(今永定河)上的戾陵堰的拦河坝,是记载早期利用木笼填石坝的代表。"长岸竣固,直截中流,积石笼为主遏",石笼就是木笼或木笼装石,将永定河两岸的柳条和山上的荆条编织成笼,装入大石,然后再垒砌这些装石的木笼形成堰体。此类坝在古代关中地区十分普遍,一般用高3m,直径3m以下的石囷来筑坝,石囷也称木笼、石困、木柜。浙江沿海地区也用石囷或者竹笼来筑造海塘。比如五代吴越国钱镠的"竹笼木桩塘",元代在竹笼木桩塘基础上改进的"石囷木柜塘",都用到了竹笼木笼填石的结构，是古代木笼填石坝的基本构件。它们比土塘更坚固，是一种允许透水的水工建筑物，取材简单，造价低，容易推广，只是竹笼木笼易腐朽，维修较麻烦[10]。

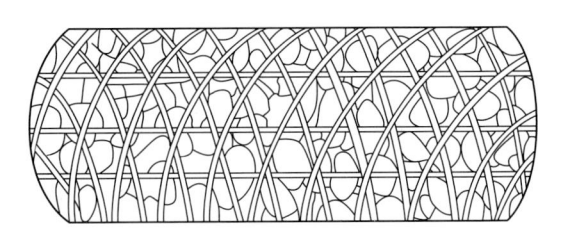

图 7　都江堰的竹笼

3　结语

当下，虽然是以高坝水库为代表的现代水利取代了传统的古堰坝，但丝毫不能抹去古堰坝的重要价值和地位。拥有上千年历史的古堰坝，虽然大部分已经不存在，但现存于世并发挥作用的堰坝，成为了宝贵的水文化遗产，彰显了永恒的技术和文化魅力，给当代水利带来宝贵的启示和学习价值。

参 考 文 献

[1] 张炳火. 良渚先人的治水实践——试论塘山遗址的功能 [J]. 东南文化，2003（7）：16-19.

[2] 马燕燕，闫彦，王生云，等. 浙江省古堰坝分布特征与历史价值研究 [J]. 浙江水利科技，2012（4）：47-50.

[3] 邱志荣，张陈，茹静文. 良渚文化遗址水利工程的考证与研究 [J]. 浙江水利水电学院学报，2016，28（3）：1-9.

[4] 邱志荣. 论海侵对浙东江河文明发展的影响 [J]. 浙江水利水电学院学报，2016，28（1）：1-6.

[5] 李君纯. 中国坝工建设及管理的历史与现状 [J]. 中国水利，2008（20）：24-28.

[6] 王双怀. 中国古代灌溉工程的营造法式 [J]. 陕西师范大学学报：哲学社会科学版，2012（4）：41-47.

[7] 仵峰，吴普特. 从灌溉发展历史看灌溉的未来 [J]. 灌溉排水学报，2007（s1）：36-38.

[8] 张敏，梁魏. 梁魏浮山堰事件始末及影响 [J]. 阅江学刊，2012，4（1）：69-73.

[9] 郑连第. 人水和谐的文明杰作——解读都江堰、郑国渠、灵渠 [J]. 中国三峡建设，2007（5）：19-24.

[10] 郑连第. 中国水利百科全书　水利史分册 [M]. 北京：中国水利水电出版社，2004.

清代杭州府海防同知与钱塘江海塘

杨丽婷

(浙江水利水电学院 水文化研究所,浙江杭州 310018)

> **摘 要**:清代,随着政府组织大规模兴修海塘工程的发展,杭州府海塘管理机构、管理制度也逐渐完善,杭州府海防同知即在这一背景下设立,其身担谋划、监督海塘修筑的重责,对保卫当地一方水土安澜起重要作用。与同时代新设的其他府海防同知不同,杭州府海防同知仍然是专门负责海塘一事的佐贰官,只拥有对所属兵丁的调用权,各汛官兵仍属海防兵备道统辖。从总体上看,历任杭州府各塘海防同知都具有相当的水利经验和沿海地方任职经验,能够良好地发挥海防同知的积极作用。
>
> **关键词**:清代;杭州府;海防同知;海塘

"海防同知"一职始设于明代嘉靖三十二年(1553年),当时倭寇猖獗,吴淞江口及黄浦一带为海路要冲,明廷在苏州、松江二府各增设海防同知一员统领当地兵船。其后,山东、福建、广东各省也渐次设置海防同知。清兵入关后,沿袭明代制度,在地方上仍设有海防同知。海防同知除负责当地海防以外,不同地区的海防同知还兼管当地盐务、税务、驿传等不同职能。如明代山东的青州、莱州、登州三府的海防同知还具有兼管驿传和盐务等方面的职能。福建漳州和泉州二府海防同知不仅负责沿海防卫,还负责月港贸易的税务[1]。而清代浙江沿海地区的杭州府海防同知则有更为特殊的使命,即专管海塘的修筑。

目前学界对杭州府海防同知的研究鲜有涉及,针对其他地方海防同知的研究中,以东南沿海的漳州、泉州、广州及南澳各府海防同知的研究成果较为丰富,如吕俊昌[2]的《清代前期厦防同知与闽台互动关系初探》和王宏斌[3]的《简论广州府海防同知职能之演变》分别对厦门海防同知和广州府海防同知设置过程、职能管辖等方面进行了较为深入的研究。相比其他地方的海防同知,杭州府海防同知尚没有引起学界足够的重视。

因其特殊的地理位置,杭州府海防同知的职能上有别于其他海防同知,并且它在中国治水史上也占有重要的一席之地。因此本文将运用《两浙海塘通志》《海塘揽要》《两浙海塘通志》等古籍资料,针对杭州府海防同知设置的时代背景、设置及调整经过、职能管辖范围及同知官员的铨选展开研究。

1 杭州府海防同知的设置背景

中国东部地区濒临大海,经常遭受风潮侵袭,其中浙江省钱塘江出海口杭州湾,外宽内窄、外深内浅，外出海口江面宽达100km，往西到澉浦，江面骤缩到20km，至海宁盐官镇一带时，江面只有3km宽。这一特殊的喇叭状海湾，使得起潮时吞进大量海水向西逆流，而越往西江面迅速收缩变窄变浅，夺路上涌的潮水一拥而上，就掀起了高耸的巨涛，形成陡立的水墙，严重者可以酿成潮灾摧毁沿岸庄田。杭州湾独特的地形加之沿海的风潮助虐，使得钱塘江沿岸百姓的生命财产安全受到严重的威胁。史书多有记载潮灾的危害。如：唐大历十年（775年）七月十二日，"杭州大风，海水翻长潮，飘荡州郭五千余家，船千余只，全家陷溺者百余户，死者数百余人"。[4] 康熙二十九年（1690年）七月二十三日，"大风雨，二十九日……海啸，山飞，平地水骤高二丈余，人民溺死无算"。[5]

唐代以来，为了抵御潮灾，人们在钱塘江沿江沿海地带陆续修筑起了防潮堤坝——海塘。到清代时，政府开始组织大规模修筑海塘，并陆续成立日常管理机构和完善管理制度。

康熙五十九年（1720年），浙江巡抚朱轼在上呈康熙帝的《请修海宁石塘、开浚备塘河疏》说道："宁邑海塘，自康熙五十四年（1715年）前抚臣徐元梦题请修筑，委盐驿道裴率度督修。该道于五十六年正月内赴工，至六月间连日风潮汹涌，新工未竣旧工复坍。经臣咨明工部，督率抢修。迄今未完工程二百余丈，现在上紧催修，克期报竣。"[6] 此为清代政府组织大规模修筑海塘之始。

杭州湾北岸为钱塘怒潮要冲之地，所受潮灾冲击最大，沿岸海塘屡次修筑，时有冲损。而浙西沿海地势低平，内连鱼米之乡的太湖平原，一旦捍潮塘岸崩决不治，不但万民遭灾，而且关系皇朝漕粮来源，所以清朝不惜投入巨额经费，大规模改建石塘，以保海塘稳固，防止潮灾泛滥。据史料记载，清高宗乾隆六次南巡，曾四次亲临海宁沿海视察和督修大石塘工程，清朝统治者对浙江海塘修筑的重视可见一斑。

在清代兴修的海塘工程中，浙江的海塘修筑活动最为频繁，规模也最大。从清代的海塘修筑统计表[7]（表1）可以发现：全国较大的海塘修筑活动共计385次，其中在浙江沿海就有183次，即占全国海塘修筑活动的1/2；总计修旧和新建土、石海塘约2041km，其中浙江约占871km。

表1　　　　　　　　　　　　清代海塘修筑统计表

地区	修筑活动次数		修筑石塘累计长度/km		修筑土塘累计长度/km		总计长度/km	
	嘉庆以前	乾隆以后	嘉庆以前	乾隆以后	嘉庆以前	乾隆以后	石塘	土塘
浙西沿海	90	24	178.5	29.4	289.2	16.7	207.9	305.4
浙东沿海	46	23	89.8	4	228.1	36.8	93.8	264.1

2　杭州府海防同知的设置及调整

顺治、康熙两朝并没有常规的修筑制度，而是随坍随修，也没有设置专职专责的管理人员，职责不明以致耽延工期的事情时有发生。海塘的修筑关系当地民生及粮仓赋税的命脉，为保海塘安澜永固，完善海塘管理体制成为必要，杭州府海防同知就是在这一背景下设置的。康熙五十九年（1720年），浙江巡抚朱轼奏请逐年将修筑工段、用过帑金据实报销，并添设杭州府海防同知一员，专司海塘工程。

"查沿海潮汐惟浙江为最，非有专员经管未见实效。请将南岸绍兴府之上、余、山会、萧五县石塘、土塘。专交绍兴府同知阎绍管理。北岸杭州府之海宁、仁和、钱塘三县之石土塘，专交原任金华府同知刘汝梅管理。嘉兴府之海盐、平湖二县石土塘，专交嘉兴府同知王沛闻管理。各员衔内添入'海防'字样，专任责成，小有损坏及时修砌。其属辖之巡检场员听其调委、分任。

惟杭郡别无闲员可以经理塘务，查金华原非剧郡，向设同知一缺，请裁去，添设杭州府海防同知一员，专司其事，即将开复候补同知刘汝梅补授。任满之后，此三缺即于通省同知、通判、知县拣选调补，庶人地相宜于塘工有益。"[6]

这一奏请经工部复准执行，裁撤原先较为清闲的金华府同知，添设杭州府海防同知，专司海宁、仁和、钱塘三县土、石塘工，其所辖之地的巡检场员听其调配。首任杭州府海防同知由原金华同知刘汝梅补授。

雍正一朝对浙江海塘的修筑更加重视。从雍正元年（1723年）到雍正十三年（1735年）间，核销修补、新建草、石、土塘的共计约两百七十四万二千二百二十三两银子，是顺治、康熙两朝79年间核销修筑海塘银两（约四十二万七千一百六十二两）的6.5倍[8]。并且，雍正帝每年传谕浙江各督抚臣工，务必对修筑海塘之事引起足够的重视。如雍正二年（1724年）七月，浙江遭遇大风潮灾，雍正帝二月间连下了几道上谕督促各地方官加紧修复被冲决的海塘、堤岸并赈济灾民。"前因浙江督抚等折奏七月十八、十九等日骤雨大风，海潮泛溢，冲决堤岸，沿海州县、近海村庄居民田庐多被漂没。朕即密谕速行具本奏闻、赈恤，但思被灾小民望赈孔迫，若待奏请方行赈恤，恐时日耽延，灾民不能即沾实惠。朕心深为悯恻，着该督抚委遣大员踏勘被灾小民，即动仓库钱粮，速行赈济，务使灾黎不致失所；其应免钱粮田亩，即详细察明请蠲。凡海潮未至之村庄，不得混行冒蠲。至于紧要堤岸冲决之处，务使速行修筑，无使咸水流俾涸瘵得苏，生全速遂，以副朕勤恤民隐至意。入田亩。朕念切痌瘝，务令早沾实惠，该地方官各宜实心奉行，加意抚绥，尔部即行文各该督、抚，遵奉速行。特谕。"[9]

由于皇帝的重视，雍正年间的海塘工程得到了更大的发展，而康熙五十九年（1720年）所设置的杭州府海防同知仅有一员，难以兼顾长达百里且工事频繁的杭州府境内海塘。因此雍正八年（1730年）五月，浙江总督李卫题请将杭州捕盗同知、管粮通判2员，分别派往分管钱塘江北岸东（海宁）、西（仁和）两塘，平时轮流赴工稽查，夏秋时节亲驻工所督率，并仿照黄河河防体制，西塘设千总1员，东塘设把总1员，马战兵6名，步战兵14名。李卫疏称："海塘所设专官止海防同知一员，即使往来奔走而百里之遥，东坍西卸昼夜靡宁，难以兼顾。且做工之际，人夫俱从乡民雇觅，来则一时乌合，去则四散归农，或值民间蚕农两忙，或值昏暮，风潮猝至雇募不前，耽延时日，均足贻误紧工。若多设别员势必另筹经费，即外属遥制，亦恐呼应不灵。请将杭州捕盗同知、管粮通判二员，派令分管东西两塘，平时轮流赴工稽查，夏秋之时亲驻工所督率，仍带办本等事务。"[6]

由于新增官员的经费筹措等各种综合因素，该题请没有立即被复准。直至雍正十一年（1733年），杭州府增设海防同知一员，增设的同知分防西塘，称西防同知，驻仁和县；

原设海防同知分防东塘，称东防同知，驻海宁。西防同知的管辖范围自乌龙庙以东，迤东至老盐仓计七十余里，东防同知的管辖范围为自老盐仓迤东又折而南，至谈仙岭计七十余里[10]。

因西塘海防同知所辖海塘计长九千二百四十余丈，日夜受海潮刷泼，且当山水顶冲之势，埽工数量亦较东塘逾倍，西防同知防护难周，恐顾此失彼。道光三十年（1850 年），应浙江巡抚吴文镕之请，将西塘辖属潮神庙至老盐仓一段划为中塘，其汛地三千五百六十丈，添设中防同知一员，驻扎翁家埠。其办公兵员，仍协同海防营守备督率办理[11]。至此，杭州府海防同知共有东、中、西三防，直至光绪三十四年（1908 年）塘制度改革废止。

三防同知分别管辖的区域是：自钱塘乌龙庙一堡至戚井村十二堡属西防同知治地，又东至翁家埠十七堡为中防同知治地，自仁和十七堡至南门外三十三堡（即今海宁尖山镇海庙）属东防同知治地。

3 杭州府海防同知的辖属

雍正八年（1730 年）之前，清代浙江海塘的修筑多靠当地乡民，一方面如果需要兴工时恰好是农忙时节，则很难募集人力修塘，另一方面乡民修筑海塘的专业化不高，倘若风潮突然发生，导致海塘被毁、堤岸冲决，则无法迅速组织修工。正如李卫所言："宁邑塘工向从乡民雇觅，来则一时乌合，去则四散归农，既非熟娴做工之人，更当民间蚕农两忙，或值昏暮风雨，巨潮淬至，乡夫雇募不前，耽延时日，均足贻误紧工。"[12] 并且雍正八年之前只有地方的总甲、地保等人做兼职看守，远不能满足沿塘需要有人昼夜瞭望、看守、巡查的需要。因此李卫奏请，仿照黄河河防的体制，从兵部调派官兵，设海塘千把总二员、兵二百名，负责海塘工程的做工和看守。

雍正八年十一月，准浙江总督李卫之请，设立海塘经制千总一员、经制把总一员、有马战兵六名，内设外委把总二名、外委百总二名、无马战兵十四名、守兵一百八十名，由杭嘉湖道和杭州府海防同知一同管辖。官兵平时负责做工和看守，冬月如有闲时，也可操练，和负责防护海滨私运米盐等事。并制定负责官兵的奖惩制度：三年之内，勤劳无过的，千总加以署备职衔，把总加以千总职衔，以示鼓励；如若任内出了差错事故，立即撤职，并于本营把总外委队目下依次挑选顶补其职。其官兵俸饷银两由本项岁修海塘银内支给，所需米石则在额征地丁内支给。

雍正十一年（1733 年）四月，在添设西防同知的同时，也添设了守备二员、经制千总三员、经制把总七员、有马战兵五十四名，内设外委千总六员、外委把总六员、无马战兵一百四十六名、守兵六十名。加上雍正八年设的官兵，共有千总四员、把总八员、外委千把总十六员、兵一千名。添没守备分为左右两营，将原设、添设之官兵分隶两营管辖，每营一千兵。左营守备驻扎海宁县东，右营守备驻扎海宁县西，千总、把总等官各照紧要地方分段汛防，兵丁俱于附近海塘处所设立堡房，均派居住。

两营的千总、把总各驻扎在为 12 处汛防，各营汛组织分汛地段和人员配备[13] 见表 2。

表2　　　　　　　雍正末年钱塘江北岸海塘营汛组织分汛地段和人员配置

营汛	汛别	防护范围	官员配置/名			兵丁配置/名			
			守备	千总	把总	马兵	步战兵	守兵	合计
右营	宣家埠	八仙石—宣家埠			1	3	9	39	51
	章家庵	宣家埠—潮神庙		1		6	13	63	82
	翁家埠	潮神庙—华家弄	1		1	8	20	100	128
	关帝庙	华家弄—关帝庙			1	4	13	62	79
	老盐仓	关帝庙—戴家石桥		1		5	14	70	89
	靖海	戴家石桥—海宁南门外			1	4	11	56	71
左营	镇海	海宁南门外—念里亭	1		1	10	20	92	122
	念里亭	念里亭—殳家庙		1		6	14	70	90
	尖山	殳家庙—谈仙岭			1	5	14	70	89
	澉浦	谈仙岭—二寨			1	3	10	48	61
	二寨	二寨—行素庵			1	3	12	66	81
	行素庵	行素庵—平湖、金山两县交界			1	3	10	44	57
	合计		2	4	8	60	160	780	1000

营守备和各汛官兵除直属海防兵备道外，兼随两防同知调遣。东西两防直辖地的汛防包括老盐仓汛、靖海汛、镇海汛、念里亭汛、尖山汛，其中自老盐仓起至九里桥止石塘地方，系杭州府西海防同知管辖，自九里桥起至淡山岭止石塘、柴塘地方，系杭州府东海防同知管辖。

老盐仓汛　自西武庙起，由老盐仓至戴家石桥，全长一十四里。汛内有柴塘六百二十五丈，石塘一千三百四十六丈七尺，又有土备塘一千七百二十三丈。驻扎千总一员、外委把总一员、有马战兵五名、无马战兵一十四名、守兵七十名。

靖海汛　自戴家石桥起至海宁县南门，全长一十四里。汛内石塘长一千九百七十五丈二尺一寸，又有土备塘长一千七百四十丈。驻扎把总一员、外委把总二员、有马战兵四名、无战战兵一十一名、守兵五十六名。

镇海汛　自海宁县南门起，由九里桥至念里亭，全长二十四里。汛内石塘长三千四百九十一丈五尺，又土备塘长三千三百六十六丈九尺。驻扎把总一员、外委千、把总二员、有马战兵一十名、无马战兵二十名、守兵几十二名。乾隆十三年（1748年），因八仙石等五汛弁兵移驻南塘，共余有马战兵五名，归该汛管辖，左营守备驻扎于此。

念里亭汛　自念里亭起至殳家庙，全长二十二里。汛内石塘长二千六百六十四丈四尺七寸，又有土备塘长二千七百丈二尺。驻扎千总一员、外委把总二员、有马战兵六名、无马战兵一十四名、守兵七十名。

尖山汛　自殳家庙起至谈山岭，全长二十七里。汛内有石塘一百七十丈九尺，柴塘四百六十一丈一尺，又有土备塘长七百丈外，石坝二百丈。驻扎把总一员、外委千总一员、有马战兵五名、无马战兵一十四名、守兵七十名。

乾隆元年（1736年）三月，因海塘工程浩繁，海防东西同知仍不敷办理，准嵇曾筠奏请，增设协办东、西海防同知各一员。乾隆七年（1742年）五月，裁撤东西两防协办同知。

4 杭州府海防同知的铨选

清代对沿海官员的选拔任用有一个定例："沿海各缺应于通省内拣选调补，概不准滥行升用，若实无合例堪调之员，始准于疏内切实声明保题。又道、府、同知、直隶州知州、通判，知州如系奉旨命往，或督、抚题明留于该省候补，并试用人员因军营出力保奏，奉旨先尽补用、遇缺即补等项。凡系应归候补班补用者，均无论应题、应调、应选之缺，令该督、抚酌量才具，择其人地相宜者悉准补用。"[14]

西防同知和中防同知所在的仁和县，为"冲、繁、难、倚"之县，地当交通要道，民风剽悍、案件频发，又为杭州府治，政务纷繁。东防同知所在的海宁州为"疲、繁、难"之地，同样为交通要道、民风剽悍，又因身处浙西第一门户潮灾尤重，以致税粮滞纳。此二县皆为要缺，官员的选拔自然也十分严格。而且海防同知需具备水利专业技术，又经手大量费用和物料，必须选拔廉洁而有专业特长的人才，因此在杭州府海防同知设立之初就立下了由地方官员选拔调补的制度。"添设杭州府海防同知一员，专司其事，即将开复候补同知刘汝梅补授。任满之后，此三缺即于通省同知、通判、知县拣选调补，庶人地相宜于塘工有益。"[4] 即海防同知等官员必须从全省同知、通判、知县中选用熟悉塘工的人任职。

据《两浙海塘通志》中《职官》篇的记载，自首任杭州府海防同知到乾隆十年（1745年），历任东西两防海防同知的履历情况看，绝大部分是有水利相关经验或沿海地方任职经验的。现将书中所录历任海防同知履历简况描述[8] 列于表3、表4。

表3 历任杭州府东塘海防同知履历表

姓名	就任时间	任职履历	学历
刘汝梅	康熙六十一年四月	浙江金华府同知	监生
唐叔度	雍正二年八月	海宁县知县	贡生
谷确	雍正三年二月	历官知县	生员
李飞鲲	雍正五年九月	庆元县知县	进士
马日炳	雍正六年四月	广东文昌县知县、杭州府总捕同知	监生
吴弘曾	雍正十年三月	南河效力、檄调浙江委用	举人
张伟	雍正十二年四月	杭州府粮巡通判	监生
林绪光	乾隆元年五月	平湖县知县、署海宁县知县	举人
何熠	乾隆四年正月	州同南河效力，协办东海防同知	
田勋	乾隆九年十二月	州同南河效力，协办西海防同知	
刘晏	乾隆六年十一月	历任浙江萧山、山阴县知县	监生
鲍够	乾隆十二年十一月		贡生
董仁	乾隆十三年八月	广西州同、杭州府通判	监生
魏崶	乾隆十三年十月	以杭州府知府摄任	
张铎	乾隆十四年	镇江府水利通判、浙江绍兴府水利通判、西防同知	监生

注 东防同知包括雍正十一年添设西防同知前的原设同知。

表 4　　　　　　　　　历任杭州府西塘海防同知履历表

姓名	就任时间	任 职 履 历	学历
李飞鲲	雍正十一年六月	庆元县知县、东防同知	进士
靳树德	雍正十三年十月	云南府知府、衢州府知府	贡生
张永熹	乾隆元年正月	馀姚县知县	监生
胡士圻	乾隆二年三月	县丞、高邮州州判，调赴浙江办理海塘	
赵应召	乾隆二年旧月	浙江试用	贡生
王纬	乾隆十一年八月	海宁县知县	举人
张铎	乾隆十二年	镇江府水利通判、浙江绍兴府水利通判	监生

5　结论

杭州府为江海之汇，涛束氵龛、赭之交，地当险要，风潮的肆虐使得钱塘江沿岸百姓的生命财产安全受到严重的威胁，居民庐舍的安危皆倚仗海塘工程的兴修。清代随着由康熙朝开始政府组织大规模兴修海塘工程的发展，海塘管理机构、管理制度也逐渐完善，杭州府海防同知作为专司海塘工程的官员，身担谋划、监督海塘修筑的重责，对保卫一方水土安澜有着重要的作用。与同时代新设的海防同知区别的在于，其他地方的海防同知的职掌民政的部分得到了大幅度的扩充，在某种意义上说，那些海防同知更像是一个地方长官，而杭州府的海防同知则仍然类似明代专门负责一事的佐贰官。同时，杭州府海防同知虽兼管所辖汛地的兵役，但只有对所属兵丁的调用权，各汛官兵仍属海防兵备道统辖。

从总体上看，历任杭州府各塘海防同知都具有相当的水利经验和沿海地方任职经验，能够良好地发挥海防同知的积极作用。曾任东防同知的杨鏣根据其在任多年的积累撰写出《海塘揽要》，成为其后各任治海者的重要参考。

光绪三十四年（1908年），浙江巡抚增韫奏请改革塘制，因中、东、西三防同知既不能合力统筹，又不能各尽厥职，提出"改设专局，以一事权"的主张，裁撤东、中、西三防同知3员及海防营的马步兵，于三塘适中之地设立海塘巡警局，下设巡官、巡长、巡警兵等员分布于三塘，负责海塘的稽查防护；并在海宁（今海宁盐官）设立浙江海塘工程总局，总理杭州、海宁、海盐、平湖塘务。杭州府海防同知从设置到裁撤经历了除顺治、宣统两朝一头一尾之外的清代各朝，基本上见证了清代杭州府海塘工程建设的发展，针对杭州府海防同知进行更为深入的研究，对研究杭州地方治水史等方面有着重要的意义。

参 考 文 献

[1]　李庆新. 明代海外贸易制度 [M]. 北京：社会科学文献出版社, 2007：312.
[2]　吕俊昌. 清代前期厦防同知与闽台互动关系初探 [J]. 社会科学辑刊, 2014 (1)：126-133.
[3]　王宏斌. 简论广州府海防同知职能之演变 [J]. 广东社会科学, 2012 (2)：95-106.
[4]　刘昫. 旧唐书 [M]. 北京：中国文史出版社, 2003：285.
[5]　杨泰亨. 光绪慈溪县志 [M]. 上海：上海书店, 1993：51.
[6]　翟均廉. 海塘录 [M]. 杭州：杭州出版社, 2014.

[7] 张文彩. 中国海塘工程简史 [M]. 北京：科学出版社，1990：45.

[8] 杨鑅. 海塘揽要 [M]. 杭州：杭州出版社，2014.

[9] 方观承. 两浙海塘通志 [M]. 杭州：浙江古籍出版社，2012：12.

[10] 李续德，闫彦，王秀芝. 道光朝东西两防海塘全纪 [M]. 北京：中国水利水电出版社，2016：55-57.

[11] 余绍宋，孙延钊. 续修浙江海塘通志初稿 [M]. 杭州：浙江古籍出版社，2012：335.

[12] 方观承. 两浙海塘通志 [M]. 杭州：浙江古籍出版社，2012：257.

[13] 陶存焕，周潮生. 明清钱塘江海塘 [M]. 北京：中国水利水电出版社，2001：86.

[14] 台湾史料集成编辑委员会. 光绪朝朱批御折第十六册 [M]. 台北：远流出版事业股份有限公司，2009：257.

宁波倪家堰与压赛堰位置及变迁考

吴锋钢

(宁波市江北区文物管理所，浙江宁波 315000)

> **摘 要**：宁波倪家堰、压赛堰都位于姚江边，且相距较近，因水系变迁、区域划分，乃至堰名变更，致无法确认。现根据县志记载及碑刻记录，结合民国地图加以分析确认，原鄞县有两处倪家堰，一处位于姚江南岸，即现在青林湾大桥南岸海曙区，又名倪家上下堰，有堰两条，民国时仍存，旁设新渡；一处位于湾头东侧原鄞县与镇海县分界处，即现在江北区甬江街道倪家堰，原名倪家堰，后称虞家堰，1933年鄞镇慈公路建造时废弃。原镇海县内压赛堰位于西大河上，即现江北区甬江街道压赛村，又名压赛塔堰，附近有压赛桥与压赛庙。
>
> **关键词**：古堰；倪家堰；压赛堰；虞家堰；历史

宁波地处河海交汇之地，域内江河纵横，水泽遍地。为了有效地控制并利用水利，古人修建了许多堰坝，倪家堰、压赛堰就是较为著名的，不仅由于其修建年代较早，还由于其与当地的水运管理密切相关。但由于年代久远、水系变迁，关于两堰具体位置及变迁多有混淆。为了厘清上述问题，对两堰的位置及变迁作一些考辨。

1 倪家堰的位置及变迁

清乾隆《鄞县志》载，"(县西北)倪家上下堰，各长六十五丈，阔二丈，在五十都一图"。[1] 在旧志载存碶闸塘堰名目中有"倪家堰，县城东半里。至正续志、闻志，县东五里"。[1] 同时也载，"(县东北)虞家堰，长一丈五尺，阔六尺，在甬东隅九图，鄞三镇七合管"。[1] 光绪《鄞县志》也有倪家上下堰的记载："(县西北)倪家上下堰，各长六十五丈，阔二丈，在五十都一图，今废。"[2] 并载"(县北)虞家堰，长一丈五尺，阔六尺，在甬东隅九图，鄞三镇七合管。钱志案曰，成化志县东五里有倪家堰即此堰也，县西亦有倪家堰，特同名耳"。[2] 民国《鄞县通志》记载，"倪家堰，县西北六区九龙乡新渡，有上下二堰，各长二〇八公尺，阔六四公尺，阻咸蓄淡，泥堰钱志谓在五十都一图，惟光绪志则云今废，今查县政府十九年特刊仍存，新渡即设于是处"。[3] 也载"虞家堰，亦名倪家堰，钱志谓在甬东隅九图，鄞三镇七合管。民国22年（1933年），鄞镇慈汽车道筑，遂废"。[3] 可知原鄞县境内有倪家堰两处，一处为倪家上下堰，有上下二堰，位于鄞县的西北姚江南岸，光绪志载已废弃，民国时发现仍存，新渡设于其地（图1）。对照现状地图，此处应位于现在的海曙区青林湾大桥的南侧。

另一处倪家堰位于县东北2.5km处，清乾隆时鄞县已改名为虞家堰，光绪志中明确

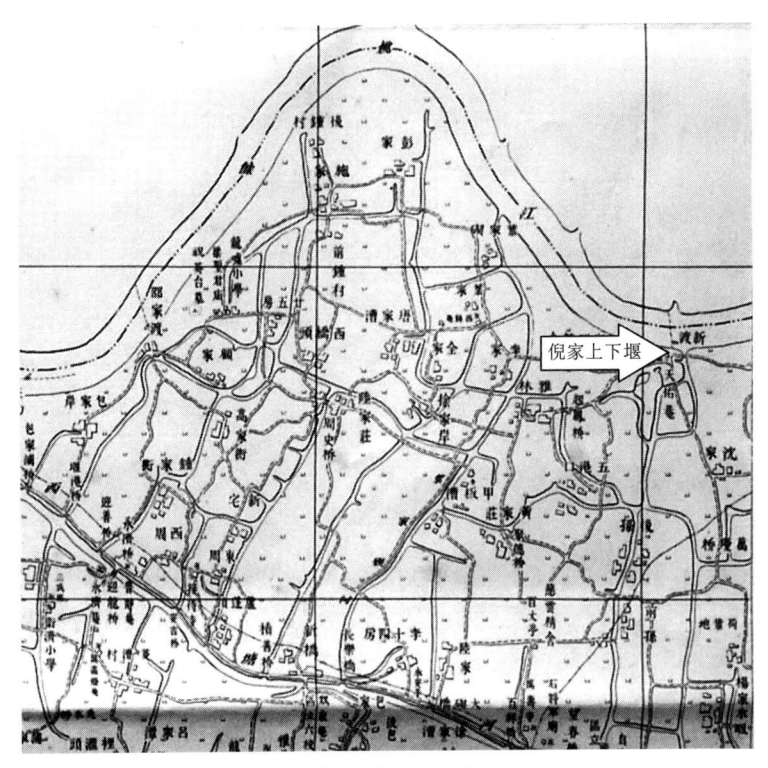

图 1 鄞县分图（局部Ⅰ）

说成化年间的倪家堰就是现在虞家堰。同时也说虞家堰为鄞镇合管，鄞三镇七。说明此虞家堰即明代倪家堰，位于县东北两县的分界处。民国 22 年（1933 年），鄞镇慈汽车路建造，遂废弃。

明嘉靖《定海县志》卷五河渠中记载："倪家堰、虞家堰……俱在西管五都。"[4] 清光绪《镇海县志》记载："倪家堰，南邻鄞县，（西管乡）五都，一二三四图四庄乡长承修七分，鄞县沾利人户承修三分；虞家堰，（西管乡）五都。"[5] 民国《镇海县志》记载："倪家堰，南邻鄞县，（西管乡）五都，一二三四庄乡长承修七分，鄞县沾利人户承修三分；虞家堰，（西管乡）五都，在文昌阁下古虞家桥之内，西为湾头下江，俗呼石堰头，左右均有石碶。"[6] 发现镇海方志中倪家堰与虞家堰从明代就一直并存。可知镇海方志中的虞家堰与鄞县志中的虞家堰并非同一处。根据镇海县志载倪家堰位于鄞镇交界的北侧，西管乡五都一二三四图四庄乡长承修七分，鄞县沾利人户承修三分，说明倪家堰所处之处两县界线为东西向。根据民国鄞县志图和镇海县志图，鄞镇两县在湾头东侧的县界呈东西向的只有泗洲塘尽头古泗洲塘河向西通姚江的一段。在民国鄞县志地图中此段两县交界处标注有倪家堰（图 2），民国镇海县志图中在同样的位置标注有古虞家堰（图 3），对照上述《鄞县志》记载"虞家堰为鄞镇合管，鄞三镇七"，与《镇海县志》中记载的"（倪家堰）五都一二三四图四庄乡长承修七分，鄞县沾利人户承修三分"二者表述内容一致。另光绪《鄞县志》中也明确说鄞县的虞家堰即原来的倪家堰。所以，可以确定镇海县志中的倪家堰即为鄞县志中的虞家堰，且原来鄞县也称倪家堰，只不过在明末清初时改名，故两县都承认对方关于此堰的称呼，在鄞县志图中标注倪家堰，镇海县志图中标注古虞家堰。至于镇海县志为

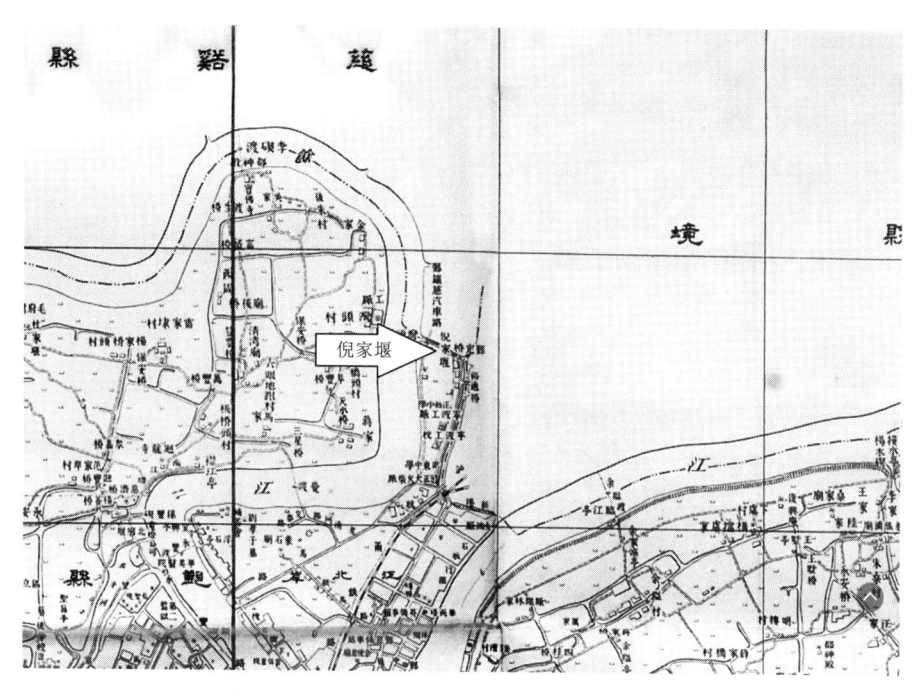

图 2　鄞县分图（局部 Ⅱ）

何标注为古虞家堰，而非虞家堰，是因为镇海县内的虞家堰另有其堰，后面另述。

根据记载，倪家堰元代就出现，最早出现在《至正四明续志》中，明成化时仍有记载，鄞县方志中清初已改名虞家堰。民国鄞县志图中有倪家堰之标注，但在镇海方志中明嘉靖开始倪家堰与虞家堰就共存，一直到民国，说明最晚在嘉靖年间镇海县境内另有虞家堰，镇海方志中的虞家堰为新虞家堰，根据民国镇海县志分析，其应在倪家堰北侧古虞家桥内。故在民国镇海县志图中倪家堰位置标注的是古虞家堰。倪家堰的具体位置为原泗洲塘河与西大河的交界处的西侧，因鄞镇慈公路建造时填塞了其通往姚江的河道，故废弃。根据现状图，倪家堰应位于江北区甬江街道倪家堰，具体在现压赛堰由东西向转向南北向转弯处的西侧，大概位于现在光明眼科医院后围墙处。当时倪家堰附近还有裕通桥、卫阁桥和鄞定桥。民国《鄞县通志》记载："裕通桥，江北岸泗洲塘倪家堰南，清光绪十九年（1893 年）镇海方氏守约居重修，跨颜公渠（一名泗洲塘河）北通倪家堰鄞定桥。卫阁桥，江北岸倪家堰，鄞定桥东，清光绪十九年（1893 年）镇海方氏守约居重修，跨颜公渠，西通湾头渡，北属镇海境。"[3] 现仍存。民国《镇海县志》记载："鄞定桥，大河从此东流直至白沙庄，南流至鄞县。"[6] 对照镇海县志图，可知倪家堰旁设鄞定桥。

根据光绪三十四年（1908 年）《奉宪勒石》碑记述："倪家堰卡改为查验卡，专查外江绕越之货。""免捐之地，绘呈图说、划定界线，以内河外江分界。自倪家堰西北二十里至贵胜堰东北四十里至蟹浦均为内河免捐地界。""凡外江船只装有北门局应捐之货，不准拖进倪家堰坝绕走内河，如有贪图内河免捐私自拖坝者，一经倪卡查获□□❶，则立即究

---

❶ □代表原碑刻字迹漫漶不清，无法识别，下同。

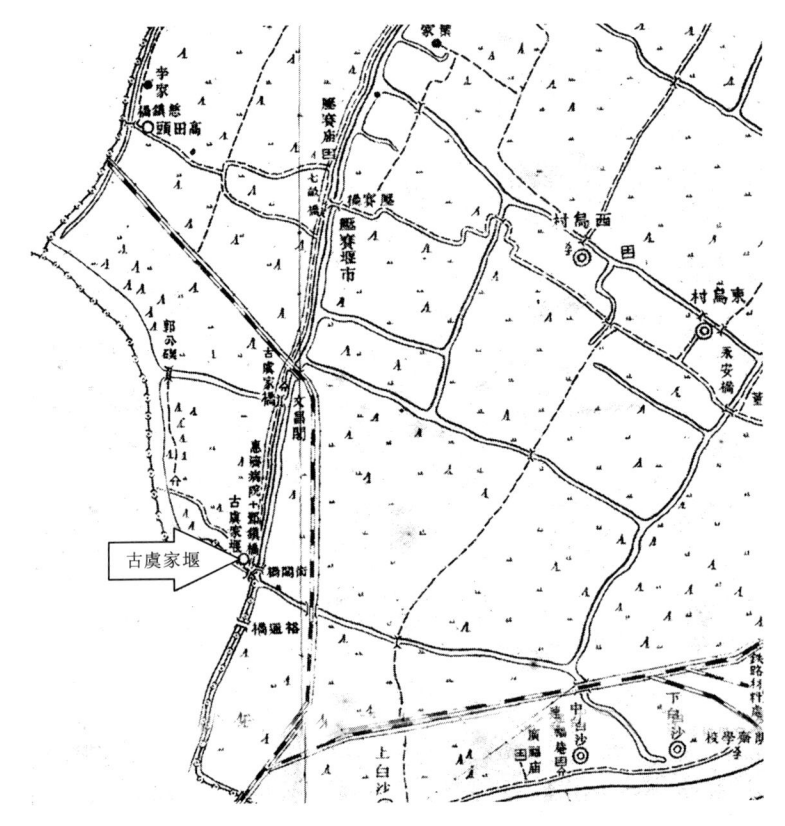

图3　镇海县东管乡图（镇海区文物保护管理所提供）

办船户□□□□议罚。""凡内河免捐之货，只准照□章在江北岸内河李家后门老埠头装货，经过倪家堰北往内河免捐界内卸货，不准在□□□□□□□□□□□□倪家堰坝□□。"可知倪家堰为当时两县交界处重要的水运节点。又因其位于外江内河交汇处，外江船只可直接拖入倪家堰走内河，故在此设卡专查外江绕越，企图免捐之货。同时也发现根据当时税捐章程，外江之货是从江北李家后门改装内河船，走内河颜公渠至倪家堰而入免捐界的，不准擅自从外江直接拖进倪家堰而进入内河。

2　压赛堰的位置及变迁

明嘉靖《定海县志》记载："压赛塔堰、倪家堰……俱在西管五都。"[4] 清光绪《镇海县志》记载："压赛塔堰（西管乡）五都"[5]，民国《镇海县志》记载："压赛塔堰（西管乡）五都。"[6] 上述县志记载均较简单。根据民国21年（1932年）《修浚邑东骆驼桥贵胜堰下至化子闸大河碑记》，在述说中大河之形势时提到"经大□□□□□而达方家堰，又由咸宁桥经团桥压赛堰而达鄞之江北岸"。同时《修建贵胜堰及大兴永安二桥碑记》记载大河流经贵胜堰后堰西分两支，其中"一支向南流经……团桥压赛堰直达鄞之江北岸"。根据镇海县志图，此流即由骆驼桥中大河南流至鄞之西大河，鄞县境内称颜公渠。由中大河西大河交界处的咸宁桥至团桥，再至压赛堰可达江北岸，西大河流向基本为东北西南向。根据现状，除建造庄桥机场填塞一段及后期零星改扩建外，其河道走向基本清晰，压赛堰就设于此河上的压赛堰市，即现在的江北区甬江街道压赛村北侧，大概位于现倪家堰河与压赛河交汇处。根据《镇海县交通志》[7]，1930年前后，镇北航区终点为江北岸李家后门的，基本上都是经过压赛堰、倪家堰、泗洲塘、砖桥而达江北岸的，可知压赛堰位于倪家北侧镇北航道的西大河上。压赛堰又名压赛塔堰，明嘉靖《定海县志》中有压赛堰桥的记载，可知压赛堰肯定早于明嘉靖年间。其附近有压赛桥与压赛庙。根据民国《镇海县志》记载："压赛庙，五都二图，宋德祐间秘书监陈茂以死勤事，乡人立祠祀之，后圮。元大德中曾孙梦麟与里人余方两姓协力重建庙并压赛桥，故名。梦麟又偕梦龙梦熊捐田以奉香火。清道光二十年（1840年），陈文照等重修。光绪二十四年（1898年）立碑，陈予龄撰记。"明嘉靖《定海县志》也有相似记载，说明压赛桥元大德之前就存在了。根据水利建造的规律及县志中的记载，堰旁一般都设桥以便行人，如倪家堰旁设鄞定桥，虞家堰旁设古虞家桥，七亩堰旁设七亩桥。因此压赛堰极有可能位于压赛桥旁，而其应在元代就存在了。根据《镇海区地名志》记载："（团桥）老祠堂陈姓宋代由宁波压赛堰迁此。"[8]似压赛堰宋代即存在。

3 虞家堰、虞家碶及郭公碶的位置及变迁

明嘉靖《定海县志》记载："虞家堰、钟家堰俱在西管五都。"[4] 清光绪《镇海县志》记载："虞家堰，（西管乡）五都。虞家碶，（西管乡）五都，碶为众流所泄，两旁有虾须塘，碶有碶租，每年征收存库为修葺费，虾须塘系一二三四图四庄公修。"[5] 民国《镇海县志》记载："虞家堰，（西管乡）五都，在文昌阁下古虞家桥之内，西为湾头下江，俗呼石堰头，左右均有石碶。"[6] "虞家碶，五都，碶为众流所泄，两旁有虾须塘，碶有碶租，每年征收存库为修葺费，虾须塘系一二三四图四庄公修，在虞家堰之左。"[6] 同时也载："虞家桥，诸河之水皆由此桥趋虞家碶归大海。"[6] 可知镇海方志中的虞家堰位于古虞家桥之内，西为湾头下江，其应处于湾头下江对面的姚江边，可知（镇海县）诸河之水由虞家桥到虞家碶而归泄大海，当时镇海县此处归大海只有通过姚江，当时姚江还未裁弯取直，姚江大闸还未建，海水可直通湾头姚江，所以虞家碶也应位于姚江边。同时虞家碶就位于虞家堰旁边，否则不会单独提起。民国《镇海县志》记载，"郭公碶，在虞家堰之右一名清水碶，遇外江水清淡时可以引入内河。"[6] 可知郭公碶也位于姚江边，可遇外江水清淡时引入内河。其也位于虞家堰旁边。这与县志中虞家堰左右均有石碶的记载相对应。根据民国22年（1933年）《重修郭公碶五眼碶碑记》记载，"镇北古虞家桥左近有名郭公碶者……"可知古虞家桥位于郭公碶的近右，根据上述，虞家堰又位于古虞家桥的内侧，虞家碶又位于虞家堰的近处。根据现存郭公碶位置推断，现存郭公碶旁船闸位置应为古虞家桥及虞家堰的位置，根据现船闸底部为人字形斜坡，两旁仍留存有亭柱及绞盘石，可知此处原为过船坝。现存亭柱上仍有"左紫江濑右带河流秀毓蛟川留杰构""光绪九年（1883年）季秋重建"等题刻，可知此亭柱为原址保存，也说明了至光绪九年（1883年）重建时此亭柱仍为船堰。而现存郭公碶旁之五眼碶则应为虞家碶，五眼碶碶名旁有"道光四年（1824年）六月榖旦"字样，清光绪《镇海县志》和民国《镇海县志》中都无五眼碶，只有虞家碶的记载，故现存五眼碶应该为道光四年由虞家碶改建而成，《重修郭公碶五眼碶碑记》中也载"五眼碶因旧筑坚韧，只于碶柱下掘筑……"，可知民国22年（1933年）

重修时只对五眼碶进行了加固,并未大修。至于县志中载虞家碶位于虞家堰之左,郭公碶在虞家堰之右与碑刻记载不一致,有两种可能,其一左右为相对而言,主要看站在哪个位置上观察。另一种可能就是记载时出现了谬误。而碑刻是根据当时情况及时记载且立于当地的,其可靠性更高。至于民国镇海县志图中标注的古虞家桥位置与上述碑文及推断不一致。根据《重修文昌阁暨虞家桥之碑》[9]记载,"甬江北至慈镇接境之骆驼桥三十里许,长河大道,其直如矢,一通衢也。经由倪家堰、压赛堰之中间,有文昌阁焉。……而阁之西南隅有虞家桥",可知当时此文昌阁位于倪家堰与压赛堰之间的西大河旁,这与民国镇海县志图的标注相符。根据上述碑文,文昌阁与虞家桥同处河旁,且同时修竣,说明两者相距较近,故镇海县志图中文昌阁其下之古虞家桥应为虞家桥,其位置与县志中载诸河之水可由此桥达虞家碶而归泄大海相符。正是由于县志图中虞家桥讹为古虞家桥,导致民国《镇海县志》关于虞家堰的记载及碑文记载与县志图中的标注不相符。

4 结语

综上,宁波倪家堰有两处,一处位于原鄞县西北,又名倪家上下堰,有堰两条,民国时仍存,旁设新渡,即现在青林湾大桥南岸;另一处位于原鄞县东北,与镇海县交界处,鄞县原称倪家堰后称虞家堰,镇海县称倪家堰或古虞家堰,位于江北区甬江街道倪家堰;压赛堰位于现江北区甬江街道压赛村北,压赛河与倪家堰河的交汇处;原镇海县境内的虞家堰位于现存郭公碶旁船闸位置,其近处之五眼碶应为虞家碶,郭公碶与五眼碶,原都为石碶,民国22年(1933年)重新修建时郭公碶改建成水泥钢骨结构。

参 考 文 献

[1] 钱维乔,等. 鄞县志[Z]. 清乾隆戊申岁.
[2] 张恕,等. 新修鄞县志[Z]. 光绪三年十二月.
[3] 张传保,等. 鄞县通志[Z]. 民国24年.
[4] 张时彻,等. 定海县志[Z]. 明嘉靖四十二年.
[5] 俞樾. 镇海县志[Z]. 清光绪五年.
[6] 洪锡范,等. 镇海县志[Z]. 民国20年.
[7] 《镇海县交通志》编审委员会. 镇海县交通志[M]. 北京:海洋出版社,1997.
[8] 宁波市镇海区地名志编纂委员会. 宁波市镇海区地名志[M]. 西安:西安地图出版社,2010.
[9] 宁波市江北区地方志编纂委员会. 宁波市江北区志[M]. 杭州:浙江人民出版社,2015.

姜席堰灌溉工程遗产技术特征及价值分析

周土香[1]，姚剑锋[2]

(1. 龙游县林业水利局，浙江龙游 324400；2. 浙江水利水电学院 建筑工程学院，浙江杭州 310018)

> **摘 要**：姜席堰科学价值体现在古人对河流特性和自然的敬畏、尊重，对堰坝和河道各要素统筹考虑的系统思维，以及因地制宜、就地取材、科学严谨的生态治水理念。姜席古堰"官督民办"的管理方式、固定的岁修制度以及义利并举的众筹文化、堰长制、堰工局等，这种官方与民间结合的工程管理体制充分体现了受益群体共同参与建设和管理的社会组织形式。这些经过历史检验的科学理念和智慧，为现代水利工程规划设计、运行管理提供了重要的启示和借鉴。
>
> **关键词**：姜席堰；灌溉工程；世界遗产

姜席堰位于钱塘江支流灵山港下游，龙游县后田铺村，于2018年8月14日被列入第5批世界灌溉工程遗产名录，这是姜席堰近700年历史上一个具有里程碑意义的大事。它凝聚了古代龙游人民的勤劳智慧，是龙游人民与大自然作斗争延续龙游农耕文明的伟大创举。那么，姜席堰蕴含了古人哪些智慧结晶和生态价值？对现代水利工程有何启示？

1 工程概况

姜席堰始建于元朝至顺年间（1330—1333年），由蒙古族察尔可马任龙游达鲁花赤时主持兴建，距今已有680余年历史[1-2]。工程由上堰、下堰两部分组成，为纪念主持和赞助建堰有功的姜、席两位员外，分别把上堰称为姜村堰，下堰称为席村堰（现简称为"姜堰""席堰"），合称姜席堰[3-4]。

遗产工程主要功能以灌溉为主，兼顾城市生态引水，姜席堰引水入城濠生态水系，至今还保存完好。灌区分布有东、中、西3条全长约50km的干渠和支渠，现灌溉面积2333.33hm²，涉及3个乡镇街道21个行政村。17世纪灌区还有子堰72座，沿渠设有水碓、筒车、麻车、竹制倒虹吸等47个[5]。目前，还保存有以水碓命名的村庄。

组成渠首的主要部分有拦河堰（姜堰）、溢流堰（席堰）、进水口及堰洞（现已堵塞废弃），俯瞰图如图1所示。姜堰位于上游，江心沙洲头部，堰长100m，堰宽32m，水位落差约2.3m；席堰紧接江心沙洲尾部，堰长70m，堰底宽30m，水位落差约3.5m；沙洲处于河道中间，上连姜堰，尾接席堰，长400m，宽150m，与姜堰、席堰连接成600m长挡水堰坝[5]。

内江引水道位于沙洲左侧，宽25m，长约420m，末端与左侧进水闸相连。进水闸共

图1 渠首俯瞰图

3座，其中，席堰左侧2座共设4孔闸门，修建于20世纪70年代，通过东、中、西干渠引水灌溉至龙洲街道、占家片；姜堰右侧1座，于2012年新建，通过暗涵引水至右岸的东华街道灌区。冲沙闸位于席堰左侧，安装铸铁启闭机2台，修建于20世纪70年代。堰洞位于席堰对面的蛇山脚下，于建堰初期人工开凿，长50m，底宽1.5m，高16.4～3.5m。据记载，明崇祯十三年（1640年），因"溪低而堰颈高，水阻不能下"，知县黄大鹏开凿新的进水口（即现在进水闸），使用了300多年的堰洞从此废弃，现只留下部分堰洞遗迹[5]。

2 主要技术特征

姜席堰的修建及其运行管理，都遵循着自然运行的生态法则。世界灌溉遗产委员会评价："姜席堰是古代山溪性河流引水灌溉工程的典范。其工程布局、工程技术体现了传统水利中天人合一的基本理念，蕴含着深厚的历史文化价值和科学技术价值。"姜席堰这种尊重自然、天人合一，顺应河势、水势，不过多人为干扰河流的生态治水理念，体现了对自然规律的尊重和应用，反映了人与自然的和谐与平衡，这正是姜席堰主要的技术特征和价值所在。

2.1 统筹谋划，安全合理——工程选址

所有水利工程最重要的一个问题就是选址，坝址选择对工程结构稳定性起着至关重要的作用，尤其是在灵山港这种暴涨暴落的山溪性河流中修建堰坝，对堰坝基础抗洪水冲刷破坏能力的要求非常高。姜席堰选址可谓巧夺天工，堰址刚好是灵山港从南部山区过渡到平原出山口的咽喉部位，河道地势相对较高，在此处筑堰与下游平原地带形成较大的落差，不仅可以最大限度地保证农田面积的自流灌溉，实现灌溉效益最大化，而且，河道出了山口，江面骤然变宽，流速逐渐慢了下来，对堰体冲刷破坏能力也大大减小了。同时，此处河床岩基裸露，河势相对稳定，既利于工程布置，节省工程投资，又利于工程长期安全运行。

2.2 巧借地形，因势利导——工程布置

姜席堰综合考虑河流水文及地形特点，巧妙地借助灵山港"S"形河湾以及河道中分布的自然江心沙洲、两岸山体，在尊重河流自然规律的基础上对这些自然资源进行利用并适当改造，以最小的工程投资成功解决了施工期基础的冲刷破坏，修建完成了伟大的灌溉工程，实现了引水灌溉、防洪度汛、排沙淤积等一系列技术难题。

（1）借用两岸山体稳固河床。姜席堰左岸分布有蛇山，右岸分布有龟山，这两个天然

小山包山体稳定，地势较高。此处河势相对稳定，修筑堰坝，不仅可以节省修建两岸防洪堤的工程投资，还能避免洪水对两岸的冲刷破坏。此外，河道摆幅变迁影响极小，非常有利于堰坝稳定和河床稳固。

（2）借用沙洲实现自动分水、引水、排沙和安全度汛。江心沙洲是整个枢纽工程最关键的部分，可以说它是枢纽实现灌溉功能最重要的因素。第一，以河道中约 5.33hm² 沙洲为纽带，上连姜堰，下接席堰，将姜堰、席堰连接成一个整体，形成一条长约 600m 的挡水堰坝。同时，又巧借左岸蛇山山体，形成长 420m 自然引水道，使河道在此处一分为二，形成了内外二江，实现自动分水作用。第二，姜堰位于沙洲头部，主要起截流壅水作用，沿轴线斜向上游与主河道成 123°夹角，使引水道入口呈喇叭状，根据弯道动力学原理，河道内水就很容易骤扰到引水道入口这个位置，流量相对集中，尤其是枯水期可拦截上游大部分来水入引水道。然后通过内江引水道，导入灌溉渠道，多余水则通过江心洲末端的席堰下泄主河道，实现自动引水灌溉作用。第三，洪水期间，由于姜堰所处的外江落差大，带有大量泥沙的高速水流，遇姜堰后，可快速翻滚入外江主河道，流向下游。而内江引水道由于落差小（姜席两堰落差仅 10cm）、坡度平缓、流速缓慢，流进来的几乎都是泥沙含量较少的表层水，剩余泥沙再通过席堰左岸冲沙闸排入下游，实现自动排沙。第四，在沙洲下游约 2/3 部位设置溢流堰（因深藏于沙洲密树丛林中被众人遗忘），其泄洪槽横向贯通沙洲，洪水期间将引水道（内江）水分流下泄于外江主河道，大大减轻了姜堰、席堰的防洪压力，防止江心沙洲被洪水冲刷破坏。泄槽出口偏向下游，洪水出槽后撞向对岸龟山岩体，实现二次消能，然后归入主河道。姜堰、席堰、溢流堰相互作用，有效地保证了工程安全度汛。

（3）利用堰洞防止产生内涝。堰洞位于引水道凹岸，此处流量高度集中，是内江水进入灌区平原的命门，其形状和尺寸也是非常值得研究的。它设计成一个高而瘦的拱形门状，窄而深，既可以满足下游灌溉，又可有效控制洪水进入平原地带，防止下游产生内涝。文献记载，"引水不引洪、水害变水利"，至于它为何废弃不用文献记载并不详细，需进一步考证研究。

2.3 就地取材，朴素稳固——结构特点

（1）大缓坡。从外观看，姜堰下游堰面设计为 1∶8 的大缓坡，主要起消能作用；席堰地处狭窄支流上，堰顶设计为弧形，可大大减小洪水过堰的单宽流量，缓解对下游基础冲刷。

（2）牛栏仓。堰脚采用松木框架结构，也就是当地百姓俗称的"牛栏仓"，这种结构最大特点是适应地基沉降能力非常强，可以有效解决山溪性洪水对基础冲刷破坏等问题，而且基础施工可带水作业，大大减少了施工难度，缩减了施工工期，同时也验证了松木"干千年，湿千年，不干不湿只半年"的俗语。

（3）土材料、土办法。姜席堰建筑材料以当地松木、卵石为主（图 2 和图 3），在 2012 年水毁修复之前，堰面可清晰地看到许多河卵石，这些卵石河滩上到处都是，具有就地取材、造价低廉、施工简便等优点。堰体表面采用三合土（黄泥、沙、石灰加豆浆）捣实防渗，起胶结作用。下游用大卵石铺砌成消能护坦，防止基础冲刷[5]。

图2 松木　　　　　　　　　　　　　图3 卵石

2.4 子堰、水碓、筒车——智慧水力

姜席堰地处丘陵，局部渠系落差较大，古人便用卵石和三合土砌筑成高低不一的子堰来调节水位，引水灌溉。文献记载，17世纪灌区有子堰72方[2]；沿渠竹木制成的转轮筒车有15部，用于提水灌溉；木制水碓32座[2]，方便农户利用水头落差从事粮油加工业。这些设施一直延续到20世纪70年代，至今还保留有水碓遗址和以水碓命名的村庄。

3 价值分析

世界灌溉工程遗产评选的意义之一，就在于学习古代的人文思想与可持续灌溉利用的智慧，汲取经过历史检验的科学理念，帮助我们在工程规划、设计和管理中实现可持续发展[6-7]。

3.1 尊重自然、因地制宜的设计理念

姜席堰建造保留了河道原有的水流特性和地理特征，避免对周边环境产生负面效应，体现了古人认识、尊重、合理利用河流特性等自然规律的科学严谨的生态治水理念。灵山港属山溪性河流，河道形态蜿蜒曲折，河岸植被茂密，河床起伏多变，这些现象是几千年历史演变形成的，这些因素有利于减少河水流速，消减洪水破坏能力。还有多年冲积形成的沙洲、浅滩、深潭、凹岸、凸岸等，既是调整水流方向需要，也是生物迁徙廊道，更是河道景观和生物多样性的基础。然而，曾几何时，水利技术人员裁弯取直，人为侵占河道，改变河流形态，如姜席堰下游后田铺段，20世纪90年代初修建"三江"治理工程时，将"S"形河道裁弯取直后，反而适得其反，造成洪水更大破坏力。河道行洪断面经裁弯后大大缩窄了，现在一下雨，径流便迅速汇集，加大了该段河道洪峰流量，造成该段河道两岸堤防基础多次淘涮破坏，此处的庆丰堰也遗址不存，直到近年才下移重建一座低堰。这是值得我们深刻反思的，面对今天过多的人为干扰河流导致的生态破坏问题，姜席堰这种科学的设计理念非常值得研究和借鉴。

3.2 开发有度、协同共生的基本原则

（1）姜席堰的建造，不仅统筹了左右岸、上下游的用水平衡，也充分考虑了整个灌区

老百姓生产、生活的用水需求,还兼顾了灌区工程体系、自然体系和经济社会体系的协调统一。

(2)姜席堰的建造,体现了治水之"度"、与水和谐相处的基本原则。灵山港水资源时空分布不均,降雨量主要集中在4—10月,来水量占全年总量的80%,但洪水暴涨暴落,水资源利用率极其低下,百姓苦不堪言。姜席堰根据季节变化、洪枯差异,结合地形、河势,建造了姜堰拦水、席堰泄洪、"S"形河湾引水,调整了河道流量分配及流向,形成自主协调、自我平衡的动态系统,这种自然、简易的水量调节方式,基本满足了下游灌区用水需求,达到相对的水量平衡。如今,随着经济发展,用水量大幅度增加,尤其是通过沐尘水库对灵山港实施调节,高标准的渠系工程纵横分布,为拦蓄雨洪、错峰用水、科学配水创造了良好的条件,保障了灌区均衡受益。

3.3 以人为本、可持续的发展思想

姜席堰历经700多年的变迁,仍然发挥着巨大效益,体现了以人为本、可持续发展理念的运用。

(1)在工程设计中注重环保。姜席堰建筑材料以当地松木、卵石为主,堰脚采用松木框架结构,即当地百姓俗称的"牛栏仓",与现代合金网袋抛石结构原理相同,在现代水利工程基础防冲处理和防汛抢险工作中得到广泛应用,这是传统"牛栏仓"结构技术以新的方式延续着生命。

(2)姜席堰对保障粮食安全具有重要作用,受到历代朝廷和地方官员高度重视,也得到灌区民众的认可和尊崇。在近700年漫长历史中,姜席堰形成了"官督民办"的管理方式,至16世纪末已形成了固定的岁修制度,设有分堰节、开堰节,清代设有堰工局,实施堰长制,堰长、堰董、堰夫,各司其职,共同维护姜席堰灌溉工程[8-9]。当时的"堰长制"与现代的"河长制"一脉相承,这种官方与民间结合的工程管理体制,体现了受益群体共同参与建设和管理的社会组织形式,这是千年来姜席堰持续发展的精神动力。

4 结论

姜席堰是古代山溪性河流引水灌溉工程的典范,承载着传统"尊重自然、天人合一""因势利导、因地制宜"的生态治水原理,体现了古代对自然敬畏,对堰坝和河道各要素系统筹考虑的系统思维方式,蕴含着深厚的历史文化价值和科学技术价值。姜席堰"官督民办"的社会自治方式以及堰长制、堰工局等社会组织的管理创新和可持续发展理念,为现代水利工程规划设计、运行管理、水生态文明建设提供了重要的启示和借鉴作用。传承优秀的历史遗产,借古鉴今,启示未来,这是我们申遗的意义所在。

参 考 文 献

[1] 万廷谦. 龙游县志(明万历本)[M]. 北京:中华书局,2019.

[2] 龙游县志编纂委员会办公室. 龙游县水利志[M]. 北京:团结出版社,1990.

［3］ 龙游县地名志编纂委员会. 龙游县地名志［M］. 北京：方志出版社，2017.

［4］ 余恂. 龙游县志（清康熙本）［M］. 北京：中华书局，2019.

［5］ 叶仲魁. 姜席堰溯源［M］. 北京：中华书局，2014.

［6］ 高竞，刘学应. 基于遗产保护视角的古水闸地基加固研究：以高邮里运河灌区界首闸为例［J］. 浙江水利水电学院学报，2021，33（4）：33-35，71.

［7］ 马家宝，陈晓东，袁杨程. 京杭大运河高邮段救生港闸遗址考证［J］. 浙江水利水电学院学报，2021，33（3）：11-15.

［8］ 龙游县志编纂委员会. 龙游县志［M］. 北京：中华书局，1991.

［9］ 余绍宋. 龙游县志（民国本）［M］. 北京：中华书局，2019.

明清时期松古灌区水权管理机制考论

李晨晖¹，高 灵²

（1. 浙江同济科技职业学院，浙江杭州 311231；2. 松阳县水利局，浙江松阳 323400）

摘 要：松阳县松古灌区是瓯江流域最大的灌区，通过对明清时期大量榜文、碑刻等水文化遗存的考证、分析发现，松古灌区先人已在水权管理的各个方面形成了较为完整的机制体系，包括原始水权获取遵循投资所有原则、以用水榜文确权、因时因地处理水权纠纷等，水资源调配原则也与现代抗旱调水原则一致，并出现了民间水权交易。研究和借鉴先人水权管理的智慧，对当前的水权管理、改革等工作意义重大。

关键词：松古灌区；水权管理；水文化遗存

水权管理包含对水权的获取、分配、许可、变更、交易等诸多水事活动的管理与规范，以及对水权形成后相应权利与义务的履行进行监管。目前，全国水权改革工作正在全面推行。2001 年，浙江省义乌市花 2 亿元向毗邻的东阳市购买了横锦水库约 $5 \times 10^8 m^3$ 的水资源的永久使用权，开创了新中国水权制度改革的先河。2014 年，水利部在 7 个省份开展了水权改革试点工作。2016 年，《水权交易管理暂行办法》（水政法〔2016〕156 号公布）的颁布，完善了水权制度，为推行区域水权交易提供了政策上的保障。在现阶段，进一步研究和借鉴古代先人对水权管理的智慧，对于当前的水权改革工作意义重大。松阳县松古灌区灌溉面积 1 万余 hm^2，所在流域为瓯江一级支流松阴溪。灌区内古堰群集，水文化遗存丰富。笔者以松阳县档案馆收藏的宋、元时期兴建的芳溪堰、金梁堰 17 件自明天顺元年（1457 年）至清光绪九年（1883 年）的古榜文原件❶，以及松阳水利博物馆收藏的部分古堰碑刻❷为研究对象，展现明清时期该堰群所处的瓯江流域松古灌区水权管理的相关机制，从水权管理的各个环节对历史文献进行解读，探索先人的治水智慧。

1 水权的获取与准许

原始水权获取国际上有占用优先、河岸所有、平等用水、公共托管、条件优先等原则[1]。松古灌区古代水权和水量分配体现的是投资所有原则，即水资源谁投资、谁开发、谁所有。

---

❶ 榜文原件全部收藏于松阳县档案馆，单独存放，未设置全宗号。
❷ 碑刻原物收藏于松阳县水利博物馆，保存完好，大部分碑刻字体依旧清晰可见。

1.1 原始水权的获取与分配

芳溪堰始建于宋，康熙二十七年（1688年）时，灌区分三片，共 64hm^2，其中力溪岗坞村灌片 25hm^2 有余，源口灌片约 13hm^2，塘头、后肖、大齐、高岸、包村五小坦灌片约 26hm^2。康熙二十七年（1688年）六月二十日榜文（图1）记载："据册，力溪、岗坞合田贰拾五顷有奇，五坦共田贰拾贰顷有余，源□□□拾叁顷余，大齐肆顷上下"❶。

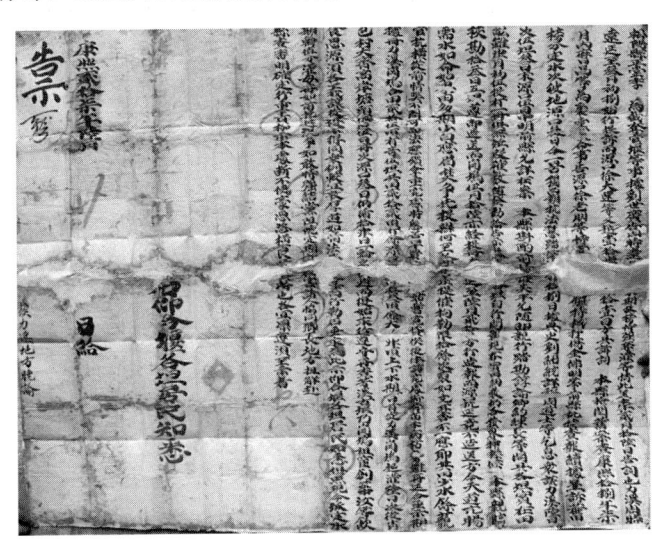

图1 康熙二十七年（1688年）六月二十日榜文

自宋以来，水量分配按14日为一轮的轮灌制，始从力溪、岗坞水期6日，次从源口水期5日，再次为五小坦水期3日，周而复始灌溉。康熙三十一年（1692年）七月初三榜文记载："始从力溪、岗坞共水期陆日，次从源口水期五日，再次塘头、后肖、大齐、高岸、包村五小坦共水期叁日，以拾肆日为壹轮，周而复始灌溉"❷。可见其轮灌时间并非按各片的灌溉面积大小来确定。五小坦面积多、轮灌期少，其缘由是该堰由力溪、岗坞、源口三庄先民出资公筑，五小坦并不是堰坝的原始创建者。道光四年（1824年）芳溪堰奉宪勒石碑记载："本县复经勘讯，该圳开筑之初，源口、岗坞、力溪三庄之民出资共筑，五小坦之民并不在内。是以五小坦田亩虽多，而轮灌之期独少"❸。光绪七年（1881年）十二月十二日榜文（图2）记载："奉查芳溪水堰，为三庄农田水利所关，虽访之各庄乡耆，有该堰上下两堤，系力溪、下源口两庄先民出资公筑，五小坦并不助资助力等语"❹。

---

❶ 摘于康熙二十七年六月二十日榜文，原件尺寸为128cm×56cm，收藏于松阳县档案馆，字体清晰可见，保存完好。
❷ 康熙三十一年七月榜文，原件尺寸为135cm×57cm，收藏于松阳县档案馆，字体清晰可见，保存完好。
❸ 道光四年十二月十一日芳溪堰奉宪勒石永示碑。碑高215cm，宽82cm，厚7cm，藏于松阳水利博物馆，保存完好。
❹ 光绪七年十二月榜文，原件尺寸为58cm×58cm，收藏于松阳县档案馆，字体清晰可见，保存完好。

图 2 光绪七年（1881年）十二月榜文

以上榜文、碑文均可体现芳溪堰水权获取遵循投资所有原则，水权获取来源于初始工程投资，体现了谁开发、谁所有的原则。

1.2 水权的准许

水权确权不仅包括原始水权的分配，还包括确权登记[2]。取水许可证是我国目前所推行的水资源取水许可制度，而古榜圳图、水期榜文、水期勒石永示碑是古代松古灌区先人持有水权的合法依据凭证。古榜圳图、水期榜文、水期勒石永示碑的绘制、颁布、刻碑必须经由当时政府准许并告示所在灌区方才有效。对于金梁堰［始建不详，元至元六年（1269年）有堰圳修复记录］灌区的水权确权许可，明天顺元年（1457年）四月的处州府松阳县为水利事❶，以及清道光十三年（1833年）八月十四日的奉宪示勒金梁堰碑刻❷等榜文碑记均有明确记载。

1.2.1 用水榜文颁发准许

金梁堰为松古灌区内主要古堰灌区，灌溉面积约600hm² 余，灌片由十五都、十六都（明清时期行政分区）两大灌片组成。水量分配取水许可一直通过松阳县政府知县（县令）颁发用水榜文并存档备案的方式获取。

明天顺元年（1457年）四月，处州府松阳县为水利事榜文记载。洪武年间，十五都与十六都两片区依照灌溉面积的大小确定水量分配方案，并在分水口设立汴石，以汴石的

---

❶ 明天顺元年榜文，原件尺寸未知，收藏于民间毛先法家。
❷ 摘于奉宪示勒金梁堰碑，碑高180cm，宽82cm，厚16cm，藏于松阳水利博物馆，保存完好。

宽度控制分水流量。正统四年（1439年），因天旱缺水，灌区顽民聚众强抄汴石、占夺水量，时任知县李颢颁发用水榜文并存档备案以维护正常的用水制度。景泰七年（1456年），因用水榜文被盗贼烧毁，灌区内出现了强占水利纠纷，知县马骥亲自勘察审理后，照旧分水再次颁发用水榜文并存档备案，并向灌区民众进行公示。明天顺元年榜文（图3）记载："正统肆年，因彼都杨世显等，聚众强抄汴石，并将汴田开凿深阔，占夺水利。比时武等告，蒙本县李□等拘集粮里老徐永衍、王爱善等踏勘明白，具结备申，合干□□□□，上司给榜存照。至景泰七年，为因天旱，田禾缺水。不期彼都顽民余宗行等，谓见经告文案，被贼烧毁无存，纠集三十余人，仍行到汴，抄丢汴石，强欲全占水利。是武等继即赴县具状告，蒙父母官知县马□等亲临堰所踏视，重覆体勘明白，照旧分水□□□，仍蒙给榜备照"[1]。

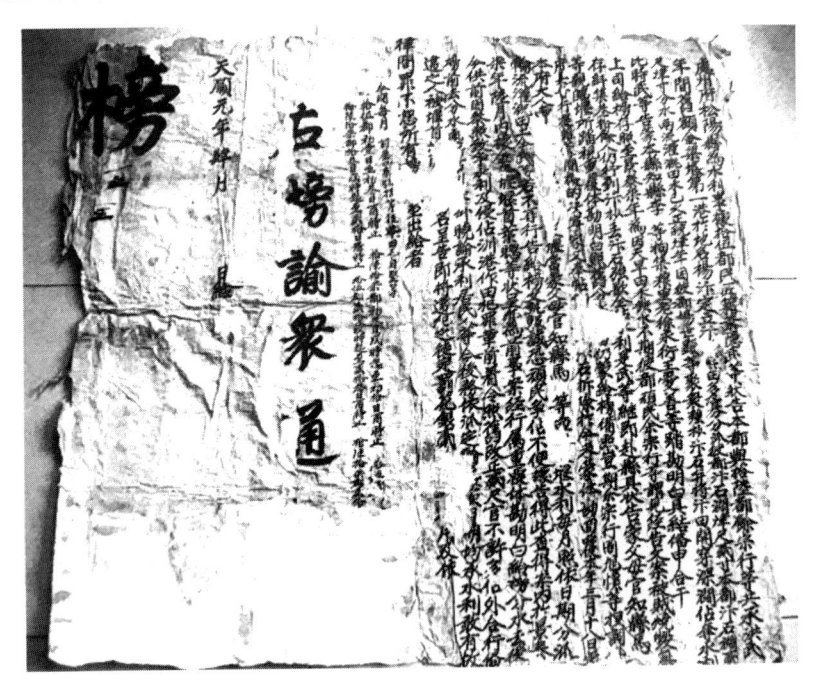

图3 明天顺元年（1457年）榜文原件图

1.2.2 用水碑刻颁发准许

由于用水榜文为纸质文书，易遭损毁，为使用水榜文永久保存，先人将水权水量分配方案刻至石碑上形成用水碑刻。用水碑刻的颁发同样遵循政府许可制。金梁堰清道光十三年（1833年）八月十四日奉宪示勒金梁堰碑刻记载了灌区先民因担心用水榜文损坏失传，而将榜文粘呈，请示政府准允勒石。时任县令汤景和特示准许并公告灌区民众，碑刻（图4）记载："遵照榜示，定期轮灌，……，因榜破伤，恐朽蠹无存。为此粘呈古榜，公叩勒石等情。……，其东村庄徐延臣等与十六都毛鸿等，着令遵照旧榜，将金梁圳水利照田多寡派定日期，交递时刻：十五都东村庄每旬轮灌三日三夜，……，不得紊乱滋争。准给勒石，以垂

---

[1] 摘于明天顺元年榜文，详情见前页脚注。

永久，各宜凛遵毋违，特示"❶。
1.2.3 用水榜文遗失重印许可
证件遗失由原发证机关重新颁发是现代政府常见处理办法，明清时期政府对于松古灌区用水榜文的遗失也依照此法。芳溪堰康熙二十五年（1686年）六月，因洪水冲毁房屋造成古榜圳图遗失，灌区先人呈状要求重新印造古榜圳图，并得到了政府的准许。芳溪堰康熙二十五年六月初七榜文（图5）记载："呈状人周永良、周永焕、周鹿鸣、周应洪呈为恳恩赐照，以存后验事：缘身坦自宋朝设有十三都芳溪源口第贰堰灌溉，身拾肆都力溪、后肖、驮齐等处田地百余顷，原遗有古榜圳图，因今年洪水飘荡，墙屋俱倒，古榜失坏。设不恳照，虑恐日后无查，叩乞宪天敕赐印照，照旧灌溉，以存后验。合坦顶祝上呈。知县批示：准照"❷。

图4 清道光十三年（1833年）八月十四日奉宪示勒金梁堰石碑　　图5 芳溪堰康熙二十五年（1686年）六月初七榜文

综上所述，明清时期，松阳县政府已经形成了较为系统的水权准许制度，政府所颁发

---
❶ 摘于奉宪示勒金梁堰碑，详情见前页脚注。
❷ 摘于康熙二十七年六月初七榜文，原件尺寸为57cm×48cm，收藏于松阳县档案馆，字体清晰可见，保存完好。

或准许的用水期榜文、勒石碑刻、古榜圳图等是当时灌区水权的法律文书，其功能及管理机制等同于现今的取水许可证。

2 水资源的调配与水权的交易变更

2.1 水资源的调配原则

生活、生产和生态是水资源主要用水对象，现代干旱季节调配原则为"先生活，后生产；先饮水，再农业，后工业及其他用水"[3]。乾隆三十四年（1769年）十二月十六日榜文❶描述的事件为：康熙三十年（1691年）至乾隆三十四年（1769年），灌区内沿圳渠兴建了许多水碓，利用芳溪堰引水发展水力机械（水碓）来自动舂米。该告示中记载灌区内有新旧水碓7座，自然也出现水碓与农田灌溉的用水先后矛盾。从告示（图6）可知，时任政府对水资源的调配原则为：一是"田禾需水之时，水碓不与田争水"，与现代抗旱调水原则一脉相承；二是水资源综合利用，告示中"原则冬季轮转，春夏及秋溉田"，明确芳溪堰引水冬天（非灌溉期）可以用于水碓。

2.2 水权的交易市场

水权交易前提是水权已经完成了合理的分配，明确了用水户对水资源占有、使用和收益的权力。水权使用者之间进行的自由交易，可提高水资源的利用效率[4]。芳溪堰水权实行14日轮灌制，五小坦片区灌溉面积多、用水期短，而且兴建的水碓等主要水利机械集中在该片区。为解决缺水问题，凭诉讼争斗等［康熙二十七年（1688年）❷至二十九年（1690年）❸截夺官堰案］仍然维持原有的水权，难以解决缺水问题，所以出现了民间水权交易、水期买卖。

乾隆三十四年（1769年）十二月榜文（图6）记载，力溪村人周尚德等告樟村庄钟某

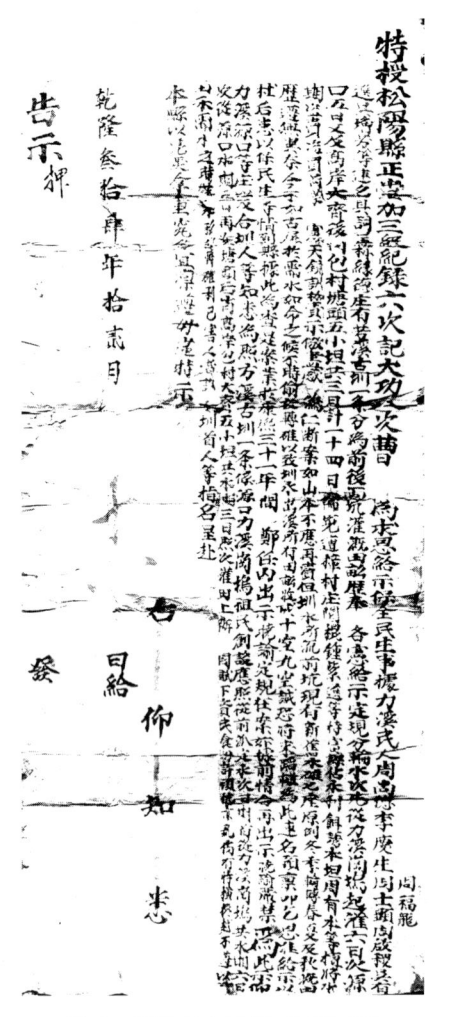

图6 乾隆三十四年（1769年）
十二月十六日榜文

---

❶ 乾隆三十四年十二月榜文，原件尺寸为126cm×57cm，收藏于松阳县档案馆，字体清晰可见，保存完好。
❷ 记载于康熙二十七年六月榜文，原件尺寸为57cm×50cm，收藏于松阳县档案馆。
❸ 记载于康熙二十九年（1690年）八月的芳溪二堰水期碑刻，碑尺寸为150cm×52cm，原碑已佚，仅存拓文收藏于松阳县档案馆。

等，"恃富霸占水利，钳诱力溪村周某等，擅将水期盗卖盗买"。为判决该事件，时任知县曹立身在查案时发现，康熙三十年（1691年）郑伟全知县任内已对此买卖水期作出了"录讯杖责示儆、晓谕严禁"的判决。据此，曹立身知县再次判令禁止水期买卖并告示灌区民众。榜文原文为："列县据此为查，是案业于康熙三十年郑任内出示晓谕，定规在案。兹据前情，合再出示晓谕严禁。为此示仰力溪、源口等庄以及合圳人等知悉为照。"这是松阳县现存40余件古代水利榜文、碑刻、文选等水文化遗产文献中，唯一一件出现水权买卖交易的实物文献资料，真实记载了康熙三十年（1691年）和乾隆三十四年（1769年）古代松古灌区民间水权交易市场的实存状况。

2.3 水权的变更与确认

2.3.1 取水方式的变更确认

金梁堰原十五都、十六都分水取水方式采用在分水口设汧石，按照灌溉面积大小来决定汧石的尺寸，其中十五都汧石宽两尺四寸，十六都汧石宽四尺两寸。由于汧石常被人强行抄毁不利管理，明天顺元年（1457年）改取水口汧石分水制为按日轮灌制，为此松阳县政府颁发了金梁堰明天顺元年四月处州府松阳县水利事业榜文❶予以确认变更。

2.3.2 水量变化的变更确认

自宋至清道光四年（1824年），八百余年来芳溪堰水权一直推行14日轮灌制，虽灌区内利益相关者之间在康熙二十七年（1688年）至二十九年（1690年）出现了水权变更争斗事件，但最终仍然维持原水权方案。

道光四年（1824年），芳溪堰奉宪勒石碑记载了田多水少的五小坦灌片村民李某为了争取更多的灌溉水期，控告力溪村周某霸占芳溪堰水一案，该案上诉至浙江布政使司和闽浙总督。时任松阳知县江思濬奉浙江布政使和闽浙总督批示审理此案，采取了加1日的方案，将14日一轮变15日一轮，灌区三片区力溪、源口维持原水期不变，分别为6日和5日，五小坦片区增1日，变更为4日。审理调解过程中江知县晓之以理，碑文原文记载："该圳开筑之初，源口、岗坞、力溪该三庄之民出资共筑，五小坦之民并不在内。是以五小坦田亩虽多，而轮灌之期独少。本县复查水利有词，少灌渠理正周边。……，而三庄并立，虽田亩也多，灌溉自应酌量通融，以副先民施恩之意，理应通融"❷。可见江知县在调解变更中强调了五小坦田多水期少的事实，同时为了让五小坦水期增加1日，将理由说成是体现了原三庄先民施恩之意，合情合理，易于被三庄接受。由于本次水权变更方案可行，劝导有方，得到了灌区三方的认可，自此以后均采用了本次变更的水权进行了15日的轮灌制。松阳县政府仍采用勒石碑以垂永久的确认方式，发告示昭示勒石。这一事件体现了当代区域水权分配的和谐论思想[5]，彰显了审理水权纠纷的指导原则，即"因时因地、调停酌断、既不悖古、由准乎今"[6]。

---

❶ 明天顺元年榜文，原件尺寸未知，原收藏于金梁堰水管会，现下落不明。
❷ 摘于芳溪堰奉宪勒石碑，碑高172cm×83cm，收藏于松阳县水利博物馆。

3 水权的行使主体与保障措施

3.1 水权行使主体

水权的获取、分配、变更、调整、禁止、处罚等事务，从松古灌区现存的40余件榜文、碑刻、文选等可查证，均为时任知县（县令）主持，并颁布文书告示民众，可见松古灌区明清时期水权行使主体为当时的松阳县政府。

3.2 水权保障措施

3.2.1 严格维护原始水权

芳溪堰第一次大的水权争斗维权案件，起因于康熙二十五年（1686年）闰四月二十六日，暴发滔天洪水，古榜圳图随房屋漂流，无处可录，同年六月初七报松阳县知县批示同意依旧重新印照❶。康熙二十六年（1687年）夏，大旱，各灌片堰首达成合约复筑堰坝，但在实施按田亩数分水的过程中，各村谎报田亩数以争取多分水，矛盾升级[7]。康熙二十七年（1688年），灌区面积最多、灌水日期最少的五小坦灌片人员产生异议，告力溪、源口田少水期多的另两片灌区人员恃强夺灌等情况。康熙二十七年（1688年）六月二十榜文记载了松阳县正堂李（李钟秀）为截夺官堰等事，榜文原件见图1。

从榜文内容可知，原来灌区历史形成的以祖先开发堰圳投资多少而决定的力溪6日、源口5日、五小坦3日，共14日的轮灌制，在时任知县李钟秀看来确失公允，为此其专门发告示开展灌区有效面积调查，并亲自到现场丈量核验。李知县的行为自然受到力溪、源口两片区村庄抵制，特别是源口村拒不上报田亩。李知县依据所调查的各灌区村庄面积，按面积多少派定用水期，依然按14日一轮灌溉制，截定力溪6日、源口3日、五小坦5日的新的配水水权方案。榜文原文为："水期日，首从力溪、岗坞起灌陆日，次后肖、包村、大齐、高岸、塘头、五坦五日，再次源口叁日，仍循拾肆日一轮，之□周而复始，永行遵守。"李知县同时强制推行其新的水权方案，榜文原文记载："示仰合堰各坦居民知悉，俱照现今派定水期轮值分灌，毋再如前搀越混争。如敢恃强结党，阻挠定期□□害，诸人协同乡长地方，扭解赴县，查审明确，定期重责，枷示，本处断不使豪恶恣横良□□所也。各宜凛遵。"但从康熙二十九年（1690年）八月的芳溪二堰水期碑图7可知，源口村人不服松阳知县的裁决，并上诉至处州府，处州府推翻了松阳知县的新水权方案，仍维持原水权水期。碑文原文为："道府批查芳溪二堰乃岗坞、力溪、源口先民始创，今将派定水次日期列后，不许搀越紊乱，各坦遵守，故勒石碑为照。"可见松古灌区先民为遵循原始水权不畏权威、不惜争斗的决心，同时处州知府推行尊重历史、维护原始水权的保障措施。

3.2.2 同步制定处罚措施

明天顺元年（1457年）处州府松阳县为水利事记载（图3），松阳县政府在颁布用水日期方案时，明确了对违者处罚两百两花银充公及依律问罪的相应处罚措施，原文为：

---

❶ 记载于康熙二十五年六月初七榜文，原件尺寸57cm×48cm，收藏于松阳县档案馆。

"今后务依定轮流分水次日期，均承水利。敢有故违之人，被堰首□□□指名呈告，即将违犯之徒定罚花银贰百□□□公用，及依律问罪不恕。"

康熙二十七年（1688 年）六月二十日，松阳县正堂李钟秀为劫夺官堰等事发榜（图1），在公布水期的同时，对违反者制定了处罚措施，对于持枪结党，阻挠定期分水的顽民，由其乡长组织人员捆绑解送县府，查明事实，处以重刑，戴枷示众。榜文原文为："为此示，仰合堰各坦居民知悉，俱照现今派定水期轮值分灌，毋再如前挠越混争。如敢恃强结党，阻挠定期□□害，诸人协同乡长地方，扭解赴县，查审明确，定行重责、枷示，本处断不使豪恶恣横良□□所也。各宜凛遵。须至示者。右仰合堰各坦居民知悉。"

从现有的榜文、碑刻可查，凡涉及水期分配等强制性、原则性的事务时，均同时明确了相应的违者处罚措施，这与明清时期黄河流域的水权管理制度相同[8]。也正因如此，才确保了芳溪堰等松古灌区近千年来水权的稳定。

4 结语

从明天顺元年（1457 年）至清光绪九年（1883 年）历时近 430 年，芳溪堰、金梁堰等古

图 7 康熙二十九年（1690 年）八月的芳溪二堰水期碑记

堰群遗留的榜文、碑刻等水文化遗产文献资料真实、详细地记载了明清时期瓯江流域松古灌区所形成的较为系统全面的水权获得、认可、维护、变更及交易等水权管理机制。原始水权遵循投资所有原则，由投资兴建主体所得，灌区水权源于初始工程投资，政府通过颁布用水榜文、碑刻等确认灌区水权及水量分配。水资源的调配原则与现代抗旱调水原则相符，水权的变更需由政府确认，并在康熙、乾隆年间出现了民间水权交易买卖。同时为了确保相关水权权利、义务的履行，制定了相应的处罚保障措施。当前我国水权管理与改革工作正在全面推进，进一步挖掘研究相应水文化遗产对当前水权改革具有一定的借鉴和指导作用。

参 考 文 献

[1] 张舒. 取水权优先效力规则研究［J］. 中国地质大学学报（社会科学版），2021，21（3）:76-89.
[2] 廉鹏涛，潘二恒，解建仓，等. 水权确权问题及动态确权实现［J］. 水利信息化，2019（5）:20-25.
[3] 侯保灯，刘世庆，肖伟华，等. 关于我国水权制度建设的思考和建议［J］. 中国水利，2021，30

(5): 7-10.

[4] 田贵良,盛雨,卢曦. 水权交易市场运行对试点地区水资源利用效率影响研究 [J]. 中国人口·资源与环境, 2020, 30 (6): 146-155.

[5] 张丹,张翔宇,刘姝芳,等. 基于和谐目标优化的区域水权分配研究 [J]. 节水灌溉, 2021 (6): 69-73.

[6] 田东奎. 历史与现实的平衡:晚清水权纠纷的审理 [J]. 西北大学学报(哲学社会科学版), 2009, 39 (5): 116-121.

[7] 潘建英,谷慧香. 穿越时空的《芳溪堰档案》[J]. 浙江档案, 2013 (11): 44-45.

[8] 绕明奇. 明清时期黄河流域水权制度的特点及启示 [J]. 华北水利水电学院学报(社会科学版), 2009, 25 (2): 75-78.

绍兴运河古桥修筑探源
——以龙华桥、广宁桥为例

蔡 彦

(绍兴市文化广电旅游局，浙江绍兴 312000)

摘 要：运河绍兴段位于大运河的南端。运河上建有多座古桥。这些古桥不仅反映了各个时期的社会状况、经济技术水平，更具有丰富的历史文化内涵。其间的龙华桥、广宁桥两座运河古桥，均为民间捐资修筑运河桥梁。除此之外，尚存的桥梁题刻也是研究绍兴运河古桥的重要资料。

关键词：绍兴；运河；桥梁

绍兴作为我国首批24座历史文化名城，素有"水乡"和"桥乡"的赞誉。据清光绪癸巳年（1893年）绘制的《绍兴府城衢路图》所示，当时绍兴城面积为 7.4 km²，河流33条，有桥梁229座，平均每 0.032 km² 就有一座桥。近代周作人在其《河与桥》中说"（绍兴）城中多水路，河小劣容舠。曲折行屋后，舍橹但用篙。行行二三里，桥影相错交。既出水城门，风景变一朝。河港俄空阔，野坂风萧萧"。[1]道出了这里小桥流水，舟车如织的水乡风情。经统计，绍兴全市有桥10600多座，桥梁的密度为每平方公里1.4座，为全国之最，故被誉为中国"万桥市"和"桥梁博物馆"。2014年6月22日，联合国教科文组织第38届世界遗产大会批准将中国大运河列入世界文化遗产。运河绍兴段被列入世界遗产的地点共有3个，即八字桥、八字桥历史街区和绍兴古纤道；河道总长101.4km，占全国申遗运河的1/10，有许多保存完整的古桥。

1 运河绍兴段的修筑及遗产价值

运河绍兴段，位于大运河的南端，是大运河连接内河航道与外海航道的纽带，也是古代海上丝绸之路的重要端点之一。它以绍兴城为中心，向西经柯桥至钱清出境，向东经皋埠、陶堰至曹娥江，而后分为南北两线，北线经百官、驿亭至五夫长坝出境，南线经梁湖、丰惠至安家渡出境。早在春秋时期，越国在建都绍兴同时，便开凿了人工运河"山阴故水道"。公元前490年，即东周敬王匄三十年，越王勾践七年，在勾践回国的当年，就命大夫范蠡利用今绍兴城所在的八个孤丘，修建小城。据《越绝书·卷八》："城周二里二百二十三步，设陆门四处，水门一处"。随即又在小城以东增筑大城，就是今天的绍兴城。同书载"山阴故水道，出东郭，从郡阳春亭，去县五十里"。"山阴故水道"的开凿应该不迟于这一时间。又说"山阴古故陆道，出东郭，随直渎阳春亭。"[2]可见早在春秋时期，运河两岸就已经是一个聚落中心。运河桥梁的修筑当开始于这一时期。到西晋永嘉元年

(307年），会稽内史贺循开凿西陵运河（后称西兴运河），使大运河绍兴段基本成形。据明万历《绍兴府志·卷七》："运河自西兴抵曹娥，横亘二百余里，历三县。萧山河至钱清长五十里，东入山阴，经府城中至小江桥，长五十五里，又东入会稽，长一百里。"

这次修筑，奠定了运河穿绍兴城而过的格局，桥梁数量必然大大增加。南宋时，随着大运河的全线贯通，终于形成"堰限江河，津通漕输，航瓯舶闽，浮鄞达吴，浪桨风帆，千艘万舻"[3]的宏大漕运体系，也使绍兴成为我国东南地区交通发达、经济繁荣和文化灿烂的"海内剧邑"。可以说，正是运河养育了绍兴人，托起了绍兴的繁荣。在运河沿线，留下了数量众多文物古迹，具有丰富的历史、科学和艺术价值。

2 绍兴民间捐资修桥的传统

绍兴地处浙江省中北部，宁绍平原西部。全市地貌可概括为"四山二江一平原"，其中山地和丘陵占70.4%，平原和盆地占23.2%，河流和湖泊占6.4%，故有"七山一水两分田"之说。对第四纪古地理的研究表明，这里从晚更新世以来，经过3次海侵。其中最后一次卷转虫海侵在距今6000年达到高潮，此后发生海退。这就是管仲在公元前七世纪看到的"越之水重浊而洎"景象。[4] 直到东汉永和五年（140年），会稽太守马臻创筑鉴湖，才使原本潮水出没的沼泽，迅速向山会水网平原转变。千百年来绍兴人民依水而居，改造水、利用水，纵观绍兴一部文明史无不渗透着水的痕迹。

早在20世纪20年代，著名学者顾颉刚就指出"商周间，南方的新民族有平水土的需要，酝酿为禹的神话，这个神话的中心点在越（会稽），越人奉禹为祖先。自越传至群舒（涂山），自群舒传至楚，自楚传至中原。"[5] 顾先生认为"由于长江流域特殊的地理条件，即森林、野兽与沼泽的威胁，洪水灾害，特别是钱塘江的洪水灾害，以及由此而产生的对于治水的迫切要求，就产生了禹和洪水的传说。"[6] 在《庄子·天下》中记录有一段大禹治水的故事，"昔者，禹之湮洪水，决江河而通四夷九州也。名川三百，支川三千，小者无数。禹，大圣也，而形劳天下也如此。"[7] 对他的坚持不懈、公而忘私精神予以充分肯定。通过治水，到了东晋"顾长康从会稽还，人问山川之美，顾云'千岩竞秀，万壑争流，草木蒙笼其上，若云兴霞蔚'。"[8] 从这时起，绍兴就被誉为山水国了。

隋唐时期，文人雅士的活动由府城向新昌、嵊州深入，"东南山水越为先"，以后发展成为著名的唐诗之路。宋代随着鉴湖湮废，原先的一片湖水变成像北部平原一样，河湖桥闸棋布，于是山水国逐渐被水乡取代。对于绍兴城河网的形成，明王士性分析说："绍兴城市，一街则有一河，乡村半里一里亦然。水道如棋局布列，此非天造地设也。或云"漕渠增一支河月河，动费官帑数十万，而当时疏凿之时，何以用得如许民力不竭？"余曰"不然此地本泽国，其初只漫水，稍有涨成沙洲处则聚居之，故曰菰芦中人。久之，居者或运泥土平基，或作圩岸沟渎种艺，或浚浦港行舟往来……故河道渐成，瓮砌渐起，桥梁街市渐饰"（摘自王士性《广志绎·卷四》）。[9]

有河必有桥，桥梁的历史与人类活动密不可分。在绍兴民间捐资修桥逐渐成为社会共识。在南宋嘉泰《会稽志·卷十一》所列出的240座桥梁中，明确官修的6座，独立捐修的28座（表1）；明万历《绍兴府志·卷八》所列出的64座桥梁中，明确官修的4座，独立捐修的27座（表2）。大多数桥梁属于民间集资修筑。

表 1　　　　　　　　　　　　南宋嘉泰《会稽志》所载桥梁

	总计	府城	山阴	会稽	萧山	诸暨	余姚	上虞	嵊县	新昌
总数	240	99	28	33	9	13	20	22	13	3
其中：官修	6	2		1		1		2		
独立捐修	28	17	1	1	2	1	3	3		

表 2　　　　　　　　　　　　明万历《绍兴府志》所载桥梁

	总计	府城	山阴	会稽	萧山	诸暨	余姚	上虞	嵊县	新昌
总数	64	19	8	9	3	3	10	6	3	3
其中：官修	4	1				2	1			
独立捐修	27	9	2	2	2	1	5	5	1	

3　运河绍兴段古桥的修筑技术与功能

从宋代开始，桥梁的类型变得丰富多彩。单从结构上看，就有索桥、浮桥、梁桥、拱桥、浮梁结合桥、拱梁结合桥和堤梁结合桥等不同形制。不少梁桥、拱桥，有的立亭、有的建廊，成了亭桥和廊桥。拱桥桥形从初始的伸臂梁桥，发展到折边形拱桥、弧边形拱桥和悬链线拱桥。在功能上，宋代以后桥梁的功能逐渐多样化。首先，桥上设市成为一种常见的做法。随着经济发展，商业繁荣，处于交通要道的一些桥梁，成为当时的交易之所。如"府城内府桥，在镇东阁东。《宝庆志》云：旧以砖甃，不能坚久，守汪纲乃尽易以石。桥既宽广，翕然成市。"[18]　其次，桥上立祠设龛，朋友聚会，成为大众活动和交际场所。如"山阴杜浦桥，在府城西北十五里漕河傍。《嘉泰志》云：自此而南，烟水无际，鸥鹭翔集。过三山，遂自湖桑埭入镜湖。"[10]　成为文人集会场所。最后，有些桥梁兼具水利功能。桥上行人，桥下设闸。

闸桥亦称为桥闸。虽说都是水上建筑，可原本的功能几乎是完全相反的。桥，通水而上行；闸，有门，用来阻挡水流而达到可控目的。而桥闸正是将这两种不同功能的建筑组合起来，既可排洪挡潮，蓄水灌溉，又便于人畜通行，车辆运输。东汉时，会稽太守马臻主持修筑鉴湖湖堤时，建造了"三大斗门"，创造性地把闸与桥结合在一起。绍兴造桥历史之悠久，可见一斑。除了龙华桥外，著名的还有三江闸桥。它始建于唐大（太）和七年（833 年），明嘉靖十六年（1537 年）重建，因横跨钱塘、钱清和曹娥三江而得名。桥全长 108m，宽 9.16m，高 10m，依峡而筑，用巨石砌成，每层每块大石之间均有榫卯衔接，最底层与岩层合卯，并灌注生铁，石缝用灰秫胶合。该桥共 28 个洞闸。分别以 28 星宿名称编号，故又名"应宿闸"。1963 年被公布为浙江省重点文物保护单位。

这些古桥承载着中华民族特有的精神价值、思维方式和创造能力，在钢筋混凝土出现之前，代表了当时世界上先进的水工技术。其中最著名的当属运河绍兴段的龙华桥和广宁桥。

4　运河绍兴段龙华桥、广宁桥溯源

八字桥历史街区位于绍兴城东北部，北邻胜利路，南至纺车桥，西临中兴路，东靠东池路。总面积为 0.3194km²，其中街区面积为 0.1966km²，外围风貌控制区面积为 0.1228km²。运河绍兴段横穿中心，是我国纳入运河世界文化遗产点仅有的两个街区之一。

沿着都泗门路，尽头为丁字河。其河南接运河，北至东大池，东西横跨一桥，这就是龙华桥，是目前绍兴城仅存的明代闸桥，同时也是绍兴市重点文物保护单位。

龙华桥为抬梁式，单孔，长5.5m，宽2.9m，高4.3m。西面踏道紧贴龙华寺墙壁呈南北向。桥北侧，沿河立有二根石槽，高3.8m，宽0.5m，是为闸门遗址。桥墩用条石砌筑，中间镶"龙华寺东闸桥碑"，叙述了募修龙华桥经过和捐建者姓名，表明该桥重建于明崇祯三年（1630年）七月，共耗银68两4钱，距今约400年。龙华寺东闸桥碑，直三尺二寸横一尺三寸，全文如下：

"龙华寺东闸桥一座，相传为赵福王所创建，以资灌溉。语具东府东坊土谷祠碑记中。日久渐圮，居民口口等发心置簿，募缘重建。□□居士。

□月十八日兴工，逾月告成，焕然一新。往来普渡非复旧日简陋之象矣。今将善信喜舍银数，详开左方，以志不朽。

一女眷。商门太夫人刘氏拾两。商门祁氏贰两。王门商氏壹两。朱门商氏壹两。商门祝氏伍钱。

一士民。商周祚拾两。商周初贰两。祁彪佳贰两。王琠贰两。柴云汉壹两伍钱。王灯壹两。黄希达壹两。吴邦辅壹两。张尊壹两。刘官壹两。刘寅壹两。刘宓壹两。刘宁壹两。刘世祝壹两。刘世益壹两。商维治壹两。商维源壹两。商周祜壹两。商周祺壹两。商周礽壹两。商念祖壹两。商似祖壹两。商绍祖壹两。万讷壹两。张贤臣壹两。唐应科壹两。董用中伍钱。刘士琠伍钱。刘宏伍钱。商周祥伍钱。商周祜伍钱。商周禋伍钱。商周鼎伍钱。商周彝伍钱。商周胤伍钱。商光祖伍钱。王毓兰伍钱。王毓蓍伍钱。朱曾伊伍钱。朱曾莱伍钱。□□褒伍钱。刘宰叁钱。刘寀叁钱。沈应凤叁钱。赵崇曾贰钱。郦云程壹两伍钱。吴应春壹两。□□壹两。鲁应朝壹两。景星耀伍钱。凌凤翮伍钱。王万化叁钱。石工华朝宁、朱惟龙、郑维先仝造。皇明崇祯三年岁在庚午七月吉立（辨识不清以□代替）。"

赵福王，就是赵与芮。据清乾隆《绍兴府志·卷七十一》："宋福王府。在东府坊。宋嘉定十七年（1224年），理宗即位，以同母弟与芮奉荣王祀，开府山阴蕺山之南。今东大池，其台沼也。"

据上碑，修建龙华桥的目的是为了控制东大池水位。那么，龙华桥的初建年代，也应该在此时，即南宋理宗在位期间（1224—1264年）。

商周祚，字明兼，号等轩，会稽人（今绍兴）。明万历二十九年（1601年）进士，授邵武县令五载。入京，累官太仆寺少卿，四十八年（1620年）擢都察院右佥都御史，巡抚福建。据《熹宗天启实录·卷三十》："乙酉（二十六），巡抚福建侯代商周祚奏言：红夷久据彭湖，臣行南路副总兵张嘉策节次禁谕，所约折城徙舟及不许动内地一草一木者，今皆背之，犬羊之性，不可以常理测。臣姑差官赍牌，责其背约，严行驱逐。如夷悍不听命，顺逆之情，判于兹矣。惟有速修战守之具，以保万全，或移会粤中，出奇夹击。上以红夷久住，著巡抚官督率将吏设法抚谕驱逐，毋致生患，兵饷等事，听便宜行。"

他在任期间不动民间一钱，设法支应王事；擒斩巨盗，抗击倭寇侵扰，故离任之日，闽人为之立祠。明天启五年（1625年），再起兵部右侍郎，总督两广。翌年，升兵部尚书，以母年老，请告归养，里居十载。据《越中杂识》一书八字桥条："明冢宰商周祚宅在桥西"。[11] 崇祯六年（1633年）商周祚撰《水澄刘氏家谱序》："圣经称：治国平天下而必先齐家,岂家属身外之物。……祚之先赠君属刘门馆甥,母太夫人生祚于外家,受外大父太素公鞠育教诲之恩,欲报罔极,追溯所自,刘固水木本源也,于大京兆序为中表兄弟,少同应童子试,同举於乡,同登进士,同朝且三十年。大京兆为理学节义宗主,乡邦交重,祚自愧庸劣,而向往之诚,虽属执鞭,所忻慕焉"。[12]

据记载,"明天启六年(1626年)十二月壬戌,升总督两广、兵部右侍郎兼都察院右佥都御史商周祚为南京工部尚书。崇祯元年(1628年)三月壬戌,商周祚为南京兵部尚书。"[13]《谱序》署名为"崇祯乙亥孟夏,赐进士第、资政大夫、南京兵部尚书郎奉敕参赞机务予养,前户科给事中、太仆寺少卿、两奉敕巡福建地方、总督两广军务兵部右侍郎兼都察院右佥都御史、外甥商周祚顿首谨序",此时他尚在"里居"期间。商周祚认为治国必先齐家,重"乡邦",因此带头捐资重建龙华桥,还办学、赈灾,着实为地方办了不少好事。直到明崇祯十年(1637年)才起复都察院右佥都御史,掌院事。崇祯十一年(1638年)五月戊,任吏部尚书。"复职四议,皆民声起"。[14] 由于刚正不阿,屡违圣意而丢职归里。

今绍兴图书馆藏有民国拓其弟商周初诰命碑,对于了解他家族概况是有益的。商周初诰命碑,直三尺八寸横三尺五分,全文如下:

"奉天承运。皇帝勅曰:河南汝宁府光州商城县知县商周初,骏骨权奇,凰毛绚丽,自为诸生已舆,而兄大司马祚,竞爽连辟,而良工戒于示,樸大音尚其希声。虽鸿雁异时,而堉篾终合。朕龙习飞榜,叶应昌期,妙选四科,寄之百里。盖廉足以励俗,敏足以任繁;断以决疑,慈以息物,商城得尔,民其廖乎。……王祖父、祖父及尔兄俱以甲科腾光竹帛。尔牵丝筮仕即徵殊典賁于所生爵,而后官不俟。

勅曰:风雨之感,糟糠之助,士之所不能忘也。……河南汝宁府光州商城县知县商周初之妻张氏,家为圣女,归称淑媛,养不逭□,言每怀于属,繦瞻则有母事。罔怠于承欢,膏火相助,丝麻励俭,敦娣姒之,好韡若棠花。……一任河南汝宁府光州商城县知县。二任兵科给事中。三任海南提学兵巡道广东按察司佥事。四任常镇兵仆道湖广布政司右参议。崇祯元年十月□日。"

刻碑时间在明崇祯元年(1628年)十月。《诰命》称赞商氏一门堪为"诸生己舆",淑媛榜样。修桥当在此后。在57位捐银者中,商氏一族占22位,其中5位"女眷"捐银14两5钱,占总数1/5强。作为积善人家,商周祚和商周初兄弟带头捐资,不仅激励了外人,更给族人莫大鼓舞。所谓"志不朽",实际上就是绍兴士绅历代相沿的治水传统。"如遇大路、桥梁、要津往来的,或倡率修造,或独立完成。"[15]

祁彪佳,字虎子,一字幼文,又字宏吉,号世培,山阴人(今绍兴)。明天启二年(1622年)进士,曾任福建都御史、苏松巡按等职。明亡,祁彪佳恪守"忠臣不事二主"节义,自沉于寓园梅花阁前水池中。南明朝廷追赠其为少保、兵部尚书,谥"忠敏";清乾隆朝追谥"忠惠"。为建龙华桥,他捐银2两。祁彪佳之父祁承爗,为明万历三十二年(1604年)进士,官至江西布政司右参政。他一生嗜书成癖,创立"澹生堂"藏书楼,藏书10万余卷,多为善本、孤本,其数量之多、规格之高,堪和宁波天一阁媲美,在我国图书馆史上有一席之地。祁彪佳与商周祚是翁婿,其妻商景兰,字媚生,会稽人(今绍兴)。她是商周祚长女,能书善画。据《两浙輶轩录·卷四十》:夫人有二媳四女,咸工诗。每暇日登临,则令媳女辈载笔床一砚匣以随,一时传为盛事。[16] 著有《锦囊集》等,是明清为数不多的女诗人之一。

龙华桥西，有一东晋古寺龙华寺。据明万历《绍兴府志·卷二十一》："龙华寺，在都泗门内，即陈江总避难所憩也，俗呼龙王堂。江总《修心赋并序》：太清四年秋七月，避地于会稽龙华寺。此伽蓝者，余六世祖宋尚书右仆射州陵侯元嘉二十四年之所构也。侯之王父晋护军将军彪，昔莅此邦，卜居山阴都赐里，贻厥子孙，有终焉之志。寺域则宅之旧居，左江右湖，面山背壑，东西连跨，南北纡萦，聊与苦节名僧，同销日用，晓修经戒，夕览图书，寝处风云，凭栖水月。不意华戎莫辨，朝市倾沦，以此伤情，可知矣。啜泣濡翰，岂摅郁结，庶后生君子，闵余此概焉。

嘉南斗之分次，肇东越之灵秘。表《桧风》于韩什，著镇山于周记。蕴大禹之金书，镌暴秦之狂字。太史来而探穴，钟离去而开笥。信竹箭之为珍，何斌玟之罕值。奉盛德之鸿祠，寓安然之古寺。实豫章之旧囿，成黄金之胜地。遂寂默之幽心，若镜中而远寻。面层阜之超忽，迩平湖之迥深。山条偃蹇，水叶浸淫。挂猿朝落，饥鼯夜吟。果丛药苑，桃溪橘林。梢云拂日，结暗生阴。保自然之雅趣，鄙人间之荒杂。望岛屿之遑回，面江源之重沓。泛流月之夜涧，曳光烟之晓匝。风引蜩而嘶噪，雨鸣林而俯飒。鸟稍狎而知来，云无情而自合。迺乃野开灵塔，地筑禅居。喜园迢造，乐树扶疏。经行籍草，宴坐临渠。持戒振锡，度影甘蔬。坚固之林可喻，寂灭之场暂如。异曲终而悲起，非木落而悲始。岂降志而辱身，不露才而扬己。钟风雨之如晦，倦鸡鸣而聒耳。幸避地而高栖，凭调御之遗旨。抑四辨之微言，悟三乘之妙理。遗十缠之系缚，祛五惑之尘滓。久遗荣于势利，庶忘累于妻子。感意气于畴日，寄知音于来祀。何远客之可悲，知自怜其何已。"

龙华寺系南朝宋元嘉二十四年（447年），由吏部尚书江夷所建。夷父江彪，东晋永和中（345—356年）任会稽内史，后舍宅为寺。其七世孙江总于南朝梁太清年间（547—549年）避难会稽龙华寺，撰《修心赋》叙述寺中的清幽景致："左江右湖，面山背壑；东西连跨，南北纡萦。晓修经成，夕览图书，寝处风云，凭栖水月。"据《越中杂识》一书："江总，字总持，济阳考城人。侯景寇京师，台城陷，总避难会稽，憩于龙华寺。后入陈，为仆射尚书令。今萧山有江丞相祠，人作江淹，误。"[18] 站在寺内远望会稽山，四周绿水环绕，风景绝佳，故民间将这一带通称为"龙王堂"。从江总《修心赋》字里行间看，龙华桥在南朝时已有。据民国20年（1931年）尹幼莲《绍兴街市图》和民国22年（1933年）绍兴县政府建设科测绘五千分一之比例尺《绍兴城区图》所绘，是时寺、桥相印的景观还存在（表3）。

表3　　　　　　　　　　　　绍兴县佛教寺院庵堂一览表

名称	地址	建立时代	住持人（僧尼或俗家）	公建募建或私建及建修人或重修人姓名、时代	屋中间数	玉石器、铜佛像尊数及藏经古物、名人之碑记刻联	采集所自	备考
龙华寺	都泗坊广宁桥下	嘉庆辛酉（1801年）（佛教会载乾隆）	僧达慧	陈维信助石柱，民国丁巳（1917年）。宋陈氏助柏桁，光绪二十四年（1898年）重修四天王殿	二十余间，后有园		俞大可、童谷干	今一部分作龙华小学，余作农业仓库。民国11年（1922年）水警队长王绍庸于河埠建亭，以憩行旅，今毁

注　摘自《绍兴县志资料第二辑·宗教》。

据记载，寺内的弥勒佛像为戴颙的作品。戴颙（385—448 年），字仲者，谯郡铚县人（今濉溪）。父逵（326—396 年），字安道。父子二人同为东晋南朝时期的艺术家，尤其擅长雕塑佛像。据《剡录》记载：逵有清操、性高洁。善图画，巧丹青。慕剡地山水之胜，携子隐居剡县。王子猷雪夜乘小舟访戴，经宿方至，造门不前而返，这就是典故"乘兴而来，兴尽而返"由来。戴颙在巨大佛像的制作上，有丰富的经验。一次，他看到吴郡绍灵寺的丈六释迦金像过于古朴，于是"治像手面，威相若真，自肩以上，短旧六寸，足躞之下，削除一寸"，[17] 使比例更加匀称。戴颙与江夷是朋友。

民国、新中国初期，绍兴佛教会曾设此。抗战期间为免遭日寇抢夺，南朝齐维卫尊佛造像被从开元寺移置到寺内保护。佛像背面刻有"齐永明六年太岁戊辰于吴郡敬造维卫尊佛"十八字，南朝齐永明六年（488 年），这是研究我国南方佛教造像的重要实物。"文化大革命"中，龙华寺被移作他用。2005 年按照"修旧如旧"原则，利用老的廊柱、地砖、门槛重建了大雄宝殿、天王殿和寮房，恢复了历史上龙华寺的盛况。寺内现存清嘉庆辛酉（1801年）年"重建龙华寺碑"，明确提到龙华桥和广宁桥。

广宁桥在龙华桥西，系全国重点文物保护单位，这是国内最长的一座七折边拱桥。桥拱下有纤道，将桥基石挑出 0.7m，供纤夫拉纤时行走，也可供人通行。据南宋嘉泰《会稽志·卷十一》：

广宁桥，在长桥东。漕河至此颇广，屋舍鲜少，独士民数家在焉。宋绍兴中，有乡先生韩有功复禹，为士子领袖，暑月多与诸生纳凉桥上。有功没，朱袭封亢宗追怀风度，作诗云：河梁风月故时秋。不见先生曳杖游。万叠远青愁对起，一川涨绿泪争流。盖桥上正见城南诸山也。袭封，亦修洁士云。

漕河就是大运河。韩有功是当时绍兴"士子领袖"，"河梁风月""一川涨绿"说的是运河流经广宁桥的情形。这段话告诉我们，广宁桥在南宋嘉泰年间（1201—1204 年）已有，而且是一处重要的公共活动场所。据明万历《绍兴府志·卷八》：

广宁桥。在都泗门内。漕河至此颇广，屋舍鲜少，独士民数家在焉。桥上正见城南诸山。宋绍兴中，有乡先生韩有功复禹，为士子领袖，暑月多与诸生纳凉桥上。有功没，其徒朱袭封亢宗作诗怀之。朱亦修洁士云。明隆庆中，渐圮，华严寺僧性贤募缘重修。朱亢宗诗：河梁风月故时秋。不见先生曳杖游。万叠远青愁对起，一川涨绿泪争流。

到了明隆庆年间（1567—1572 年），广宁桥由华严寺僧性贤组织募修。华严寺在绍兴城内，建于南宋淳熙年间（1174—1189 年）。这就是现在我们看到的广宁桥。今测桥长60m，宽 6.9m。拱高 4.2m，宽 3.58m，跨径 6.25m。拱券为纵向分节并列砌筑，拱顶龙门石刻六幅圆兽，坚立一排。这些兽面中雕刻的龙是三爪龙，三爪龙为宋以前风格，此石雕图案可证明该桥始建时间应在宋之前。整个桥身用块石叠砌，两侧置须弥座状实体石栏，间立覆莲墩石望柱，栏末置抱鼓石收结。南、北各有 23 档石阶，条石铺就。每级长3m，厚 0.12m，宽 0.5m。

广宁桥北立有明商廷试撰《重修广宁桥碑记》，直六尺一寸横二尺一寸："赐进士出身大中大夫行太仆寺卿邑人商廷试撰文。中实大夫太常寺少卿管尚宝司事谢敏行书单。赐进士出身中宪大夫知西楚明郡前川邰云南清吏司郎中叶应春篆额。尝闻桥梁：王政之大事也。老怯溪桥，不惜千金之费，穷临野渡，应遣一生之愁。昔人所咏，良有以也。矧作邑建邦，必标山川之会；行人利涉，每当水陆之冲。废隧允藉于作新干济，必资于才力。是故垂虹应星，有光与图，回障川，式增形胜，而可不务者乎！吾越古称泽国，城环四十里，列为九门，水门居其六，皆水道之所经也。其地枕江面山，千岩万壑，溪涧沟渠之水，汇于鉴湖，而北注于江，其问荡为巨浸，分为支流，皆经行城埋阗之中，势不得不为桥梁，以通往来。广宁桥在邑城最为冲要，南北数百尺，上联八字桥，东西与长安、宝佑对峙而起，遂以雄壮甲于越中。自创以来，凡几修筑，吾不能记其详。而重建于宋绍圣四年，则庐普安之志石尚存，迄今将五百祀矣。桥之倾圮殆甚，行道者危之，维时谢兰阜氏、时镇山氏、成省白氏，相与倡其议。择僧之有戒行才干，如性贤等者，使董其役，则以闻于郡邑之贤士大夫。适绍坪彭公莅郡事政心一，先大体惠存兼列。爰及寮属龙石王公、俭齐伍公、半野陈公、理齐张公、孺东徐公、星泉杨公皆锐意修举，各捐俸有差，以为民倡。顾自筮日以至落成，诸大夫咸亲莅之，而士民之好义者，亦知所感发而乐于输。故财不衰而集，工不督而劝，尽撤其旧，而一新之。下盘基石，旁筑焊塘，罔不坚致巩固，可垂长久。其工益倍于昔，而费亦不下千金，逾年而告成，亦可谓难矣。桥在予交界，当泗水之会，凡经画规度多遍访而行。事成，诸公以记相属。顾昔人言惟作新之几振于上，而效劳之力竟于下。登是桥者，其无忘所自而已，抑予重有所感焉？广宁之基址旧矣，宋时福邸于是地即也。为水晶宫行乐其问，朝出广宁，暮归长安，遂为贵游繁华之地，若韩处士抱德而隐时，曳杖纳凉其上，万叠远青，一川涨绿，河梁风月之咏。今繁华之迹销歇泯灭而不可追矣，而风月之景固在也。好修之士，亦有续前贤之游者乎！则此桥将以名胜闻于天下，岂徒以利涉而已耶？故为之记。万历三年己亥冬十一月至日立石。"

商廷试（1498—1585年），字汝明，号明洲，会稽人（今绍兴）。明嘉靖二十年（1541年）进士。三十年（1551年）至三十四年（1555年）任黄州知府，累官至陕西行太仆卿，致仕归。《碑记》确认广宁桥重建于北宋绍圣四年（1097年），"在邑城最为冲要。上联八字桥，东西与长安、宝佑对峙而起。"据南宋嘉泰《会稽志·卷十一》："八字桥，在府城东南。二桥相对而斜，状如八字，故得名。"系拱梁桥，今为全国重点文物保护单位。梁下西侧第五根石柱，刻"时宝祐丙辰仲冬吉日建"，直三尺二寸横五尺一寸。此桥南宋嘉泰间（1201—1204年）即存，"宝祐丙辰"（1256年）当为重建时间。桥身嵌助石碑，直三尺八寸横一尺一寸。刻"信士□□"。长安桥即长桥，据明万历《绍兴府志·卷八》："长桥，在城东北支，盐仓侧西。"宝佑桥在宝佑桥河沿。宝佑桥题字碑，直三尺八寸横一尺一寸。刻"岁旹宝佑癸丑。重阳吉日立"。这表明宝佑桥建于南宋宝佑癸丑年，即1253年。今均拆除。《碑记》称：桥梁为"王政之大事也"。"吾越古称泽国，势不得不为桥梁，以通往来。"记叙了明万历三年（1575年），在僧性善"董领"下，地方官、士民集资整修广宁桥的热闹场面，最后"尽撤其旧，而一新之"。

广宁桥身镌有明万历年间（1573—1620年）的多处募修刻石。广宁桥石刻，直三尺九寸横九寸。刻"万历二年八月□日□舍"。广宁桥助石碑，直三尺八寸横二尺二寸四分。刻"会稽县廿一都章家□，信士章天祥，寿命延。万历二年八月"。广宁桥洞碑，直三尺六寸横二尺二寸。刻"山阴县大善寺，僧善。僧纲司，都纲德。万历二年八月"。广宁桥信官题刻，直三尺一寸横一尺一寸。刻"会稽县。信官杨。妻氏。"广宁桥信士捐助碑，直三尺六寸横一尺五分。刻"会稽县石童坊。信士。□氏。"舍、信士和信官都是捐资的意思。据明万历《绍兴府志·卷二十一》："大善寺，在府东一里，中有七层浮屠，梁天监三年，民黄元宝舍地，有钱氏女未嫁而死，遗言以奁赀建寺，僧澄贯主其役，未期年而成，赐名大善，屋栋有题字云：梁天监三年岁次甲申十二月庚子朔八日丁未建。宋建炎中，大驾巡幸，以州治为行宫，而守臣寓治于大善。及移跸临安，乃复以行宫赐守臣为治所。岁时，内人及使命朝攒陵，犹馆于大善。乾道中，蓬莱馆成，乃止。……明永乐元年，寺僧重修，寺塔复焕然。"

僧纲司是明代管理僧人的机构。《明史·职官志》载：府有僧纲司，设都纲。都纲一人从九品，副都纲一人。州僧正司，僧正一人。县僧会司，僧会一人。府道纪司，都纪一人从九品，副都纪一人。州道正司，道正一人。县道会司，道会一人。俱洪武十五年置，设官不给禄。[18] 明代绍兴府的僧纲司设在大善寺内。刻"僧纲司，都纲德"含有见证、劝募的意思。

5 运河绍兴段的桥梁题刻

在绍兴，桥修成之后，一般要立碑或勒石记其事，详述建桥始末，或者刻上捐资人姓名及捐资数额，有的还记录治水心得、管理制度，以郑重其事，昭示后人。旧时对立碑之举极为重视，一些碑文往往出自名士之手，成为水利史研究的重要资料。位于人民西路的酒务桥，据明万历《绍兴府志·卷八》："在府南一里。"酒务桥石栏刻记，直二尺横九寸。刻"万历戊午仲秋重修。里人吴应□。石栏一块"。□推断为捐。

运河在绍兴城内尚存光相桥、北海桥二座半圆拱桥。据南宋嘉泰《会稽志·卷十一》："光相桥。在城西北。"光相桥荷花石柱题字，直二尺二寸横九寸。刻"隆庆元年。吉日重修"。光相桥题刻，直三尺二寸横一尺一寸。刻"□有光相桥，□颓圮，妨碍经行□。今自备己资，鼎新重建，光相洞桥，意图永固。岁岂辛巳至正□年吉立。□石匠丁寿造"。至正是元惠宗的年号，即1341—1368年。光相桥的修筑形式为独立捐修。

据南宋嘉泰《会稽志·卷十一》："北海桥，在府西北二里许。俗传唐李邕寓居之地"。北海桥题字，直二尺二寸横九寸。刻"己丑至正九年九月十一日建"。这些题刻有助于我们了解古代桥梁的建造历史。

参 考 文 献

[1] 周作人. 往昔三十首[M]//王仲三. 周作人诗全编笺注. 上海：学林出版社，1995：86.
[2] 袁康，吴平. 越绝书全译[M]. 俞纪东，译. 贵阳：贵州人民出版社，1996：191.
[3] 王十朋. 会稽三赋·风俗赋并序[M]. 北京：中国档案出版社，2005.
[4] 管子. 管子·水地三十九[M]. 济南：齐鲁书社，2006：315.
[5] 顾颉刚. 古史辨第一册[M]. 海口：海南出版社，2005：122.
[6] 冀朝鼎. 中国历史上的基本经济区与水利事业的发展[M]. 北京：中国社会科学出版社，1981：45.
[7] 庄周. 庄子[M]. 南京：凤凰出版社，2010：217.
[8] 刘义庆. 世说新语[M]. 崔建林，译. 长春：时代文艺出版社，2011：37.

[9] 王士性. 广志绎·卷四 [M]. 北京：中华书局，1982：72.

[10] 萧良干，张元忭，孙鑛. 绍兴府志·卷八 [Z]. 明万历十五年（1587年）刻本.

[11] 悔堂老人. 越中杂识 [M]. 杭州：浙江人民出版社，1983：7-8，134.

[12] 刘宗周. 水澄桥刘氏家谱 [Z]. 刻本. 明崇祯六年（1633年）.

[13] 江苏省地方志编纂委员会办公室. 江苏省通志稿大事志·卷三十八明泰昌天启 [M]. 南京：江苏古籍出版社，1991：615-616.

[14] 绍兴县修志委员会. 绍兴县志资料第一辑·人物 [M]. 绍兴：绍兴县修志委员会，民国28年（1939年）铅印本：95.

[15] 石成金. 官绅约 [C] //周炳麟.《公门劝惩录》附录. 仪征吴氏有福读书堂重刊本，清光绪二十三年（1897年）：12.

[16] 阮元，杨秉初. 两浙輶轩录·卷四十 [M]. 夏勇，整理. 杭州：浙江古籍出版社，2012：2884.

[17] 释道世. 法苑珠林·卷十三 [M]. 周叔迦，苏晋仁，校注. 北京：中华书局，2003：463.

[18] 张廷玉. 明史·卷七十五 [M]. 北京：中华书局，2000：1236.

浙江宋元明清时期水步、步堰与浮桥考论

邹赜韬

(宁波大学 科学技术学院,浙江宁波 315212)

> **摘 要**:以宋至清间浙江地方志资料为基础,探讨水步、步堰(矴步)、浮桥等三种浙江古代交通水利工程。爬梳了三种水利工程各自的定义、历史沿革以及地方特色、价值。认为水步是宋代浙东地区特有且重要的类码头设施,在元代以后渐为大型码头取代。步堰、矴步是由若干石墩横跨两岸的交通水利工程,发端于宋代,在明清普遍分布且形式多样。中唐至宋,浙江修筑了许多对地方意义重大的浮桥。元、明、清三朝浙江区域很少再新修大规模浮桥。当时水利施政所着眼的,更多是对旧有浮桥的维护、修葺。
>
> **关键词**:水步;步堰;浮桥;矴步;交通水利

水利是人类在漫长的人水互动中创造的工程结晶。适宜于地方性需求的特色水利工程在华夏大地上层出不穷,五彩斑斓。依据水利工程的使用属性,可以将古代水利工程大致分为三类:农(手工)业水利、聚落给排水利、交通水利。涉及农业与聚落的水利工程,特别是位于平原地区者一直以来都是相关考察的关注焦点。然而,相较之下"黯然失色"的交通水利并非只是前两种功用的附属,其在古代地方社会具有不可替代的自然改善、服务人群的意义。并且,交通水利工程不单局限于我们熟知、随处可见的桥梁、渡口。一些相对罕见的工程种类"麻雀虽小",创造、功用却不小,为归属地水上交通的成本集约、网络沟通奉献了绝佳的解决方案。

本文所探讨的水步、步堰(矴步)、浮桥,即为三种具有鲜明浙江区域特色的交通水利工程。特别是前两者,足可谓是浙江古代水利智慧的独到体现。我们试基于对地方志谱系的挖掘,考证水步、步堰(矴步)、浮桥的源流、形态、价值等议题。希冀小文之涓埃能为后续进一步探索东南区域古代交通水利工程的宏观走势,及其背后人地交互提供基础性的借鉴。

1 水步

1.1 水步的定义

宋代是我们目前可知最早修筑专门水步的朝代,这与大部分东南地区小微水利工程的可追溯上限是一致的。[1] 关于何为"水步",宋代的基本辞书里并未有专门词条介绍。因而我们不妨借助当时的某些文学留痕来管窥其大致,以期求得其"一般概念"。诗人董嗣杲在《四安乘舟上安吉州》中如此写道:

"水步发船人，相竞更填委。驰担苦多虞，买渡须谨始"[2]。

据此可知，该水步是前往安吉州内河交通的发船地。但这一起锚地非同于巨型码头，只是零散于乡野间的小型舶船岸基（图1）。这点结合此诗前句"日出雪意消，云敛万山紫"可得知。又有嘉定《剡录》中所收的《过定林寺诗》诗言："菱侵水步深藏艇"[3]。倘若是尚在使用的良港、大港显然不会纵任阻滞航行的水生植物到了"侵水步""深藏艇"之境。

图1 水步油画（中国港口博物馆藏，邹赜韬摄）

1.2 甬台沿海平原的宋代水步

甬台沿海平原是宋代水步建设的密集区域。就现存史料来看，当时这一区域的水步基本就是码头泊位，但是依据航路属性不同，分为淡水步和海水步，兹举证如下：

海水步设定在晒盐场，目的是便于转运船舶停靠装货，行销成品盐。黄震在《申陈提举到任求利便札状》明确点明："今场监见存，实有一盐仓，共一水步而止"[4]。盐仓前的水步在宋代浙东地区还有一定的贸易平台作用，部分即时交易是在水步上达成的。对此，陈淳祖《新建盐仓记》有生动描摹："运盐之艘缵达水步，纷售而去，不暇积也"[5]。

淡水水步也是基于航运节点的考虑而设立的。区别于建筑在主要河流边的大型码头，水步以其灵便、小巧，扎根了纵横交错的城市内河水网中。譬如宋代宁波城内的平籴之仓就"四周以墙，三面环水，前后有水步"[6]。当然，宋代城市内的水步也并非仅具有航运装卸、靠舶功用，开放的亲水平台是水步的生活面向：宋代四明人姚颖，在立状元坊的同时沿内河修筑了防虞石水步："淳祐三年春并创，听居民从便汲水"[6]。

宋代浙东地区大部分强涌潮河段依旧饱受海水泛入的苦恼。有关地方就此兴修了一些截断海水的支流堰坝。在这一过程中，出现了在坝侧增设水步以缓冲水流、分担坝体压力的构想。证据出现在慈溪县新堰："新修筑辇石以甃江岸二十余丈，堰下水步一所，址益丰而隄益壮。水自比东达，慈溪、定海两邑之田无斥卤浸之害，风帆浪楫往来下上者胥利焉"[7]。平日里水步亦可执行正常的航运交通功能，诚可谓一举两得。

1.3 元代以降水步的式微

从元代开始，各地地方志史料有关水步工程的有效史料开始急剧下滑。散落于文人诗作中的水步也大都不再具备宋代的基本功能，另为他者。据大数据史料检索分析，明清两代有关水步的高信度史料仅有两条。其一是明代诗人袁中道在《赠文弱·其四》中所吟的"停舟入花源，携第临水步。桃花千树红，花深迷往路"[8]。袁诗中的这一水步似乎更类似今天的亲水观景平台。其二是康熙《江西通志》载入的一则故事，里面提到了"作生祭文，自赣至洪，于驿途水步、山墙、壁店皆贴之"[9]。这里的水步既然位于"驿途"，则依旧是交通水利设施。同时，该水步可"贴祭文"，说明应有简易的房屋配套，不然石板拼凑的水上平台是无从像山墙、壁店一般张贴文书的。

至于为何水步会快速湮灭于宋以后的地方历史，我们尚难以据缜密史料系论述之。但统合上述介绍所引，或可作一推想：南宋以降，南方水系统整治高歌猛进，一批批优秀的复杂水利工程应运而生。另一方面，无论是中心城市、小城镇，还是重点墟市，都在商品经济的腾飞中突出了水运强化的需求。如此简易但容量小的水步难以再满足发达地区的水运诉求，踊跃而出的大规模码头，乃至港口区终于取而代之了。

2 步堰（矴步）

2.1 步堰（矴步）的定义

步堰，顾名思义，是上可行人的堰坝。桥梁科学史家一般认为步堰（矴步）是原始桥梁的雏形。[10] 古代步堰是由若干石墩横跨两岸，而形成的重要水上通勤设施。从外观上来看，整齐排列的石步恰似"水中梅花桩"。在浙江省第三次全国文物普查中，各地调查组发现了如下几组别具高文物价值的步堰：余姚撞钟山堰（宋元祐年间）、松阳龙舌堰（清）、奉化萧王庙活动堰（20世纪50年代）及桐庐西坑矴步堰（年代不详）。在对桐庐西坑矴步堰的原理解释中，调查组提出了古代步堰的第一种模式："矴步作用一是作桥，二是在矴步间可插入木制小闸，提高堰水，增大水的落差，以推动堰坝下游的水碓"[11]，我们将之总结为"通行激水式"；余姚撞钟山堰则代表了第二种类别："堰前设一道由53个步墩组成的步墩桥……该堰拦住蓝溪，提高了水位，为农田灌溉和居民生活带来了便利"[11]，以此可视之为"另墩灌溉式"。从笔者目力所及的文物报告及实际田野调查作业经验来看，"另墩灌溉式"是东南区域步堰（矴步）的主导形制。浙江省内矴步遗存最多者系温州泰顺，有245条，还保留了全国最长的"仕水矴步"（系全国文物保护单位）。[12]

2.2 宋元时期的步堰（矴步）

据现存史志资料分析，最早的步堰始建于宋代。但在宋元时期的浙江地方志中，偏无对步堰修筑技术、使用情形的全面讲述，只是在堰名上留有余存。通过全面史料爬梳，我们可知宋代浙江地区建设有两处较大步堰：一是嘉泰《会稽志》载的官塘三堰中之"皋步堰"[13]；二是咸淳《临安志》"溉田二十余亩"[14] 的后步堰。从只言片语的零星记载中，我们可知当时的水利管理体系并不将步堰视作比较重要的水利门类，在对其效力叙述时，也仅如一般堰那般提及"灌溉"，而非交通意义（图2）。

出于对名称多元性的审慎考量，我们还特别检视了矴步在宋元时期浙江的状况。可惜的是，宋元时期的"矴"并不执行水上步行联通任务。元代延祐《四明志》绍介象山县瀑

图 2　矴步举隅（叶凌鹏摄）

布泉附近"有舟船矴石之迹"[15]，此处矴石与舟船并诉，当仍为水中系船、固定小艇的石墩，并无步堰所指的过水功用。宋元时期另一有关浙江"矴"的史料亦发生在甬地，只是由淡水水域改换场景为近海航道：至正《四明续志》收《广生堂记》言"海行矴宿席展枕安"[16]。所谓"矴宿"当指将行船系挂在矴上，稳定后在船休憩。据此，元代的"矴"虽与后世步堰的个体结构一致，但并不具备步行联通功能。

2.3　明清时期的步堰（矴步）

明代的步堰并不常见，方志资料中除却沿袭自宋元时期的杭州后步堰、绍兴皋步堰，仅新见两例。其一是成化《宁波府志》录有"东墟步堰"[17]，嘉靖《宁波府志》、嘉靖《定海县志》同收此堰名。第二是万历《金华府志》称的"寺步堰，长五里，广三丈"[18]，万历《兰溪县志》亦见。这段记载也激发出了一个新问题：寺步堰广三丈，意味着此堰宽度约达 10m。然而这个数据显然不可能是水中石墩的可能直径，故我们以为明代所谓的步堰更多的是堰顶平阔，可以通行的堰，而非定义中所谓的排墩堰。据方志比照，这一现象在清代得到延续，所称步堰者大抵是平顶面阔，便于车马行人来往的水利设施。

由此，事实上我们今天所谓的步堰与历史时期样貌存在一定差距。图 3 在对历史遗产进行划分的过程中，我们误将与步堰一体，但存在空间差序的矴步视作了步堰本体。因而，我们以下将重点着力重构明清时期与步堰并生，乃至远胜于之的矴步。

明清时期的矴在江浙地区语用习惯中依旧可以指代水中系舟的墩子。譬如洪武《苏州府志》即有"一旦暴风，矴缆断，诸舟皆散失"的说法。[19] 然而，正如我们所已然知悉的，明清时期以浙东（象山、平阳有见）、闽北地区为核心的地域将矴衍生出了水上步行的交通职能。对此，乾隆《福宁府志》有准确完整的描述：杨家溪"方远作樯帆，近作梁，溪小不堪容鼓枻，聊成矴步代舟航"[20]。此处引文的最大历史价值在于它直观地道出了明清时期矴步设立的缘由：为将宝贵、狭窄的水道留给中心航道行船、大型桥梁架设，而铺设矴步，集约空间地满足便捷步行交通诉求。在当时的福宁地区，还存在着将圮毁桥梁旧址改造为矴步，廉价、及时恢复两岸交通往来的举措："塘前桥，今改矴步""崇儒桥，万历三十七年（1609年）洪水冲崩。四十年（1612年），署州常居安脩，今改矴步"[20]。这一替补现象在民国时期仍有发生：《霞浦县志》就记有"石浿桥……被水冲缺，知事沈秉捐资改作矴步"[21] 的史实。

明清时期，矴步不仅用以更替毁坏的桥梁，也成为了资金充裕地方修桥的淘汰者。

图 3　步堰举隅（萧云集摄）

宁德地区的中桥就是这一升级换代的典型样本："前用矴步。乾隆二十四年（1759年），楚令文暘捐建，未成坏于水。二十六年，重建桥，下累石为礅，凡八，桥上铺长石板。桥成，古田、屏南、建宁等邑行人便之"[22]。从矴步到廊桥的升格，也写照出山区人地关系水平的总体进展。

此外，在明清浙江的个别区域，矴步不被视作桥梁的替代品，而是被指为特殊渡口。宣平县的石矼渡其实就是矴步类属："一在山坑口，一在五赤口，桥废人苦……采大石半藏水底，半出水面，横列溪中。俗名磴步，山水稍涨，暨冬水寒冱，可以步渡，行旅便之。"[23] 基于此，光绪《宣平县志》卷四中的"磴步堰"亦可为古代步堰、矴步常为一体的佐证。

3 浮桥

3.1 浙江古代大型浮桥的沿革大势

中唐以降，伴随着浙东中心地城市的设置、崛起，都会附近的交通渐显煊赫。为了适应这一历史趋势，一些浙东城市在主要出口架设了大型浮桥（图4）。一般认为，浮桥是大型桥梁的工程鼻祖[24]。目前地方志史料中具备确切、细节记载的首座浙东大型浮桥是明州的东津浮桥，它与宁波三江口城址同时诞生。宝庆《四明志》专条记述道：

"灵桥门外。唐长庆三年，刺史应彪置。凡十余舟，亘板其上，长五十五丈，阔一丈四尺。初置于东渡门外，江阔水驶不克成，乃徙今地方"[6]。

东津浮桥所采用的铁索链舟，上架木板的技术体系也见于嘉定四年（1211年）黄岩县浮桥的施工。两者的区别在于后者于前者基础上增添了浮桥两旁减缓水势的"隄"，以及用于加固、免使行人跌落的"梱"，作工更为细致：

"嘉定四年二月，黄岩县浮桥成。……桥长千尺，藉舟四十，栏菌縩索，堤其两旁，捆图狻猊，迄三十旬。斤铁九千，木石二万五千，夫工六万余。县东南车马担负，而客之涂皆达于桥西北，樵采携挈，而民之市皆趋于桥。诸公跨天台，陟雁宕，行过黄岩，皆喜曰：增一桥矣！盖奔渡争舟、倾覆蹴踏之患既免，而井屋之富、防肆烟火，与桥相望不绝甚可壮也"[25]。

图 4　浮桥举隅（徐佳 摄）

从上引文段，我们也可知：黄岩县浮桥的成功贯通很好地促进了两岸商品经济的繁华，甚至有可能缔造了小规模的市镇："井屋之富、廛肆烟火，与桥相望不绝。"这恰巧直截表达了宋代大型浮桥对地方社会的不可替代意义。

除了前述两座大型浮桥外，宋代浙江地志中还存录有如下两条相干信息：其一，淳熙《严州图经》收有《新作浮桥记》的佚文条目[26]；其二，咸淳《临安志》见有济川浮桥（原观湖渡，"今"改浮桥）[12]。如是，则宋代浙江地区共计有大型浮桥4座。

除东津浮桥，元代浙江地区的其他几座大型浮桥并未留存详密史料。唯一见载的新修者是嘉兴县西二里的"浮桥"[27]。出现这一数目"滑坡"的诱因或可从桥梁修筑工程技术进步的视角给出：愈发成熟的"板桥"，乃至大跨度廊桥（屋桥）以其技术成长，在部分地区打败了简易、易于冲毁的浮桥。成化《处州府志》中的一则文字或可间接印证："济川桥，旧有浮桥，今为板桥"[28]。《山阴县志》中的钱清浮桥也映照了由木浮桥变石桥的转折："去县西北五十三里，旧以木栅为浮桥，弘治八年（1495年）邑人周廷泽建。"[29]

总体而言，元、明、清三朝浙江区域很少再新修大规模浮桥。当时水利施政所着眼的，更多是对旧有浮桥的维护、修葺，以及3.2节将介绍的浮桥改良。

3.2 浙江古代浮桥的改良

历史时期浙江浮桥极易受到水灾影响，一旦洪涝来临，几乎必定垮塌、破损。如此，当条件成熟时，有选择地展开浮桥改良工作是提高相关通道联通效率、保障居民人身安全的基本任务。而历史时期浙江浮桥的改良，基本是针对桥身材质进行的加工改善，换木以石是最常见的举措。譬如萧山石桥"在新林铺前曰石桥，旧名浮桥，一名木桥。架木成梁，每坏与山阴县均葺之。弘治七年（1494年），山阴周廷泽易为石桥"[30]，杭州境巾浮桥"屡为水败，彦梁以石，民免溺死"[31]。

关于古代浙江地方社会改造浮桥的生动场景，嘉靖《淳安县志》所述宋代改建、扩建百丈浮桥的案例演绎甚佳，现迻录文选：

"居民商旅憧憧往来者不绝，故不可一日无桥。旧有桥名百丈，规模狭小，浮桥仅阔七尺，乘不得并舆。干桥仅阔四尺，行不得并肩。官虽有桥名，徒为文具车马之蹂躏、雨水之剥蚀。漫不加桥，穴船沉至布板以渡。渡者凌兢，或垫溺以鱼腹。……（庆元三年）公命浮桥增阔于旧，为一丈二尺，干桥增为八尺。左右设栏楯以护之，规模宏大。于是邑大姓聚首而谋曰：吾邑之桥，自删定陈公更造之后，阅二十年无能之者。今邑大夫有济人之心如此，盍相与赞成之。遂各倣其尺度，分节以造，不日而成。浮桥为节二十有九，阁桥之船五十有八。又当桥之中置大石仓以捍水，向之垛与仓皆穿木为栏，实乱石其中，故不能久。今皆凿巨石以甃之。"[32]

据选文可知，当时改修浮桥的事务由政府官员"命"，即首倡发起。在官方力量予以先导后，民间"邑大姓"，即乡绅为了长远地方利益又联合参与、进一步细化工程。从施工的目标来看，这一次改造具体分为两个版块：①增扩两座狭桥的行走面。竣工后两桥较之过往分别拓宽了70%、50%。②巩固桥基。这一大项又被细剥为两个子项：首先，增加浮桥底基的船数，以致密的并排船体增加桥面载重能力；其次，在桥身中段下增设"大石仓"，作为中点支撑，避免似原来木栏包裹中点一般易于腐朽。

104

但是，由浮桥改石桥，甚至是石化的进步并非直线一贯的，在某些境况下也会出现"倒退"回浮桥的反复波折。金华义乌的兴济桥就是典型代表，自宋历元讫明，命运跌宕曲折：

"在县东三里入东阳大路，旧为浮梁曰东江浮桥。宋庆元三年，知县薛扬祖更以石建……寻圮于水。嘉定二年，知县施寅重建，又圮。淳祐五年，知县赵圆卿作新桥……久之复坏。元大德五年，重修随坏。皇庆元年，监县木薛飞复为浮梁，不能支久。泰定二年僧智宋募众缘即故址之西八步，以两堤有石，中叠石为七顷，连长四十二丈，架木为梁，覆之以屋"[18]。

此后至明成化十八年（1482年），该廊桥又有6次为水冲坏、陆续修补。由此足见，历史时期浙江浮桥的改良并非一蹴而就的。或许对于某些水灾频仍、通勤并不特别拥挤的区域，浮桥的适应力、便宜性有胜于石桥、板桥。

4 结语

本文对水步、步堰（矴步）、浮桥等三种浙江古代交通水利工程作了相对系统的历史整理。总结发现，浙江古代交通水利工程体系丰满、内容多彩、演化进步的动力强劲，诚可谓浙江水利史的一朵奇葩。笔者先前在利用宋、元画进行其他研究时也曾关注过宋、元画作中形制多样、巧夺天工的南方山地水上交通，所见与本文所论者亦得交相辉映。由此，笔者对小文之思有了进一步探讨的兴致：能否以更为形象的图像、实物资料进一步拓展我们对于宋代以降交通水利工程的了解？继而，可否以此为契机，强化跨学科合作下的浙江交通水利遗产保护、活化利用？另外，近世浙江许多地区围绕交通水利创造了众彩纷呈的民间信仰。在地方水神信仰中的小微交通水利工程与地方社会之间有着如何的互动？希冀今后的进一步探索能给予我们新的收获。

值得一提的是，据文物专家介绍："1963年，浙江有民间桥梁10万座，而到了2011年，再次普查时，发现只剩下1万座了。不到50年时间，90％的古桥都永远地消失了。"全方位保护见证浙江历史素地、繁荣水文化的各类水上通勤设施，既是我们当代人的职志，更是贻福后世的千载大计。期待小文所论，能在服务进一步田野作业、规划制定的延伸方向上，对浙江交通水利遗产的保护、科学利用奉上涓埃之助。

参 考 文 献

[1] 邹赜韬. 浙江古代山地水利工程碑考略[J]. 温州职业技术学院学报, 2017, 16（4）：1-6.
[2] 董嗣杲. 庐山集. 文渊阁四库全书本[M]. 台北：台湾商务印书馆, 1983.
[3] 高似孙. 嘉定剡录[Z]. 刻本, 道光八年.
[4] 黄震. 黄氏日钞[Z]. 刻本, 至元三年.
[5] 林表民. 赤城集[Z]. 刻本, 弘治十年.
[6] 罗濬. 宝庆四明志[Z]. 刻本, 绍定元年.
[7] 梅应发. 开庆四明续志[Z]. 宋元四明六志本, 开庆元年.
[8] 袁中道. 珂雪斋集[Z]. 刻本, 万历四十六年.
[9] 于成龙. 康熙江西通志[Z]. 刻本, 康熙二十二年.

[10] 周丽,陈善云. 湖南原始桥梁简考[J]. 山西建筑,2007,33(17):325-326.
[11] 浙江省文物局. 浙江省第三次全国文物普查新发现丛书·水利设施[M]. 杭州:浙江古籍出版社,2012.
[12] 丁俊清. 温州古代居住与理水文化[J]. 中国名城,2017,30(7):71-78.
[13] 沈作宾. 嘉泰会稽志[Z]. 刻本,嘉庆十三年.
[14] 潜说友. 咸淳临安志[Z]. 武林掌故丛编本,光绪九年.
[15] 马泽. 延祐四明志[Z]. 宋元四明六志本,延祐七年.
[16] 王元恭. 至正四明续志[Z]. 宋元四明六志本,至正二年.
[17] 杨寔. 成化宁波府志[Z]. 刻本,成化四年.
[18] 王懋德. 万历金华府志[Z]. 刻本,万历六年.
[19] 卢熊. 洪武苏州府志[Z]. 刻本,洪武十二年.
[20] 朱珪. 乾隆福宁府志[Z]. 刻本,光绪六年.
[21] 罗汝泽. 民国霞浦县志[M]. 铅印本,民国18年.
[22] 卢建其. 乾隆宁德县志[Z]. 刻本,乾隆四十六年.
[23] 皮锡瑞. 光绪宜平县志[Z]. 铅印本,光绪四年.
[24] 施小蓓. 宁波地区古代桥梁类型与特点探析[J]. 南方文物,2007,45(1):120-124.
[25] 黄笛. 嘉定赤城志[Z]. 台州丛书本,光绪四年.
[26] 董弅. 淳熙严州图经[Z]. 浙西村舍汇刊本,光绪二十二年.
[27] 单庆. 至元嘉禾志[Z]. 刻本,道光二十年.
[28] 刘宣. 成化处州府志[Z]. 刻本,成化二十二年.
[29] 许东望. 嘉靖山阴县志[Z]. 刻本,嘉靖三十年.
[30] 林策. 嘉靖萧山县志[M]. 上海:上海书店,1990.
[31] 刘伯缙. 万历杭州府志[Z]. 刻本,万历七年.
[32] 姚鸣鸾. 嘉靖淳安县志[Z]. 刻本,嘉靖三年.

附识:吴学清、叶凌鹏、王洁敏对本文有贡献,特此致谢!

绍兴三江闸历史考证

蔡 彦

（绍兴市文化广电旅游局，浙江绍兴 312000）

> **摘 要**：三江即曹娥江、钱清江和钱塘江。北宋后绍兴的多项水利工程为修建三江闸作了技术准备，同时修筑三江闸、解除咸潮威胁、平源整治也是当时的当务之急。明嘉靖十六年（1537年）建成的绍兴三江闸，在泄流避灾量以及灌溉和航运方面功效明显；清初由于钱塘江道北抬，三江口日益淤涨，闸的功能逐渐衰落，但仍一直发挥作用，新中国成立后曾对三江闸进行全面整修。三江闸的开凿、变迁充分反映了绍兴人民锲而不舍，改造自然、征服自然的聪明才智。
>
> **关键词**：绍兴；三江闸；变迁

浙江绍兴"背山濒海"，历代修治水利不断。三江闸系明清浙东第一大闸，450多年来持续发挥效益。2013年，中国水利学会、中国文物学会共同举办"中国大运河水利遗产保护与利用战略论坛"，发出"保护绍兴三江闸的倡议书"，肯定了三江闸在世界土木工程技术史的重要地位及其文化遗产价值，期待周边历史环境能够得到更加科学、有效的保护利用。

1 研究背景

1.1 绍兴建置沿革和地形地貌

绍兴是越国故地。《史记·夏本纪》说："禹会诸侯江南，计功而崩，因葬焉。命曰会稽。"[1] "其后，帝少康封子无余于会稽，文身断发，被草莱而邑焉，国号越"[2] 据明万历《绍兴府志·疆域志》："周以前，越大约有浙东。及后灭吴，则兼有吴地，北渡两淮，徙都琅琊，尽扬州境，跨徐逼青，充矣。秦、西汉，会稽郡两浙，外仍兼吴、闽地。后汉割吴郡，移治山阴，提封尚数千里，南逾闽越，西限浙江，东北至海。……开元中，始立明州。越州据余姚为境，至今不改。"[2]

至明绍兴府，共辖山阴、会稽、萧山（今属杭州市）、诸暨、余姚（今属宁波市）、上虞、嵊州、新昌8县。"绍兴府境，截长补短，方三百余里，东西二百九十里，南北四百四十七里。"[2] 从地理上看，绍兴处于浙江省的中北部，全市地貌可形象概括为"四山二江一平原"。这里的"四山"指的是龙门山、会稽山、四明山和天台山；"二江"指的是曹娥江、浦阳江，都向北流入杭州湾；"一平原"指的是萧绍平原。萧绍平原实际上是浙北平原的一部分，横跨山阴、会稽、萧山三县。这一平原北"枕大海，岸北吴兴良田鳞次，左右两江如夹，曹娥外四明、大兰为翼，东接明州，由西陵渡浙江，则臂天目诸山控扼三吴，南山为前障，五泄、天姥错三邑，岩谷连绵。"[2] 绍兴城居于中央位置。公元前490年，越王句践命大夫范蠡"立国树都"，依山水形势而建。"其外东、西二小江环绕，会于三江口，潮汐日往来，以海为池"。真是"壮哉，大都之胜也"。[2] 绍兴的地形地貌，用一句话来概括，就是"南并山、北濒海"。现把《府志》中三县四至和"濒海"的文字照录如下："山阴县。东西九十八里，南北一百一十八里。……北至海岸，四十里，沙堤极目，转徙无常。海之北岸则嘉兴之澉浦也。……会稽县。东西九十二里，南北一百三十里。东九十二里至曹娥江之中流，上虞县界。……北二十里抵海。……萧山县。东西六十二里，南北九十里。东五十五里至浦阳江之中。……西至浙江之中，二十三里。北至大海之中，三十五里，杭州府仁和县界。"[2]

可以说，正是"江通渔浦""沧海北环"才"民物广饶"，优越的自然环境孕育了璀璨的越地文明。

1.2 "三江"水情的演变

三江口，今位于绍兴袍江开发区斗门镇境内。据清程鸣九《闸务全书·三江纪略》："三江海口，去山阴县东北三十余里，以其有曹娥江、钱清江、浙江之水会归于此，故名焉。其曹娥江，至西汇赀止，会新、嵊二邑及虞、会二邑支流之水，归西汇赀，呼为东江。其钱清江，至东赀巇止，会山、会、萧三邑之水……故东西二江，皆有三邑水合流出东海。其东海之西北上流，即为浙江，盖以源远流长，曲折逶迤而得名。"[3]

所谓三江即曹娥江、钱清江和钱塘江。为抗击倭寇的入侵，明洪武二十二年（1389年），信国公汤和在三江口兴建三江所城，又筑炮台。据清何希文《三江所志》："三江为全城咽喉，蠡城尾闾。筑塘建闸而后使潮汐不致内攻，旱涝得资蓄泻，斥卤皆成腴壤，利莫大焉。自西向东绵亘二百余里，障捍海潮使不得内入，实与应宿闸相为唇齿，而三江乃中道完枢之地。"[4]

清乾隆十九年（1754年）朝廷奏准："萧山、山阴、会稽三县塘工归宁绍台道管辖，将北岸海防通判改为南岸通判，移扎绍兴之三江城，专管南岸塘工。"[5] 可见，三江既是军事重镇，也是水利中枢。据清程鸣九《郡守汤公新建塘闸实迹》："粤稽三江之有闸也，为山阴、会稽、萧山三县水口。其初潮汐为患，坏宫室，毁田园，且直入郡城，虽城内亦潮汐出没处，故卧龙山上有望海亭。自汉唐以来，建闸二十余所，惟玉山闸为重，次即扁拖闸，皆蓄泄随时，以备旱潦。水势虽稍杀，究未据要津，遂有决筑沿塘之劳费，而患不能除。明代嘉靖十五年丙申，郡守汤公由德安莅兹土，化行俗美，民皆安堵，所忧者特潮患耳。……遍观地形，卜闸于此。"[6]

关于三江所指，南宋陆游作序的嘉泰《会稽志·卷四》中说："钱塘江、浦阳江、曹娥江今汇为斗门者，越人所谓三江也。"据民国《萧山县志稿》中沈垚《三江辨》："三江之目，传记纷纷。……盖三江者，曹娥自嵊东来，故曰东江；浙江亘其西，故曰西江；而浦阳江发源于乌伤，东径诸暨萧山之阴，而直贯乎内地，故曰中江。"[7]

再据民国《绍兴县志资料第二辑·地理》："三江水利自汉迄今，变迁不一。今绍萧二县区交界之西小江，从前因浦阳江之水经麻溪而入此江，复由钱清江至三江口入海，江潮涨落，时由水患。自明天顺间（1457—1464年），太守彭谊凿通碛堰山，导浦阳水直趋钱塘大江，复筑临浦坝横亘南北，以断江水内趋之故道。于是西小江截入坝内。……山阴、会稽、萧山三县水利混为一区，东西临江，北面负海，藉西江、北海、东江三塘以资捍卫。"

浦阳江是纵贯萧绍平原的一条大河，经浦江、诸暨，入萧山县境之后称西小江或钱清江。韦昭是三国吴（229—280年）时人物。陆游所处时代是北宋宣和至南宋嘉定间（1125—1210年）。明以前，浦阳江借道西小江、钱清江至三江口入海。明宣德间（1426—1435年），浦阳江逐渐在碛堰分流，西流至渔浦入钱塘江；明成化间（1465—1487年），戴琥在浦阳江上游建临浦坝，拦截江水全部由碛堰改道西流。自此，钱清江和浦阳江不再发生关系。三江就是曹娥江、钱清江和钱塘江，可谓绍兴的母亲河。

2 三江闸演进的多重原因

2.1 从鉴湖时代向海洋时代的转变

从某种意义上讲，4000多年的绍兴历史，其实就是一部治水的历史。对第四纪古地理的研究表明，从晚更新世以来，绍兴经过3次海侵。其中最后一次卷转虫海侵在距今6000年达到高潮，此后发生海退，绍兴地区成为一片大海或沼泽。这就是管仲在公元前七世纪看到的"越之水重浊而洎"景象[8]。直到东汉永和五年（140年），会稽太守马臻创筑鉴湖，才使原本潮水出没的沼泽，开始向水网平原转变。作为一项重要水利工程，鉴湖完成后，绍兴人民的生产生活用水有了比较充足保证。"东坡先生尝谓：'杭之有西湖，如人之有目。'某亦谓：'越之有鉴湖，如人之有肠胃。'目瞖则不可以视，肠胃秘则不可以生，二湖之在东南，皆不可以不治，而鉴湖之利害为尤重。"[9]据北宋曾巩《鉴湖图序》："鉴湖，一曰南湖，南并山，北属州城漕渠，东西距江，汉顺帝永和五年，会稽太守马臻之所为也。至今九百七十有五年矣。其周三百五十有八里，凡水之出于东南者皆委之。其东曰曹娥斗门，曰蒿口斗门，水之循南堤而东者，由之以入于东江。其西曰广陵斗门，曰新迳斗门，水之循北堤而西者，由之以入于西江。其北曰朱储斗门，去湖最远。盖因三江之上、两山之间，疏为二门，而以时视田中之水，小溢则纵其一，大溢则尽纵之，使入于三江之口。所谓湖高于田丈余，田又高海丈余，水少则泄湖溉田，水多则泄田中水入海，故无荒废之田、水旱之岁者也。由汉以来则千载，其利未尝废也。……宋兴，民始有盗湖为田者，祥符之间二十七户，庆历之间二户，为田四顷。当是时，三司转运司犹下书切责州县，使复田为湖。然自此吏益慢法，而奸民浸起，至于治平之间，盗湖为田者凡八千余户，为田七百余顷，而湖废几尽矣。"[10]

这时，人们已经在公开讨论鉴湖的存废。"夫千岁之湖，废兴利害，较然易见。然自庆历以来三十余年，遭吏治之因循，至于既废，而世犹莫司其所以然，况于事之隐微难得，而考者由苟简之故，而弛坏于冥冥之中，又可知其所以然乎？"王十朋在《鉴湖说》中论述了废湖为田的三大害，复田为湖的三大利。"湖固不可以不复也，然亦有三难：摇于异议，一难也；工多费广，二难也；郡守数易，三难也。昔人尝计浚湖之工矣，日役五千人，浚至五尺，当十五岁而毕；至三尺，当九岁而毕。夫用工如此之多，历年如此之久，其为费如何？"[9]据史书记载，对鉴湖的围垦大约始于北宋大中祥符间（1008—1016

年)。鉴湖堙废后至明中,"于越千岩环郡,北滨大海,古泽国也。方春霖秋涨时,陂谷奔溢,民苦为壑;暴泄之,十日不雨复苦涸;且潮汐横入,厥壤泻卤。患此三者,以故岁比不登。"汤绍恩任绍兴知府后,"登望海亭,见波涛浩渺,水光接天,目击心悲,慨然有排决之志。"[11] 绍兴水利的重点转向北部海塘。

2.2 丰富的水利工程实践

北宋后,绍兴兴修了多项水利工程。早在神宗时期(1068—1085年),王安石主持变法,颁布了《农田水利约束》,作为指导全国水利建设的基本政策。《农田水利约束》规定:凡有能知土地所宜种植之法,及修复陂湖河港,或原无陂塘、圩堰、堤堰、沟渠而可以创修,或水利可及众而为人所擅有,或田去河港不远,为地界所隔,可以均济流通者……民修水利,许贷常平钱谷给用。让百姓献计献策,大办水利。又规定:各级官员负有举办水利的责任。县不能办的工程,由州遣官负责;事关数州的工程,必须报告朝廷,由中央主持。在绍兴流传着"太守清,河水清"的谚语。明代绍兴人王守仁,"本山阴人,迁居余姚后,仍回原籍",提出"事功",又说水利乃为政者之要务,产生深远影响。三江闸兴建前、稍后绍兴的主要水闸和主持者见表1。其中汉一处,唐三处,宋一处,明九处。

表1　　　　　　　　三江闸兴建前的主要水闸概况

闸　名	建闸时间	主持者	方　位	功　用
广陵闸	东汉	马臻	县西六十五里殿右山下	拦蓄鉴湖水
玉山斗门	唐贞元元年(785年)	皇甫政	府城东北三十里	泄三县之水出三江口入海
朱储闸	唐贞元间(785—804年)	皇甫政	县西三十余里	拦潮
新泾闸	唐大(太)和七年(833年)	陆旦	县西四十六里	拦蓄鉴湖水
白漊闸	北宋政和间(1111—1117年)		常禧门外	有则水碑
白马山闸	明天顺元年(1457年)	彭谊	县西北四、五十里	
新河闸	明成化间(1465—1487年)	戴琥	县西北四十五里	泄湘湖、麻溪之水
茅山闸	明成化间(1465—1487年)	戴琥	山阴茅山之西	节宣江潮
新灶闸	明成化间(1465—1487年)	戴琥		叠石为塘
扁拖闸	明成化十二年(1476年)	戴琥	府城北三十里	
泾漊闸	明正德六年(1511年)	张涣		
猫山闸	明嘉靖间(1522—1566年)		县西南一百二十里	天乐之水,另开一道,以走外江
童塘闸	明嘉靖十七年(1538年)	汤绍恩		节宣江潮
山西闸	明万历十二年(1584年)	萧良干	县西北五十余里	杀上流水势,补三江之不足

注　资料来源于民国《绍兴县志资料第二辑·地理》。

这样,在实践中总结出了一套具有绍兴特点的做法。一是借助天然地形修筑。宋沈绅《山阴县朱储石斗门记》载:"朝廷方修天下水职,乃命知山阴、会稽二县事者提举鉴湖。嘉祐三年五月,赞善大夫李侯茂先既至山阴,尽得湖之所宜。与期尉试校书郎翁君仲通,始以石治朱储斗门八间,覆以行阁,中为之亭,以节二县塘北之水。"[12]

提举是筹办的意思，朱储斗门的建造"因两山之间，得地南北二十步，两端稍陷，则凿而通之、植木为柱，衡木为闸，分为八闸。其中石阜隆然，则存而不凿，此其制盖已可尚矣"[13]。一是利用山势，巧妙设计。二是多功能，既拦潮蓄水，又肩负通行责任。

在水利技术上，南宋嘉泰《会稽志》有水篇，明万历《绍兴府志》有电、风、水诸篇，详细记录了"大雨""霆雨""暴雨""小雨""骤雨"。水文测量是水利调度的依据之一。鉴湖形成后，设"石碑以则之。一在五云门外，小凌桥之东。一在常禧门外，跨湖桥之南。凡水如则，乃固斗门以蓄之，其或过则，然后开斗门以泄之。自永和迄我宋几千年，民蒙其利"[14]。这些水则碑，不仅是观测水位用的标尺，也为新建水利工程积累起数据。明初，通过大规模兴建水利设施，把绍兴原本旱、洪、涝、潮诸害频发的恶劣环境，改造成了著名的鱼米之乡。这些水利工程为修建三江闸作了技术准备。

2.3 经济和人口的双增长

唐宋时期，我国的经济重心开始转移到江浙一带，这就对抵御海潮和平原整治提出了更高的要求。两宋之间发生了我国人口的第二次大规模南迁。由于金兵南下，从北方来的宋高宗赵构，于建炎三年（1129年）十月，由杭州渡钱塘江到越州，驻跸州廨，绍兴第一次成为南宋的临时首都。但因金兵紧紧尾随，十二月，赵构东奔章安和温州。建炎四年（1130年）初，金兵北撤，南宋朝廷于当年四月从温州返越，以州治为行宫，绍兴第二次作为南宋的临时首都，为时达一年零八个月之久。

随着移民的来到，势必突破绍兴城原有的格局。坊市制是隋唐时期形成的城市布局。南宋嘉定十六年（1223年），知府汪纲主持修筑绍兴城，将二十四里二百五十步隋代罗城扩展到二十七里六十六步，约13.5km，并设有城门9座。次年又对绍兴城内的坊巷做了重新划分，把原来的三十二坊增加到五厢九十六坊，这些坊名绝大多数沿用至今。"今天下巨镇，惟金陵与会稽耳"，为城市建设迎来了一次重要机会。据南宋嘉泰《会稽志·卷二》，绍兴城有12个市场。到明中，绍兴府有6个较大的镇。其中山阴县钱清镇、萧山县西兴镇、余姚县临浦镇由于临江面海，抵御海潮的任务十分繁重。[15]

城市的兴盛，反过来对农村产生了很大的影响。一方面，随着城市经济的发展和居民的增加，城市规模不断扩大，由此引发了城郊都市化现象。城郊都市化现象的出现，不仅使城市周围的农村成为城市的一部分，更重要的是，随着城市规模的扩大和工商业的外溢，对土地的需求日增。另一方面，由于工商业的兴起，州县城市突破了原有政治、军事性质限制，由相对单纯的商品消费中心逐渐转变为集商品生产、流通、消费于一体的经济和市场中心。明王士性说"杭州省会，百货所聚，其余各邑所出。则绍之茶之酒"[16]。在此基础上，市场经济发展起来。在塘闸修筑上，出现了政府主持、民间力量促成局面。

回过头来看，绍兴人口的变化是从东晋南朝开始的。这时候流寓绍兴的移民有两个显著的特点：一是北方士人大多是趁到绍兴任地方官之机，举家迁居。那种"从山阴道上行，山川自相映发，使人应接不暇"的赞叹要等到东晋立国半个世纪之后才出现。二是移民在绍兴居住的地域倾向性明显，大多选择在原住民势力薄弱的上虞和新昌地区。一些原先没开发的河湖沼泽、丘陵山地被陆续开发殆尽。

宋元时期，两浙路一直是全国人口增长最快的地区之一。所谓"四方之民云集两浙，百倍常时",其增长幅度不仅远远超过全国的平均水平,也大大高于其他邻近诸路。据统计,北宋太平兴国五年(980年),越州人口数为1410576,人口占全国的4%;到南宋嘉定三年(1210年),越州人口数为6703865,人口占全国的6.2%。200年间,人口增加了约4.75倍,接连跃上新的台阶。绍兴是浙江人口增幅最大、总量最多、密度最高的地区之一。

经过战乱,明初人口数量恢复增长,见表2。在社会生产上,明初绍兴的农业出现了多种经营并存的局面。各项种养殖技术渐趋完臻,生产的集体化、商品化都有较大提高,出现了专门从事某项生产的农户,如橘农、花农、药农等。绍兴众多的手工业,黄酒、纺织、造纸、瓷器、刻板印刷、制茶、制盐等也有很大的发展。这些产品的生产无不与水有关,最后又通过水路运销到全国各地。绍兴出现了经济和人口双增长。

表2　　　　　　　　　　　明洪武二十四年(1391年)江浙人口

城市	绍兴	杭州	宁波	温州	台州	应天	扬州	松江
户数量	267074	216165	209528	178599	197468	168915	123097	249950
人口数量	1038059	700792	720801	599068	780118	1193620	736165	1219937

注　资料来源于明万历《绍兴府志·食货志》葛剑雄《中国人口史:第四卷》。绍兴统计的时间为洪武间,应天、扬州、松江是洪武二十六年(1393年),应天即南京。

随着人口增加日剧,绍兴人外出谋生,大规模持续不断地流向全国各地。据明祁彪佳《救荒杂议》载:"越中依山阻海,地窄民稠,即以山阴一县计之,田止六十二万馀亩,民庶之稠,何止一百二十四万。以二人食一亩之粟,虽甚丰登,亦止供半年之食。"[17]

在修筑三江闸前后,山阴县人口突破120万。据明万历《绍兴府志田赋志》:"皇明洪武籍,合府田地山荡池塘漊共六万五千一百七十一顷五十五亩四分三厘四毫。"到万历十三年(1585年)统计,"合府田地山荡池塘漊浜沥港共六万七千二百六十三顷九十九亩九分三厘三毫九丝一忽",[2] 仅比洪武年间增加二千多顷。稍前的王士性也说:"宁、绍盛科名逢掖,其戚里善借为外营,又佣书舞文,竞贾贩锥刀之利,人大半食于外。……宁、绍人什七在外,不知何以生齿繁多如此。……绍兴、金华二郡,人多壮游在外,如山阴、会稽、余姚生齿繁多,本处室庐田土,半不足供,其儇巧敏捷者都为胥办,自九卿至闲曹细局无非越人,次者兴贩为商贾,故都门西南一隅,三邑人盖栉而比矣。"[16]

由于人口快速增长,人地矛盾激烈,通过平原整治、向海夺地成为一种选择。

2.4　萧绍海塘的完成和功绩

海塘是抵御潮水侵袭,阻止堤岸坍塌,保护沿海城镇、盐场和其他设施的特殊堤防。自唐以来,绍兴在东、北、西三面沿江筑塘,"自马溪桥(麻溪坝)至西兴,曰西江塘。自西兴至宋家溇曰北海塘。自宋家溇至嵩坝曰东江塘,以捍外来之潮汐。至明嘉靖十五年,郡守汤公笃斋复于三江建闸,操纵内地之水,使旱有蓄,涝有泄"[5],总揽全局。

明代,作为江浙发达经济区屏障的海塘工程,备受重视。当时已经明确把海塘的安危与朝廷的赋税收入直接联系起来,"东南财富半出于江浙钱漕,是海塘实为目前第一要务"。这一时期,在海塘修筑技术上取得了一项突破。以往的海塘存在两个缺点:一是塘基浮浅不牢，二是塘身砌石散。最塘根浮浅病矣……次病外疏中空……海水射之，声汩汩四通，浸所附之土，漱以入，涤以出，石如齿之疏豁，终拔尔。一旦塘身附土被大潮淘刷出来，堤岸就被破坏了。针对这两个问题，浙江水利佥事黄光升于明嘉靖间（1522—1566年），总结出"五纵五横桩基鱼鳞石塘"法。他把塘基改为马牙桩或梅花桩，塘身使用条石纵横错置，外形呈鱼鳞状。这样，大大提高了海塘的稳定性。明绍兴海塘修筑情况如下：

洪武四年（1371年）秋，上虞县土塘复溃。郡守唐铎檄府吏罗子真重筑。二十二年（1389年），萧山县捍海堤坏。命工部主事张桀同司道督修。二十三年（1390年），重筑上虞县西塘。

正统十四年（1449年），筑萧山县新林凌家港等处海塘。

弘治八年（1495年），潮击萧山县长山堤，几圮。太守游兴督工筑为石堤。弘治间（1488—1505年），修会稽县防海塘。易以石，费巨万。

正德七年（1512年），会稽县石塘复为冈潮所坏，仍易以土。

嘉靖十二年（1533年），重筑会稽县土塘。

隆庆四年（1570年），萧山县令许承周，量筑北海塘，以遏潮击。凤仪诸乡赖之。

万历二年（1574年），山阴县白洋口塘圮。知县徐贞明修筑之。二十四年（1596年）萧山县北海塘圮。协同山会二邑修筑之。[18]

围海造田历来是绍兴增加土地面积的一大举措。其做法就是用堤把大片沙地围起来，通过拒咸蓄淡，逐步将其改造成良田。鉴湖湮废后，由于玉山斗门排泄不及，常有开塘泄水之举，致使潮水倒灌。一旦咸潮溯曹娥、浦阳二江而上，侵袭萧绍平原的内河系统，就引起土壤盐碱化，影响农业生产。修筑三江闸，解除咸潮威胁已成为绍兴地方官员及民众的当务之急。同时随着钱塘江"南淤北坍"、沙地淤涨，明代修建大闸的有利性大大增加了。北宋《会稽掇英总集》谓绍兴"习俗农务桑，事织机，纱绫缯帛岁出不啻百万"。南宋嘉泰《会稽志·食货志》载"民间一岁有三蚕者矣"。棉纺织业在绍兴大规模兴起，但棉花种植恰恰需要大量的土地。清末，绍兴沿海一带"沙地种植以棉花为正息，除黄豆与瓜同时种植，约去十分之五外，余皆种棉"。[19] 海涂棉田面积合计 77.85hm^2，占棉田面积一半以上。据清《闸务全书》："建闸后，西江亦为内河，其地始可开垦，四都内增田甚广。……至于东西一带海塘外沙田沙地，不可胜计。年来虽坍多存少，今由近年观之，则其广袤之势，讵可限哉。"

3 修建三江闸的成效

3.1 修建三江闸的经过

水闸，在古代称牐或碶，是对水流实施控制的一种工程建筑。从简单的引水到能对水流实施控制，按照人们的需要来利用水资源，这无疑是水利史上的重大进步。在我国古代水闸中，气魄宏大，至今保存完好的，当数建于明嘉靖十六年（1537年）的绍兴三江闸。据明陶谐《建三江应宿闸记》："绍兴属邑有八，惟山阴、会稽、萧山土田最下。霖雨浸霪，则陆地成渊，民甚苦之。昔之贤守置玉山、扁拖二闸以泄其水，水潦盛日，又设策决提起海塘岸数道，以疏其流，其为水虑悉矣。然二闸之口，石碛如斗，水却行自潴出浸数百里，而田卒污莱。决岸则激湍漂驶，决啮流移，而田亦沦没，其功未全也。"

"嘉靖丙申，蜀笃斋汤公绍恩守兹土，相厥地形，直走三江。江之浒山嘴突然，下有石巉然，其西北山之址亦有石隐然起者。公掘地取验，下及数尺余，果有石如甬道，横亘数十丈。公曰：'两山对峙，石脉中联，则闸可基矣。……闸经始于丙申秋七月，六易朔而告成。塘始于丁酉春三月，五易朔而告成。'"[20]

三江闸全长103m，工程原设计36孔，施工中改为28孔。各孔自东南向西北依次以"角"至"轸"命名，"以应天之经宿"，因此又称"应宿闸"。陶文中的"两山"指的是彩凤山和凤鸣山。彩凤山"高二丈许。城西北隅，跨山而筑，形象云山。脉自西而来，其下石骨，大闸枕其上"[4]。设大闸墩5座，小闸墩22座。闸墩两侧凿有装设检修闸门和工作闸门的两道闸槽。闸底也凿有闸门槽。闸墩、闸墙全部用大条石筑成，每块石重达500kg。闸上石桥。闸旁边设立水则，按照水则指示的水位确定启闭闸孔的数目。闸内河道上除保留原有斗门外，又兴建了12座斗门和闸联合运行，还在绍兴城内设立了一个水则碑。据民国实测，三江闸平均泄流量约为280m³/s，可使萧山、绍兴两县3日降水110mm不致成灾。平时关闭闸门，能保证内河拥有较高而稳定的水位，以满足灌溉和航运的需要。

3.2 三江闸的使用及管理

清初，由于钱塘江道北抬，三江口日益淤涨，闸的功能逐渐衰落，但仍一直发挥作用，据记载：昔时两沙嘴，东西交互以环卫海塘，故海口关锁周密，潮来自下盖山起潮头，一从二嘴外，溯钱塘江而西；一从二嘴内，分往曹娥及钱清诸江，以曲九曲而至闸。曲多故来缓而退有力，故到闸为时久，且沙地坚实，芦苇茂密，皆可以御浑潮。故语云：三湾抵一闸，良不诬也。……自汇嘴两沙日坍日狭，南北一望，阔仅里许，海口关锁已无，潮固可以长驱直入矣。……小民贪淤地之利，灶户幸免涉江晒盐之劳，而闸身之受患与咸水之害田，罔有问者也。此坏闸之大弊又一也。[5]

人们看到"三江闸外，闸港形势与汤公建闸时颇有变迁……北海塘系着塘流水，故自西兴至三江，蜿蜒40km有余之塘，均系条石砌成，建筑极为坚固。迨清雍正六年（1728年），江流变迁，鳖子门竟因以涨塞。至乾隆二十三年（1758年），中小斗又淤为平陆，而北海塘外成横纵各二十余公里之南沙江流，完全由北大斗入海。自是以还，南沙常有向东增涨之势。三江闸港始有淤塞之患矣。"[5] 历史上，三江闸有过六次整修，分别是明万历十二年（1584年）、明崇祯六年（1633年）、清康熙二十一年（1682年）、清乾隆六十年（1795年）、清道光十三年（1833年）和民国21年（1932年），大多采用政府牵头，官民互助形式，主持人分别是肖良干、余煌、姚启圣、俞卿、茹芬、周仲墀和浙江省建设厅水利局。

清末，绍兴官绅组织山会萧塘闸水利会。"凡关于山阴、会稽、萧山三县有共同关系之塘闸，其防护、疏之复兴修事宜，均由本会议决行之。三县共同关系之塘闸列举如左：一、西江塘。二、北海塘。三、应宿闸。四、其他与三县有直接、间接之利害关系者。"[5] 进入民国，绍兴县呈浙江民政司批准，成立绍兴县塘闸局，"平时岁修及管理事宜，应准统归该局办理"。[5] 此后，转变为绍萧塘闸工程局，"专管绍萧二县塘闸工程，设总局于绍兴，由总司令、省长会派局长1人，督率局员主持局内外一应事宜。绍萧二县有塘闸局，改为东西区管理处，直隶于本局。本局实施查勘修筑期内，得函请二县知事，派警协助。遇必要时并得邀集二县官绅公同讨论。本局所需各项经费由总司令、省长指定塘工券奖余拨充"。[5] 民国16年（1927年），国民政府通令各地改组海塘工程局，"案查钱塘江为本省最大之江流——潮汛之势甚盛，沿江各塘工局修筑塘案计划，既不统一，江身又未浚治。兹值革新伊始，励图建设之时，本政府为兼筹并顾，统一事权计，议决将海宁海塘工程局，盐平海塘工程局，绍萧塘闸工程局、海塘测量处等4机关一律裁撤，另行设立钱塘江工程局，办理两岸塘工，及浚治塘身等项工程"[5]。收到指示后，绍局发出明电："杭州省政府钩鉴，建字第6748号令奉悉。所有土石各塘，自应暂停工作。惟现值伏汛期内，三塘各段管理员、各岗塘夫，以及三江应宿闸闸务员，各闸闸夫，有防护塘闸之责，诚虑新旧交接期间，稍涉透卸，除饬照常供职，并将局务遵令结束外，拟令行钱塘江工程局，克日接收，俾便交待。"[5]

这时，三江闸转省管。新中国成立后，人民政府对三江闸进行全面整修。1981年，在三江闸外2.5km处另建一座新闸，老闸才失去作用。1963年，三江闸被公布为浙江省第二批重点文物保护单位。

三江闸建成后，又陆续修筑两翼海塘400余丈。据《萧山县志稿·水利门》："嘉靖十八年六月六日，水自西江塘入，延及山会。二邑协力筑之，基阔七丈，身高二丈有奇，收顶三丈。自是始免水患。"[21] 提高了海塘修建标准。如此，山、会、萧三县海塘已全线连为一体。

治水、兴水是治国安邦的大事。三江闸的开凿、变迁充分反映了绍兴人民锲而不舍，改造自然、征服自然的聪明才智，是祖先留给我们的一笔宝贵财富。

参 考 文 献

[1] 司马迁. 史记. 夏本纪 [M]. 杭州：浙江古籍出版社，2000.
[2] 萧良干，张元忭. [万历]绍兴府志·疆域志 [M]. 影印本. 济南：齐鲁书社，1997.
[3] 程鸣九. 闸务全书·三江纪略 [M]. 郑州：黄河水利出版社，2013.
[4] 何希文. 三江所志 [M] //绍兴县修志委员会. [民国]绍兴县志资料第一辑·地志丛刻. 杭州：杭州古籍书店复印，1985.
[5] 绍兴县修志委员会. 绍兴县志资料第一辑·塘闸汇记 [M]. 上海：上海古籍出版社，2010.
[6] 程鸣九. 闸务全书·郡守汤公新建塘闸实迹 [M]. 郑州：黄河水利出版社，2013.
[7] 沈堡. 三江辨 [C] //浙江水文化研究及教育中心. 浙江河道记及图说. 北京：中国水利水电出版社，2014：68.
[8] 管子. 管子新注 [M]. 济南：齐鲁书社，2006：315.
[9] 王十朋. 鉴湖说 [M] //浙江水文化研究及教育中心. 浙江河道记及图说. 北京：中国水利水电出版社，2014：37-39.
[10] 曾巩. 鉴湖图序 [M] //浙江水文化研究及教育中心. 浙江河道记及图说. 北京：中国水利水电出版社，2014，35-37.
[11] 程鸣九. 闸务全书·序四 [M]. 郑州：黄河水利出版社，2013.

[12] 沈绅. 山阴县朱储石斗门记[C]//朱非. 斗门之谜. 香港：天马图书有限公司，2008，13-14.
[13] 邵权. 重修山阴县朱储石斗门记[C]//朱非. 斗门之谜. 香港：天马图书有限公司，2008，75-78.
[14] 徐次铎. 复湖议[M]//浙江水文化研究教育中心. 浙江河道记及图说. 北京：中国水利水电出版社 2014：39-41.
[15] 李永鑫. 绍兴通史：第4卷[M]. 杭州：浙江人民出版社，2012：1017-1075.
[16] 王士性. 广绎志：卷四[M]. 北京：中华书局 2006：265.
[17] 祁彪佳. 救荒杂议[C]//祁彪佳. 祁彪佳集·卷六. 北京：中华书局，1960：115-150.
[18] 方观承. 两浙海塘通志[M]. 杭州：浙江古籍出版社，2012：48-54.
[19] 江少虞. 会稽劝业所报告册[M]. 刻本. 绍兴：清宣统三年.
[20] 陶谐. 建三江应宿闸记[M]//浙江水文化研究教育中心. 浙江河道记及图说. 北京：中国水利水电出版社，2014：42-43.
[21] 南开大学地方文献研究室，杭州市萧山区人民政府地方志办公室. 萧山县志稿·水利门[M]. 天津：南开大学出版社，2010：85-155.

浙东运河古越灵汜桥寻考

邱志荣

（绍兴市水利局，浙江绍兴 312000）

摘 要： 桥梁是水利、交通的产物，是人类活动的重要见证。灵汜桥是越王句践时期越国城东的一座历史文化深厚、神秘的桥梁。桥现已不存在，经多学科、多角度的研究考察，已基本确定灵汜桥位于今绍兴城东五云门外原钓桥与梅龙桥之间的浙东运河上的小凌桥遗址地。由此同时确定了古文献记载中的灵文园、阳春亭、山阴故水道等古越城东重要标志性建筑及景观方位。证明此地为吴越历史文化交流的重要场所，系句践时所建的一个王家后花园、交通枢纽和迎送之地。

关键词： 古越国；灵汜桥；考证

灵汜桥应是绍兴历史上最古老且有史实文化底蕴的第一座古桥。灵汜，乃越国神秘水道，通吴国震泽；又处越国最早园林"灵文园"之中。对灵汜桥进行考证，主要是因为古代文献对此桥多有记载，但却无法确认具体位置，以至于在绍兴发展史乃至吴越文化史、中国桥梁史上，其地位尚无展示。

通过考证后，认为今绍兴五云门外"小凌桥"位置应为古灵汜桥遗址。

1 关于灵汜桥的记载

《水经注·浙江水》载："城东郭外有灵汜，下水甚深，旧传下有地道，通于震泽。"

《嘉泰会稽志》卷十一载：灵汜桥在县东二里。石桥二，相去各十步。《舆地志》云：山阴城东有桥，名灵汜。《吴越春秋》云：句践领功于灵汜。《汉书》云：山阴有灵文园。此园之桥也，自前代已有之。

灵汜桥是越王句践接受封赠之地，故历来文人学士、迁客骚人至此多有伤感之作。据记载当时越国被吴国战败，后句践入吴为奴3年，吴王夫差赦免句践回越，仅封他百里之地：东至离越国都城30km的炭渎，西至都城以西约20km的周宗，南到会稽山，北到后海（杭州湾），东西窄长的狭小之地，即《吴越春秋》卷八所载"东至炭渎，西止周宗，南造于山，北薄于海"。由此看来灵汜桥既是越王句践受封之地，也是他之后"十年生聚、十年教训"的发祥之地。

《嘉泰会稽志》卷十一又记："《尚书故实》：辨才灵汜桥严迁家赴斋，萧翼遂取《兰亭》。俗呼为灵桥。"

萧翼以计谋从辨才处巧取《兰亭序》的故事也与此桥有关。

唐代李绅有《灵汜桥》[1]诗：

> 灵汜桥边多感伤，水分湖派绕回塘。
> 岸花前后闻幽鸟，湖月高低怨绿杨。
> 能促岁阴惟白发，巧乘风马是春光。
> 何须化鹤归华表，却数凋零念越乡。

或许古人到了鉴湖边的灵汜桥会面对这里的人文历史、自然风光，油然而产生伤感的情怀。至于唐代元稹《寄乐天》中也有诗句："莫嗟虚老海蠕西，天下风光数会稽。灵汜桥前百里镜，石帆山崦五云溪。"[2] 则是对灵汜桥一带山水风光的赞美。

万历年间《绍兴府志》沿承了《嘉泰会稽志》关于灵汜桥的记载，康熙年间《会稽县志》、乾隆年间《绍兴府志》又延续了此记载。

2 灵汜桥的位置确定及相关的问题

2.1 确定灵汜桥位置必须满足以下条件

2.1.1 在绍兴城东约 1km 的鉴湖堤上

据《嘉泰会稽志》卷十一"灵汜桥"条记，不入"府城"目中，而入"会稽县"目中，因此桥不在城内，在绍兴城东约 1km 的山阴故水道上（之后鉴湖建成为东鉴湖堤，又为浙东运河的塘路）；据以上李绅的"水分湖派绕回塘"诗句，桥应在弯曲的"回塘"，即古鉴湖北堤，亦为原山阴故水道堤；又元稹"灵汜桥前百里镜，石帆山崦五云溪"，诗中证明元稹描述的是南面的鉴湖和石帆山。唐代时应此桥就已存在，并且李绅和元稹分别亲临桥上写过诗。桥为东西向。

2.1.2 水上交通要道和迎送之地

灵汜桥应为若耶溪、鉴湖、古水道及北向水上交通要道，由此可见东西南北四通八达。

此外，越王句践接受封赠之地，历来文人学士多到于此，辨才严迁家赴斋所经，都说明此地为城东之迎送之地。

2.1.3 桥体是为紧贴的两座石桥

灵汜桥在距县东去 1km，两座石桥间隔约 14m。

2.2 绍兴古桥木制和石砌的演变

2.2.1 灵汜桥的建筑材料

灵汜桥既然在越国时已存在，那么当时是用什么建筑材料制作？笔者认为应为木制。这不仅是在考古中至今未发现当时的石制桥梁，更是已发现了当时的木制建筑水平已很高超，而石砌建筑比较简陋。

（1）印山越国王陵。印山越国王陵位于绍兴县兰亭镇里木栅印山之巅。文物部门确认是一座越国国王陵墓[3]，墓主人为越王云常。该墓墓室约 $160m^2$，加工规整，所用枋木极为巨大，底木长 6.7m，侧墙斜撑木 5.9m；枋木截面宽、厚均在 0.50~0.80m 之间，加工极为平整，棱角方整；在斜撑木外侧有人工挖成的牛鼻型穿孔，系抬运和安装时穿绳之用；墓室中间还有一巨大独木棺等，可见印山大墓木制构建之精细，填筑之考究；墓中没有发现砌石用以建筑材料（图1和图2）。

图1 印山越国大墓遗存

图2 印山越国大墓牛鼻穿孔

（2）香山越国大墓。香山越国大墓位于越城区若耶溪下游东侧香山东南麓，这是一座带宽大长墓道的长方形竖穴坑木椁（室）墓；墓室基础全部为木制，其长47.6m，宽在4.8~5.25m之间（图3）。文物部门确定香山越国大墓年代为战国早中期。就水利价值而论，至少有如下几方面的价值体现[4]。

1）基础处理牢固。该墓室基础先以约50cm×50cm的柏树方木南北向在平整后的土基上排成间距约4m×50m的道木，此为第1层。平整后，再以约ϕ20cm，长达5m

图3 香山越国大墓及排水木质沟道

的杂木（不去皮），东西向紧密架于木道之上，此为第2层。平土后再以长5m余，大小约50cm×50cm的柏树方木东西向每间隔约5m铺一条木，此为第3层。再以50cm×50cm柏树方木，以南北向，东西间隔约3.5m铺成木道，此为第4层。之上再以长约5m，50cm×50cm柏树方木紧拼合成南北向长约50m的墓室底平面，此为第5层，中部承放棺椁。同方木纵横相交处都设榫卯，以起固定作用。以上是墓室之基础，周边还加固坚实条木。从以上基础处理看，充分利用力学原理，其地基承载面较宽厚，受力宽广均匀，其榫卯结构精密牢固，均是成熟基础处理技术。另外，柏树又是极好的防腐木材，因此墓室历经2500年仍不坏，这便是其基础坚实见证。

2）排水系统设置先进合理。整个墓室呈南北向，两头略高，中间稍低状，第4层道木面上中部凿刻一条南北向宽约10cm、深约3cm的排水小沟，在道木中间段分别凿两处约10cm×10cm深孔，通过第3层横道木凿15cm×15cm木槽，再承以园木开排水沟，将积水通过一木制排水沟（粗约25cm树木剖开后凿木槽，再合上），长约10m，排入以西河沟内，香山越国大墓排水孔见图4，大墓的排水子流结构示意图见图5。以上可见此木制排水沟制作已非常精细和完备，制作技术也很合理科学，图6为香山越国大墓基础木层排水剖面图。

图4 香山越国大墓排水孔

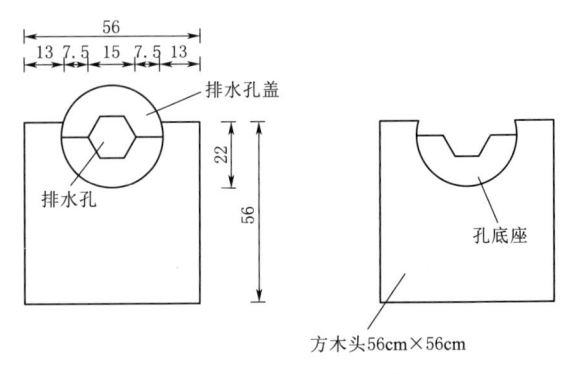

图5 大墓的排水子流结构示意图（单位：cm）

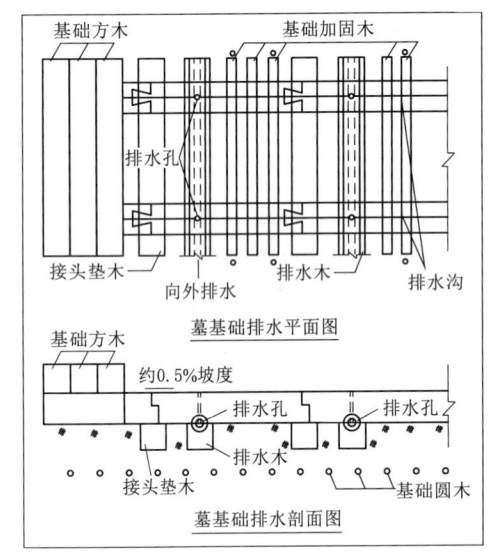

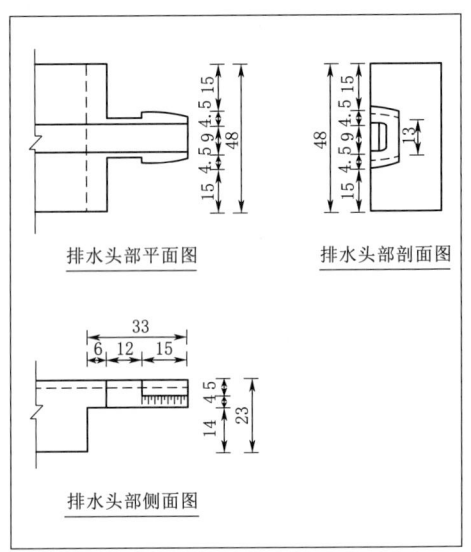

图6 香山越国大墓基础木层排水剖面图（单位：cm）

3）防腐技术水平高。木椁及排水系统均髹漆，有的至今尚存，而且漆制绘画技术已相当高超。

（3）以禹陵土墩石室为代表的石制墓[3]。禹陵土墩石室位于越城区禹陵大二房村北的美女山，主要分布在梅岭至美女山的南坡与山巅方圆3km范围；[3] 该地有墓葬40多座，均为带石室的土墩墓，年代为春秋战国时期；主要以大小不等的自然块石垒砌而成（图7）。说明当时的建筑石制技术，还未能达到有效处理和使用人工加工石材用以建筑的水平。

以上印山越国王陵、香山越国大墓的木制基础处理、排水技术、防腐处置，必然会在当时被广泛应用到水工技术之中。正因如此，诸多的水工基础、闸、桥、排水关键结构部位也会以上述工艺技术施工处理而充分发挥效益。

这种以木结构为主的技术，也是河姆渡时期建筑技术的传承与发展。如东汉时期会稽山会平原筑鉴湖能建各类型制的斗门、闸、桥、堰等水门，或许就是此技术的推广和应用。

图 7 禹陵土墩石室

2.2.2 石制桥梁应在宋代形成和推广

（1）绍兴几处石宕的开采年代。绍兴自古就有以天然石材建筑水利工程的例子，《越绝书》卷八中就有"石塘"之记载，但当时的"石塘"是以沿海一些孤丘山麓的天然岩基和部分块石垒筑。到了隋唐时期绍兴的城防、塘路、水闸开始取山石建筑，既坚固又美观。古代绍兴最大的采石场有三处：①位于绍兴城东约 5km 的东湖；②位于绍兴城西约 12km 的柯岩；③位于绍兴城西北约 15km 的羊山。但初始时的采石主要用于建筑基础和铺路等。以羊山为例，有记载在隋开皇时，杨素封越国公，采羊山之石以筑罗城，"罗城周围，旧管四十五里，今实计二十四里二百五十步，城门九。"[1] 陈桥驿先生认为："罗城的规模也比于越大城有了扩充。这一次扩建以后，绍兴城的总体轮廓基本上已经确定，其基址与今日环城公路已经大体吻合了。"[5]

（2）运河石塘的起始年代。《新唐书·地理志》记载：山阴县"北五里有新河，西北十里有运道塘，皆元和十年（815 年）观察使孟简开"。运道塘是西兴运河南岸塘、路合一的河岸工程，部分主要路段应已从泥塘改建为石塘路。说明以人工凿成的条石已较多用于水利航运工程，但工艺还是较简单。大规模、技术含量较高的建筑还未开始。

《嘉泰会稽志》卷十载："新河在府城西北二里，唐元和十年观察使孟简所浚。"此"新河"应是相对老河而名，原来运河经府城河道是由西郭门经光相桥、鲤鱼桥、水澄桥到小江桥河沿的，由于运河商旅增多，此河通航受到限制，孟简在元和十年（815 年）又开一条由城西西郭门外直通城北大江桥与小江桥相连的"新河"。"新河"起到了缩短航线，避免壅塞，促进沿运商贸的作用。笔者认为这条绍兴城北的运河，当时建设标准必定高于普通运河，应是石砌为主。

（3）玉山斗门由木制改为石制的年代。玉山斗门位于距绍兴城北 15km 的斗门镇东侧金鸡、玉蟾两峰的峡口水道之上，三江闸建成以前，玉山斗门为山会平原鉴湖灌溉的枢纽工程，发挥效益达 800 多年。

玉山斗门又称朱储斗门，为鉴湖初创三大斗门之一。宋嘉祐四年（1059 年）沈绅《山阴县朱储石斗门记》[1] 首记玉山斗门，"乃知汉太守马臻初筑塘而大兴民利也，自尔沿湖水门众矣。今广陵、曹娥皆是故道，而朱储特为宏大"。[1]

宋曾巩《鉴湖图序》[1]云:"其北曰朱储斗门,去湖最远,盖因三江之上、两山之间,疏为二门,而以时视田中之水,小溢则纵其一,大溢则尽纵之,使入于三江之口。"[5] 这是唐以前玉山斗门的排涝情况。唐贞元初(788年),浙东观察使皇甫政改建玉山斗门,把两孔斗门扩建成八孔闸门,名玉山闸或玉山斗门闸,以适应流域范围扩大而增加的排水负荷。

宋沈绅《山阴县朱储石斗门记》记载了玉山斗门在北宋嘉祐三年(1058年)由木制改为石制的过程:嘉祐三年五月,赞善大夫李侯茂先既至山阴,尽得湖之所宜。与其尉试校书郎翁君仲通,始以石治朱储斗门八间,覆以行阁,中为之亭。……昔之为者,木久磨啮,启闭甚艰,众既不能力,当政者复失其原,每岁调民筑遏以苟利,骚然烦费无纪,而水旱未尝不为之戚。……

这次整修将原玉山斗门的木结构改成了石结构,其遗存已迁到今绍兴运河园(图8)。如此重要的绍兴鉴湖枢纽水利工程在北宋之前是采用木制,亦可见之前石制还未能解决较大水利工程的工艺和技术。

图8 玉山斗门遗址

对以上山会地区桥梁建筑材料的历史分析,旨在说明灵汜桥初建时必定是木制,虽之后会多次重建,但其位置由于水道的存在不会改变。

2.3 "山阴古故陆道""山阴故水道""句践大小城"

《越绝书》卷八载:"山阴古故陆道,出东郭,随直渎阳春亭。山阴故水道,出东郭,从郡阳春亭,去县五十里。"[6] 这条记载中的古水道,西起今绍兴城东郭门,东至今上虞市东关镇西的炼塘村,全长约25km,以北毗邻故陆道,南则为富中大塘,古水道除作航运用外,还起着挡潮和为南部生产基地蓄水排涝等重要作用。由于故水道横亘于平原南北向的自然河流之中,其人工沟通有一个过程,其连成时间必然早于越王句践至平原建城时。句践到平原建城时只不过将古水道疏挖整治,形成整体,并使其更充分发挥航运、水利等综合作用。同时由于绍兴平原西部的开发和连通钱塘江以及与中原各地交往的需要,在山会平原西部必然也会有一条东西向与故水道相连的人工运河。因之在越王句践时期已形成了一条东起东小江口(后称曹娥江),过炼塘,西至绍兴城东郭门,经绍兴城沿今柯岩、湖塘一带至西小江再至固陵的古越人工水道。它贯通了山会平原东西地区,并与东、西两小江相通,连接吴国及海上航道,又与平原南北向诸河连通(图9)。可谓我国最早的人工运河之一。

问题是为何《越绝书》记古陆道为"出东郭,随直渎阳春亭",而古水道为"出东郭,从郡阳春亭"?对此或应从句践小城和大城的建设来分析研究。

句践于其7—8年(前490—前489年)接受了大夫范蠡提出的"今大王欲立国树都,并敌国之境,不处平易之都,据四达之地,将焉立霸主之业"[7] 建立小城,即"句践小城,山阴城也,周二里二百二十三步。"[6] 位置在今卧龙山东南麓。这里位于山会平原的

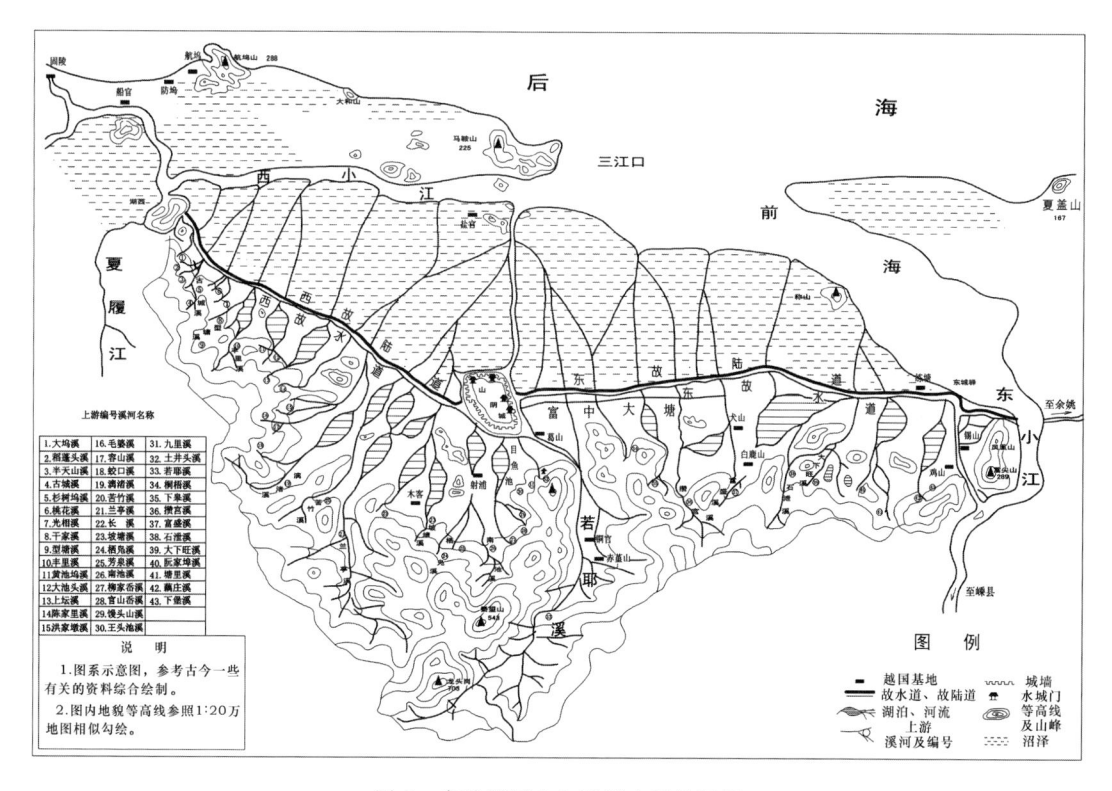

图 9　春秋越国山会平原水系航运图

中心地带，是一片有大小孤丘 9 处之多，东西约 2.5km，南北约 3.5km，相对略高于平原的高燥之地。而山阴故水道环绕其外侧，阻隔了北部潮汐并拦挡了南部山区突发之洪水，并且成为水上航运的主干道，有了较充足的淡水资源；富中大塘又在其城东部，成为城市的主要粮食生产基地。正是这两处重要的水利工程，使绍兴城的形成有了命脉和基础保障，建城成为可能。

据考证，小城的西城墙起于府山西尾，止于旱偏门，其长度 110m 左右；南城墙由旱偏门起至凤仪桥，长约 820m；东南角连接东城墙，今酒务桥起经作揖坊、宣化坊至府山东北端的宝珠桥相衔接，长约 1030m；北城墙便为卧龙山体。小城"一圆三方"城墙周围总长约 1.5km，面积约 0.72km^2。[8] 范蠡在构筑小城时，设"陆门四，水门一"。这是绍兴城市建设中的第一座水城门，位置在今绍兴城卧龙山以南的酒务桥附近，沟通了当时小城内外的河道。之后，又建大城，"大城周二十里七十二步，不筑北面"[6]。城内还在卧龙山东南麓建越王台，为越国政治、军事中枢；飞翼楼，位于卧龙山顶，为军事观察所及天象观察台；龟山怪游台，位于城南飞来山之上，是我国最早见之于文献记载的天文、气象综合性观察台；此外，还有"雷门"（五云门）建筑记载。当时的大小城已颇具气势和规模，当然城墙建筑应还较简陋，以土木为主。大城设"陆门三、水门三"。大小城共设 4 个水门，表明了城中河道水系之发达。

据综合历史文献资料和查勘现存水道分析，当时城内水道有以下几条：①由东山阴故水道进城东郭门—凤仪桥—水偏门（为城中水门）；②凤仪桥—仓桥的南北向环山河；③南门—小江桥南北向的府河；④从酒务桥北向东过府河，再从清道桥经东街到五云门的东西向河；⑤从大善桥南北接府河东—都泗门的东西向河道；⑥从西迎恩门向东—小江桥—探花桥，再向南至长安桥，东至都泗门的东西向河道。当然这些河道要比之后宽广，其中也必有诸多小湖、小溇、小池之类水域。大城中的3座水门分别为东郭门、南门及都泗门。城北不筑门，无水门，但必有水道。而不开稽山门水门应是此为若耶溪水直冲之地，否则难以抵御山洪灾害。绍兴水城水系之大格局至此已大致形成。句践大小城位置见图10。

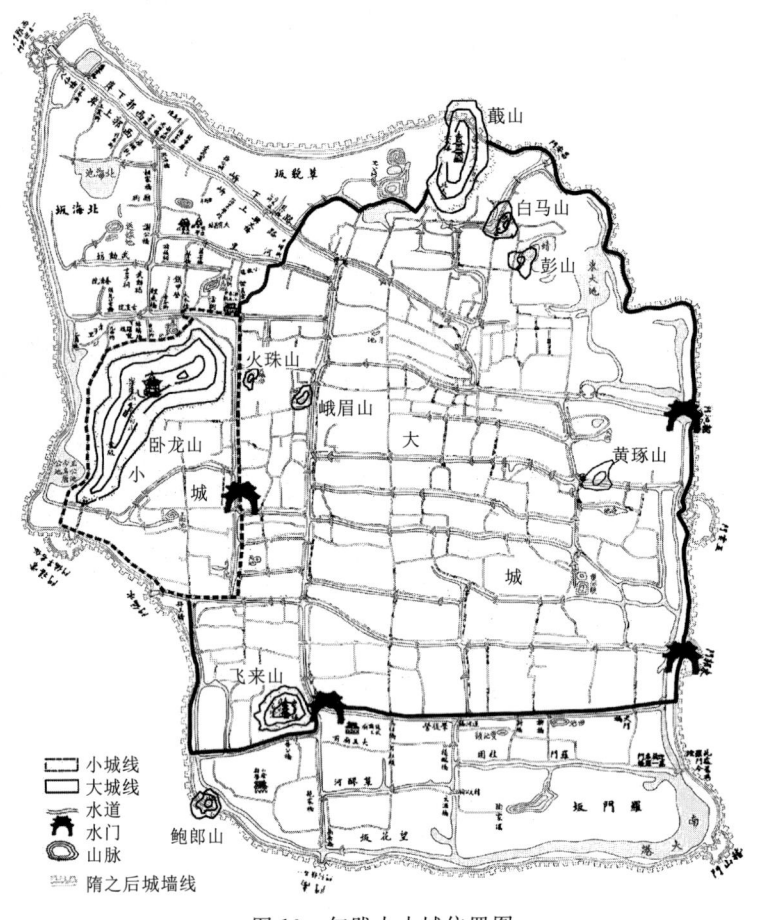

图10 句践大小城位置图

东郭门是水城门无疑，《越绝书》中记无论是古水道或古陆道都是出东郭门的。

《嘉泰会稽志》卷十八关于"雷门"（五云门）的建筑记载：五云门，古雷门也。《西汉·王尊传》云：毋持布鼓过雷门。注云：会稽有雷门，旧有大鼓，声闻洛阳。《旧经》云：雷门，句践旧门也，重阙二层。初，吴于陵门格南上有蛇象，而作龙形，越又作此门以胜之，名之为雷。去城百余步。《十道志》云：句践所立。以雷能威于龙也。门下有鼓，长丈八，赤，声闻百里。孙恩乱，为军人打破。有双鹤飞去。晋传亦载之。唐诗云：雷门曾化鹤。谓此雷门。后改为五云门。

五云门与城外连通水道是不存在，但这既是陆道，与东郭门必然相通。看来这条古陆道是出东郭门北沿着"直渎"到五云门，再沿古水道毗邻北的古陆道东行。"直渎"是沿

124

着山阴大城东的一条人工运河，在五云门外东连古水道。

2.4 关于阳春亭、美人宫、灵文园

2.4.1 阳春亭

《越绝书》中记载了阳春亭的大致位置：①此亭在大城东近处；②地处水陆交通要道边；③为古越迎送之地。虽今遗址不存，然今五云门外有"伞花亭"遗存，正处合理的位置。又亭东侧还竖"绍兴外运"的大门牌，到20世纪末这里还是绍兴城东的外运基地。五云门外散花亭及绍兴外运见图11。

2.4.2 美人宫

《越绝书》卷八："美人宫。周五百九十步，陆门二，水门一。"《吴越春秋·外传第九》载："乃使相者工索国中，得苎萝山鬻薪之女，曰西施、郑旦，饰以罗縠，教以容步，习于土城，临于都巷，三年学服，而献于吴。"西施姓施，名夷光，一作先施，又称西子，春秋末期越国句无（今诸暨市）苎萝村人，郑旦与西施同为苎萝山中美女。越《旧经》载："土城山在会稽县东南六里。"孔晔《会稽记》载："句践索美女以献吴王，得诸暨苎萝山卖薪女西施、郑旦。先教习于土城山。山边有石，云是西施浣沙石。"土城山又称西施山，是西施习步的宫台遗址，位置在今绍兴城东五云门外，原绍兴钢铁厂处。1959年在山南开挖河道，见有大量越国青铜器，诸如印纹陶、黑皮陶、原始青瓷等，西施山一带也是重要的越国遗址。唐李白有《子夜吴歌》[9]描绘了西施在美人宫边的若耶溪活动场景：

图11 五云门外散花亭及绍兴外运

    镜湖三百里，菡萏发荷花。
    五月西施采，人看隘若耶。
    回舟不待月，归去越王家。

2.4.3 灵文园

《汉书·地理志》卷二十八上载："越王句践本国，有灵文园。"《嘉泰会稽志》明确记载"灵汜桥"为"此园之桥也，自前代已有之"，位置已很明确。

通过对以上绍兴城东附近越国时的东郭门、五云门、故水道、故陆道、灵文园、灵汜桥、美人宫等遗址考证分析，可以认为这里是句践时越国的一个重要的水陆交通枢纽、迎送之地、后花园。再向东则是以富中大塘等为中心的生产基地[4]。

3 灵汜桥两个可能位置的分析

从西距绍兴城约1km的桥梁及水道地形分析，推测今五云米行街油车头的梅龙桥及

小凌桥位置最有可能成为灵汜桥遗址。

3.1 梅龙桥

3.1.1 梅龙桥的确定

梅龙桥在绍兴城东今五云门外运河北岸东西向纤道上。这里是绍兴城经东都泗门，经五云门，再东经浙东运河五云门米行街河道，与出东郭门的山阴故水道为交合处。桥南为平水江下游古鉴湖边；出桥往北经沈家庄河道可通迪荡湖、菖蒲溇直江、外官塘，直至三江闸，是为水上交通要道。可以想象，古代这里处东鉴湖之畔，水绕城廊，湖光山色十分动人心境。

梅龙桥源于何时？康熙《会稽县志》卷十二载：梅龙堰，在鸾桥东一里许。因禹庙梅梁故名。南自刻石诸山透迤东北，出入千岩万壑中而流者曰平水溪，北会西湖、孔湖、铸浦、寒溪、上灶溪诸水，经若耶溪樵风泾而分为双溪，西会禹池，通鸭塞港，抵城隍而入于官河，遂由梅龙堰而北注。

梅龙堰即梅龙桥无疑。

3.1.2 梅龙桥与灵汜桥

(1) 水道分析。所在既是古水道也是南北向的河道，处水上交通要道。这"鸾桥"在绍兴城东门外，又到梅龙堰约为0.5km，与记载中的灵汜桥距离大致接近。

(2) 桥堰并存。如果说在鉴湖兴建之前的山阴古水道上有灵汜桥，到鉴湖兴建时，桥下必定有闸或堰，以控制水位及通航。并且到南宋鉴湖堙废后，闸、堰也不会全部废弃，还起着控制上下游水位的作用。今西鉴湖清水闸所存之堰就是证明。

(3) 梅龙堰记载。鉴湖时有否此堰？南宋徐次铎《复鉴湖议》是记载古鉴湖斗门、闸、堰最详细的一篇，文中所记在"会稽者"："为堰者凡十有五所。在城内者有二：一曰都泗堰、二曰东郭堰。在官塘者十有三：一曰石堰、二曰大埭堰……""石堰"在今东湖，为石堰桥。其间无有梅龙堰。

(4) 关于梅龙桥得名。梅龙堰之得名缘由，康熙《会稽县志》卷十二有很关键的记载："因禹庙梅梁故名。"如何理解此记载，可再上溯看《嘉泰会稽志》卷六的记载：禹庙。在县东南一十二里。《越绝书》云：少康立祠于禹陵所。梁时修庙，唯欠一梁，俄风雨大至，湖中得一木，取以为梁，即梅梁也。夜或大雷雨，梁辄失去。比复归，水草被其上。人以为神，縻以大铁绳，然犹时一失之。

关于其中的"梅梁"是几度得而复失。事实的分析判断应该是在梁代（502—557年）修庙时，这"梅梁"是有被大风雨所冲走的过程。冲到何处？其下游主水道必然是禹陵江之下的梅龙桥堰，"梅梁"于此被搁住，此事影响太大，于是有了"梅梁堰"之名。如此，梅龙堰桥是后起之名。

(5) 桥型及位置。20世纪80年代陈从周、潘洪萱《绍兴石桥》一书中所展示珍贵的"五云门外梅龙桥"照片[10]，与《嘉泰会稽志》记"灵汜桥在县东二里，石桥二，相去各十步"，距离基本相同，如把桥两孔作为"石桥二"，亦相近（图12）。

今梅龙桥已改建成一座平梁桥，仍是两孔（图13）。这估计是为《绍兴石桥》石桥拍摄之后的事了。

综上，可否判断今梅龙桥位置是为古灵汜桥遗址，其改名应在清代的一次桥梁新建。①由于大禹陵梅梁的影响；②当时人们对"灵汜"题名的忧伤情感的不认可，以及心理希望吉祥因素所致。但也有几处存疑之点：①缺少直接认定改名依据；②近西约300m大小凌桥的发现，否定梅龙桥认定为灵汜桥的因素增多；③难以自圆其说。

图12 古梅龙桥（由南往北） 图13 今梅龙桥（由北往南）

3.2 小凌桥

据2016年12月3日下午现场和张均德考证五云米行后街段，确定有小凌桥遗址，在距梅龙桥西约300m位置。又据此地年长居民介绍，这里稍西紧邻原还有大凌桥遗址，在米行后街102号。在当时绍兴钢铁厂未建时这里有河道直通北部。五云门外小凌桥位置见图14。

《嘉泰会稽志》卷十一记载的小凌桥、大凌桥在同一位置，即"会稽县"目中："大凌桥在县东七里""小凌桥在县东七里"。如果不记这方位，这大凌桥、小凌桥倒是可以印证"灵汜桥在县东二里，石桥二，相去各十步"之记载。

还要说明的是南宋徐次铎《复鉴湖议》中载："为闸者凡四所：一曰都泗门闸，二曰东郭闸，三曰三桥闸，四曰小凌桥闸。"可见鉴湖兴盛时小凌桥既为桥也为闸。又"两县湖及湖下之水启闭，又有石碑以则之，一在五云门外小凌桥之东，今春夏水则深一尺有七寸，秋冬水则深一尺有两寸，会稽主之。"看来小凌桥之水利地位很重要，抑或是对《嘉泰会稽志》"县东七里"的修正。同时，小凌桥寻考存疑之处有：①《嘉泰会稽志》既出现了灵汜桥条，又出现了大小凌桥条记载，一般来说同一部《嘉泰会稽志》不应有错记；②《嘉泰会稽志》所记的"小凌桥"里程在城七里，在距"梅龙桥"偏东。再进一步的资料佐证和分析，认为《嘉泰会稽

图14 五云门外小凌桥位置

志》记"小凌桥"的距离有误。大小凌桥即是灵汜桥。

寻考徐次铎《复鉴湖议》中所记"小凌桥闸"位置应在五云门近处。一个有力的证据是清光绪二十年（1894年）的《浙江全省舆图并水陆道里记》中，《会稽县图》中所示小陵桥位置在钓桥以东，梅龙桥之西，距五云门是为约0.5km（图15）。看来是《嘉泰会稽志》记小陵桥"七里"有误。同时，《嘉泰会稽志》中记灵汜桥"俗呼为灵桥"，表明此桥有别称及其名称的延续性。

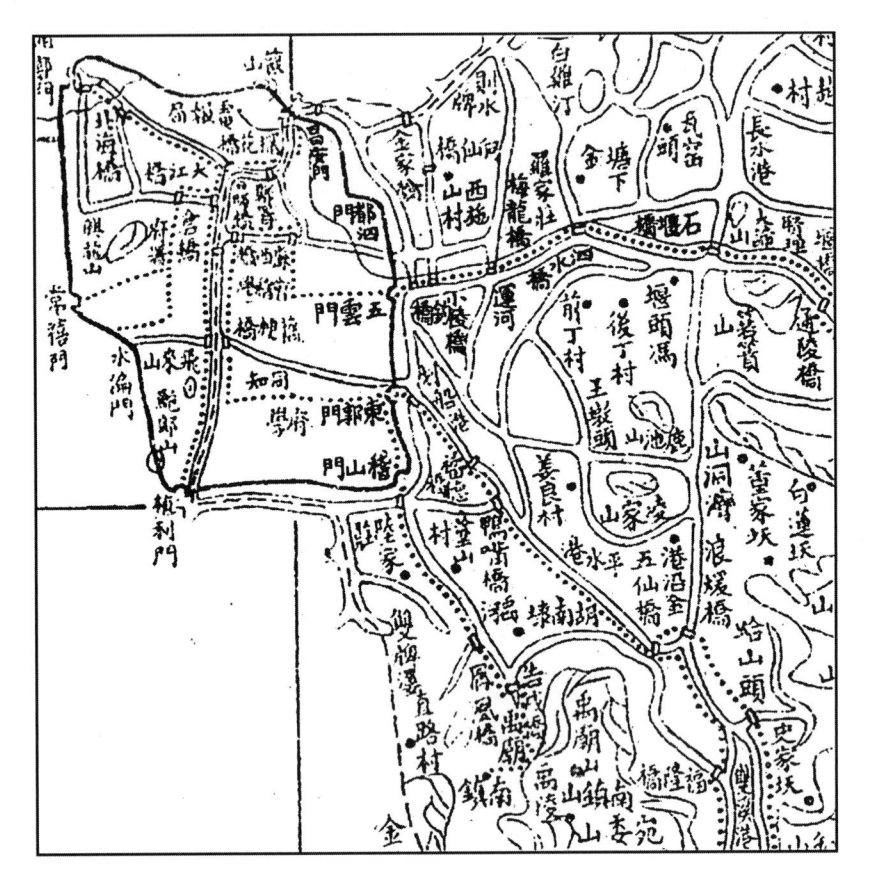

图15 清代绍兴城东地形图
（引自清光绪二十年《浙江全省舆图并水陆道里记》）

4 结论

（1）灵汜桥的历史地位。灵汜桥在我国诸多重要历史文献中有着明确的记载，距今已有2500年以上的历史，是一座有着重要历史文化价值的古桥，也是浙东运河上第一座有标志性的桥梁，遗址尚存。但在中国大运河沿线的地位待考。

（2）今小凌桥遗址应是灵汜桥位置。基本确定灵汜桥遗址在小凌桥位置，其特征已印证文献记载和现场调查分析中的灵汜桥。

（3）灵汜桥有过多次修建过程。桥梁建设的材料和其他建筑、水利工程有着相似的发展水平。灵汜桥初建时建筑材料必定是以木制为主，至于改为全部用人工砌石材料的石桥最早应在北宋，此可从绍兴平原北部著名的玉山斗门北宋改建为石制得到证实。即使成为石桥之后也会有多次修复或重建。

（4）灵文园是越国重要的活动基地。古越句践大小城之东，以灵文园为中心之地当时是句践时越国的一个重要水陆交通枢纽、迎送之地、后花园。不但灵汜桥在其中，梅龙桥也是重要桥梁建筑及水道。

（5）进一步加强对灵汜桥的研究和保护。对灵汜桥的研究在吴越历史、运河文化、古桥变迁、水利发展、文化考古等方面有着重要意义。桥梁本是水利、交通的产物，多学科的研究古桥，必定是其学术突破、提升品位和走向世界的方向和途径，建议当地政府和文物部门重视和开展对灵汜桥遗址保护和相关专题研究。如有条件重建更是文脉传承之举。

参 考 文 献

[1] 邹志方. 会稽掇英总集点校 [M]. 北京：人民出版社，2006.
[2] 萧良幹，修. 张元忭，孙𬭚，纂. 万历《绍兴府志》点校本 [M]. 李能成，点校. 宁波：宁波出版社，2012.
[3] 宣传中. 绍兴文物遗产 [M]. 北京：中华书局，2012.
[4] 邱志荣. 上善之水 [M]. 上海：学林出版社，2012.
[5] 陈桥驿. 吴越文化论丛 [M]. 北京：中华书局，1999.
[6] 袁康，吴平. 越绝书 [M]. 上海：上海古籍出版社，1985.
[7] 赵晔. 吴越春秋 [M]. 北京：中华书局，1985.
[8] 方杰. 越国文化 [M]. 上海：上海社会科学院出版社，1998.
[9] 黄钧. 全唐诗 [M]. 长沙：岳麓书社，1998.
[10] 陈从周，潘洪萱. 绍兴石桥 [M]. 上海：上海科学技术出版社，1986.

兰亭遗址新考

邱志荣

(绍兴市水利局，浙江绍兴　312000)

> **摘　要：** 东晋永和九年（353年）王羲之与群贤兰亭雅集，在其后的不同历史时期，兰亭遗址经不同学者考证几经变迁，但一直没有权威定论。基于此，依据史书记载，根据现代水利、测绘、地质成果，结合现场考查，经过严密的论证，确认了兰亭的名称、历史变迁和所在位置。
>
> **关键词：** 兰亭；遗址；考证

自东晋永和九年（353年）王羲之与群贤在兰亭雅集之后，兰亭之址几经变迁，考证者甚多，而兰亭真本，更难寻觅，留下诸多疑案，并变得扑朔迷离。对兰亭故址的确切位置，笔者根据史书记载，参考1957年中国人民解放军总参测绘局1/50000地形图及现场考证等，进行了分析和认定。

1　晋时兰亭之亭与"曲水流觞"处有一定距离

兰亭是一古地名，从山阴城过兰亭通往诸暨的古道，在越国已在。或同当时山阴城东廓之"阳春亭"[1]，有亭在，并为驿亭迎送之地。根据《水经注·浙江水》[2]："湖南有天柱山，湖口有亭，号曰兰亭，亦曰兰上里。太守王羲之，谢安兄弟，数往造焉。"这里所记的"湖南"是指鉴湖以南。天柱山，《嘉泰会稽志》卷九："望秦山在县东南二十三里，《旧经》云：'秦始皇与群臣登此望秦中也。'一名天柱峰、卓笔峰，下有钱逊王俅宗墓。"[3]《嘉泰会稽志》与天柱山同时记的"兰渚山在县西南二十七里"有一定距离。《水经注·浙江水》所记又说明在永和之会前王羲之、谢安等已经常在兰亭聚会，以山水为乐。兰亭之会，曲水流觞处并不在兰亭之亭下，而是在兰亭之地的崇山峻岭之麓，溪水之畔，选取一块较空宽之地行修禊之事，并且所记述的诸多景观是由山麓往上看形成的，在自然山水之中，然不在密林之中。此可以从王羲之《兰亭集序》中证实，此地有"崇山峻岭、茂林修竹；又有清流激湍，映带左右"，足见视觉之宽广，非林中之所见。又"引以为流觞曲水，列坐其次"，42人列坐，又要在溪水之中行流觞之事，狭窄之地如何进行。之于"是日也，天朗气清，惠风和畅，仰观宇宙之大，俯察品类之盛，所以游目骋怀，足以极视听之娱，信可乐也。"[4] 更显以说明所处在空旷之地，分溪水、山麓、茂林修竹、崇山峻岭、蓝天等多重立体景观。再请看群贤之《兰亭诗》中所描述。王羲之《兰亭诗》："仰望碧天际，俯瞰渌水滨。"是水天宽阔之处。谢安《兰亭修禊》："森森连岭，茫茫原畴。"所见是连绵之山岭和连片的田地。又《兰亭修禊》："薄云罗阳景，微风翼轻航。"水天空阔，微风过处，轻舟添翼。袁峤之《兰亭修禊》："四眺华林茂，俯仰晴川涣。"坐看青山林密，河流在阳光照耀下光景映发。王彬之《兰亭修禊》："丹崖竦立，葩藻映林。渌水扬波，载浮载沉。"远望崖壁耸立，近看流水映照修林，又有渌水扬起波浪，似浮似沉（图1）。

岁月的浪沙不但使人事全变，并且几乎当时所有的建筑物都已湮没。然青山依旧，渌水长流。古代山水的自然变迁在绍兴南部区域，除中华人民共和国成立以来人工改造了一些山麓地带河流或使河道位置有所变动，一般较少改变原状。从1957年中国人民解放军总参测绘局1/50000航测地形图上反映对比现状，绍兴南部的山水应是基本保持着近几千年来的原貌。今兰亭之地西为华岩尖（高程339.6m），南为大岗山（高程377.6m）、大龙山（高程249.0m）、蚂蚁山（高程199.0m），东为笔架山（高程203.2m），东偏北为析文岗（高程164.0m）等山脉合围，形成崇山峻岭之势，山上有茂林，山脚一带又多修竹。兰亭溪源于妃子岭黄现山，至古鉴湖交汇处集雨面积约56.17km²，年来水较为丰沛。考证晋代兰亭"曲水流觞"位置，必须研究古代鉴湖及其水系及地形。现兰渚山下兰亭景区一带地面高程多在16m、13m、12m之间，再向北由9m向6m、5m过渡到河湖平原，而古代鉴湖全盛时正常水位在5m左右[4]。由于所处山麓地带坡降较为平缓，由16m降至6m高程距离约为3km。那么古鉴湖与兰亭江交汇处究竟在何处？此可以从兰亭江的走向分析推定，兰亭江过今兰亭景区，北至分水桥，分为两支：一支北去阮江，一支又东北至娄宫。至娄宫又分为两支：一支往倪家溇进入平原，另一支在东北进入平原往亭山方向。自分水桥到娄宫一线基本是沿着东南析文岗山麓线走的，系主流。从地形分析7m高程以下的地带在阮港东至娄宫一线，因之当时鉴湖的南岸线于这里大致亦在此一线。由此可推论兰亭江与古鉴湖的交汇处应在分水桥以下，至于当时河口或较今日之河流要宽阔得多，亦有湖泊存在的可能。娄宫是一古聚落，既然选择于山麓，说明古代此以北曾为河湖沼地，当时还不适宜人居（图2）。

图1 兰亭溪依然映带左右

以上分析说明从今兰亭景区之兰亭江到古鉴湖入口处分水桥约有1.5km的距离，落差为4~5m（溪水与湖面比较）。

再是对"曲水流觞""列坐其次"的分析。"曲水"较好理解，溪水弯曲，"流觞"则必须一定水量，但水量不能太大，流觞下来，水流太大、太急将被水波冲翻。可以在"列坐"，说明这里溪边滩地地势平缓，河段上列坐42人并有侍从，河段必定较长，铺上垫子可以坐待饮酒赋诗。应该说古代兰亭溪河道纯属自然河流，从溪中到两岸之地较平缓宽阔，有溪滩地。农历三月初三尚未进入汛期，山水尚未盛发高涨，水位较浅，溪滩地上是可就坐的。

以上分析又说明：①兰亭是一古地名，或有亭，但不会即在"曲水流觞"之近处；②此地从现地形上分析确为有可进行"曲水流觞"活动的场景。

这一分析的意义是古代考证多专注于兰亭位置，然兰亭于"曲水流觞"当时仅是一地名与活动场地的一种边缘关系，从"曲水流觞"处找不到"兰亭"，在"兰亭"处找不到"曲水流觞"，当时的"曲水流觞"处无标志性的建筑物，仅为自然景观。至于《水经注·浙江水》中关于兰亭之记载，开始说"湖口有亭"是指尚未有永和雅集之时的兰亭，此时亭无论在天柱山下或在分水桥湖口边位置，距"曲水流觞"处均有一定距离，之于后来太守王廙之移亭在水中，晋司空何无忌又起亭于山椒，表明在"曲水流觞"处确未有标志性的亭，正因如此后来者可以不定向的移亭登览记胜。还必须指出的是郦道元未到过会稽，《水经注》多根据文献记载或传说以水为主线记述会稽历史文化，只是大致方位，位置不一定很正确。

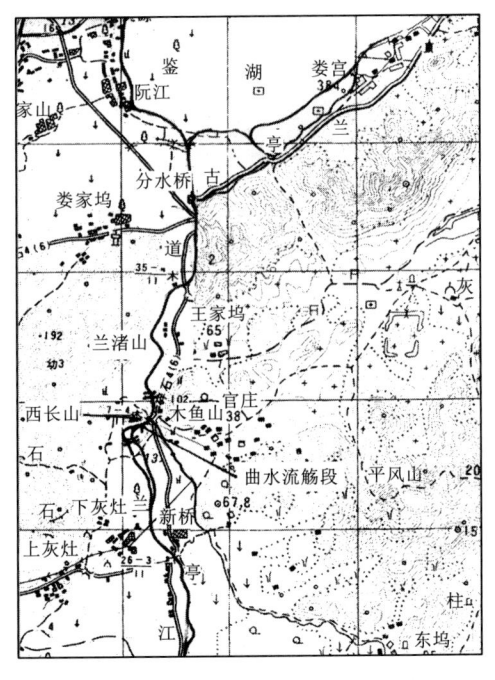

图 2　晋、唐兰亭曲水流觞地形图

2　唐代诗人仍未找到兰亭之亭

邹志方先生在《兰亭与唐诗》一文中认为："孟浩然于玄宗开元十八年（730 年）秋天自洛之越，饱享越中山水之美以后，第三年前往永嘉，在《江上寄山阴崔少府国辅》诗中道：'不及兰亭会，空吟祓禊诗'，足见开元二十年（732 年），兰亭是有过一次雅集的。可惜由于岁月流逝，雅集时的诗作散失了。"[5]

《嘉泰会稽志》卷十："兰亭古池，在县西南二十五里王右军修禊处，唐大历中鲍防、严维、吕渭而次 37 人联句于此。"此次聚会在代宗大历四年（769 年），联句名为《经兰亭故池联句》，全文如下：曲水邀欢处，遗芳尚宛然。名从右军出，山在古人前。芜没成尘迹，规模得大贤。湖心舟已并，村步骑仍连。赏是文辞会，欢同癸丑年。茂林无旧径，修竹起新烟。宛是崇山下，仍依古道边。院开新地胜，门占旧畬田。荒阪披兰筑，枯池带墨穿。叙成应唱道，杯作每推先。空见云生岫，时闻鹤唳天。滑苔封石磴，密筱碍飞泉。事感人寰变，归惭府服牵。寓时仍睹叶，叹逝更临川。野兴攀藤坐，幽情枕石眠。玩奇聊倚策，寻异稍移船。草露犹沾服，松风尚入弦。山游称绝调，今古有多篇。

全篇中写曲水邀欢之处，故道尚在，青山依旧，碧水长留，昔日之胜景，已多为尘迹。从联句中也可见此地仍处于自然生态环境之中，"院开新地胜，门占旧畬田"。也非古时建筑，或规模颇小。此次诗歌联唱活动，大致形式同永和雅集相同，是在大自然的怀抱中的一次聚会，无人工建筑园林的痕迹，然有天地之元气，崇山之清气，溪水之灵气。通篇未提到有亭，"池"亦是枯池，看来不是很大；"寻异稍移船"，活动范围不是很大，但可以通船，并且"曲水邀欢处"是在兰亭古道边上。

3 宋代以后兰亭由山水自然景观变为人造园林

研究宋代兰亭必须先追溯天章寺的兴建缘由和过程。《嘉泰会稽志》卷第七载:"天章寺在县西南二十五里兰亭。至道二年二月,内侍高班内品裴愈奏,昨到越州,见晋王羲之兰亭曲水及书堂旧基等处,得僧子谦状,乞赐御书,收掌于书堂,上建一寺舍,焚修崇奉。宸翰特赐天章寺额,淳熙十年重建御阁奉安仁宗皇帝,天圣四年六月二十日,宣赐御书篆文'天章之寺'四字,镌刻四字牌额。又绍兴八年三月壬寅,降到高宗御书《兰亭序》石刻一本,赐浙东安抚使孙近,有近题跋勒石。兰亭曲水,右军书堂及画像至今皆在。"此记载表明宋至道二年(996年)二月内侍裴愈到越州见到兰亭曲水,同时又见到书堂旧址,得僧子谦状,并乞赐御书。由于宋皇帝的重视,建起了天章寺,既建御书阁,寺侧又有右军像及书堂。这里值得注意的是裴愈看到的是曲水,而书堂是旧基,只是遗址。之后这里不但有了曲水、书堂、画像,还有了墨池、鹅池,王羲之生平事迹越来越集于兰亭,并且兰亭已成曲水流觞处的代名。此亦反映唐宋以后园林从自然环境景观向庭院风格的转变,以及"以小见大"理念在造园中的体现。要指出的是自晋到宋以"曲水流觞"活动为中心的兰亭,虽由自然景观园林向人造园林发展,地理位置自晋至宋仍不应有大的变化(图3)。

宋吕祖谦(1137—1181年)于淳熙元年(1174年)来到天章寺又考察了兰亭。他所记:"十里含晖桥亭,天章寺路口也,遂穿松径至寺。"[6] 是由故道边的"含晖桥"和"含晖亭"往西进入天章寺去。"寺盖晋王羲之兰亭,山林秀润,气象开敞",是总体印象。又"寺右臂长冈达桥亭,植以松桧,疑人力所成者。"这里是记寺右有一条长冈,上植松桧,吕祖谦认为此堤应是人工所挑筑的(这一判断正确,以下将专门论述),长冈尽处(东头)有桥亭。"法堂后砌筒引水,激高数尺"此为引兰亭江水的情况。"堂后登阶四五十级,有照堂,两旁修竹,木樨盛开,轩槛明洁。又登二十余级,至方丈,眼界颇阔。"这是所见寺的布局和大致状况。又写"寺右王右军书堂,庭下皆杉竹,观右军遗像。出书堂,径田间百余步,至曲水亭,对凿两小池,云是羲之鹅池、墨池、曲水乃污渠,蜿蜒若蚓,必非流觞之旧。斟酌当是寺前溪,但岁久失其处耳。"书堂同曲水流觞处是有一定距离的,有百余步,并且在"田间"。吕祖谦对兰亭中的曲水是予以否定的,认为非王羲之时的真迹,并且估计曲水应在寺前之兰亭江上,由于年代久远寻迹不到(图4)。

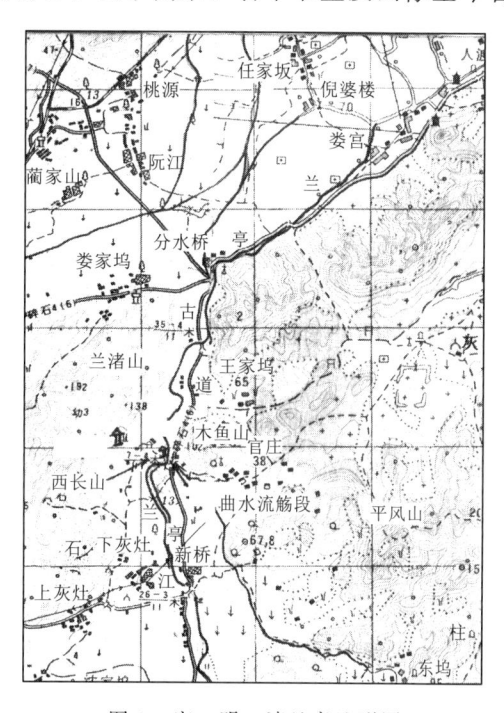

图 3 宋、明、清兰亭地形图

据上所述,笔者认为唐以前兰亭是属自然生态的山水园景,无人管理,而至宋代又在原"曲水流觞"近处，在建天章寺的同时新建一个兰亭景区，不但多人造景观、堂、亭、池之类，并且"曲水流觞"也非昔日之所，非自然之水而是引水入渠，无论形制、规模、情趣都已不同王羲之时（图5）。

图4　宋代通往兰亭砖砌古道　　　　图5　天章寺已为荒草没

　　明清两代移建或重建兰亭，均在天章寺以东兰渚山麓下一片更开阔之地上兴建，至于曲水与鹅池、墨池位置应无大的变化。祠、亭多为新建，面积扩大，亭、台、屋宇形制增加，园林标准提高，然自然氛围不断减少。

　　据张岱《古兰亭辨》中记，他曾两次去兰亭考证寻迹：一是万历癸丑（1613年），他17岁那年去了一次兰亭，在天章寺左的颓基荒砌前，有人对他说此便是兰亭旧址。张岱是一个于园林有很深研究并重实地考察之文人，他"伫立观望，竹石溪山，毫无足取，与图中景象相去天渊，大失所望。"60年后他又一次去兰亭深入考察，从古碑等考证中方知昔日之兰亭与天章古寺，因元末火焚，基址尽失。"今之所谓兰亭者乃永乐（应为嘉靖）二十七年，郡伯沈公择地建造。因其地有二池，乃构亭其上，甃石为沟，引田水灌入，摹仿曲水流觞，尤为儿戏。"最后终于在"天章寺之前得一平壤，右军所谓崇山峻岭者有之，所谓清流激湍者有之，所谓茂林修竹者有之，山如屏环，水皆曲抱。"因此确定于此为曲水流觞之地。张岱亦不甘心明所建之兰亭人造之曲水流觞，而孜孜以求寻真迹之处。

　　姚轩卿[7]记其于民国28年6月（1939年初夏）时在兰亭所见天章寺状况："兰亭之右后方，为天章古刹，民初来游，尚见规模，今则瓦砾蔓草，一片荒凉。惟殿门残剩，而罗宏载坤所书'胜地名蓝'一匾，于无人过问中，硕果仅存。夫罗汉铸像与寺钟，当事者犹以废铜烂铁，不无出息，移而置之右军祠庑。而是匾则视之无值，任其在风雨中剥蚀以尽。"此为民国时天章寺之荒凉败落状况，之后则日益为草木所湮没，其中寺中当事者的文物价值观之低下也令人叹息。

4 晋时"曲水流觞"处的确定

根据现代水利、地形测绘、地质提供的成果，结合文史资料和实地考证认为：

（1）对今兰亭景区南侧（景区入口）一条被称为西长山的山塘进行分析。西长山西接兰渚山麓，东近木鱼山，高20～24m，东西长逾250m，宽30～35m。西山麓处为今兰亭江通道，在20世纪70年代初兰亭江裁弯取直时开塘形成。据当地年长村民回忆，70年代开挖此塘通过兰亭江时，见此塘均为黄泥堆积，塘底有大片泥炭，部分亦有木桩。确定此塘为人工挑筑或自然山体的重要证据是如属自然山体，塘底不应有泥炭层。因为绍兴平原大量分布有上、下两层泥炭[8]，其中上层泥炭埋藏于1.5～3m深处，泥炭形成的距今年代在3000年以上，这些泥炭地段为当时平原的一些浅湖及沼泽地植物的丛生场地，由于海退后的一段时间内海平面仍高于今日，宁绍平原成为一片沼泽之地，咸潮和泥沙的共同作用淹埋了浅湖同沼泽地植物，形成了以后所见藏深于1.5～3m深处的泥炭层。凡今日平原上所见之泥炭层，当时必为平原沼泽上海水可以直达之地，以上西长山如为自然山体，不可能形成之下的泥炭层。此西长山亦即为吕祖谦《入越录》中"寺右臂长冈达桥亭，植以松桧，疑人力所成者"之"长冈"，吕祖谦在当时便认为或是人工挑筑的。

这里又提出了两个问题：一是此塘何时所建？二是为何要建此塘？回答以上两个问题，可参考笔者在《鉴水流长》[8]中所记述的越国时期建成的南池、坡塘、吴塘等当时建设于山麓与平原交界地的古塘。这些土塘均是越部族在海退后部落由山地向山麓地带发展的产物，主要作用是御咸蓄淡或养殖，以资生活、生产用水之需，也有安全防御作为古城塘的作用。此西长山的建设年代或应略早或同于越王句践时，在距今2500年以上，主要作用是为这一带聚落越民御咸、蓄淡、灌溉之用。西长山西段是全封闭的，到以东与木鱼山交界段会低于主体段，一是要溢流通过，二是此地亦为原山阴城往兰亭古道（南北向）过往之地。

（2）对这里水系的分析。兰亭江主流在花街向北约1.5km至新桥北汇入栅溪、上灰灶之水，再北至西长山西坝头处东折沿南坝脚向东至木鱼山近处北折后，又汇入兰东江，北略偏西北去。兰亭江此段河流无其他稍大溪流汇入，包括兰渚山集雨面积也甚小，除较大降雨时形成山沟之水，平时亦无独立溪水。这一状况表明在此兰渚山附近能形成"曲水流觞"条件的，在非汛期农历三月初尚有溪水流淌，能行"曲水流觞"之事，又此地能在溪水边列坐其次的只有兰亭江，其余不能提供水系条件（图6和图7）。

笔者在实地调查中，听当地村民回忆，兰亭江在西长山以南段，即新桥下至西长山段原多处溪河宽广，当地亦有对有的河段称湖，最宽处可达50～60m，有几处潭深至8～10m，常可捕捉到甲鱼、大鳗之类。又原兰亭江未改造之时，江滩两岸坡降平缓上升，甚宽广，平时水流较小。

综上，兰亭江至西长山在20世纪70年代未截直改造前，过此段溪水呈"之"字形弯曲，之南溪水有宽阔之水体，且西长山坝脚兰亭溪两岸具备列坐其次的条件，身临其中可见崇山峻岭之奇观；兰亭江一带山麓多产竹，又可见茂林修竹景色。因之沿兰亭江从西长山西坝头东折至木鱼山东西约250m段，以及此段再上下游200m段，应为王羲之"曲水

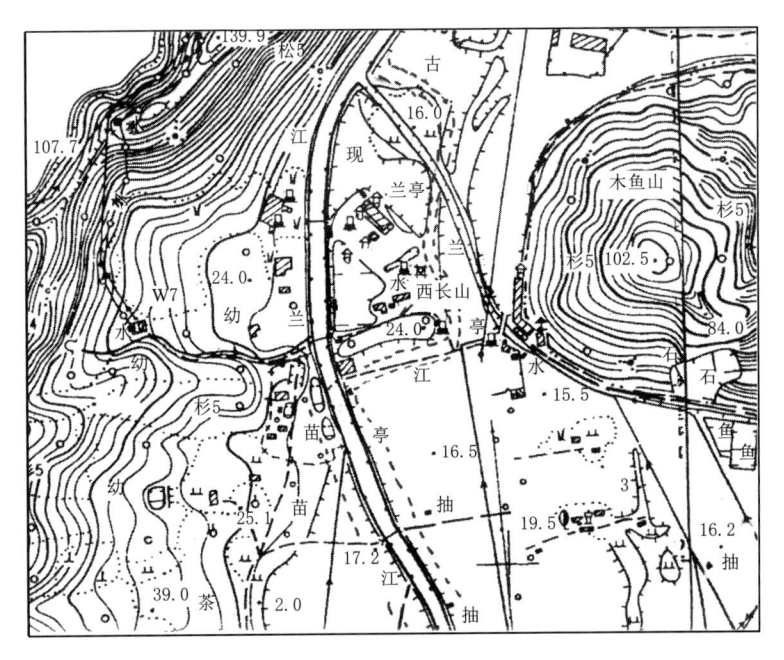

图6　现代兰亭江改道地形图

图7　今兰亭溪已破西长山西坝头而直北去

流觞"所在地。此与唐人"宛是崇山下，依然古道边"；吕祖谦《入越录》"斟酌当是寺前溪"；刘宰（1166—1239年）《过兰亭》诗中"茂林修竹翠参天，一水西来尚折旋"句[9]；张岱《古兰亭辨》"乃于天章寺前，得一平壤之地"，也均是相符的。

从王羲之"曲水流觞"雅集所处的自然山水景观，到宋代及之后这里有了人工所建的兰亭园林景观，反映了此地在自然环境中人类活动的增多，人的审美观念的转变，园林风格的改变等诸多因素，皆符合历史发展、变迁的规律与现象，无可非议。令人遗憾的是"曲水流觞"真迹溪流段至今尚未确定和保护，天章古寺又已湮没多年。兰亭景区要建设和扩大，已有文物要保护，然古今变迁，来龙去脉亦要清晰；原始精华、曲水真迹应重现。亦张岱所谓："还其故址，一为兰亭吐气，一为右军解嘲。"

参 考 文 献

[1]　袁康，吴平. 越绝书[M]. 上海：上海古籍出版社，1985.
[2]　郦道元. 水经注·浙江水[M]. 北京：中华书局，2007：940.
[3]　施宿. 嘉泰会稽志[M]. 北京：中华书局，1990.

［4］ 盛鸿郎. 鉴湖与绍兴水利［M］. 北京：中国书店出版社，1991：13.
［5］ 邹志方，车越乔. 历代诗人咏兰亭［M］. 北京：新华出版社，2002：254.
［6］ 傅振照. 绍兴县志［M］. 北京：中华书局，1999.
［7］ 姚轩卿. 蟊膏随笔［M］. 北京：燕山出版社，2001：11.
［8］ 邱志荣，鉴水流长［M］. 北京：新华出版社，2002：203-205.
［9］ 邹志方，车越乔. 历代诗人咏兰亭［M］. 北京：新华出版社，2002：33.

第二篇 智者乐水虑水事

河水清莹湖水绿，千年水利将显功。
巨舟所依临大海，瑶台映照接天机。
砥砺前程几多憾，也曾山河泪烟雨。
曲径终得禅思远，悟道几世不为迟。

中国风水信仰中水文化的认知变迁及应用

陈苇

(浙江水利水电学院 测绘与市政工程学院，浙江杭州 310018)

摘 要：从历史记载分析，认为风水的起源是"相宅"而非"卜宅"的结论。夏商周时期的"相宅"非常注重水，人们选择河流凸岸居住以保基地不受侵蚀，避开洪水威胁。春秋战国时期，人们对水的理解更加深入，选择高低适当的位置居住，以满足给排水的双向需求。都江堰的水利工程则通过合理改造水，达到理想风水对水的追求。秦汉时期，阴宅风水出现，推动了风水理论的建立，体现了文化的内涵。魏晋时期，风水在实践和理论两方面齐头并进。尤以《葬经》问世奠定了水在风水文化中独一无二的地位。

关键词：风水；历史；文化，应用

风水，在中国土生土长，传播了几千年。它深刻地影响着中国的古代城市规划、古代建筑、古代园林、古代墓葬，其体系中科学的部分对世界有广泛的借鉴意义。它的文化属性，体现了传统文化的深度和广度。风水对水的追求，一直都是体系的核心，是风水文化的精髓。

1 夏商周时期风水起源及对水的考量

有关风水的起源，有人认为是殷商时期的"卜宅"。如《商书·盘庚下》记载："盘庚既迁，……非敢违卜，用宏兹贲。"[1] 说的就是商朝明君——盘庚通过占卜迁都亳邑的事。巫师通过占卜的方式判断居住地的选址可不可行。但如果就此把"卜宅"作为中国古代城市规划和建筑指导思想的雏形，甚至是风水思想的萌芽，则有失偏颇。在那种特殊时期，占卜作为帝王说服臣民接受统治、接受决策的工具，用在所有重要领域，并非仅仅作为居住地选址单独采用。国家做任何重大决策之前，都要通过占卜判断可否。"卜宅"作为占卜的使用，其作用仅局限于辅助决策，能提供的选项只有"可"或"不可"。周以后的朝代，"卜宅"的做法再没出现在有关风水活动的记录里，也没有通过其他改良的方式传承。可见，"卜宅"跟风水有渊源，但并非起源。

风水真正的起源应该是"相宅"。"相宅"通过具体有形的操作实践，引导着居住地的选择。这是这个领域独有的技术，对居住选址起着决定性的影响。

最早关于相宅的文字记录见于《诗经·大雅·公刘》："笃公刘，既溥既长。既景乃冈，相其阴阳，观其流泉。"描述的是周人先祖——公刘（生卒年不详）相宅的过程。其中"观其流泉"，就是考察水源和水流。公刘的选址包含了察山看水的实践操作，还有判断阴阳。可见公刘不仅是一个英明的部落首领,还是有据可考的第一位风水师。公刘是周族始祖后稷的玄孙,夏朝早期的人物。按照《诗经·大雅·公刘》的描述,最早的风水活动至少可追溯到夏朝早期。

《尚书·周书·召诰》则记录了成王定都的过程:"惟太保先周公相宅,越若来三月,惟丙午朏。越三日戊申,太保朝至于洛,卜宅。厥既得卜,则经营。越三日庚戌,太保乃以庶殷攻位于洛汭。越五日甲寅,位成。"这段话真实地记录周成王的叔叔——太保相宅的过程。迁都选址的大事由周成王的另外一位叔叔——国家政权实际掌控者周公主导。周公则委托太保来操作。太保先卜宅后相宅。

在太保相宅的操作记录里,只提到"攻位于洛汭",这是对水的选择。讲的是太保选址,只考虑洛河的汭位,即河流的凸岸(图1)[2]。取汭位为建筑选址,完全符合水文学原理,实践早已证明操作科学。因为按照水的惯性,河流的凹岸是被冲刷的一侧,凹岸在长期的冲刷过程中,会逐步坍塌造成基地往内逐渐缩小,河流逼近,带来水患。而凸岸则由于泥砂淤积逐渐往外延伸,基地面积越扩越大,远离水患。

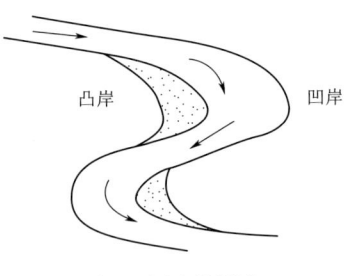

图1 河流的凹凸

可见,在夏商周时期,风水的操作主要是察山观水,其中对水的选择放在至关重要的地位。

2 春秋战国时期风水对水的运用

春秋战国时期,齐国的管子(约前723—前645年)对水的认识达到了新的高度。他关于水的论述系统而精辟,极大地丰富了风水中水的内涵,成为后世风水中不可或缺的一部分。《管子·乘马》提出:"高毋近旱,而水用足;下毋近水,而沟防省。"意思是大城市选址应高低适当,既要能保障用水,又不能靠水太近,方便排水。《管子·度地》提出:"故圣人之处国者,……乡山,左右经水若泽。内为落渠之写,因大川而注焉。"意思是圣人建设都城,选址要背靠山,左右有河流湖泊。城内修砌完备的沟渠排水,流入大河。《管子·水地》提出:"水者,地之血气,如筋脉之通流者也。"意思是说水是地的血气,它像人身的筋脉一样,在大地里流通着。管子关于水的这些论述,都是在城市选址方面对水的运用,是风水之水的理论源泉。

而举世闻名的中国古代第一个重大水利工程——都江堰[3](图2),是这个时期治水的典范。其对水的改造包含了深刻的风水内涵。

蜀境第一大江——岷江经灌县流入成都平原。在都江堰水利工程建设之前,由于岷江水势浩大,河道狭窄,雨季容易引发洪灾。灌县东边的玉垒山又阻碍江水东流,造成东边灌溉困难。整体上,灌县地处岷江的凹岸,与太保相宅取洛河凸岸的做法相违背。为了把蜀建设成战略基地,而非跳板,实现从蜀出兵进攻楚国,进而达到"楚亡则天下定矣"的军事战略目标,公元前272年,秦昭王派李冰(约前302—前235年)来重点经营蜀地。李冰父子深知治蜀必先治水,决心凿穿玉垒山引水。在没有火药的情况下,李冰想出了先用火烧后用水浇的方式,利用热胀冷缩使岩石迸裂,然后人力开凿。即便如此,该项工程

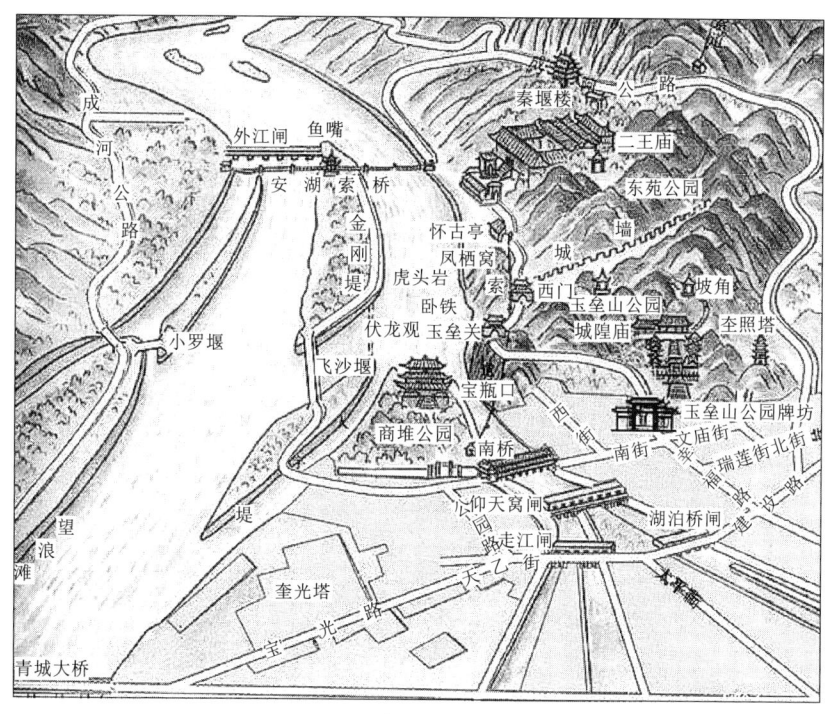

图 2 都江堰示意图

也花费了 8 年时间。工程的成果就是凿穿了玉垒山，给岷江水留出一条宽 20m，长 80m 的通道（即宝瓶口），使岷江水能从东面入城。该举措既分流了岷江，减缓了西边江水泛滥的压力，又解决了东边地区的灌溉难题，一举两得。为解决江东地势高，江水难以流入宝瓶口的难题，李冰父子做了辅助工程。在离玉垒山不远的上游江心用木笼筑堰[4]，在江心堆出一个形如鱼嘴的狭长小岛。这个狭长小岛和宝瓶口通道一起把岷江引流入城。这一凿一堆，使灌县从位于岷江的凹岸变成了位于岷江的凸岸，重新回到太保"攻位于汭"的理想风水模式。这究竟是一个巧合，还是李冰父子借鉴了风水之水的思想，无据可考。但这项伟大的水利工程无疑验证了风水之水不仅可以指导建筑选址，也可经营改善风水。

3 秦汉时期风水变化及对水的文化认知

秦汉时期，丧葬文化在孔子的提倡下，在秦始皇的推动下空前发展，墓葬开始起土丘，后又进一步发展到起碑刻。作为新的建筑形式，阴宅风水应运而生。有关阴宅风水活动最早的记录出现在《史记·樗里子甘茂列传》。樗里子（？—前 300 年）死前挑选了渭水南边、章台东面的一块地作为自己的墓葬地。他预言："后百岁，当有天子宫夹我墓。"后来这个预言实现了，长乐宫和未央宫分列他坟墓的东西侧。史记对于樗里子挑选阴宅风水的操作没有介绍具体过程，按后期阴宅风水操作的演变规律，可以推断其在选址上应该继承了阳宅的做法。由于大量的传说神话了风水，人们对风水产生了崇拜的心理。开始有人探索风水好坏的理由，探询它和命理吉凶之间的规律性，这就促成了风水理论的形成。在儒学夹杂神学空前发展的秦汉时期，各种术数和神学的东西广为流传，不可避免地被引用到对风水的解说中，然后形成风水的理论。人们对风水的兴趣点从野外实地考察渐渐转向室内笔头推算。这些复杂的计算，涵盖了河图、洛书、天干、地支、八卦、六爻、阴阳、五行、历法、天文等众多领域。通过庞杂但体系严谨的对应关系来推断阴阳宅的朝向和动土的时间，达到天人感应的效果。这个时期产生了很多民俗，这些民俗也部分被风水吸纳。

《汉书·艺文志》记载有《堪舆金匮》这本风水专著。这是历史记载的最早的风水典籍，可惜已失传。客观分析，《堪舆金匮》里着重讲的应该是当时主流风水派别——"六壬"的知识。与之相对应的是这一时期出现"六壬盘"[5-6]（图3）这一用来辨方定位的风水器具（以"六壬盘"为原型，经后代风水师不断改良，才有了最终的风水罗盘）。

在对"六壬"名字的探考中，《四库全书总目提要》里这么叙述："大抵数根于五行，而五行始于水，举阴以起阳，故称壬焉；举成以该生，故用六焉。"对"六壬"的这个提法是笔者的一个推论。五行有水、木、火、土、金，从水

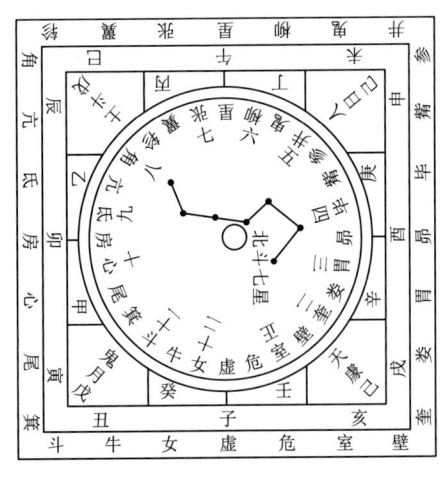

图3 六壬盘

开始。五行分别对应六壬盘上的十个天干。其中属水的天干有壬、癸，其阴阳属性是：壬为阳，癸为阴。所以用壬作为六壬的起始方位。而"六"字的来源是因为按照河图之数，"天一生水，地六成之"，六代表阴水。举阴以起阳，所以叫"六壬"。"六壬"字面意思就是水。尽管"六壬"被广泛应用于各种占卜，但是，风水无疑是其重要的一个分支。从"六壬"风水的命名可以看出，在汉朝，当阴阳、五行、神学思想占据主流的时候，对风水影响巨大，风水随之变革。风水从着重有形的水转向无形的时空。建立完备的理论体系，把时空要素融合进阴阳五行，进而推算建筑方位和吉日吉时是这个时期风水鲜明的特色[7]。风水师把方位划分成24个区域，并用仪器来测定，以此判断风水的好坏。这些方位的命名全部来源于天干、地支、八卦，并且都具有不同的阴阳、五行属性。在这些方位里，对应着"水"的方位"壬"被排在首位，显示了水在风水中的象征地位不可撼动。但风水开始从一门实践主导的技术，转变成理论与实践一起发展的学科。由于侧重点发生偏移，这一时期，风水对水的实际追求被削弱是不争的事实，风水对水的追求更多体现的是文化的内涵。

4 魏晋时期风水对水的定位

尽管两汉术数的融入使风水变得更加复杂，传统野外实践的风水并没有停止它前进的脚步。三国里最著名的风水师管辂（209—256年）是这方面杰出的代表。按《三国志》记载，管辂路过因反司马懿而被杀的将军毋丘俭的墓地，察看了墓地的"青龙、白虎、朱雀、玄武等四灵围合"情况，得出预测毋丘俭家族两年内要灭绝的风水之说。管辂的实践考察说明风水在这个时期，对山形的考察已经很完备了[8]。

东晋则迎来了第一位真正意义上的风水大师——郭璞（276—324年）和他所著的风

水界第一部传世之作《葬经》。郭璞在《葬经》中正式提出"风水"这一名称。在这以前，人们对风水的称谓是"相宅""地理""堪舆"等。郭璞被后人尊为风水的祖师。而《葬经》则作被奉为风水的宝典，后世的风水师无不以它为指引，从未怀疑或否定它的权威性。

《葬经》里除了总结野外考察山的具体操作，提出了比任何前人更丰富的操作要领外，更解释了原因。它也提到了吉时的选择和方位的选择。可以说融合了前人智慧的结晶。此外，《葬经》重点突出了水的重要性。《葬经》是这么给风水下定义的："气乘风则散，界水则止。古人聚之使不散，行之使有止，故谓之风水。"《葬经》又说："得水为上，藏风次之。"可见，在郭璞的认识里，气是风水的核心物质。而气的汇聚，依赖于两种自然元素：山和水。通过山的围合能藏风，也就达到了气不被风吹散的目的，这是被动聚气；气到水边则自发聚拢，这是主动聚气。在山和水两大元素的对比中，水明显更为重要。可以说，第一部风水典籍奠定了水在风水中独一无二的地位。

《葬经》里对水的追求是："法每一折，储而后泄，洋洋悠悠，顾我欲留，其来无源，其去无流。"意思即水要弯曲环绕，来看不到源头，流走缓慢看不到出口，体现出气长而不泄的特点。

5 结论

早期风水对水的形态、大小、流速有一定要求，按照这些要求在水边选址、营建，可以有效避开洪涝灾害，方便生活用水和生产用水。这些对水的追求归纳起来就是：顺应自然，趋利避害。它的科学性来源于前人实践经验的总结，对今天的城市规划仍有重要的借鉴意义。到东晋时期，风水对山的要求已经形成完备的层次体系，对水的要求则比较简单，但水在风水中的地位独一无二。而风水的五行、方位等众多基础理论知识中又处处渗透着水的文化属性。风水之水本身也是一种水文化，和其他水文化乃至其他中华传统文化联系紧密，不可分离。

参 考 文 献

[1] 何晓昕，罗隽．风水史［M］．上海：上海文艺出版社，1995：18-21.
[2] 杨柳．从得水到治水——浅析风水水法在古代城市营建中的运用［J］．城市规划，2002，26（1）：79-84.
[3] 朱学西．中国古代著名水利工程［M］．北京：商务印书馆，1997：56.
[4] 涂师平．从良渚大坝谈中国古代堰坝的发展［J］．浙江水利水电学院学报，2017，29（2）：1-5.
[5] 邵伟华．中国风水全书［M］．拉萨：西藏人民出版社，2004：8.
[6] 王其亨，等．风水理论研究［M］．2版．天津：天津大学出版社，2005：266.
[7] 陈维辉．中国术数学纲要［M］．上海：同济大学出版社，1994：1-3.
[8] 王深法．风水与人居环境［M］．北京：中国环境科学出版社，2003：24.

论海侵对浙东江河文明发展的影响

邱志荣

(绍兴市水利局,浙江绍兴 312000)

> **摘 要:** 自然界的海侵对浙东的历史进程产生了重大影响。这些影响主要包括海侵对自然环境产生的变化和对该区域文明发展有着决定兴衰的作用。其中,浙东地区有关的舜、禹文化传说与卷转虫海侵有着直接必然的关联,同时,海侵还进使浙东地区民众形成和强化了水患意识,产生了一系列由海侵而发的治水活动。通过总结浙东江河水利史的发展过程,认为人类文明的活动形态、系统构成同自然环境的变化有明显的对应关系和承传作用。
>
> **关键词:** 海侵;浙东;江河;文明进程

0 引言

江河是人类文明的摇篮,江河文明包括自然环境,人们的认知、对自然环境的改造和利用、以及由此产生的文明成果。

"稽山何巍巍,浙江水汤汤。"[1]传统文献资料对浙东江河水利文明记载始于大禹治水时期,而现代历史地理和考古所取得的成果,把这一研究延伸到了第四纪更新世末期以来的三次海侵之时。由此,我们对当时浙东的自然环境演变、江河文明发展有了一个全新的认识和飞跃。

1 海侵导致浙东海岸线的变迁

浙东原本"万流所凑、涛湖泛决、触地成川、支津交渠"[2]之地。水环境的变迁、人们的治水活动对这里的文明发展起着至关重要的作用。改变传统单一依赖文献资料为主研究的方法,对浙东江河变迁的研究从史前开端,这就是地理学科按时代分类的所谓"古地理学",特别是从第四纪晚更新世起,有着十分重要的意义。因为从第四纪更新世末期以来,自然界经历了星轮虫、假轮虫和卷转虫三次地理环境沧海桑田的剧烈变迁。[3]其星轮虫海侵发生于距今10万年以前,海退则在7万年以前,这次海侵就全球来说留存下来的地貌标志已经很少了。

假轮虫海侵发生于距今4万多年以前,海退则始于距今约2.5万年以前。这次海退是全球性的,中国东部海岸后退约600km,东海中的最后一道贝壳堤位于东海大陆架—155m,^{14}C测年为14780年±700年前。到了2.3万年前,东海岸后退到—136m的位置上,即在今舟山群岛以东约360km的海域中,不仅今舟山群岛全处内陆,形成宁绍平原和杭嘉湖平原以东一条东北西南的弧形丘陵带，在这丘陵带以东还有大片内陆。钱塘江河口约在今河口 300 公里外，现在的杭州湾及宁绍平原支流不受潮汐的影响。

后一次卷转虫海侵从全新世之初就开始掀起，距今 1.2 万年前后，海岸到达现水深 −110m 的位置上。距今 1.1 万年前后，上升到 −60m 的位置。在距今 8000 年前，海面上升到 −5m 的位置，舟山丘陵早已和大陆分离成为群岛。而到距今 7000~6000 年前这次海侵到达最高峰，东海海域内侵到了今杭嘉湖平原西部和宁绍平原南部，这里成为一片浅海。20 世纪 70 年代，在宁绍平原的宁波、余姚、绍兴、杭嘉湖平原的嘉兴、嘉善一带城区开挖人防工程时，在地表 10~12m 之间，普遍地存在着一层海洋牡蛎贝类化石层，就是海进的最好例证。[4]

海侵在距今 6000 年到达高峰以后，海面稳定一个时期，随后发生海退。这其中海进海退或又几度发生。大约在距今 4000 年，海岸线已推进到了今萧山—柯桥—绍兴—上虞—余姚—句章—镇海一线。这一时期各河口与港湾的基本特征是："由于海面略有下降或趋向稳定，陆源泥沙供应相对丰富，河水沙洲开始发育并次第出露成陆，溺谷、海湾和泻湖被充填，河床向自由河曲转化，局部地段海岸线推进较快，其轮廓趋平直化，但大部分缺乏泥沙来源的基岩海岸仍然保持着海侵海岸的特点，并无明显的变化。"[5]

《钱塘江河口治理开发》认为：

五六千年前（钱塘江）的河口段原在今富春江的近口段，杭州湾湾顶在杭州—富阳间。[6]

此外，《钱塘江河口治理开发》还认为：

太湖平原西侧"河口湾"封闭的时间，则各家说法差异甚大，从距今 6000 年前至距今 4000~2500 年前"河口湾"封闭后，钱塘江河口的喇叭状锥形边高形成。

杭州湾喇叭口奠定后，钱塘江涌潮开始形成，对两岸地貌起了很大的改造作用。涌潮横溢，泥沙加积两岸，使沿江地面比内地高，西部比东部高。同时涌潮不断改变岸线位置。因沿江地面比内地高从而使平原低洼处发育湖泊，也使河流改向。南岸姚江平原上，河姆渡至罗江一线以西的地表流水，由向北入杭州湾而转向东流入甬江。根据姚江切穿河姆渡第一文化层的现象，改道年代距今不到 5000 年。绍兴一带出会稽山的溪流，也同样不能北入钱塘江，而折向东流，汇成西小江，在曹娥江口入杭州湾。[7]

据上，可以对今浙东姚江、西小江的形成和走向的历史演变有所了解。

"河口湾"，是"河流的河口段因陆地下沉或海面上升被海水侵入而形成的喇叭形海湾[8]"。是否在钱塘江喇叭口形成时，河口湾即是今日的杭州湾岸线，笔者认为，既然原来的钱塘江河口在富阳一带，此河口的延伸也会有一个渐进的过程。

海进海退对浦阳江下游河口也产生影响变化，这可以从萧山湘湖地区的自然环境推测分析。在假轮虫海侵的海退鼎盛时期，湘湖之地远离海岸线，钱塘江河道流贯其西缘，浦阳江下游河道会在这一地区散漫沿着自西而东的半爿山、回龙山—冠山—城山、老虎洞山—西山、石岩山、杨岐山—木根山—越王峥等山麓地带最后汇入钱塘江，并且在这里的低洼之地会有一些自然湖泊，是跨湖桥等先民的生息之地。以跨湖桥地区的山川形势，可以认为当时的与之外沟通的主要水道为渔浦出海口、湘湖出海口和临浦出海口，其中临浦出海口即后来的西小江，又是主要的连通萧绍平原的水道。

而卷转虫海侵的全盛期（距今约7000～6000年）宁绍平原成为一片浅海，湘湖之地也就成为海域，当地大部分山体成为海中岛屿，海退后又成为一片沼泽之地。之后，在这一地区又形成了诸多湖泊，如临浦、湘湖和渔浦等。郦道元称："西陵湖，亦谓之西城湖。湖西有湖城山，东有夏架山，湖水上承妖皋溪，而下注浙江。"[2] 这一时期的浦阳江主要沿着湘湖一带散漫入海，钱清江是在渔浦通往山会平原的一条河道，主要出口并不仅在后来的绍兴平原以北的三江口。

另外一个佐证资料来自《浙江省曹娥江大闸枢纽工程初步设计工程地质勘探报告》。该工程位于曹娥江河口，钱塘江南岸规划堤防控制线上，距绍兴城市直线距离约29km，距上虞城市直线距离约27km。自卷转虫海退以后至20世纪60年代末，这里一直处在河口海湾之中。地质勘探土（岩）层的数据显示：顶板高程（黄海，下同）－24.8～－21.4m为淤泥质粉质黏土夹粉土，厚度10.6～21.9m；顶板高程－44～－33.1m为粉质黏土、粉土互层，厚度7.0～20.9m；顶板高程－55.1～－42.1m为淤泥质黏土，厚度0.5～10.6m；顶板高程－61.6～－50.22m为粉砂，厚度1.4～10.2m；顶板高程－67.3～－56.0m为中粗砂，厚度8.0～15.5m；顶板高程－66.3m为含砾中粗砂，厚度7.3m；顶板高程－71.5～－68.71m为粉质黏土，厚度4.5～11.0m；顶板高程－82.5～－73.6m为粉细砂，厚度2.7～11.7m；顶板高程－85.3～－85.2m为含砾中粗砂，厚度3.85～17.4m；基岩面高程－102～－89.15m为砂岩、砂砾岩。

以上土（岩）层结构的变化便是当时海侵海退，一直到现代这一河口形成地质、地貌不同层级泥沙的很好证明。

又《钱塘江志》认为，钱塘江河口距今五六千年以来，海面变化不大，河口两岸平原地貌和岸线的变化，主要是江流、潮浪对泥沙冲蚀淤积的结果。[9]

2 海侵对浙东文明进程有重大影响

海侵产生的沧海桑田的巨大变化，无疑对钱塘江流域、浙东地区文明进程发展产生巨大的影响。

2.1 对聚落及农业发展的影响

假轮虫海退，对于宁绍平原等东部各地原始部落的繁衍发展有很大影响。"现在的宁绍平原，从钱塘江南岸到宁波以东沿海，面积约为8000km^2。当时由于海岸线在今东海岸以东600km，因此范围比今天要大得多"。[10] 在这片负山面海的宽广平原上，南有山林之饶，北有海洋之利，越族的祖先正是在这种优越的自然环境中得以生存和发展。

到了全新世之初的卷转虫海侵，这里的自然环境遭到了渐进性的破坏，环境开始变得恶劣，越部族生存的土地面积大量缩减，一日两度咸潮，从钱塘江和其他支流倒灌入平原内陆纵深之地，土壤迅速盐渍化，缺少淡水资源的人们生活困难，水稻等作物也难以生长。此前生活繁衍于平原上的越族人民纷纷迁移：

第一批越过钱塘江进入今浙西和苏南丘陵区的越人，以后成为句吴的一族，是马家浜文化、崧泽文化和良渚文化的创造者；

第二批到了南部的会稽山麓和四明山麓，河姆渡就是越人在南迁过程中的一批，他们在山地困苦的自然环境中，度过了几千年的迁徙农业和狩猎业的生活；

第三批利用平原上的许多孤丘，特别是今三北半岛南缘和南沙半岛南缘的连绵丘陵而安土重迁；

第四批运用长期积累的漂海技术，用简易的木筏或独木舟漂洋过海，足迹可能到达中国台湾、琉球、南部日本等地。

《越绝书》卷八中所称的"内越"指的就是移入会稽、四明山的一支；"外越"则指离开宁绍平原而漂洋过海的一支。

越族人民在这一时期的迁移过程，也是当时先进的文明发展受阻或倒退的过程。

卷转虫海侵高峰过后越部族又开始有居民从会稽山内地逐年北移，加快在一些咸潮影响较小的山麓冲积扇地带建设小型山塘水库，蓄淡灌溉，进行不断扩大的垦殖。此外，山会平原上有高度在20～100m左右的山丘数百座，其聚落发展和生产范围都不断向平原的山丘扩大。但海侵过后的山会平原仍多为湖泊沼泽和咸潮出没之地，淡水资源的缺乏，不利于人们在平原生产、生活，因之越部族的中心活动区域仍主要是迁徙农业和狩猎业，即《吴越春秋》卷六所称："随陵陆而耕种，或逐禽鹿而给食。"

从海退结束到平原较大规模开发（约前2000—前500年），有一个漫长发展过程，也就是说越族主体是为"人民山居"，[11] 在会稽山地其时长达3000多年。地理环境有一个渐变和改造的过程，生产力和国力也有不断发展的历史演变。在这期间由于受自然环境的影响，越族文明的发展比此前缓慢了，但绝非停滞状态，如在航海、军事上还是先进的，否则难以解释记载齐桓公二十三年前后（前663年）的齐越海战中越国的实力，以及到越王允常及句践时敢于在河湖交错发达之地和经济实力强盛的吴国争霸的事实。[12]

越王句践即位于公元前5世纪初（前496年）。随着部族生产力水平的提高，人口增多，以及北部平原开发面积的扩大，"句践徙治山北，引属东海，内外越别封削焉。"[13]据清毛奇龄考证，其地在今平水镇附近的平阳。这里地处会稽山北，地势广阔平坦，群山环抱，既利生产种植，又易守难攻。越部族的生产活动中心，已从南部山区，进入了山北的一系列山麓冲积扇地段。"水行而山处；以船为车，以楫为马；往若飘风，去则难从。"[13] 便形象地描述了当时越族居民的生活、生产环境，主要交通工具应是舟楫。

至于越王句践称之谓"西则迫江，东则薄海，水属苍天，下不知所止。交错相过，波涛浚流，沈而复起，因復相还。浩浩之水，朝夕既有时，动作若惊骇，声音若雷霆，波涛援而起，船失不能救，未知命之所维。念楼船之苦，涕泣不可止。"[13] 描述的是当时滨海之地波澜壮阔、气势浩大的水环境。

2.2 考古发掘遗址的证明

在现代考古发现的宁绍平原的古遗址中，存在着大量海侵留下的自然环境状况与人类活动的遗迹、印证。

2.2.1 小黄山遗址

位于绍兴市嵊州甘霖镇上灶村的小黄村，属曹娥江上游长乐江宽广的河谷平原地带。这里依山傍水，距今年代大约10000～8000年，当时的原始先民过着以采集、狩猎为主的定居生活，并且从发现的稻属植物硅酸体看，表明其时已开始栽培或利用了水稻了。[14]

水稻生产必须有良好的水利灌溉条件，说明这里的河网水系在当时十分发达，史前的农业文明已经显示。

2.2.2 跨湖桥文化遗址

位于杭州市萧山区城厢街道湘湖村的湘湖之滨，地面高程约 4.2～4.8m。距今 8000～7000 年。2002 年对遗址进行了第二期挖掘，此次发掘最大的收获当属发现了一条独木舟。舟呈梭形，其舟体和前端头部保存良好，舟体后端已残缺。舟体尚存长度 560cm、残宽 53cm；舟身厚 3～4cm，舟舱深仅 15cm，船身纵向加工过的痕迹明显，采用整根马尾松凿挖而成。据测定距今年代为 8000～7000 年，堪称我国迄今发现的最早、最长的独木舟出土文物[15]。

此独木舟的发现说明早在距今 8000～7000 年以前的宁绍平原，曾是河湖交织之地，舟楫应是当时越人主要的交通工具，此时越人用舟的技术已较为成熟，当然，其开创用舟楫的历史应远早于此年代。

在跨湖桥遗址中还发现了大量的古文化遗存，有石器、木器、陶器、骨器、玉器、编织物等器物；有鹿、猪、牛、獾、鹰、鳄等动物遗骨；有毛桃、酸梅、杏、菱角、芡实、麻栎果等植物遗存，还有人工栽培的稻谷等。在遗址所发现的石器中的锛一般被认为其中一个很重要的用处是挖制独木舟，也有认为这是"海洋文化的代表性器物之一"[16]。跨湖桥遗址是浙江境内、也是我国东南沿海地区已知的较早的新石器时代文化遗存。

2.2.3 河姆渡文化遗址

地处余姚市罗江一片地势低洼之地。考古发现，河姆渡遗址第一文化层距今 5500～5000 年，第二文化层为 5800～5500 年，第三文化层为 6400～5900 年，第四文化层在 7000～6500 年之间。[21] 根据考证，7000 年前的河姆渡地理地貌应属丘陵山地与沼泽平原交接地带，此遗址应是第三次海侵高峰时，越人流散过程中南辙的最后一处居住点。遗址附近不但有着大片淡水的湖塘、沼泽平原，而且距离河口海岸边也并不太远。其主要的文化遗存有：

稻谷与农灌。在河姆渡遗址的发掘中有大量的栽培稻谷遗址出土，其数量之大，保存之完好，不仅堪称全国第一，就是在世界史前遗址中也是十分罕见的。

最早的海塘。《浙江通史》认为[17]：距今 6555～5850 年间的皇天畈海进开始以后，由于海水的不断上涨，致使"河姆渡人"居住的村落和田地逐渐为海水吞没，之后又渐次为海侵时的沉积物所覆盖，从而构成第四文化层。在皇天畈海进逼近村落之初，河姆渡人不甘心离开自己的家园，使用大小石块和泥土进行回填筑堤建坝，借以抵御海水的侵袭，保护自己的家园，因此而造成一些遗物和回填的石块与海水沉积物相渗混的现象，形成第三文化层。

造船及航运技能。在河姆渡第四文化层中 1973 年第一期考古中发现了一件似是木浆船的木器。1977 年第二期考古中又发现 6 支木船浆。[17] 在鲻山遗址第九层中发现了独木舟遗骸。此外还发现了以当时独木舟为模型的陶舟。可见舟楫在人们心中的地位和要求。

凿井汲水。水井的发明使用，是随着定居生活和农业生产的发展而出现的。在河姆渡遗址第一期考古发掘中不但发现了一口木结构的水井遗迹，并且其桩木、圆木筑井方法，已具有高超的木工制作技术。

干栏式建筑。河姆渡遗址发掘中发现有多处木构建筑遗迹，尤以第四层保存最为完好和内容丰富。诸如柱洞、柱础、圆柱、方柱、圆木、桩木、地龙骨、横梁、木板之类。干栏建筑结构既适应自然环境,又是劳动和人们智慧创造的产物,亦为人类文明进化的重要标志。

鸟图腾崇拜。《越绝书》卷八:"大越滨海之民,独以鸟田。"河姆渡文化是越文化的主要源头之一,河姆渡先民崇拜鸟是其原始崇拜的一个显明的特征。遗址出土的一件"双鸟朝阳"纹象牙雕蝶形器,堪称其精美的艺术作品和鸟图腾代表。河姆渡人之所以以鸟为图腾崇拜,从生活环境的角度而言或与海侵和大洪水有关,因为当人们在自然造成的水患面前显得无能为力,生产、生活受到严重制约之时。人们会看到只有那搏击长空的雄鹰,迎着朝阳,自由飞翔,俯视那茫茫的洪海,显示出了超越自然力控制的力量。

2.2.4 良渚文化

位于余姚区良渚、平遥两镇地域内,总面积 42km²。良渚文化虽在钱塘江北岸,但如前所述,其地与海侵越人迁徙有关。并且,在 7000 年前的卷转虫海侵时期,这里是一个前海湾。遗址区以莫角山为中心有 135 处遗址点以上,包括古城、墓葬、祭坛、村落、防御工程、礼制地、水利设施、码头、航运设施、作坊等类型,其体量和内容,彰显了良渚文化在史前高度发达的社会文明程度和地位。良渚文化以独特的文化状况和高度在中国文明起源多元化的研究中占有重要地位。

就海侵与其关联而言,至少有以下几点值得研究:

(1) 塘山古坝的功能是什么?位于遗址群的西北部。古坝是利用几处自然山丘,由人工连接的土堤,"从年代上看,试掘的两处堆积成于良渚时期"[18]。其功能"说防洪是塘山的主要功能或基本功能更具说服力"[17]。笔者现场考证认为说是水利堤防应是定位正确,但其阻挡的不仅只是南部大遮山南麓之来水,而主要是阻挡早期的海潮和以北的良渚港古河道洪水,并且其内的低洼之地还会有蓄水功能。如此,卷转虫海侵时早期的良渚人生活之地主要在大遮山南麓。

(2) 城墙的作用是什么?此古城城墙呈"一个正方向圆角长方形的整体,南北纵长 1800～1900m,东西宽 1500～1700m,总面积 290 万 m²","是当时所知我国新石器时代最大的城址"[17]。令许多学者不解的是,为何这条城墙底部宽度大多在 40～60m,最宽处到 100 多米?从水利的角度分析,此城墙有着防洪挡潮的作用,如此,其要求宽大坚固也是可想而知,是城墙也是防洪大堤。

(3) 地处低洼、河道多出之地为何还要打井?笔者认为,良渚其地地势卑下,古代海潮可直薄其地,河水是咸的,打井取水为生活和农业灌溉是为必须。

3 海侵催生的浙东舜禹文化

3.1 舜禹在越的传说与影响

舜的传说在越地有深厚影响。不但有文献记载,还有众多传说中的遗址、遗迹,并且影响这里的道德民风。其记载和传说可以从百官、上虞、姚丘、谷来、舜江、小舜江、舜井等地名以及绍兴舜王庙、上虞大舜庙等民间祭祀活动中体现出来。关于大禹传说,也有会稽、涂山村、型塘、禹溪村、大禹陵、大禹庙等地名及祭祀场所与之有关,并且在历史还有帝御祭、皇帝遣使祭、地方公祭、民祭等多种活动,进而在新中国成立后形成国家级祭祀。

就海侵和越地产生的虞舜文化关系而言,至少可论及以下几方面:

(1) 这一地区舜、禹故迹(尤其是禹迹)与治水活动常常是连在一起的。

(2) 禹之影响要大于舜。著名历史地理学家顾颉刚先生认为:"故尧、舜、禹的传说,禹先起,尧、舜后起,是无疑的。"越地也是先有大禹治水传说,再有舜在越的传说。这在地域分布上也可得到印证,在传说中,禹的活动中心更多在会稽山绍兴平原腹地一带,大禹陵的位置在城东南6km处而更显重要。而舜的活动中心多在曹娥江以东一带。相对而言,绍兴传说大禹是生于四川,而死埋葬于绍兴会稽山尚能自圆其说。而民间传说中舜是上虞人的说法相对缺少来龙去脉,是一个不完备的传说。[20] 正是因为这些都是传说人物,所以不仅越中,其他之地也到处都可以存在,例如四川、甘肃、陕西、安徽甚至湖南等,都说禹是他们那边人物。凡有洪水的地方,都会有禹的传说。

(3) 这里出现的舜、禹地名与海侵有关。《浙江通史·先秦卷》统计出绍兴、上虞、余姚三地的传说中的禹、舜故迹有27处之多,并且这些故迹中,绝大部分位于会稽山南部地区的山麓地带。这些山麓地带也是宁绍平原卷转虫海侵之后最早成陆的地方。[21-24]

3.2 关于禹是海侵产生的神话之说

大禹治水的年代与约4000年前卷转虫海侵海退结束在同一时期。关于大禹是否来越治水,并留下工程实绩? 尚无确实的资料,但至少以下几点可以明确:

(1) 4000年前宁绍平原是海侵过后的一片浅海或沼泽之地,在当时这里的生产力和特定的地理条件下,人类不可能有能力较大范围地改造这一自然环境。

(2) 考古发现的钱塘江流域的跨湖桥文化遗址、河姆渡文化遗址,尤其是良渚文化无法与同一时期传说的大禹治水产生融合与互证。

(3) 有记载越部族开发山会平原,兴修水利是从约2500年前的越王句践开始,此前会稽山以北地区,除一些山丘和高燥之地有部分越人居住或活动,越族活动中心在会稽丘陵。

(4) 促成宁绍平原由浅海变为咸潮直薄的沼泽之地,并逐渐具备开发条件的根本原因是第四纪的自然循环,即气候由暖变冷,形成海平面下降出现海退所致。此为自然界的演变,非人类活动。

(5) 由于卷转虫海侵的发生,世界上凡是遭遇海侵之地,都会流传一些与大洪水有关的神话故事,诸如我国广西产生了"盘古开天地"传说,《旧约·圣经·创世纪》有著名诺亚造方舟的故事。

4 结论

(1) 海侵不但对浙东的自然环境产生了沧海桑田的巨大变化,而且对这里史前的人类文明发展有着决定兴衰的作用。

(2) 浙东产生的舜、禹文化传说与卷转虫海侵有直接必然的关联;并且对浙东文明,尤其是大禹治水传说对这里人们的水患意识和治水活动产生了深远的影响。

(3) 进一步深入研究浙东江河水利史的发展过程,对探索人类文明的活动形态、系统构成、演变发展、承传关系等有着重大意义。

参 考 文 献

[1] 陆游. 稽山行：陆放翁全集·剑南诗稿 [C]. 北京：中国书店，1986：908.
[2] 郦道元. 《水经注》卷二十九《沔水注》[M]. 易洪川，李伟，译. 重庆：重庆出版社，2008.
[3] 陈桥驿. 越族的发与流散 [C] //陈桥驿. 吴越文化论丛. 北京：中华书局，1999：40-46.
[4] 陈桥驿. 越文化研究四题 [C] //车越桥. 越文化实勘论文集. 北京：中华书局，2005：5.
[5] 金普森，陈剩勇. 浙江通史 [M]. 杭州：浙江人民出版社，2005：31.
[6] 韩曾萃，戴泽蘅，李光炳，等. 钱塘江河口治理开发 [M]. 北京：中国水利水电出版社，2003：2.
[7] 韩曾萃，戴泽蘅，李光炳，等. 钱塘江河口治理开发 [M]. 北京：中国水利水电出版社，2003：25-26.
[8] 夏征农. 辞海 [M]. 上海：上海辞书出版社，2000：1087.
[9] 戴泽蘅. 钱塘江志 [M]. 北京：方志出版社，1998：65.
[10] 陈桥驿. 吴越文化和中日两国的史前交流 [J]. 浙江学刊，1990（4）：96-99.
[11] 李劼. 吴越春秋 [M]. 北京：知识出版社，2003.
[12] 邱志荣，陈鹏儿. 浙东运河史 [M]. 上卷. 北京：中国文史出版社，2014：113-114.
[13] 袁康，吴平. 越绝书 [M]. 上海：上海古籍出版，1985.
[14] 张恒，王海明，杨卫. 浙江嵊州小王山遗址发现新石器时代早期遗址 [N]. 中国文物报，2005-09-30（1）.
[15] 徐峰，王倩，李忠. 中国第一舟完整再现 [N]. 杭州日报，2002-11-26（3）.
[16] 林华东. 越人向台湾及太平洋岛屿的文化拓展 [J]. 浙江社会科学，1994（5）：101-106.
[17] 林华东. 史前卷 [C] //金普森，陈剩勇. 浙江通史. 杭州：浙江人民出版社，2005.
[18] 赵晔. 良渚文明的圣地 [M]. 杭州：杭州出版社，2013.
[19] 沈建中. 大禹陵志 [M]. 北京：研究出版社，2005.
[20] 邱志荣. 上善之水 [M]. 上海：上海学林出版社，2012：19.
[21] 金普森，陈剩勇. 浙江通史 [M]. 北京：浙江人民出版社，2005：48-49.
[22] 陈桥驿. 关于禹的传说及历来的争论 [J/OL]. 2015-05-04 [2015-10-14].
[23] 陈桥驿. 吴越文化和中日两国的史前交流 [J]. 浙江学刊，1990（4）：94-97.
[24] 陈桥驿. 关于禹的传说及历来的争论 [J]. 浙江学刊，1995（4）：6-9.

清代两浙海塘沙水奏报及其作用
——兼与王大学教授商榷

王 申

(浙江省水利河口研究院,浙江杭州 310020)

摘 要：清代钱塘江河口沙水观测与奏报事关钱塘江海塘修筑和防潮方略决策，是近年来钱塘江海塘史研究与河口环境史研究的热点问题之一。对钱塘江河口沙水测量与奏报的起源，沙水奏报制度的确立、执行与沿革，沙水奏报频率变化，以及沙水奏报对清代塘工决策的影响等问题进行深入考辨分析；就学界一些学者对以上问题的认识和观点提出系统的商榷意见；厘清清代钱塘江河口沙水奏报基本史实，并对其作出恰当评价。

关键词：沙水奏报；清代；制度；钱塘江海塘

水文观测奏报制度是研究钱塘江河口环境变化和海塘修筑史无法绕开的问题。周潮生、李孝聪、席会东等前辈学者对钱塘江河口沙水测量、沙水图绘制和奏报制度等问题均有论述。笔者亦曾梳理过清乾隆朝钱塘江河口沙水测量与奏报制度的确立过程、运行情况及影响[1-2]。近期王大学教授在学术期刊《史林》上发表《清代两浙海塘的沙水奏报及其作用》一文[3]（简称"王文"）对此问题再作论述，就沙水奏报制度的形成、变化和作用等问题提出新解。拜读之后，深忧其文从概念的理解到史料运用均有较大问题，其论点不仅与学界已有认识不符，且多有自相矛盾之处。鉴于沙水奏报制度是钱塘江河口诸多历史问题研究的基础，因此有必要对相关问题再作系统检讨，以免某些缺乏依据的"新解"误导读者。

1 沙水奏报制度的起源

钱塘江河口沙水奏报作为一项制度确立，是在清乾隆朝，但沙水奏报行为却有着悠久的渊源。首先需要明确的是，学界所讨论的钱塘江沙水奏报，一般是指浙江地方官将近期钱塘江河口潮势、水势、沙涂坍涨情形等信息奏报到中央。至于具体负责观察或测量的人员，其观察记录活动，以及将记录结果向地方大臣汇报的行为，仅属于前期资料准备工作，并非学界所讨论的奏报本身。简言之，奏报的责任人是地方督抚等大员，奏报的对象是皇帝。

很显然，沙水奏报是中央朝廷出于了解河口水势变化和塘工安危形势的需要。历史上为了修筑海塘、防御潮灾，很早就有对钱塘江河口沙水条件的观察、讨论和测量。除了更早时期对涌潮成因的讨论外，到了元代人们已清晰地认识到沙水坍涨与海塘安危之关系。

元大德三年（1299年），盐官塘岸为潮水冲坍，礼部郎中游中顺考察后，见塘外"虚沙复涨"，江水离塘略远，便未采取修葺措施。此后塘工修筑常依涨沙情况而定。天历元年（1328年）十一月，都水庸田司上报八月份盐官外涨沙及水势深浅，对西起赭山东至尖山外的沙涂丈尺，都有观察描述，且有不同日期的对比。这次勘查还做了水深测量："八月一日至二日，探海二丈五尺。至十九日、二十日探之，先二丈者今一丈五尺，先一丈五尺者今一丈。"[4] 此为历史文献所见钱塘江第一次水深测量记录。

明代亦有钱塘江沙水形势的观察和奏报记录。如永乐十八年（1420年），通政司左通政岳福奏报，钱塘江河口赭山、岩门山、蜀山故有海道，近期皆淤塞，致使西岸潮势愈猛，"为患兹大"[5]。

明末清初，钱塘江河口经历了"三亹变迁"，河口潮势、沙势环境进入剧烈的变动阶段；清代早期的海塘修筑和维护，都对河口沙水条件特别重视。康熙朝和雍正朝都曾试图开挖中小亹故道，使江水重归中小亹，以此作为治江防潮的重要手段，而中亹引河工程的成败，直接受沙水条件的影响。因此康熙、雍正二帝对沙水变化更为关注，在当时大臣上奏的塘工和引河工程情形中，经常提及沙水信息。总体来说，这些观测和奏报还比较零碎，更不是系统化和制度化的。但这些证据表明在乾隆朝以前，人们对沙水变化的重要性有了越来越清晰的认识，为乾隆朝沙水测量的系统化和制度化准备了条件。乾隆帝即位后，对钱塘江河口沙水变化形势与筑塘、开河关系的认识已十分明了，极为关注沙水形势。地方大臣在奏报塘工情形时，也往往涉及沙水情形。尤其是在钱塘江于乾隆十二年至二十四年（1747—1759年）间主流回归中小亹时，关于沙水形势的观测和奏报也更为频繁。可见，沙水观测与奏报，作为一种行为，有着较长的历史，进入清朝后日益增多。它起源于海塘修筑和治江防潮的实际需要，源远流长，背景广阔。然而，王文对沙水奏报制度的起源做了一个十分窄化的解释，认为"沙水奏报制度的滥觞是海塘工程进行中的沙水情况汇报、持续十年左右的潮走中小门之后的沙水五日一报"，即特别强调了乾隆十二年至二十四年间，钱塘江潮归中小亹后的沙水"五日一报"的特殊意义，认为其是沙水奏报制度的滥觞，同时也否定了在此之前沙水奏报的意义，认为其"只是了解当时工程安危与进度的必要措施"。

笔者认为，对中小亹的沙水观测本质上也是治江防潮形势的需要，与此前塘工奏折中的沙水测报本质上是一样的，都是为治江防潮服务，大可不必过分强调其特殊。对中小亹沙水变化的观测与奏报，是沙水测报的一个部分而已，对奏报制度的形成并无特殊意义，毕竟在潮归中小亹之前就已经有广泛的测报。

或许王文认为中小亹"五日一报"有制度化雏形，因此将其列为奏报制度滥觞。笔者查对王文所引文献出处"讷亲、方观承的奏折，见方观承纂《两浙海塘通志》卷七，《钱塘江海塘史料》（三），第116~120页"，并未见到有"五日一报"信息，而是查到巡抚方观承奏请于河庄山派驻弁兵，"将河庄、葛岙、蜀山一带上下水势，按日折报，如当夏秋大汛，水势盛涨，仍即随时折报，海防道不时稽查、巡阅"。很显然，所谓"按日折报"就是每天观察测量而后记录上报，形势紧张时需要随时记录上报，是一种观测行为，其实施者是驻守弁兵，观测结果是否可靠需经海防道督查。这与通常所说的地方大臣面向朝廷的"沙水奏报"根本是两码事。这种按日测量汇报乃是信息收集行为，仅为奏报提供素材,而与奏报制度的"滥觞"关系不大。可见,沙水奏报作为一种行为,元明时期早已存在。清代日益频繁的奏报行为反映了实际需要,为其制度化准备了条件,不应狭隘地将某一时期对钱塘江某一部分的沙水观测作为奏报制度的滥觞。

2 沙水奏报制度的确立时间

沙水奏报至清康熙、雍正朝愈发增多,至乾隆朝更加频繁,几乎是伴随塘工、引河工程奏报的必要内容,但其作为一项制度的正式确立,却不是一蹴而就的,而是在乾隆帝与浙江地方督抚之间就筑塘事宜往来交流中清晰起来的。

乾隆朝初期,配合钱塘江北岸大规模兴修鱼鳞石塘的需要,乾隆帝对海塘外沙水变化形势非常关注,地方大臣也时常奏报。乾隆七年(1742年),常安初任浙江巡抚,由于不了解地方情形,曾有两月未奏报海塘沙水信息。而乾隆帝则通过其他途径大致获悉钱塘江沙势坍涨,认为巡抚作为地方大员,理应奏报沙水情形。为此,乾隆帝还于六月下谕责问:"据朕所闻,春间坍沙之地,近来已经涨沙数丈至数十丈不等,水势南趋,与前迥乎不同,常安身为巡抚,此等紧要事件,何以不行奏闻?"[6] 由于驿路遥远,常安在收到谕令前又奏报了一封塘工情形折,折内同样未提及沙水形势。乾隆帝又在折后批示道,现在北岸沙滩复涨,水势南趋,为何没有奏明[7],由此可见乾隆帝对沙水形势的关切。常安经受此番教训后,不时将有关情形及时奏报。

钱塘江复归中小亹期间,以及在乾隆二十四年(1759年)又改道北大亹后,关于沙水情形的观测和奏报也更为频繁。乾隆二十四年四五月间,钱塘江又改道至北大亹,乾隆帝甚为关注,要求一切防务措施从速进行。新任巡抚庄有恭一入浙,未及到杭州接印,便赶赴海宁等地勘查丈量沙水变动形势,并详细奏报。庄有恭上任后,在关于海塘修治的奏折中,必报告沙水变化形势,至乾隆二十五六年时,已形成一定格式,亦有绘图,奏报内容覆盖北岸海宁东西两塘、塔山坝,南岸蜀山、文堂山、严峰山等数处水势情形与沙势坍涨变化,且记录了准确的测量尺寸[8]。

乾隆二十七年(1762年),乾隆帝第三次南巡,于三月四日赴塔山坝考察时,浙江大臣现场汇报:塔山坝外以竹篓装碎石用于保护坝根,数日以来涨沙已掩盖竹篓达一米之深。乾隆帝当即命都统弩三等在塔山石坝外石篓上安设三处标记,以检测涨沙程度[9]。其于三月十五日从杭州返程回京,庄有恭则奉命于十六日到海宁、塔山勘查海塘沙水,于十九日将最新涨沙情形奏报,并称已命令塘工以后每隔五日就要观察和汇报一次竹篓处沙位高低,"以凭稽汇奏"。

乾隆帝第三次南巡之后,钱塘江河口水文的观察测量活动更为密集。自乾隆二十七年四月至年底,几乎每月都有关于塔山坝或海宁东西两塘外沙水情形"缮具清单""绘图贴说"上奏。至此,地方大臣向朝廷奏报钱塘江河口沙水情形,已基本成为一种习惯,但离制度化还差一步。一个侧面证据是,乾隆二十八年(1763年)三月,闽浙总督杨廷璋在"奏为查勘海塘坝工及沙水情形折"结尾处称"所有臣勘过塘坝工程及沙水情形,理合恭折",所遵循的是"理"而非"例"。乾隆帝在阅五月沙水情形折时,还须朱批"时时测量,随折奏来"。

钱塘江河口沙水奏报制度的正式确立,乃在乾隆二十八年六月。是年春,因钱塘江南北两岸沙水仅微有坍涨,庄有恭、熊学鹏等认为不必汇报,便主要奏报了柴石塘工情形,未将沙水形势绘图呈进。四月,乾隆帝在一封关于塘工情形的奏折中问询:"许久未画图来,是何故耶?"[10] 颇有责备之意。庄有恭与熊学鹏接到朱批后,在六月初三日复奏中除了解释说明缘故外,更表示以后将按月奏报工程沙水情形,"俱将有无坍涨及工程平稳之处,绘图随折进呈御览"。乾隆在"绘图"处朱批:"不必每月,两月一次可也。"[11] 此后,钱塘江沙水奏折仍每月一次,隔月附加绘图一幅,遇特殊情况则临时绘图奏报。奏折中也开始出现"浙省海塘工程沙水情形例应两月一次绘图恭进""浙省海塘工程沙水情形例应按月奏报"字样,依据的是"例"而不再是"理"。至此,通过大臣具折上奏、皇帝朱批确认的方式,钱塘江河口沙水奏报制度正式确立。可见,钱塘江河口沙水奏报制度的正式确立时间,是有清晰的历史事件可以判定的。该制度因此明确奏报频率和奏报内容:沙水奏折每月一次,绘图隔月一次。

王文认为,沙水奏报制度确立于乾隆南巡期间:"乾隆阅视海宁海塘并查勘尖山石坝,谕令在尖山石坝的竹篓上设标记三处检验涨沙尺寸,命巡抚按月绘图专折奏报,遂成正式沙水奏报制度。"经核查其所引文献"翟均廉纂《海塘录》卷六,《钱塘江海塘史料》(二),杭州出版社2014年标点本,第115~116页"并无"命巡抚按月绘图专折奏报"字样。因《钱塘江海塘史料》并非一手文献,笔者又检查了翟均廉《海塘录》原文,亦未发现此记录,进一步核查《清实录》《乾隆朝上谕档》《乾隆南巡档》《乾隆朝起居注》及其他海塘志文献中乾隆帝第三次南巡期间及前后的记载,亦无见到有此类信息。

由于王文所引此条史料查无实据,所以其"遂成正式沙水奏报制度"便不能成立。因此,王文对沙水奏报制度确立的时间判断有误。这不仅影响到对沙水奏报制度形成经过的认识,更有甚者,其文据此开展的后续分析,更有主观想象之嫌。

王文认为,乾隆二十七年三月既已形成"按月绘图专折奏报"的制度,那么臣下没有执行到位便是"懈怠""马虎"所致。王文称:"臣下可能以为乾隆对沙水情形不会过于较真,很快懈怠,不料皇帝异常关注。"因此在庄有恭奏报沙水内容不够详细时,遭到乾隆追问详情。庄有恭"经过此事,海塘沙水奏报暂不敢马虎"。新任巡抚熊学鹏上任后也"出现问题""即便如此,数月后仍出现上报清单而没有附图的情况"。很难想象,如果乾隆帝已明确下谕将沙水情形"按月绘图专折奏报",接连两任巡抚大臣会视上谕而不见,草率应付之。合理的解释应是当时沙水奏报并没有制度化,只是地方大臣与皇帝对此事重视程度和认识差异造成的问题,并非制度执行时出现"懈怠""马虎"。另有一条证据是,当庄有恭等遭到乾隆帝朱批询问"许久未画图来,是何故耶"时,他们在回奏中说:"浙省海塘关系民生,无时不上廑宸念,臣等理应刻刻仰体。谨会同商议:嗣后除遇有紧急工程另行随时画图具奏外,其按月奏报工程沙水情形俱将有无坍涨及工程平稳之处绘图随折进呈……"[10] 倘若前已形成制度,此时又何须经过"会同商议"如此?而乾隆帝又岂会在折上朱批"不必每月,两月一次可也"——与其定下的制度(如果有的话)自相矛盾?

据此笔者认为,王文中将钱塘江河口沙水奏报制度的确立时间提前一年,并称制度没有被严格执行是因地方官"懈怠""马虎",甚不妥当。

3 沙水奏报的频率变化

钱塘江河口沙水情形奏报正式成为一项制度后,得到很好的遵守,直至清朝灭亡。其间，奏报频率只经历了一次调整。

乾隆四十三年（1778年）春夏间，钱塘江潮水逼近北岸，塘外涨沙已被刷尽，海宁老盐仓以西柴塘吃紧。随后，七里庙塘外涨沙，潮势复南趋。乾隆帝披阅当月沙水图时，认为当前是"紧要转关之时"，遂命巡抚王亶望下月绘图再奏一次[12]。自当年六月起，王亶望便改为每月绘图贴说进呈，后任巡抚延续此制，除浙江受太平天国战乱影响的数年外，直至清末都是每月一折一图。

王文对奏报频率的变化论道："沙水奏报制度的滥觞是海塘工程进行中的沙水情况汇报以及潮走中小门之后的沙水五日一报，该制度的正式形成与乾隆南巡密切相关。第三次南巡时沙水奏报制度形成，五日一报并绘制舆图，年底改为十日一报。次年五月改为清单每月一次、舆图两月一张。"显然王文是把沙水观测频率和奏报频率混为一谈了。关于潮走中小门时的所谓"五日一报"，前文已指出原始文献记录是"按日折报"。

乾隆帝第三次南巡时，也不存在"五日一报"。王文中"五日一报"的依据是："三月十五日跪送銮舆，次日庄有恭勘报坝外涨沙并声称嗣后五日一报。"笔者核查原始文献：乾隆二十七年三月十六日，即庄有恭在送走乾隆帝后的次日，去验视了塔山石坝外的沙水情形，十九日将测量结果向乾隆帝奏报，其中写道："臣已面谕工员，嗣后五日一报，以凭稽考汇奏。"[13]意思很清楚，是让员工每五日去观察记录一次沙水情形原始数据并上报上级，作为上级向下"稽考"、向朝廷"汇奏"的依据，而不是每五日向朝廷奏报一次。王文征引此条文献作为"五日一报"的证据，自然不能成立。令笔者费解的是，王文介绍乾隆第三次南巡与沙水奏报制度形成，其前文称皇帝下谕要求地方按月绘图专折奏报，后文又称"五日一报并绘制舆图"，显然是前后矛盾。

王文所谓"年底改为十日一报"，依据是"乾隆二十七年十二月，新任巡抚熊学鹏奏请按旬折报两浙海塘沙水情形，分缮清单绘具图说恭呈御览"，并注明奏折来源及档号。经核查，此折全文如下[14]：

"江苏巡抚庄有恭、浙江巡抚熊学鹏奏闻事窃照观音堂以西一带柴塘前因护沙坍卸、水临塘根，经臣庄有恭奏明，先后续镶柴工三百丈，业经完竣，奏报在案。今臣熊学鹏于临工查验时勘得接镶柴工，西头起塘外虽经涨有嫩沙而（湮）沟回溜，仍复将贴塘护沙渐次刷低，相度情形，似应于乾隆二十八年春汛前，沿西再行拆镶柴工一百丈，以为先事之防。臣等札商意见相同，除饬海防道永德委员遵照前估成式上紧拆镶取具估册核实另行题报外，所有接西再行续镶柴塘一百丈之处，理合恭折会奏。并将尖山石坝以及西塘现在沙水坍涨情形开列清单进呈，伏为圣鉴，谨奏。"

乾隆二十七年十二月二十二日

朱批：知道了

折内并无关于"熊学鹏奏请按旬折报两浙海塘沙水情形"的任何信息。按理如果熊学鹏等在此时奏请十日一报，那么他们又怎么会在半年后，在乾隆帝的责备下经"会同商议"后又奏请改为一月一报？

王文将水沙测量、记录、汇报的频率和向朝廷奏报的频率两个截然不同的概念混为一谈后，得出重要结论："沙水奏报制度刚形成时汇报频率过高，臣工本意是临时逢迎一下乾隆，但是没有想到皇帝对此事一直关注，臣工因懈怠而被批评，后虽不敢马虎而工作仍繁重，汇报日期间隔旋即不断延长。"

弄清以上史实后再看，所谓"逢迎"和"懈怠"便不知从何说起，皆是作者基于错误的认识进行的想象和构建。奏报时间间隔当然也不存在"不断延长"一说。作为沙水测量结果的汇报和地方大臣向朝廷的奏报，两个概念的含混不清、随意使用，是作者发生认识混乱的主要原因。

4 沙水奏报的作用

钱塘江河口沙水奏报作为延续性强、运行成本高的制度，在历史上究竟发挥了何种作用，是值得深入研究的问题。由于乾隆朝以后，钱塘江北岸石塘体系基本建成，清朝也由盛转衰，使塘工沙水奏报制度逐渐流于形式，价值也大打折扣。所以关于沙水奏报作用的分析，乾隆朝便成为重点。

乾隆朝钱塘江沙水测量和定期奏报制度建立后，为修筑海塘和治江御潮决策提供了重要信息基础，中央可及时、准确地掌握潮势沙涂变动，积极主动部署防潮工程，避免了因地理悬隔、信息不畅造成的盲目指挥和颠顶决策。这对于喜欢明察秋毫、乾纲独断的乾隆帝来说，更是如此。乾隆帝自始至终对钱塘江河口塘工沙水奏折保持高度的关注，留下大量朱批指示，一再强调奏报详细和绘图质量。

钱塘江中小亹一直是乾隆帝关注的重点。在乾隆二十四年（1759年）钱塘江主流复行北大亹后，乾隆帝就一直试图引导江道重归中小亹。他根据沙水奏报信息，持续密切关注钱塘江河口沙水环境的变化，对开挖中亹引河工程作出指示。乾隆三十七年（1772年），他最终决定放弃复开中小亹，避免继续对抗自然规律和徒劳无功的努力，也是基于沙水变化规律作出的决策[15]。

在海宁尖山至老盐仓段鱼鳞石塘建成后，自老盐仓向西至杭州章家庵段4200余丈柴塘是否改建为石塘一直争论不休，持续多年未解决。乾隆四十五年（1780年），在亲自南巡视察海塘情形后，乾隆帝决定将该段一体改建为鱼鳞石塘。这次决策背后，实际上也是乾隆帝依据长期沙水奏报信息，对钱塘江河口水势、潮势变化认识的结果。早在乾隆四十三年、四十四年（1778年、1779年），乾隆帝就屡屡收到柴塘外沙水形势危急的奏报，最终促成了他下定决心将杭海段柴塘改建为石塘[16]。

除了重大筑塘决策外，乾隆帝还会依据沙水形势，就具体塘工设置提出意见，有时直接在沙水图上点画，和地方大臣讨论工程，沙水图便成为辅助决策的有力工具。借助沙水奏报制度，乾隆帝比地方大臣更有条件对海塘工程和治江防潮方案作出合理的决策。因为乾隆帝在位时间长，持续关注钱塘江河口沙水变化情形，对其历史、规律、形势有系统的认识，比经常更换的地方大臣拥有知识和经验上的优势。随着时间的推移，乾隆帝借助沙水奏报系统和数次南巡，最终成了全国最"懂"钱塘江的人，这当然有助于使他的治江防潮和筑塘决策更为合理。

乾隆五十七年（1792年）九月，浙江巡抚福崧奏称，萧山因江潮较大，荷花池等处工程坐当顶冲，形势险要，需借用海塘银购办柴薪抢筑。乾隆览奏后指出，南岸海塘历来无十分险要情形，何至如此紧迫，又见绘图不清楚，标示不明晰，遂命福崧"据实复奏，另行详细绘图"。后来查明，荷花池是萧山县西江塘工程，不在钱塘江上，乃因福崧奏折与绘图含混，引起误解。可见，乾隆帝依据长期沙水奏报对钱塘江河势、沙水变化规律的了解，认定"南岸海塘历来无十分险要情形"，对福崧所奏内容提出疑问，并试图依据沙水图上的情形查明情况。此足以证明乾隆帝利用奏报系统为他提供的知识系统和信息进行决策。乾隆帝对奏折和绘图内容的仔细分析，能准确掌握实际情形，乃至纠正地方大臣的错误，更能有效防止被地方官蒙蔽，为正确决策提供保障。

王文从"历史大背景"下对此事得出判断，认为乾隆帝因为杭州、海宁段柴塘改建石塘追求一劳永逸之事，变得神经十分敏感。改建完工后，"任何塘工规划都会激起乾隆敏感的神经"，"因为这将从侧面说明他以往承诺的柴塘改筑石塘可一劳永逸的说法破产"。而福崧的奏报只是"撞在枪口上"，因此遭到乾隆帝的责问。福崧则是"回过神"来后才"赶快解释"自己的错误，检讨自己工作马虎。至于事实如何则无关紧要，当然也与沙水奏报无关。在王文看来，这件事就是敏感多疑的皇帝对福崧任性地耍脾气，拿他出气。但这一判断并无任何可靠的史料支持，主观想象的成分居多。退一步说，即便此例历史事实真如王文所说，是读者未能看到"历史大背景"后的深意和乾隆帝的敏感，但还有其他诸多例证也足以表明钱塘江河口沙水奏报对于乾隆帝的塘工决策是有巨大帮助的。王文结语部分也承认"乾隆通过沙水舆图'遥制'中小门引河、坦水、盘头和部分石塘建设"。不知乾隆帝通过沙水奏报信息进行决策，算不算一种"遥制"。王文对其他证据视而不见，声称"认为沙水奏报使乾隆治江防潮及筑塘决策更合理，这是对史料的误读"。这实在是有失严谨。

乾隆一朝，大到疏沙引河工程的提出或终止、某段海塘是否改建，小到护塘坦水的修筑、盘头和挑水坝位置的安设，诸多决策的背后，都主动将沙水测量信息作为重要参考。整体而言，乾隆朝筑塘和治江政策的推出更为谨慎，更加尊重沙水变迁规律，终朝没有犯下大的错误，这是依据水文资料进行科学治江的显著成果。

5 结论

在钱塘江河口海塘修筑和治江防潮的实践中，地方官员对沙水情形观察或测量后向中央奏报，有着悠久的历史。进入清代后，随着筑塘和治江活动的进一步兴盛，对沙水变化的观测和奏报也日益频繁，康熙、雍正朝的测报活动，乃至乾隆朝前期逐渐形成近乎惯例的测报，都为专门的沙水奏报制度的确立准备了条件，但不能把某一时期对钱塘江某一特定部分的测量活动看作沙水奏报制度的"滥觞"。钱塘江河口沙水奏报制度正式确立于乾隆二十八年（1763年）六月，是通过地方大臣上奏、皇帝朱批确认的方式形成的。在此之前，沙水奏报的发展是渐进的，由零星到密集，再到形成松散的惯例，最终制度化。它不是乾隆二十七年（1762年）三月皇帝南巡时通过一道上谕简单确立的，因此随后庄有恭、熊学鹏等在奏报方面的问题，并非因执行制度的"懈怠"和"马虎"。钱塘江河口沙水奏报制度所规定的奏报频率，仅在乾隆四十三年（1778年）经历一次调整，即在每月奏报沙水奏折外，绘图从两月一次变为一月一次，不存在所谓奏报频率从五日一次到十日一次，再到一月一次的变化，更不应将沙水观测记录的频率和向朝廷奏报的频率混为一谈。至于沙水观测行为，是每日一测还是五日一测，甚或十日一测，只要能够满足乾隆帝按月了解钱塘江河口沙水变化的需要即可，其频次调整对于讨论奏报制度而言并不十分重要。最后，乾隆帝对钱塘江河口的重视，促使其在位期间沙水奏报质量较高。沙水奏报成为乾隆帝进行塘工、治江决策的重要工具，发挥了重要作用。

参 考 文 献

[1] 王申，吕凌峰．清乾隆朝钱塘江河口沙水测量与科学治潮［J］．自然辩证法通讯，2019，41（6）：36-43．
[2] 王申．清代钱塘江塘工沙水奏折档案及其价值［J］．浙江水利水电学院学报，2020，32（5）：1-5．
[3] 王大学．清代两浙海塘的沙水奏报及其作用［J］．史林，2021（4）：53-60．
[4] 宋濂．元史·河渠志［M］．北京：中华书局，1976．
[5] 张廷玉．明史·河渠志六［M］．北京：中华书局，1974．
[6] 中国第一历史档案馆．御批两浙名臣奏议·海塘卷：第二册［M］．富阳：华宝斋出版社，2001．
[7] 中华书局．清实录：第11册［M］．北京：中华书局，2008．
[8] 庄有恭．奏为查勘东西两塘沙势情形事［Z］．乾隆二十六年二月二十九日．
[9] 琅轩．海塘新志（附续志）［M］．台北：成文出版社，1970．
[10] 庄有恭，熊学鹏．奏报浙省海塘情形事［Z］．乾隆二十八年四月十二日．
[11] 庄有恭，熊学鹏．奏报念里亭外添建坦水按月绘图事［Z］．乾隆二十八年六月三日．
[12] 中华书局．清实录：第22册［M］．北京：中华书局，2008．
[13] 庄有恭．奏为遵旨赴海宁查勘坝外涨沙督工办理增修条块石坦水等事［Z］．乾隆二十七年三月十九日．
[14] 庄有恭，熊学鹏．奏办浙江观音堂以西再行续镶柴塘事［Z］．乾隆二十七年十二月二十二日．
[15] 王申．清代钱塘江中小亹引河工程始末：兼及防潮方略之变迁［J］．清史研究，2019（4）：98-109．
[16] 王申．河势、技术与塘工决策：清乾隆朝钱塘江杭海段海塘柴改石案考论［J］．浙江水利水电学院学报，2021，33（4）：9-14．

钱塘江流域文化治理路径与建议
——以杭州市江干区为例

章 垠

(浙江旅游职业学院,浙江杭州 310032)

> **摘 要**:"文化治理"是一种集理念、制度、机制和技术于一体的治理形式与治理领域,它既涉及文化功能的重新发掘,又涉及文化组织方式、个体文化能动性等要素。目前钱塘江流域文化治理主要存在条块各自为战、缺乏特色文化产品和产业等问题。钱塘江流域文化建设核心应该放在江干区,建议成立钱塘江文化建设专家委员会、打造钱塘江文化长廊露天博物馆、借势起飞、通河达海、建设钱塘江围垦和"堡"文化公园等。
>
> **关键词**:钱塘江;文化治理;分类分级;江干区

后 G20 时代,杭州提出实施"拥江发展"战略,从"三面云山一面城"到"一江春水穿城过",从"跨江发展"到"拥江发展",钱塘江已成为杭州从"西湖时代"迈向"钱塘江时代"的主轴线。探索钱塘江流域文化治理,深入挖掘、治理和保护钱塘江地域特色文化,是提升杭州城市形象和品位,助力大湾区建设,发挥江干区位优势,打造世界名城首善之区,提升江干文化国际影响力的题中之义。

1 文化治理概念和钱塘江流域文化

1.1 文化治理概念

所谓"文化治理",是一种集理念、制度、机制和技术于一体的治理形式与治理领域,它既涉及文化功能的重新发掘,又涉及文化组织方式的革新,还涉及个体文化能动性的彰显。在这个治理过程中,治理主体既包括政府,也包括社会组织、文化企业和个体;治理的对象则包括文化产业、公共文化服务和日常文化生活等文化形态;实现治理的技术既包括政策话语表述、文化象征操作、活动程序安排、实物空间布局等对他者的治理技术,也包括文化解码、价值认同和行为自觉等自我治理技术;治理的目标则是"透过文化和以文化为场域"达到国家公共政策所设定和意欲达到的某一特定时期的目标[1]。

西方学者首先提出"文化治理"这一新概念,随着"治理"理论在公共管理学界的广泛传播,"文化治理"问题也受到我国学界关注[2]。党的十八届三中全会提出推进国家治理体系和治理能力现代化的全面深化改革总目标,使"文化治理"成为热门问题,不少学者对文化治理在国家治理体系中的重要性及推进文化治理现代化的路径等进行了探讨与研究[3]。不同国家和地区形成了不同的文化治理思路与治理模式，国际上丰富的文化治理经验值得学习借鉴。

1.2 钱塘江流域概述

钱塘江古名浙江，因流经古钱塘县（今杭州）而得名。钱塘江是浙江省第一大河，以河口涌潮壮观而闻名，有南、北两源，均发源于安徽省休宁县，北源为新安江（正源），南源为兰江，南源兰江与北源新安江流至建德梅城汇合后称富春江，向东北流经桐庐县、富阳市，在东江嘴揽入浦阳江后称钱塘江，向东由杭州湾汇入东海[4]。

钱塘江从北源源头至河口，全长668km，流域跨浙、皖、赣、闽、沪五省（市），流域面积55558km²，其中浙江境内面积48080km²，占全省陆域面积的47%，流域涉及省内杭州、嘉兴、金华、绍兴、衢州、丽水6个设区市，共50个县（市、区）。其水资源、水力资源、滩涂资源均很丰富[5]。钱塘江河口北岸为太湖平原，南岸为宁绍平原，地势低平、河网密布、土地肥沃、交通便捷，是江南的"鱼米之乡""丝绸之府""文化之邦"。勤劳智慧的流域人民历代为治理和开发钱塘江付出了辛勤的劳动，留下了极其丰厚的历史文化遗产。

1.3 钱塘江流域历史文化

钱塘江是浙江人民的母亲河，钱塘江流域孕育了灿烂悠久的历史文化，是越文化的主要发源地，也是华夏文明的摇篮之一。早在10万年前的旧石器时代，寿昌江畔已有"建德人"生活。中国历史上最早的稻作文明、舟船文明、玉器文明以及干栏式建筑、水井、漆器和瓷器等，都诞生于此[6]。水利自古与农业休戚相关，生活在钱塘江流域的先民们兴修水利，发展农业。相传唐虞之时，大禹曾在今曹娥江上治水，疏通河道，建农田沟洫；春秋时，河口两岸已形成吴、越两国，越王句践在今绍兴境内筑富中大唐等水利工程，发展农业生产；东汉会稽太守马臻主持兴筑的鉴湖，是流域最早的大型灌溉工程。

钱塘江有世界闻名的涌潮，唐代刘禹锡用"八月涛声吼地来，头高数丈触山回。须臾却入海门去，卷起沙堆似雪堆"，写出了钱江涌潮的壮观气势，但其"滔天浊浪排空来，翻江倒海山为催"的破坏力却极大。千百年来，为抵御海潮侵袭，流域人民在河口两岸修筑了"水上长城"——钱塘江海塘，与长城、大运河并称为我国古代三项伟大工程[7]。

东南形胜、三吴都会，钱塘自古繁华。自隋朝开凿江南运河起，钱塘江形成"接运河、通大海、纳百川"的广阔格局。唐宋时的杭州，是全国四大港口之一，与东亚、东南亚、西亚、非洲都有经济和文化交流，来自日本、高丽、大食、波斯等地的外商频繁来往于钱塘江畔。吴越国时期的钱塘江更是"东睎巨浸，辖闽粤之舟橹，北倚郭邑，通商旅之宝货"。到了南宋，定都临安府，在原属江干的凤凰山吴越国皇城旧址上扩建大内皇宫、修筑皇城。当时钱塘江上"薪南粲北，舳舻相衔，四方百货，不趾而自集"。元代的杭州是国际大都会，世界各地的商人不仅前来杭州经商，而且长期定居于此，人数达数万之多，钱塘江成为杭州通往世界的渠道和窗口。

钱塘江是海上丝绸之路的起点，宽广的海湾让中华文明通过这里对外传播。稻作文明通过"稻米之路"传播到东亚地区的日本、朝鲜等国。"活字印刷""茶叶之路""陶瓷之路""香料之路""书籍之路"都通过钱塘江与世界紧紧地联结在一起。

古代的钱塘江河口滨海地带是越文化发源地，先天秉承了吴越文化"海纳百川、兼容并蓄"的特征。历史长河中，钱塘江畔出现了以伍子胥、文种为代表的江潮文化，以王充、张九成、王阳明、黄宗羲为代表的哲学流派，以曹娥、丁兰为代表的孝道文化，以郑兴裔、胡雪岩为代表的义信文化，以大禹、范蠡、华信、马臻、钱镠、张夏为代表的海塘文化，以严光、林逋为代表的隐居文化，以项麒、胡世宁为代表的耕读文化，以刘松年、李嵩、王蒙、戴进、蓝瑛、吴昌硕等为代表的艺术流派，中草药始祖桐君为代表的中医文化，以及明清和近代以来兴盛的丝绸文化、商贸文化、围垦文化、航空文化等[8]。钱塘江流域文化不仅有江南文化的共性特征，更有自己的独特品质和内涵，秉承了"勇立潮头、大气开放、互通共荣"的时代精神。

2 钱塘江文化遗产分类分级

钱塘江文化遗产分布在流域各县市，还没有人从遗产分类分级方面进行系统梳理，为了对遗产资源进行整合、利用，我们对其分类分级研究。钱塘江流域人民在生产和生活的社会实践中创造的物质财富和精神财富，即钱塘江流域人民所创造的全部精神成果及相关物质形态，包括物质层面的生产工具、特色建筑、特色工程，制度习俗以及非物质层面的风土人情、传统习俗，以及精神层面的宗教信仰、文学艺术、思维方式、价值观念、审美情趣等。

根据我国文化遗产分类与分级体系（图 1），将钱塘江流域的文化遗产进行分类和分级。要在分类分级研究的基础上，对钱塘江流域文化遗产保护进行总体规划。

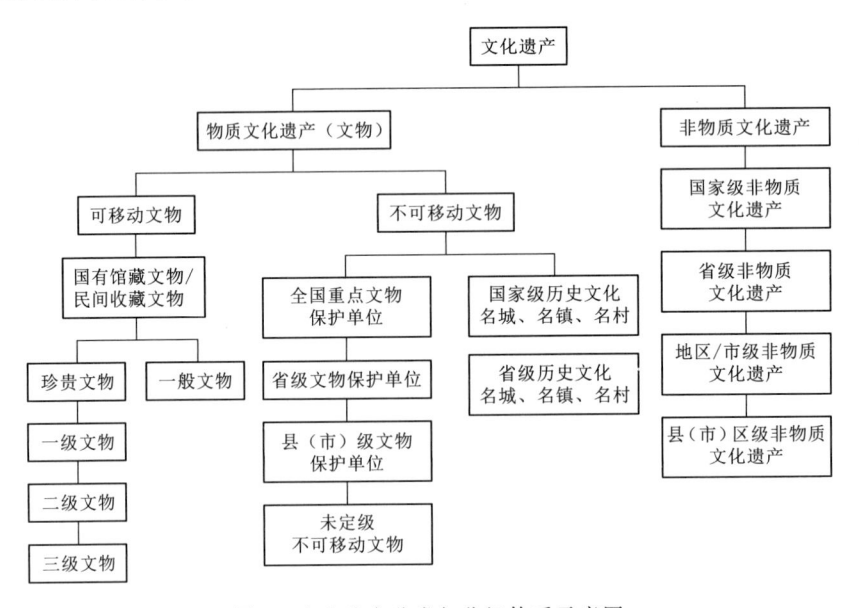

图 1 文化遗产分类与分级体系示意图

钱塘江流域的物质文化遗产可分为古遗址、古墓葬、古建筑、石窟寺及石刻、近现代重要史迹及代表性建筑和其他六类。钱塘江流域的古遗址类主要有旧石器时代的"建德人"遗址，新石器时代的浦江上山文化遗址、萧山跨湖桥文化遗址、余姚河姆渡文化遗址和余杭良渚文化遗址等，均被列为全国重点文物保护单位。此外，各个历史时期钱塘江流域各地被列为全国重点文物保护单位的古遗址有杭州的临安城遗址（南宋）、宁波的上林湖越窑遗址（东汉—宋）、金华的铁店窑遗址（宋元）等36项。

钱塘江流域地区的古墓葬中最为有名的是大禹陵。此外，钱塘江流域各地被列为全国重点文物保护单位的古墓葬有杭州的岳飞墓（南宋）、吴越国王陵（五代）、于谦墓（明清），宁波的白云庄和黄宗羲、万斯同、全祖望墓（明至民国），金华的东阳土墩墓群（周）、吕祖谦及家族墓，绍兴的印山越国王陵、越国贵族墓群、徐渭墓、宋六陵、王守仁墓（明），湖州的陈英士墓、赵孟頫墓、潘公桥及潘孝墓，嘉兴的长安画像石墓、吴镇墓。

钱塘江流域一带的建筑十分具有地域特色，如江南独特的民居、老街，以及数不胜数的塔、寺、桥等。流域古老的水利工程建筑如宁波它山堰、丽水通济堰、龙游姜席堰已被列入世界遗产名录，是重要的世界灌溉工程遗产。钱塘江流域最具代表性的古建筑是钱塘江边的六和塔和闸口白塔、盐官海塘及海神庙，均为全国重点文物保护单位。流域各地其他被列为全国重点文物保护单位的古建筑还有70余项[9]。

佛教文化是钱塘江流域文化的重要组成部分，杭州自古就有"东南佛国"之称，六和塔就是最有名的佛教建筑。象征佛教文化的除了佛塔，还有经幢和摩崖造像，历史上钱塘江畔塔幢造像众多，著名的石经幢有杭州梵天寺经幢、海宁安国寺经幢、西兴化度院经幢等。有的至今犹在，有的虽已消失，但其影响犹在。

近现代，钱塘江流域重要的史迹及代表性建筑不胜枚举，以名人故居、学校旧址、革命旧址等居多，印证了钱塘江流域文化的繁荣和历史的变迁。其中最有代表性的是钱塘江大桥、之江大学旧址、绍兴鲁迅故居等，已成为钱塘江畔闻名遐迩的历史建筑及文化景观。

3 钱塘江流域文化研究现状及治理中存在的问题

3.1 研究现状

目前，与钱塘江文化、文化治理相关的论文与书籍虽有不少，但钱塘江流域文化治理研究尚少。对钱塘江流域文化的研究主要集中在史前文化、传统和特色文化、非物质文化遗产这几方面。蒋乐平[6]的《钱塘江史前文明史纲要》《钱塘江流域的早期新石器时代及文化谱系研究》和王明达的《钱塘江流域的史前文化》都以钱塘江流域史前文化为研究对象，探讨了钱塘江流域以上山文化、跨湖桥文化、河姆渡文化为代表的新石器时代文化的变化发展及其关系。王国平[10]的《钱塘江全书》是研究钱塘江学的重要著作，包括丛书、文献集成、研究报告、通史、辞典，内容涵盖了自然、历史、社会、经济、文化、科技、教育、医卫等众多领域，主要论述了钱塘江传说、钱塘江海塘、钱塘江风光、钱塘江戏曲等钱塘江流域的传统文化和特色文化。王其全[11]的《钱塘江非物质文化遗产资源研究》和潘昌初的《钱塘江流域非物质文化遗产保护传承现状及对策研究》对钱塘江流域的非物质文化遗产进行了系统的综述性研究。

2000年以来，钱塘江流域的文化建设方兴未艾，中国水利博物馆、新安江水电站展示馆、富阳水电设备展示馆、滨江区钱塘江文化带，海宁潮神庙、海宁海塘衣冠冢、海盐博物馆等一批钱塘江文化博览设施先后兴建。

杭州市江干区积极打造钱塘江文化品牌，钱塘江博物馆正在建设中，海塘遗址博物馆（九堡）、杭州水利科普文化基地（三堡大闸）不久前建成开馆，非物质文化遗产中心建立、钱塘江文化系列丛书陆续出版、钱塘江文化节系列活动火热开展。钱塘江文化研究会、《钱塘拾遗》编委会、"小白菜"文学社等研究机构，坚持"立足江干、面向流域"，深入挖掘钱塘江文化。先后组织编印出版《钱塘江话旧》《钱塘情暖》《江干往事》《钱塘江传说》《钱塘江民间故事》《钱潮回声》《钱塘拾遗》《江干风情》《江干故事集萃》等书籍、刊物、史料。2017年，新成立钱塘江文化研究会，按照"立足杭州、面向全省，放眼全国"的思路，拟定了"钱塘江文化未来的研究方向""钱塘江文化与杭州城市品位提升的关系及融合过程研究""钱塘江流域文化区划研究"等39个课题。研究会计划按照"一季一刊、一年一书"的工作思路，分别推出《钱江潮》和《钱塘江文化系列丛书》等。

3.2 主要存在的问题

一是条块各自为战，缺乏统一协调和相互呼应。主要表现在文化、旅游、水利、环保、经济等各条战线，各搞各的套路，不在统一频道上讲故事，经常发生矛盾。各县市、乡镇、街道行政区域，也顾不上流域整体文化发展，各演各的戏，往往单打独斗、在小圈子里自娱自乐，开发的文化项目产生不了辐射效应和流域联动效应。二是脱离经济，缺乏特色文化产品和产业。研究大多停留在纸上谈兵，迫切需要将研究成果转化为经济动力，转化为各种各样的文化产品，并形成钱塘江特色文化产业。三是视野局限，没有精准对接热点和大势。视野大多停留在本地区、本流域范围考量，没有很好对接"绿水青山就是金山银山""大运河遗产要保护好、传承好、利用好""一带一路""长江要大保护，不要大开发"，以及"大湾区"建设等热点与大势上去，因而缺乏影响全国、全球的文化事件和项目[12]；四是江干区虽然地处钱塘江核心位置，打造了钱江新城城市阳台，并打造了钱江新城灯光秀，成为钱塘江一大参观亮点，但对钱塘江文化资源的利用力度和核心作用发挥还不够。

4 钱塘江流域文化治理的核心地位在杭州江干区

大运河联通钱塘江流域航道的位置在江干区三堡，江干区处于大运河与钱塘江交汇点的核心位置，大运河在江干区联通钱塘江后，通过浙东运河连接东方海上丝绸之路。因此，钱塘江流域文化建设的核心应该放在江干区，通过江干区核心辐射流域上下游。现今，江干区建设了钱江新城并打造了地标性的城市阳台、钱江灯光秀，钱江新城交通发达、人口密集，这里又在建造钱塘江博物馆，非常适合作为钱塘江文化展示、体验的核心。

4.1 统一规划，成立钱塘江文化建设专家委员会

建立健全党委统一领导、党政齐抓共管、宣传部门统一协调，各部门分工负责、社会力量积极参与的工作体制和工作格局，建议江干区成立钱塘江文化建设领导小组，宣传、

文化、社科、水利、规划、财政、教育、环保等部门负责人为成员，定期研究钱塘江文化建设中的重大问题。领导小组下设办公室于宣传部门，负责钱塘江文化建设的具体事务。宣传部门要将水文化建设纳入宣传文化工作的重要内容，加强钱塘江文化知识的宣传教育工作；财政部门要将钱塘江文化建设资金列入财政预算，确保钱塘江文化建设资金投入；教育部门要将钱塘江文化知识列入中小学生教育计划，加强中小学生水文化知识的教育工作；各级各部门都要将钱塘江文化建设与本职工作结合起来，各司其职，各负其责，齐心协力共同抓好水文化建设工作。

成立钱塘江文化建设专家委员会，对钱塘江文化建设进行总体规划，对钱塘江流域文化治理提出体制、机制创新的整体思路，为钱塘江流域文化实行一盘棋宏观保护、规划、利用，提供高端智力支持。钱塘江文化建设，在不同的地区，不同的部门，不同的时期都有不同的任务，要制定中长期的《钱塘江文化建设十年规划纲要》，近期的《钱塘江文化建设三年行动计划》，在科学制定钱塘江文化建设规划的基础上，制定钱塘江文化建设年度计划，将任务分解到各级各部门，由各级各部门抓落实。

4.2 打造钱塘江文化长廊露天博物馆

在江干区钱塘江北岸，将钱塘江文化历史、文化元素、文化故事，以景观展示、场景展示、体验展示的方式，展示给旅游者，使钱塘江两岸成为一个历史故事文化长廊、一座大型露天生态博物馆[13]。重点展示介绍钱塘江历史、钱塘江治理人物和故事，钱塘江出水文物图片、钱塘江诗词、钱塘江民俗。雕塑钱塘江治水群英像，比如"钱宁泥沙科学技术奖基金会"的命名者钱宁，他是杭州人，国际泥沙治理名家，治理过钱塘江泥沙。可设置一些可体验的健身水车等项目。进行景观设计时，应该结合水利工程保护，从比例、水工尺度、色彩、质感等景观美学的角度进行考虑，从美学规律出发，相应的综合休闲等进行景观设计。因地制宜，就地取材，点缀景石，形成较好的景观效果；进行改造护坡，采用从陆域向水域倾斜阶梯状的人工生态型驳岸，避免采用混凝土直立护岸；通过增加河岸入口、设置步行道路等措施，增加滨水可达性、亲水性，呈现出景观开放的特质；护堤、步道、栏杆等结合运用原生态乡土材料、乡土植物，给人亲切、自然的感觉和极强的地域识别性。

4.3 借势起飞，通河达海

一是借当前将良渚文化（良渚水利大坝）申遗热点，大力开展良渚水利大坝与钱塘江海塘大坝技术探源研究，钱塘江流域出水良渚文化文物研究，勾画出良渚文化在钱塘江流域发展的线路图。二是从连接运河与东方海上丝绸之路的视野，讲好江干区在大运河、钱塘江、海上丝绸之路三条文化线路中的文物故事、航运故事、闸口老字号故事；三是借当前杭州湾区建设大势，开发钱塘江现代物流、客流。可恢复古代货运到钱塘江上游的兰溪和下游的上海洋山港，开辟现代物流水上通道。还可将大运河游船延伸到钱塘江，推出江河夜游活动，让人们欣赏钱江灯光秀的同时，体验古代游船生活。同时向上游推出《富春山居图》航游，让历史名画活起来，向下游推出海塘和潮涌文化研学游。总之，以钱江新城为核心物流、客流集散地，通河达海。

4.4 建设钱塘江围垦和"堡"文化公园

江干区是围垦出来的,围垦文化是非常典型的。在围垦以前,钱塘江的入海口就在江干区七堡附近,那里已经是海涂。没有围垦造田,杭州的江干区就是直面杭州湾的,是江海交汇的入海口。其实,杭州是一座逐渐围垦发展的城市。秦朝的时候,今天的杭州市区还是一片汪洋,西湖跟杭州湾相通。因此,秦朝的设置的钱塘县治,也就只能位于西湖西部的灵隐山中了。随着时间推移,泥沙慢慢淤积,西湖逐渐跟杭州湾相隔,而靠近西湖的地方慢慢出现一些滩涂,随着杭州湾海潮的涨落而出没。东汉的时候,有一个叫华信的人,第一次建了一条海塘,使得今天的杭州市区,第一次有了勉强算稳定的陆地。南北朝,钱塘县治终于搬出了狭小的灵隐山中,搬到了今天宝石山东麓。到了隋朝,杨素建杭州城,这是杭州历史上第一次设州城,地点是柳浦,也就是今天凤凰山东麓。因为这里扼守钱塘江水路要冲,最关键的问题是,今天吴山以北的市区,实际陆地并不够稳定,潮水经常可以冲击到吴山脚下。唐代跟隋代基本无区别,唐朝史料至少记载了十几次潮水奔涌进杭州城的记载。杭州刺史李泌开凿杭州六井,解决杭州城市饮水问题,六井的位置几乎集中于浣纱路以西,也说明了当时杭州居民的分布,也可以看出当时杭州陆地的情况,非常狭小。到了五代十国,吴越王钱镠建都杭州,筑钱氏捍海塘,位置是从南星桥到艮山门,获得相对较大的陆地后,钱镠开始大力营建杭州城,周长35000m。到了宋代,宋室南渡,定都杭州,但杭州陆地规模跟吴越国时代基本一致。

随着元明清历代海塘的外扩、加固,杭州陆地逐渐增加,到了新中国成立初,江干区开展围海造田工程,稳固了江干区的陆地不被海潮侵袭。江干区的"堡"文化也很有地域特色。古时候钱塘江总是闹水灾,所以杭州当地父母官发动百姓沿江建海塘,从望江门一直造到海宁,同时沿江筑堡,以便通报潮信或洪水情况,类似长城烽火台的作用。从一堡一直造到二十三堡,由于历史变迁,钱塘江也有改道,一些地名如今已经不用了,比如二堡一般叫近江村,十堡叫三角村。清江路边的观音堂一带是一堡,二堡是市民中心一带,三堡在船闸附近,过了三堡船闸就是四堡,当初的四堡污水处理厂就在那里。五堡、六堡、七堡目前正在拆迁地带,属于彭埠街道。八堡就是目前九堡地铁站附近的牛田村,客运中心以南一带,八堡和九堡属于九堡街道。十堡就是从九堡进入乔司的三角村,一直到十二堡(就是在乔司街道上),具体应该在绕城与杭海路交叉口附近一带,称为十二堡。一直沿着杭海路(杭州到海宁)直到二十三堡。

讲好新时代钱塘江文化故事,要将江干区历史上最有乡愁、最具特色的围垦文化、"堡"文化、海塘文化、排灌文化与当今的城市开发、城中村改造结合起来,建设钱塘江围垦和"堡"文化公园,引钱塘江水入城,将一至九堡打造为城市阳台、城市会客厅、城市后花园、城市数字创意园等。

5 结语

钱塘江流域文化建设的核心应该放在江干区,通过江干区核心辐射流域上下游。钱塘江流域文化建设形式应集理念、制度、机制和技术于一体,具体包括成立钱塘江文化建设专家委员会,打造钱塘江文化长廊露天博物馆,借势起飞、通河达海,建设钱塘江围垦和

"堡"文化公园等,充分治理和保护钱塘江地域特色文化,进而提升杭州城市形象和品位,助力大湾区建设。

参 考 文 献

[1] 林坚. 文化治理在国家治理体系中的地位和作用 [R/OL]. [2020-04-29].
[2] 毛少莹. 文化治理及其国际经验 [J]. 中国文化产业评论, 2014 (2): 42-45.
[3] 徐一超. "文化治理": 文化研究的"新"视域 [J]. 文化艺术研究, 2014 (3): 34-40.
[4] 赵大川. 钱塘江旧影 [M]. 杭州: 杭州出版社, 2013.
[5] 沈璧, 金阿根. 钱塘江航运 [M]. 杭州: 杭州出版社, 2013.
[6] 蒋乐平. 钱塘江史前文明史纲要 [J]. 南方文物, 2012 (2): 86-88.
[7] 徐建春. 钱塘江风光 [M]. 杭州: 杭州出版社, 2013.
[8] 盛久远. 钱塘江名人 [M]. 杭州: 杭州出版社, 2013.
[9] 仲向平, 陈钦周. 钱塘江历史建筑 [M]. 杭州: 杭州出版社, 2013.
[10] 王国平. 钱塘江全书 [M]. 杭州: 杭州出版社, 2013.
[11] 王其全. 钱塘江非物质文化遗产资源研究 [J]. 浙江工艺美术, 2009 (1): 83-95.
[12] 浙江省钱塘江管理局. 萧绍海塘文化专题研讨会论文集 [M]. 上海: 上海古籍出版社, 2016: 68-72.
[13] 涂师平. 论水文化遗产与水文化创意设计 [J]. 浙江水利水电学院学报, 2015, 27 (1): 10-15.

清代钱塘江塘工沙水奏折档案及其价值

王 申

(浙江省水利河口研究院,浙江杭州 310020)

摘 要:塘工沙水奏折档案是清代形成的重要的钱塘江河口文献。通过梳理该批奏折档案文献形成的历史背景与经过,认为其具有主题集中、连续性好、准确性佳、图文互证等显著特色;并结合具体事例分析了该批文献对于研究钱塘江河口的塘工决策、水文环境变迁、沿岸经济开发进程的史料价值,并认为对研究钱塘江河口涌潮强度变化、江道主槽摆动、滩地冲淤等在更长时段内的特性与规律,也具有重要的自然科学意义。

关键词:钱塘江;海塘;沙水;档案

钱塘江塘工沙水奏折是清代浙江地方官定期向清廷奏报的以钱塘江河口段海塘情形和水文观测记录为主要内容的档案文献。这批档案始于乾隆朝,迄于清末,系统反映了钱塘江河口潮势大小、沙涂冲淤、江道地形变化及塘工损修情形,是研究钱塘江河口水文环境变迁及人类相应活动的绝佳资料,具有珍贵历史价值与科学价值。目前,中国第一历史档案馆保存的军机处录副奏折与宫中档朱批奏折中,共有钱塘江塘工沙水奏折2000余件;台北故宫博物院保存的朱批奏折中有塘工沙水奏折600余件,在内容上与前者有较多重复。自20世纪70年代起,台北和北京两地先后推出的《宫中档光绪朝奏折》《宫中档乾隆朝奏折》和《光绪朝朱批奏折》等档案文献汇编著作中,[1-3]就包含钱塘江沙水奏折,但嘉庆至同治及宣统年间的沙水奏折皆未见出版。钱塘江塘工沙水奏折档案中蕴藏的丰富历史与科学信息,应引起历史与水利学界重视。本文将介绍这批档案的形成背景与经过、内容与特色,探讨其历史与科学研究价值。[4-6]

1 塘工沙水奏折的形成

钱塘江河口是典型的游荡性河口,河口段河床宽浅,内窄外广,呈"喇叭口"状,河底是堆积深厚且易于冲淤的细粉沙,东西横亘上百里,称作沙槛。河口江道主槽随着径流的丰枯,常常大幅弯曲摆动,倏忽南北,变化多端。这一特性给河口两岸防御涌潮和洪水带来严峻挑战。历史上人们通过修筑海塘来抵御洪潮冲激,护卫生存空间,而海塘工程质量与防御效果又与人们对钱塘江沙水变化特性的认识紧密相关。尽管在宋代燕肃、朱中有等人就已认识到钱塘江河口涌潮是由于西进的海水遇到水下堆积的沙坎阻拦后蘲遏而成,沙坎的分布变化影响到潮流走势,[7]且元代就已首次出现河口水深测量之举,但最早系统的钱塘江沙水动态观测与记录却是从清代开始的。

清代钱塘江海塘捍卫的杭嘉湖平原和萧绍平原，是漕粮来源重地，国家赋税半出于此，因而海塘安全备受中央重视。康熙朝后期，有关海塘外护沙涨坍的信息便常与塘工损修情形一起出现在奏折中。雍正朝时，因开挖钱塘江中小亹引河之故，对中小亹上下游沙水情形尤其关注，在疏浚施工过程中及施工完成后，隆昇都曾详细丈量引河水深和宽度，绘制引河工程全图和沙水形势上报。乾隆朝前期，钱塘江主槽先是向南摆动，并于乾隆十二年至二十四年（1747—1759 年）间行走中小亹，两岸海塘外涨沙绵亘，塘工稳固，江海安澜；乾隆二十四年起，江道主槽又摆回北大亹，涌潮冲坍北岸塘外淤沙，逐渐威胁到海塘安全。这一江道主槽的剧烈变动及其与海塘工程安危关系的强烈对比，使乾隆帝愈发关注钱塘江河口的沙水变化。乾隆二十四年，庄有恭任浙江巡抚，他在关于海塘修治的奏折中，必汇报沙水变化形势，至乾隆二十五、六年（1760 年、1761 年）时，已形成一定的观测范围和奏报格式，并附有绘图。乾隆二十七年（1762 年），乾隆南巡至海宁，阅视塔山石坝时，命人在坝外石篓上安设三处标记，以验涨沙丈尺。乾隆二十八年（1763 年）四月，庄有恭与熊学鹏上奏，称嗣后将按月奏报塘工沙水情形，得乾隆朱批：奏折每月一次，绘图两月一次即可。之后，钱塘江沙水测量与奏报便形成定制。乾隆四十三年（1778 年）春夏间，钱塘江潮水先是逼近北岸，刷坍塘外涨沙，令海宁老盐仓以西柴塘吃紧，后又南趋，北岸复涨新沙，乾隆帝披阅沙水图时，认为形势或有转机，命浙江巡抚王亶望下月绘图再奏一次。其后浙江地方大臣即改为每月一折一图上报，一直延续至宣统三年（1911 年）。如此便形成了今日留存丰富的钱塘江塘工沙水奏折档案。[8]

钱塘江塘工沙水奏折的内容，主要涵盖塘工、潮势和沙涂坍涨信息。塘工方面，每次检视的各段海塘工程是否稳固，何处出现损坏需要修葺，何处较为薄弱存在隐患，以及具体整修方案和实施进展等均需奏明在案。若修整工程较为重大，开销不菲，则须在折内奏明请旨，等候上谕。潮势方面，则反映涌潮的缓急、行进方向、贴近南岸还是北岸冲刷、主冲地点在何处等。河床沙涂的坍涨是观测与奏报的重点。每折须奏明各测量点旧沙（又称老沙）的长宽有无变动，若有刷短缩小或淤积扩张的新沙（又称嫩沙），则应给出准确丈尺数，塔山坝外的沙涂积坍高度则通过标的物读取。如果新涨沙尚未淤高，潮来漫盖，潮退显露，即称为"水沙"；潮退后也未能露出水面的，则称"阴沙"，皆需观测。潮水沙势变化对海塘工程的利弊和安危形势评估，也常在奏折内分析。

沙水观测的范围，在乾隆朝逐渐扩大并定型。乾隆二十七年的沙水观测与奏报，仅限北岸仁和念股头至海宁马牧港一段塘外沙涂坍涨情形和尖山石坝涨沙变化。乾隆二十八年时，则扩展至北大门南岸河庄山、严峰山、蜀山一线。乾隆二十九年（1764 年）二月，又扩展至海宁城东念里亭一带。至乾隆五十五年（1790 年），北岸的测报范围上起仁和乌龙庙，下至海宁尖山石坝，均被囊括其中。乾隆五十八年（1793 年），南岸则向上游延伸为西兴到党山一线。其后观测点不尽相同，但均不出此范围。

与沙水奏折一同上报的还常有沙水清单和沙水图。沙水清单是各处沙涂与上月相比较坍涨尺寸的详细列表。沙水图则是以彩色绘图方式呈现钱塘江河口主槽路线，沙涂位置，一目了然。沙水图的着色方案是"塘内用深绿，中泓用深蓝，阴沙用水墨，各色绘画分明"，并常以贴黄的方式注明变动情形。这两者，是沙水奏折的重要补充，与单纯文字表述相比，提供了更为直观生动的信息。

2 塘工沙水奏折的特色

钱塘江塘工沙水奏折，是以水利为主题的专类奏折，在清代奏折中，具有主题集中、连续性好、准确性佳、图文互证等显著特色。钱塘江塘工沙水奏折的四点特色，使其成为准确、系统、连续反映钱塘江塘工，尤其是江道、涌潮环境演变的珍贵历史文献与科学资料，为开展相关研究提供了丰富的信息宝藏。

2.1 奏折主题明确集中

钱塘江塘工沙水奏折所奏内容主题十分集中，不唯与一般奏折相较如此，即便与其他海塘类奏折相比，内容也更加专一。清代钱塘江海塘关系到国家赋税和漕粮保障，为历任皇帝所重视，清廷与浙江地方官员间通过一般奏折和朱批寄谕的方式往来沟通治江防潮、海塘修筑事宜。清代关于海塘事务的奏折留存丰富，但这类奏折中涉及内容甚为广泛，不仅包括钱塘江防潮方略的部署与争论、筑塘经费的筹划与报销，还有规章的制定、人事的调整、官员的奖惩等。而塘工沙水奏折目标明确，任务单一，主要奏明潮势河势环境变化及其对海塘影响，内容以塘工安危、局部损修和沙水变动情形为主题，每折内专言此二事，较少涉及其他信息。

2.2 具有良好的连续性和完整性

钱塘江塘工沙水奏折有着良好的连续性和完整性。从形式上看，钱塘江沙水测量与奏报活动在乾隆二十八年（1763年）形成定例后，浙江地方官员即每月按期观测与奏报，除同治年间因太平天国战乱而出现中断外，其余各朝均能坚持，一直延续至清末。最后一次塘工沙水奏折的上报日期是宣统三年（1911年）农历八月十八日，即辛亥革命爆发前一天。从内容上看，由于观测地点固定，各处沙水的变化情形得到连续的动态反映。尖山、塔山坝外沙涂的消长，海宁至杭州段塘外护沙的淤坍，南岸蜀山脚下积沙尺寸，以及江道主槽的曲线，四季潮势的强弱等各项信息均基本形成连续的记录。

2.3 信息呈现具有真实性和准确性

钱塘江塘工沙水观测与奏报的信息还具有较为可靠的真实性和准确性。首先，观测与奏报的内容为客观环境变化，不涉及社会关系，无利益瓜葛，因此奏折内无矫饰或作伪的必要。其次，每次奏报前，一般先由布政使将沙水情形禀报至巡抚，巡抚再亲自前往勘验，检查情形是否如实，最后再奏报给皇帝。这一程序设计也可防范观测或奏报人疏忽职守，随意奏报。再次，在其他海塘类奏事折中，也常会提及塘工和沙水情形，这些奏折常来自不同官员，无形中对沙水奏折也起到了监督作用。另外，沙水形势与塘工安危息息相关，若沙水变化不能认真测量汇报，则塘工损修事由则无法解释。以上诸条因素表明，清代塘工沙水观测信息是准确可信的。

2.4 实现直观的图文互证

图文互证是清代钱塘江沙水奏报的又一特色。沙水图所反映的信息几与奏折相等，览阅更为简便直观,因此备受皇帝重视。《清实录》中多处记载,乾隆帝经常将不同月份沙水图放在一起观察,对比沙水河势变化。乾隆帝十分重视沙水图的绘制质量,曾因图内着色不清晰,无法分辨沙水深浅而责令浙江巡抚应严格"分别颜色绘画"。乾隆五十八年(1793年)三月,浙江巡抚长麟所进图中,未绘江水主泓道,从图上无法印证文字奏折中所谓南坍北涨之势,乾隆帝将该图与前次进呈旧图一并下发,命江水中泓"每月照旧绘在图中呈览,毋得似此牵混"。此外,乾隆帝还偶在图中直接批点圈阅,令臣工按照指示位置实施疏浚或筑塘工程。沙水图构成了沙水奏报的重要部分,与文字描述相互印证,直到清末都保持了较高的绘图质量。

3 塘工沙水奏折的学术价值

钱塘江塘工沙水奏折中蕴含的江道水文变化信息,为解决诸多历史和现代河口科学问题提供了宝贵资料及研究途径,具有重要学术价值。

3.1 历史研究价值

塘工沙水奏折中蕴含的丰富历史信息,为研究钱塘江海塘修筑、治江防潮历程、河口江道环境变化及其社会经济影响的历史提供了新的分析视角。

钱塘江海塘的历史研究是学界关注的焦点之一。在已有的丰富研究成果中,讨论的主要问题包括海塘修筑本身的历史、塘工技术史、筑塘经费及海塘管理问题,与筑塘有关的地方经济开发史等。即主要从社会史、经济史和技术史的角度展开分析。从环境史视角进行的研究,则着重考察涉塘动植物、石料开采与山林保护等生态环境问题,对于钱塘江江道地形和涌潮大小的基础性环境因素则较少注意。[9] 诸类研究所依据的文献也是以地方志、海塘专志及海塘类奏事折为基础,对于塘工沙水奏折则缺少系统的利用。

事实上,沙水奏折出现以后,其所反映的江道地形与河势潮势变化,是中央做出海塘修筑决策的重要依据,离开对这一基础性环境因素变化的系统分析,对筑塘史的理解是不够全面的。例如,钱塘江北岸海宁至杭州段应以柴塘御潮还是应改筑石塘,清廷内曾长期争论不休,乾隆帝在第五次南巡时,始决定将此段柴塘改建为石塘。至于在前几次南巡时为何乾隆没有做此决定,学者多倾向于认为是由于石塘施工技术上的困难,使改建石塘无法进行,这也是乾隆帝自己的解释。[10-11] 然而,通过分析沙水奏折中所呈现的钱塘江沙涂涨坍与河势潮势变化可知,乾隆前几次南巡时,北岸受潮势威胁较轻,至第五次南巡前数年,北岸塘工则处在严峻潮患威胁之下,时时受损。乾隆帝正是有鉴于潮势变化,才在石塘施工技术困难尚未解决的情况下,仍下定决心改建柴塘为石塘。同样,后来杭州段柴塘改石塘的决策,也是依据沙水环境变化做出的。沙水奏折提供的水文变化信息,避免了对塘工决策背景的认识偏差。

与塘工决策相关的钱塘江治江防潮方略的整体部署及调整,也可从沙水奏折中找到解释。乾隆早期江水涌潮行走中小门时,两岸塘工稳固,岁修经费开支甚少。尽管后来江道重归北大门,但疏浚中小门和南岸挖沙引流的工程曾长期作为一项与修筑海塘相辅的防潮措施。乾隆二十七年(1762年)、三十六年(1771年)、四十三年(1778年)曾多次尝试开挖引河和南岸疏沙工程。尤其是乾隆四十三年四月,高宗亲在沙水图中点出蜀山脚下新涨嫩沙，命人将其挖去，引导潮水南行，促进北岸涨沙护塘，后来因施工难以奏效，又转而下令"尽力保护柴塘"。这些治江防潮方案，均随时与沙水变化形势相适应。

沙水奏折在河口环境史和社会史研究领域也有重要价值。钱塘江是典型游荡性河口，江道主槽的南北大幅摆动和江水涌潮的汕刷冲激，必然带来两岸剧烈的坍陷和淤涨，进而影响河口地区的社会组织和经济开发。在以往研究中，利用了大量正史、方志、文集笔记、农书、古地图、碑刻资料乃至地理遥感、实地考察等手段还原河口岸线的历史变迁和沿岸居民的开发活动，对清代沙水奏折却较少利用。[12] 沙水奏折所记录的河口江道环境变化虽仅一百余年，但整体上反映了南岸沙涂向北淤涨，可垦殖土地和人类活动范围扩大的趋势，而北岸则凭海塘固守岸线。通过对沙水奏折中这一信息的系统梳理，可以反映出今萧山、绍兴一带北岸沿江地区在清中期以后的开发进程。

总之，钱塘江塘工沙水奏折能够为研究河口海塘修筑决策、环境与经济社会演变提供重要的江道水文背景信息，有助于更加全面地理解诸多相关历史问题。

3.2 科学研究价值

利用古代文献记录解决现代科学问题的研究不乏其例，在天文学、气候学、地震学、地貌学、灾害学等领域都有经典的成果问世。钱塘江塘工沙水奏折由于连续、准确、完整地记录了河口涌潮、江道主槽、河床滩地等多项内容的变化，在经过科学提取和整理后，亦可为现代钱塘江河口与涌潮研究服务。

钱塘江河口涌潮过程和江道摆动的变化特性与规律，关系到河口地区的治理、开发与保护，具有重要的现实意义，因此成为河口水利研究的重要内容。水利学界利用近几十年来的实测钱塘江河口涌潮数据和江道地形资料，深入研究了该河口江道主槽摆动和涌潮大小变化的周期与特征，从水动力学角度对涌潮的形成和运动全过程有精确的微观分析，绘制了河床上不同位置滩地受冲刷的概率分布图。[13-14] 这些认识成果对于涌潮的防御、海塘的修筑和治江围涂规划线的确立都起到了重要指导作用。然而，限于实测数据出现的年份，对新中国成立以前更长历史时段内江道、涌潮的变化规律缺少数据基础和认识方法，亟须探索新的研究途径。

塘工沙水奏折中关于涌潮大小和缓急的描述，可以反映年内或年际之间的潮势变化。奏折中，对于仲春以后，及夏、秋季节的潮势一般用"旺""盛"等字描述，对冬季和正月潮势多用"缓""平"等字描述。这表示潮势在一年四季中的正常大小变化。而在某些季度中，也可见到冬季用"旺"，夏、秋用"缓"字描述的潮势，则表示当季潮势强弱异于常态。又可见潮势在数年内表现出连续的盛大或平缓，说明潮势的阶段性波动。将涌潮强度逐月提取后，可以分析其阶段变化特性。现代涌潮研究认为其强弱变化具有一定的周期年限，通过对历史数据的分析则可以为这一认识作佐证或修正。

塘工沙水奏折中关于涌潮主冲地点和江道走势的描述，可与沙水图中所绘江水主泓线的位置结合分析，共同反映主槽的摆动变化。现代钱塘江河口研究已绘制了1949年以来，钱塘江主泓道的曲线，统计分析了其南北摆动的周期规律。沙水奏折和沙水图则可以提供清乾隆以后100多年内的钱塘江主泓道位置及变化信息，为在更长历史时段内研究其变化规律提供更为丰富的数据。现代科学认为，钱塘江江道主槽的摆动与涌潮大小的变化密切相关，二者在历史上是否存在对应关系，也可通过沙水奏折的信息展开分析。

塘工沙水奏折中对南北岸不同江段滩地变化有着准确的丈量，作为附件的沙水清单中有着准确的数字变化比较，沙水图中又直观反映出各处滩地的位置和面积的增减。因此可以选择若干代表性滩地，计算其露出水面的年数和陷入水中的年数（即滩地保存率），考察河口易冲刷和易淤积的部位。现代钱塘江河口治理过程中，曾依据滩地保存率制定围涂筑塘方案。历史上滩地保存率则可以在更长时段内反映河口河床特性，为河口开发与保护提供借鉴。

塘工沙水奏折中关于涌潮、江道主槽和滩地涨坍等多项水文要素的客观连续的记录，经过系统提取后，可形成持续100多年的资料序列。用现代河口理论为指导，对这一资料序列进行分析，可以在更长历史时段内认识河口水文变化的规律及特性，弥补现代钱塘江河口研究中实测数据年份较短的不足。

4 结论

综上所述，钱塘江塘工沙水奏折及其附属的沙水清单、沙水图档案，是清代出于治理钱塘江需要而形成的珍贵的塘工水文及江道地形观测资料，其具有主题集中、内容连续、准确、完整、图文并重等显著特征。这批档案对于研究清代钱塘江塘工决策背景、河口环境变迁、沿岸经济开发进程有重要的史料价值。其所蕴藏的长达100余年的多项水文资料序列，对研究钱塘江河口涌潮强度、江道摆动、滩地冲淤等在更长时段内的特性与规律，也有重要的现代科学意义。

参 考 文 献

[1] 台北故宫博物院. 宫中档光绪朝奏折[M]. 台北：台北故宫博物院出版社，1973.
[2] 台北故宫博物院. 宫中档乾隆朝奏折[M]. 台北：台北故宫博物院出版社，1982.
[3] 中国第一历史档案馆. 光绪朝朱批奏折[M]. 北京：中华书局，1996.
[4] 陶存焕，周潮生. 明清钱塘江海塘[M]. 北京：水利水电出版社，2001：102-103.
[5] 席会东. 中国古代地图文化史[M]. 北京：中国地图出版社，2013：269-272.
[6] 李孝聪. 清代舆图档案所见钱塘江海塘工程[C]//钱塘江保护与申遗论文集（上册）. 杭州，2016：1-6.
[7] 中国古代潮汐史料整理研究组. 中国古代潮汐论著选译[M]. 北京：科学出版社，1980.
[8] 王申. 乾隆朝钱塘江沙水测量与科学治潮[J]. 自然辩证法通讯，2019（5）：36-43.
[9] 王大学. 中国海塘史研究的回顾与前瞻[J]. 历史地理，2015（2）：335-346.
[10] 张芳. 乾隆皇帝和海塘[J]. 中国农史，1990（1）：75-80.
[11] 徐凯，商全. 乾隆南巡与治河[J]. 北京大学学报（哲学社会科学版），1990（6）：99-109.
[12] 阙维民. 公元8—20世纪钱塘江河口段的八次重大改道[C]//莫多闻. 环境考古研究（第4辑）. 北京：北京大学出版社，2007：220-227.
[13] 韩曾萃，戴泽蘅，李光柄，等. 钱塘江河口治理开发[M]. 北京：中国水利水电出版社，2003.
[14] 潘存鸿，韩曾萃，等. 钱塘江河口保护与治理研究[M]. 北京：中国水利水电出版社，2017.

河势、技术与塘工决策
——清乾隆朝钱塘江杭海段海塘柴改石案考论

王 申

（浙江省水利河口研究院，浙江杭州 310020）

摘 要：清乾隆初年，钱塘江河口北岸开始大规模兴筑结构复杂、坚固耐久且耗资不菲的鱼鳞石塘。然而，杭州章家庵以东至海宁老盐仓段四千余丈柴塘是否改建为石塘，朝廷长期争论不休，直至乾隆四十五年（1780年）方才决定改建。学界多认为该段柴塘长期未能改建为石塘，是缘于施工技术上的困难。但综合考证当时的自然、经济、政治等多种因素，结合钱塘江河口江道与潮势环境历史变化及其对海塘安危的影响，证明河势、潮势环境才是影响乾隆帝对该段海塘决策的关键，施工困难并非主因。乾隆帝是根据实际防潮需求和工程效益作出的务实塘工决策。

关键词：清乾隆朝；钱塘江海塘；柴塘；鱼鳞石塘

钱塘江海塘，是保护杭嘉湖平原和萧绍平原免受洪潮侵袭的重要屏障。自唐代起，钱塘江河口两岸便逐渐形成了延绵的海塘体系，其后历代皆重视海塘修筑。至清代，海塘保护区更是国家赋税和漕粮来源重地，海塘地位越发重要。乾隆元年（1736年），趁钱塘江潮势南迁、北岸涨沙之际，海宁尖山至老盐仓以东一举筑成坚固耐久且耗资巨大的鱼鳞石塘，乾隆帝也树立了"不惜帑金"筑塘、亲民爱民的形象。然而，老盐仓以西至仁和章家庵以东长达13333m有余、事关杭州安全的关键地段仍以柴塘御潮，关于此段柴塘是否改建为石塘，一直争论不休，直至乾隆四十五年（1780年）方才决定改建。现有研究著作对此段海塘的柴改石一事有清晰的记录，但对于早期争论和决策过程未见梳理，至于为何该段柴塘迟迟未能改建石塘，也多采用乾隆帝的说法，即因施工技术上的困难。[1-3] 这一观点在学界流传较广，却并没有反映决策背后的复杂因素和曲折考量。本文依据中国第一历史档案馆所藏钱塘江海塘与沙水奏折档案及清实录等史料，详细梳理和分析乾隆朝海宁至杭州段海塘柴改石案中钱塘江河口潮势环境变化、筑塘技术问题与塘工决策过程，揭示乾隆帝对海塘修筑的真实态度，有助于准确理解乾隆朝的海塘决策特征。

1 水势南迁与御潮方式之争

钱塘江河口是典型游荡型河口，粉沙质河床宽浅易变，在洪潮交互作用下，河道主槽南北大幅摆动。河道主槽往往是涌潮上溯时遵循的路线，决定了南北两岸的防潮形势。明清之际，钱塘江河口发生著名的三亹❶变迁，即河道主槽由龛山、赭山之间的南大亹改道

---

❶ 亹同门，特指水域中两山夹峙成门。

至赭山、河庄山之间的中小亹，又改道至河庄山和海宁之间的北大亹。康熙末年（1722年），中小亹已淤积不通，江流海潮贴近北岸行走，威胁海宁一带海塘安全。雍正朝，江道主槽仍在北大亹，北岸海塘防潮压力巨大。雍正帝试图以人工疏通中小亹，引江流涌潮重归故道，减轻北岸海塘压力，但以失败告终。临终前，雍正帝仍心系钱塘江海塘，指示海塘修筑应不惜代价，"一劳永逸"消灭潮患。

乾隆帝即位后，在钱塘江河口防潮问题上，继承雍正遗志，派出大学士嵇曾筠总揽浙江海塘事务，谋求落实一劳永逸解决潮患。此时恰逢钱塘江主槽逐渐南移，河床内沙涂南坍北涨，北岸尖山至海宁塘外沙地日益增高，为修筑鱼鳞石塘提供了有利条件。嵇曾筠到任后，立即修补旧塘，疏导南岸积沙，积极准备修筑鱼鳞石塘。乾隆元年（1736年）冬，嵇曾筠主持在海宁城南段修筑1.67km鱼鳞石塘，次年五六月间竣工。继之，又借北岸涨沙之机，奏请将海宁尖山至城东普儿兜段在旧塘原址上建筑鱼鳞石塘19.77km，预估物料工银1069600两。[4] 尽管鱼鳞石塘造价近十倍于柴塘，但鉴于雍正朝教训，乾隆帝还是于乾隆二年（1737年）八月批准了这项工程。该工于乾隆八年（1743年）六月一律告竣，全长20.32km，实际耗银1127110两。[4]

当普儿兜至尖山段鱼鳞石塘尚在建设时，关于海宁城西老盐仓至仁和章家庵段柴塘是否也一体改建，产生了分歧和争论。该段柴塘长约13km，连接海宁与杭州，地理位置十分重要（图1[1]）。之前嵇曾筠提出改建鱼鳞石塘计划时，因该段柴塘仍临水，塘外潮势较汹涌，不便施工，故未将其纳入奏议。此时该段塘外亦出现涨沙，是否继续以柴塘御潮，争论十分激烈。在这场持续数年的争论中，力主改建鱼鳞石塘的代表是闽浙总督德沛，主张缓建或不建的一方有左都御史刘统勋、新任闽浙总督那苏图和吏部尚书讷亲等人。

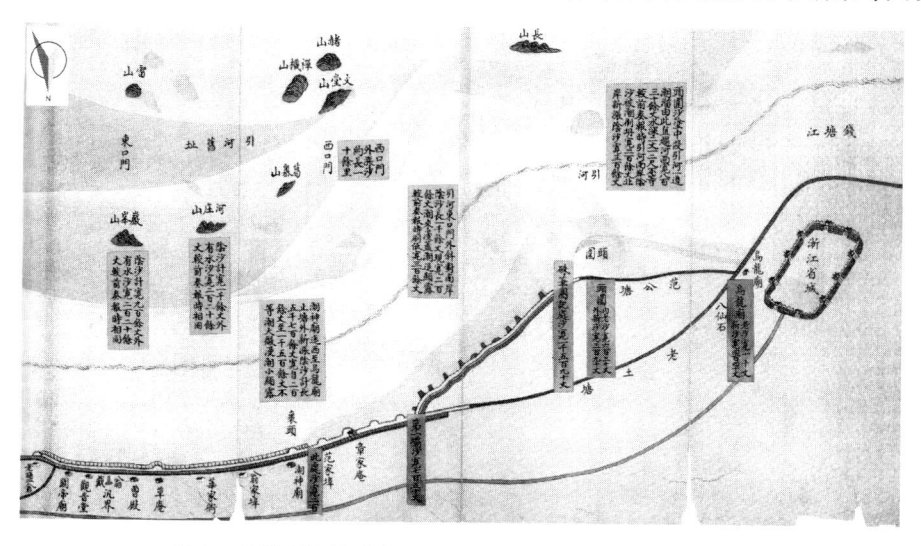

图1 乾隆朝海塘沙水图（局部）所见海宁至杭州段柴塘

乾隆五年（1740年）十一月，闽浙总督德沛与浙江巡抚卢焯联名题请将老盐仓至章

---

[1] 图片来源：台北故宫。

家庵一带长约13km的柴塘改建为鱼鳞石塘。奏疏称,该段柴塘是康熙末年(1722年)为御强潮临时抢建,并非一劳永逸之计,如今沿塘涨沙,是改筑石塘的千载良机。德沛认为,海潮南北无常,塘外涨沙并不可恃,并引雍正帝谕旨"海塘虽涨沙数百里亦不足恃,惟坚筑大石塘始可经久"。因担心该段土性虚浮,难于钉桩,德沛特地命人选择最为险要处试筑样工66.67m,完工数月后仍坚固,以此证明改建石塘无技术上之困难。该项工程预估工料银90余万两,请分限五年内完成。工部议覆,该段石塘并非急务,况且正在改建的海宁东段石塘尚未完工,石料运购紧张,此事可等各工修筑完竣后再议。

德沛并不认可工部的决议,遂于乾隆六年(1741年)三月再次提请改建老盐仓至章家庵段石塘。德沛重申了前述观点,并指出该项工程与其他工程并不冲突,可分年办理,并行无碍。工部拟从其所请。[4]乾隆下旨,命杭州将军福森、织造依拉齐公同时监修。二位随后上奏称,改建石工是"万世永久之利""俟物料备齐,即动工修筑"。[5]

数月后,曾奉命在浙考察海塘工程的左都御史刘统勋奏称,老盐仓到章家庵段柴塘改建不必过急。他认为,当前钱塘江两岸塘工,北岸的海盐,南岸的山阴、会稽、萧山、上虞诸县形势皆危于海宁,需优先处理,而德沛所奏改建石工地段则堤岸平稳,因此"待水势北归,再筹捍御,尚未为晚"。[5]工部因其与德沛意见各殊,难以裁定,请求派钦差大臣前往浙江会同各官实地调查。

乾隆六年(1741年)十二月,刘统勋奉旨赴浙会同闽浙总督德沛、新任巡抚常安,以及福森、依拉齐等详细考察浙江海塘情形。刘统勋与德沛等经会同考察后,提出了一个颇为折中的方案,先肯定改筑石塘是"经久之图",但也需"宽以时日周详办理",可先筹备物料,俟时机合适时,每年修筑1km。[4]奏疏上后,德沛卸任,那苏图新任闽浙总督。工部以此为由,称应等那苏图再查勘明确,如果与诸大臣意见相同,"自应准其改建"。

那苏图是坚定的反建石塘派。他于乾隆七年(1742年)十一月上奏,反对改建老盐仓至章家庵段柴塘。奏折称,石塘固然坚固,自康熙朝筹划筑塘,为求一劳永逸而不遗余力,东西两塘已经陆续兴筑,唯独这13000m的余长以柴塘御潮,不能普筑石塘,其原因"非惟力有不及,实亦势有不能",推诿于自然条件和施工技术困难。那苏图还攻击那些主张改建石塘者是想凭此立功升官或从中贪占钱粮,"稍霑余润"。[6]

随着钱塘江主槽的南移,开挖中小亹引河的方案被再次提出,旨在引导江流涌潮走中亹,分担海塘的防潮压力。该项工程在康熙朝和雍正朝曾多次尝试,但效果不佳。那苏图在乾隆七年十一月的奏疏中称,前朝中亹引河工程失败是因选址不佳,若将中小亹复开,江水海潮行走中路,对南北两岸均无威胁,应请地方官员留意,一有机会当乘势开濬。而且该工程开销不大,"所费不过数万金",却能使海宁一带永无漫溢,"即使不建石塘,而民生自共登衽席"。那苏图认为,维修柴塘是目前济险之急务,而开浚中亹引河才是"将来经久之缓图",[7]完全排除了修建石塘的选项。

乾隆九年(1744年)五月,北岸全线涨沙,自章家庵至老盐仓段,柴塘外涨沙几与塘平,连柴塘护脚都被埋没,塘工稳固无虞。吏部尚书讷亲奉命查勘海塘后,奏称此段"不必改建石工,徒滋糜费",并请开浚中小亹,"若将中小亹故道开濬深通,俾潮水江流循轨出入,分减北大亹之溜势,则上下塘工悉可安堵,毋庸多费工筑,实为经久之图"。[8]工部议覆,若将中小亹疏通,每年可以节省海塘抢修经费数万两,因此

178

议准通过。[9]

这场持续了4年多的争论，反映了清廷在治江防潮方案上的分歧。在钱塘江杭海段河势南徙、北岸涨沙的有利条件下，有人主张仍维持柴塘现状，有人主张应趁机改筑为鱼鳞石塘，还有人主张开挖中亹引河，最终决定疏通中亹引河、缓建鱼鳞石塘。

乾隆帝在这场争论中，倾向于暂不改建石塘。浙江巡抚卢焯先前因老盐仓至章家庵段涨沙而奏请停修柴塘，后又与德沛一同奏请改建石塘，受到乾隆帝申斥。乾隆帝称，浙江海塘已涨沙5000m有余，"草塘尚可不用，何况石塘"[5]，虽是指斥卢焯胸无定见，却表明其关于改建石塘的意见。当诸大臣会同勘察海塘后决定预先筹备物料，拟每年建筑1km石塘时，乾隆帝又从施工条件和技术上提出怀疑："盖沿海淤沙虽云艰涩，究之是沙非土，难资巩固。其改建石塘，有无利益，果否可垂久远，并现今海塘实在情形，未能深悉。"[9]又令那苏图再加考察后决定。实际上，德沛早已在最险处试筑鱼鳞石塘66.67m，证明技术上可行，并已奏明在案。而乾隆帝屡次命大臣反复考察形势，未利用涨沙之机加紧改建石塘，也反映了他的态度。

钱塘江中小亹引河工程计划得到批准后，遂在那苏图、常安等主持下实施，并于乾隆十二年（1747年）获得成功。是年十一月初一，中亹"一夕开通""江流直趋引河，大溜全归，冲刷河身，甚为深宽"。船只往来，皆经中小亹，"北岸涨沙弥广"[10]。如此一来，江海安澜，南北两岸海塘防潮压力顿减，不惟改建石塘之事无人再提，柴塘岁修亦嫌多余。这种情况一直持续至乾隆二十四年（1759年），此12年间是乾隆朝钱塘江防潮最为轻松的时期。乾隆帝在乾隆十六年（1751年）、二十二年（1757年）两次南巡至杭州，都未曾亲临一线海塘视察，可见当时河势潮势足以令其高枕无忧。

在海宁普儿兜至尖山段鱼鳞石塘陆续建成之际，老盐仓至仁和章家庵段柴塘改建石塘之争，也随着北岸涨沙、江道南迁并重归中小亹而平息。其结果是北岸洪潮威胁消弭，该段柴塘一仍其旧。但这一问题只是暂时缓和，并没有得到彻底解决，当河势变化，潮水再度临塘时，问题也会再次凸显。

2 河势反复与续修柴塘

乾隆二十四年（1759年），钱塘江水势在中亹安流12年后，重归北大亹。是年四月，江海形势突变，中小亹下口处雷山与蜀山之间出现积沙，近半江潮水重归北大亹，迅速冲刷北岸淤沙。至五月时，水势已全归北大亹，河庄山与禅机山之间中亹故道"已涨沙连接，虽遇大汛，潮水漫沙不过二三尺，已非舟楫可通"[11]。钱塘江河势的这一变化，使得北岸再次受到冲刷，海塘面临威胁。

但是，由于北岸沙涂经多年淤涨，海塘外护沙地横亘连绵，使海塘尚不至于立刻受到潮水直接冲击。为预防起见，浙江巡抚庄有恭于六月即奏请早做准备，建议将海宁城东西两塘柴石塘工加以修葺加固。[12]乾隆览奏后，谕令其速行筹办，其遂于各地购办柴薪，赶筑海宁县绕城工段损毁的海塘等。乾隆二十六年（1761年）二月，随着水势继续北移，老盐仓段柴塘受潮顶冲，为事前预防，庄有恭"饬属采运柴薪，并购办桩木器具豫解工所，以资抢护"。[13]六月，庄有恭奏报，自翁家埠至老盐仓柴石两塘交接处约10km一带塘外老沙，囚山、潮水双重冲刷坍卸迅速，有逼近塘脚之虞，已将此处柴塘拆旧建新

333.3m，并将继续拆建。[14] 十一月，庄有恭又为请续修北岸柴塘专折上奏，言老盐仓一带柴塘已停修16年，塘外积沙经冲刷致使海塘已有临水之势，年初已拨银五千两购置柴薪桩木，局部陆续拆建，请进一步拆建。自江水涌潮复行北大亹后，北岸原有石塘以修补加固为主，老盐仓段柴塘以拆旧建新为主，尚无人重提改建鱼鳞石塘之议。

乾隆二十六年（1761年）底，乾隆帝谕军机大臣，"比年以来，中亹潮势渐次北移，殊萦宵旰"，拟于次年春第三次南巡。此次南巡的重要目的之一是亲自到钱塘江考察海塘河势，"详阅情形，与地方大吏讲求规划"[13]，根据现场情形作出塘工决策。这次南巡过程中，乾隆帝产生了改建海宁老盐仓段柴塘为鱼鳞石塘的构想。

乾隆二十七年（1762年）二月，乾隆帝南巡尚在江苏境内时，便命大学士刘统勋、河道总督高晋、浙江巡抚庄有恭赴海宁，考察钱塘江柴塘及改建石塘的可行性。三人接旨后，于十九日抵达现场，进行石塘打桩试验，二十七日将试验情形上奏。奏折称，若紧靠柴塘后建石塘固然巩固，但沙性松软，难以打桩；若在柴塘与土备塘之间修筑，则须拆迁民居。"揆此情形，难以遽议改建"，因此建议"广购柴薪，多备桩木"，继续拆筑柴塘，加高加厚，可保无虞。

乾隆帝于三月一日抵达杭州，次日启程赴海宁视察塘工。在老盐仓段工地上，他亲眼看到了修筑鱼鳞石塘存在技术困难："柴塘沙性涩汕，一桩甫下，始多扞格，卒复动摇，石工断难措手。"若将石塘筑址向内移靠至易施工处，又必然要拆迁或占用原有百姓田舍庐墓，所谓"欲卫民而先殃民"。乾隆帝因此决定老盐仓至章家庵段暂不改建鱼鳞石塘，"惟有力缮柴塘，得补偏救弊之一策"。为保障柴塘修筑顺利，他还特地谕令地方官员提高柴薪收购价格，使百姓乐于运售物料。[13]

海宁老盐仓东段土性松软，其土力学特征的确难以钉长桩木，然而打木桩奠基，又是修筑鱼鳞石塘必需的重要程序。这一客观上的技术困难，确实不利于将该段柴塘改建为石塘。但是，施工上的技术困难只是一方面因素，当时的潮势环境和乾隆帝的防潮方案设想，也是影响到塘工决策的重要原因。

从潮势环境来看，当时钱塘江主槽虽已重走北大亹，但由于多年来北岸海塘外涨沙厚远，很大程度上缓解了涌潮的冲刷，虽有局部塘段临水，但仅对护塘坦水等塘外辅助设施造成破坏，对塘身尚不构成严重威胁。正如乾隆帝多年后在回忆此时情形的诗文中所言，"忆自庚辰年，沙势已渐更。然尚去塘远，未致大工兴"。在这种河势下，乾隆帝亦无急切愿望修建耗资巨大的鱼鳞石塘，而是通过修葺加固旧塘，同时采取南岸疏沙引流措施，分担北岸防潮压力等多种方式综合御潮。

由于钱塘江主槽改道不久，时常南北大幅摆动，潮势走向亦不稳定。早在乾隆二十六年（1761年）二月，浙江巡抚庄有恭就曾奏报："将来江流旺发，南沙日渐冲刷，仍可掣溜向南。"[13] 乾隆二十七年（1764年）九月，庄有恭奏报海塘情形，言"西塘观音堂一带离岸一二百丈外隐隐有阴沙起积，有复涨的趋势"。[14] 乾隆帝很快批示，可用木龙挑挖南面积沙，改变江流、潮水行进方向，并在图中用朱笔点出施工位置，令大学士高晋详细斟酌，并赴浙江会同庄有恭酌量妥办，如可行便尽早实施。十月九日，庄有恭等奏，经实地查勘，木龙挑水之法只适应于黄河，不适应钱塘江的情况，不便施行。然二十二日又奏，近期潮水冲刷南岸，待春季潮势强时，应"开挖引河，引溜斜趋，令其归入中小亹，亦可冲开下口亹，复还旧观。"[15] 乾隆览奏时，以朱笔批示："必有可乘之机。"自乾隆二十八年（1763年）起，浙江地方官每两月测量并绘图奏报一次钱塘江塘工沙水情形，乾隆帝密切关注潮水和沙势变化。[16]

在乾隆帝第三次南巡北归后，老盐仓至章家庵段柴塘依旨修缮，塘外积沙时有涨坍。乾隆二十八年（1763年）底，乾隆帝又拟南巡，下谕称："浙中海潮涨沙虽有起机，大溜尚未趋赴中亹，是深所勤念。而新修柴石诸塘，亦当亲阅其工，以便随时指示。"[13] 反映了他对钱塘江海塘的关心，同时也透露出一直以来对钱塘江主槽重归中亹的期盼。乾隆帝的这一愿望在其第四次南巡视察海宁海塘时有集中的表现。

乾隆三十年（1765年）闰二月初五，乾隆帝再次南巡至海宁，造访海神庙镇海寺并阅视塘工。由于连年潮汛威胁较小，海塘"各工俱属稳固"，唯见海宁县城外约1.67km绕城石塘坦水不甚牢靠，命予以加固。至于老盐仓段柴塘，并无新指示，仍坚持岁修柴塘防御涌潮。在这次考察海塘途中，乾隆帝多次在诗文中表现出对江道主槽未归中小亹的担心和重归中小亹的期待。拜谒海宁海神庙后，他作诗称"中亹未复只怀愁"；考察海宁县城石塘前坦水后，作诗称"何当复中亹，额手斯诚庆"；考察完海塘归来后又作诗称"思复中亹亦过望，便由故道敢私庆"。可以看出，乾隆帝此时对钱塘江重走中小亹仍是心心念念，殷切期望。[17] 而这也是他此次南巡时仍未决定将海宁至杭州段柴塘改建为石塘的重要原因。

自乾隆三十年（1765年）起，钱塘江潮势平缓，主流南移，北岸涨沙。是年八月，"正溜南趋，一切柴土石工无不稳固。北岸沙势自开北亹以来，未有增涨至此者"。[18] 此后，东西两塘外常有涨沙。乾隆三十五年（1770年），"北岸河势日渐涨宽，南岸蜀山外之沙日渐坍卸，似于中亹有渐开之势……通塘柴土石各工悉皆平稳"。[18] 乾隆三十六年（1771年）正月，自西塘老盐仓起至海宁县城东四里桥一带，"塘外涨沙又见增高，而隔岸蜀山南面之沙，经挑切，竟坍去七百四十余丈"，"若再向岩峰山西南坍宽三百余丈，则中亹可有复开之机"。乾隆帝饬令海防道督兵尽力挑切。[19] 至五六月间，"中亹经挖深疏浚，又经大雨涨水冲刷，竟冲开引河，宽十余丈；深四五尺至六七尺"。十二月底，"中小亹引河渐次宽深，潮流日趋中道，南北两岸塘工俱保平稳"。[20] 面对如此形势，乾隆帝十分高兴，多次在相关奏疏后御批"欣慰览之"，这似乎也印证了他在塘工决策方面的成功。

3 潮逼北岸与改筑石塘

乾隆三十七年（1772年）初，钱塘江河势潮势再度陡变。正月中，北岸涨沙中间被潮水刷出一道水沟，离塘1.5～2km，望汛以后，潮水北行，塘脚涨沙日渐刷低。二月，潮水分两股西进，一股自新涨沙痕之外斜向西北行至镇海塔，紧靠坦水，溜势甚为湍急。[21] 此类涌潮对海塘有很强的冲刷破坏作用。

海潮形势的突然变化及之前多次往复，使乾隆帝终于放弃对人工开挖引河工程的希望。乾隆三十七年（1772年）二月，乾隆帝谕军机大臣，"潮汛迁移，乃其嘘吸自然之势，非可以人力相争，施工于无用之地也"。因此"惟当于北岸塘工，勤加相度修缮，俾无冲啮之虞。濒海田庐，藉其保障，方为切实要务。若开挖引河，虽亦寻常补苴之策。而当溜趋沙激，岂能力挽回澜。正恐挑港凿沙，徒劳无益"。命浙江巡抚富勒浑等"止当实力保卫堤塘，以待潮汐之自循旧轨。不必执意急为开沟引流之计，必欲以人力胜海潮也。"[22] 三月，再次降谕称"海潮往来靡定，非人力所能争"，富勒浑欲继续开挖中亹引

181

河是"徒劳无益"之举，应专意尽力于查勘葺护北岸堤防。[22]

可见，乾隆三十七年（1772年）初的河势变化，让乾隆帝认识清楚河势变易不定，并促使他基本放弃了借助中亹引河工程分担御潮压力的方案，转而全力保障北岸海塘。此后数年内，由于潮势冲击北岸，柴石各塘屡屡报修。

为缓解北岸潮势，乾隆帝于四十三年（1778年）还曾提出一次通过疏挖北大亹南岸积沙，引潮南趋的设想。是年四月，乾隆帝以潮势逼近北岸，柴塘不如石塘坚固为由，指出"不可不早为筹划"。而其提出的筹划方略，则是挑挖北大亹南岸蜀山一带阴沙，自东南至西北为潮水开辟一条通道"似可令潮势改趋"，并用朱笔在水沙图上点出起讫位置，传谕大学士高晋速赴浙江，会同浙江巡抚王亶望考察，"如果可行，即一面奏闻，一面施工赶办"。[23] 高晋等大臣接旨后，在图上朱笔点志处挑挖试验，但涨沙嫩软浮腻难以施工，遂奏报"海潮大溜趋向西北，南边涨沙形势不定。并无河头可以吸流导引。纵使开宽，潮过即淤"。原中亹"旧址已成高阜，刮淋耕种"。[24] 乾隆帝接奏后无奈批示："既无法，只可尽力保护柴塘。"是年十月，乾隆帝开始筹划第五次南巡，计划再到海宁现场阅视塘工后再行决策。

乾隆四十五年（1780年）三月初，乾隆帝再次巡视海宁海塘。鉴于海宁至杭州段柴塘外河势屡次变迁不定，涌潮的威胁始终难以彻底消除，乾隆帝于三月初三日降谕称，"虽然目前海宁老盐仓至仁和章家庵段四千二百余丈柴塘'尚未完整'，究不如石塘巩固，老盐仓段不能下桩改建石塘，未必四千余丈柴塘都不能下桩，督抚应将可以改建为石塘的地段一律改建，务期濒海群黎，永享安恬之福"。在潮水连年北趋，中亹引河及南岸疏挖工程无效后，乾隆帝终于下定决心将杭海段柴塘一律改建为鱼鳞石塘。

杭海段柴塘改建工程自乾隆四十五年（1780年）底开始筹划并动工，在柴塘土戗后7～10m不等处起筑石塘。乾隆四十八年（1783年）底，建成章家庵以东至老盐仓段鱼鳞石塘约1.3km。[25]

值得一提的是，直到乾隆四十八年（1783年），鱼鳞石塘打桩的技术困难才得到解决。据富勒浑等奏报，在老盐仓一带钉桩木时，曾有一老兵建言，将多根木桩同时钉下，才能牢固，后如其所言试行，果然有效，大大提高了打桩的速度和效率。事后再找这位老兵时，竟杳不可寻，皆以为是天佑神迹。打桩技术的突破，加快了改建鱼鳞石塘的进度，但此是在乾隆帝决定建石塘之后，这也表明技术困难并非阻碍柴塘改建的关键因素。

4 结论

钱塘江北岸东起仁和乌龙庙，西至海宁尖山，在乾隆朝先后建成鱼鳞大石塘46087m，无论是修筑技术水平，还是投入总资金，在古代都是首屈一指的。乾隆帝一生六下江南，四次亲临海塘一线视察，其自诩为保护钱塘江两岸民生，筑塘务求"一劳永逸""不惜帑金"的态度，也广为人知。然而，通过分析其在杭海段柴塘改建鱼鳞石塘的决策过程可以发现，并非完全如此。乾隆初期，在钱塘江水势南移，北岸海塘外大面积涨沙的筑塘有利时机，并没有将该段易朽的柴塘改建为坚固的鱼鳞石塘。中期，虽然钱塘江水势北归，但对海塘尚不至造成严重威胁，该段柴塘仍未改建，且尝试通过开挖中亹引河、疏沙导流等方式组合防御涌潮，尽力减轻北岸海塘压力。后期，钱塘江河势一再反复，对北岸柴塘段冲刷加剧，促使乾隆帝认识到柴塘终非长久之计，才最终在第五次南巡考察时下定决心将此段柴塘一体改建为鱼鳞石塘。可见，施工技术的困难并非影响决策的主因，河势环境变化才是筑塘决策的关键，而其背后则是经济因素的考量。鱼鳞石塘坚固耐久，是实现"一劳永逸"的首选，但耗费巨大；柴塘虽易朽，需要岁修，但所费不过前者1/10；而开挖引河，疏沙导流，其开销又远小于修柴塘。乾隆帝根据钱塘江具体的河势环境和防洪潮需要进行塘工决策，不做超出实际防洪潮需求的投入，从工程效益上讲是合理务实的。但这与追求"一劳永逸""不惜帑金"、亲民爱民的形象又不甚相符，这或许正是乾隆帝多次强调是施工技术困难妨碍该段柴塘改建的原因。

参 考 文 献

[1] 王志伟. 长江已辑风兼浪 万户都安耕与桑 乾隆南巡与"行在治水"[J]. 紫禁城，2014（4）：124-132.
[2] 席会东. 中国古代地图文化史 [M]. 北京：中国地图出版社，2013.
[3] 陶存焕，周潮生. 明清钱塘江海塘 [M]. 北京：中国水利水电出版社，2001.
[4] 方观承. 两浙海塘通志 [M]. 杭州：浙江古籍出版社，2012.
[5] 中华书局. 清实录：第10册 [M]. 北京：中华书局，1986.
[6] 那苏图. 奏为敬陈浙江海塘全局形势工程缓急事 [Z]. 乾隆七年十一月十六日.
[7] 中国第一历史档案馆. 御批两浙名臣奏议：海塘卷 [M]. 杭州：西泠印社，2001：260.
[8] 讷亲. 奏为遵旨勘视浙省海塘情形等事 [Z]. 乾隆九年五月初九日.
[9] 中华书局. 清实录：第11册 [M]. 北京：中华书局，1986.
[10] 顾琮. 奏为查勘钱塘江中亹引河疏浚工程并酌办小亹沙居民移居事 [Z]. 乾隆十二年十一月二十七日.
[11] 庄有恭. 奏报入境任事日期及查勘海宁仁和塘工现在情形事 [Z]. 乾隆二十四年五月十九日.
[12] 庄有恭. 奏为敬陈东西海防柴石塘工事宜 [Z]. 乾隆二十四年闰六月初一日.
[13] 中华书局. 清实录：第17册 [M]. 北京：中华书局，1986.
[14] 庄有恭. 奏报秋汛已过并查勘海塘工程事 [Z]. 乾隆二十七年九月十二日.
[15] 高晋，庄有恭. 奏为遵旨勘明通塘情形事 [Z]. 乾隆二十七年十月二十二日.
[16] 王申，吕凌峰. 清乾隆朝钱塘江河口沙水测量与科学治潮 [J]. 自然辩证法通讯，2019，41（6）：36-43.
[17] 王申. 清代钱塘江中小亹引河工程始末：兼及防潮方略之变迁 [J]. 清史研究，2019（4）：98-109.
[18] 中华书局. 清实录：第18册 [M]. 北京：中华书局，1986：182.
[19] 中华书局. 清实录：第19册 [M]. 北京：中华书局，1986.
[20] 富勒浑. 奏报办理浙省各处塘工情形事 [Z]. 乾隆三十六年十二月二十二日.
[21] 富勒浑. 奏为海宁县南亹外东西一带潮溜分行及沙水情形事 [Z]. 乾隆三十七年二月初六日.
[22] 中华书局. 清实录：第20册 [M]. 北京：中华书局，1986.
[23] 中华书局. 清实录：第22册 [M]. 北京：中华书局，1986：85.
[24] 王亶望. 奏为遵旨会勘浙省海塘涨沙情形事 [Z]. 乾隆四十三年四月二十八日.
[25] 台北故宫博物院编委会. 宫中档乾隆朝奏折：第57辑 [M]. 台北：台北故宫博物院出版社，1982：103.

清代钱塘江潮神崇拜研究
——兼论政府对民间信仰的引导作用

杨丽婷

(浙江水利水电学院 水文化研究所，浙江杭州 310018)

> **摘 要**：潮神是钱塘江下游沿岸富有地方特色的一类民间信仰，是对与涌潮有关的、能抵抗潮灾的一类神灵的泛称。通过梳理钱塘江流域各类潮神信仰产生的自然与人文背景，并对清代杭州府的潮神信仰进行分类统计，认为在当时的历史条件下，钱塘江的潮神崇拜有利于地方的稳定和农业发展，也有利于政权的巩固，因此，政府不遗余力地对这些神灵进行嘉封、立庙，以此方式将各潮神纳入符合儒家道德规范的神灵体系，并在潮灾泛滥地区加以推广。
>
> **关键词**：钱塘江；潮神；民间信仰

钱塘江出海口杭州湾外宽内窄，呈喇叭状，起潮时潮水汹涌，加之海风助虐，其力量足以摧毁沿岸庄田、溺毙人畜，酿成潮灾。死亡的悲剧、无法预知的灾难，超越了古代钱塘江沿岸人民有限的理解能力和应对灾难的能力，人们不得不从超自然的神灵信仰那里寻找力量支持。于是，在这种极端自然条件和公众心理状态下，潮神信仰应运而生。所谓"楚地多巫风，江南多淫祀"，浙江各地方祠庙繁盛、神灵种类多样，潮神信仰种类亦不例外。历史上，浙江省钱塘江沿岸一带有多处"潮神庙"，民间对潮神的信仰十分兴盛。

1 从"潮神"称谓的适用范围看"潮神"名称的实质

1.1 潮神的多样性

伍子胥、张夏、钱镠是现代民众最为熟知的几位潮神。除此之外，另有大量的潮神见于文献。据描写成书于南宋的《梦梁录》记载，南宋时期，杭州有十多位潮神："（昭贶庙）祠之左右，奉十潮神。"[1] 成书于元代的《钱塘遗事》又有记载："（协顺庙）旁又有小庙，专祀十二潮神，每位各主一时，其香火不及三女之盛。"[2] 清代章功藻的《告潮神文》中同时提及伍子胥和文种两位潮神："惟神一则志存覆楚，一则术在谋吴。幸尔成功，同焉赐死。有若忠诚所激，视以如归。"其潮神种类的多样性可见一斑。

1.2 "潮神"名称的非正式性

在民间，被公认为"潮神"的伍子胥，也被称为"水仙""涛神""江神"；"潮神"钱镠又被称为"海龙王"；"潮神"张夏被称为"张老相公"。对官方而言，供奉伍子胥、钱镠、张夏等神庙的庙额中并没有明确包含"潮神"字眼。据描写成书于南宋的《梦梁录》记载，伍子胥、钱镠、张夏等为"司江涛之神"。此外，朝廷对他们的封号里也没有明确提及"潮神"一词。伍子胥在杭州的庙宇有忠清庙、伍公庙，后世累封为"忠武英烈显圣福安王"；钱镠的庙为钱武肃王庙；张夏的神庙有昭贶庙、安济庙，后世累封"灵济显佑威烈安顺王"。因此我们可以推论，"潮神"既非一个固定的，也不是正式的称号。

1.3 潮神庙所供奉神灵的非统一性

"潮神庙"多是由朝廷主持修建的综合型神庙，里面供奉着多位被认为能够平息海潮的神灵，而每一处潮神庙所祭祀的"潮神"也不尽相同。《两浙海塘通志》记载的潮神庙有三处：第一处在海宁沈家埠堤西，始建于明季，祀敕封"静安公"的张夏、"宁江王"宋恭、"护国随粮王运德海潮神"的金文秀、"平浪侯卷帘使大将军"的曹春；第二处在江干善利院，始建于清康熙四十三年（1704年），为纪念江塘修建成功而立，主祀"诸有功于江塘者"；第三处在海宁小尖山，康熙五十九年（1720年）由浙江巡抚朱轼题请建造，祀敕封"运德海潮之神"。[3]

许多潮神庙里所供奉的神主，在其他众多的"海神庙"里同样享受着供奉。例如雍正七年（1729年）九月在海宁县敕建"海神庙"，庙里供奉着唐"诚应武肃王"钱镠、吴"英卫公"伍员、越"上大夫"文种、汉"忠烈公"霍光等18位神主。同样，民间"龙王"这一常见的神灵概念与"潮神""海神"的概念亦是混杂通用。钱镠死后被纪念演变成潮神，而他还有另一称号——"海龙王"；海盐县曾有建于明永乐三年（1405年）的海神庙，亦被称为龙王庙。

从上述"潮神"称谓的适用范围可以看出，所谓"潮神"，是人们对与潮水有关，或有着抵御潮灾功能的、能够掌控海潮的神灵的一种泛称，而并非某一位或某几位神灵的专属称谓。对钱塘江下游沿岸民众来说，"潮神"与"海神"一样，都只是一种功能性称谓，人们可以将静安公张夏、宁江王宋恭等神灵安置在潮神庙朝拜，也可以将其奉入海神庙。"潮神"神主的多样性，以及民间对潮神概念的混乱与不统一，体现了民间信仰的非系统性这一特点。

学界有部分学者将钱塘江潮神纳入研究视野，如刘传武等都分别对伍子胥、张夏、钱镠等潮神的形成背景及成因进行分析探讨，但都没有对潮神形成一个清晰的概念。[4-7] 系统研究"潮神"的成果，也尚未出现。本文以文献记载中清代杭州府的潮神信仰为研究对象，在梳理钱塘江流域各类潮神信仰的发生和发展过程的基础上，试图归纳和总结出钱塘江流域潮神信仰文化的类型。

2 清代杭州府潮神信仰分类

清代是大规模修筑海塘抵御潮灾的朝代，在重视兴修海塘的同时，中央政府也极力在当地推崇潮神信仰。各代皇帝不仅多次下令修建潮神庙、海神庙，雍正帝还特地下谕旨告诫百姓对神灵要"心存敬畏"，才能获得"永庆安澜"（后文将对其谕旨进行具体分析）。成书于清代乾隆年间的《两浙海塘通志》，由专门负责兴修海塘的方观承等地方官员组织编纂，其中祠庙一卷，专录各类与海潮、海塘有关之神祠，如海神、潮神、龙王各庙，以示对各类潮神的敬意，而与抗灾御潮无关的神灵则概不列入。因此，该志可作为统计潮神的主要资料。

包括海宁县在内的清代杭州府，是海潮泛滥的重灾区，朝廷在此兴修潮神庙、海神庙也最为频繁，该地的潮神信仰颇具代表性。限于本文篇幅，我们选取《两浙海塘通志》中记载的清代杭州府相关各庙所奉神灵为研究对象，结合其他古籍文献，对其神主名称、拥有的神祠位置、立祠原因等项进行列表统计（表1）。[3]

通过对表1中所列各类潮神的统计分析对比，综合各潮神形成的背景，可以将清代杭州府潮神信仰分为4类。

表1　　　　　　《两浙海塘通志》中清代杭州府潮神资料

神主姓名	神化时间及原因	供奉祠庙	朝廷封号
伍子胥	约春秋末年，冤死成为潮神	英卫公庙（忠清庙）	忠武英烈威德显圣王
文种	约春秋末年，冤死成为潮神	潮神庙（从祀）	—
霍光	三国，吴主感梦为之立祠	显忠庙	忠烈顺济昭应王
陆圭	北宋，剿寇有功，殁而为神	协顺庙	广陵侯
胡遑	唐，朝廷重臣，为民请命，死后成神。信仰诞生地为浙江金华	胡令公庙	威烈赫灵公
石瑰	唐，筑堤捍潮，死后成神	潮王庙	忠惠显德王
彭文骥、乌守忠	筑塘失败，死后显灵	古彭乌庙 彭乌庙	护国佑民永固土地
张夏	北宋，筑石塘治潮患	昭贶庙 东安济庙 英济侯庙（捍沙王庙）	宁江侯、安济公、灵应英济侯、静安公
陈旭	明，出资筑新塘，为筑塘而死后成神	茶槽庙	兴福明王
林默娘	南宋，生前能预知祸福，殁而为神。信仰诞生地为福建	顺济圣妃庙 天后宫 天妃庙	护国庇民妙灵昭应宏仁潜济天妃
周雄	宋，生前为孝子，殁而为神	周宣灵王庙（仁和） 周宣灵王庙（海宁）	威助忠翌大将军、广灵正烈助顺翊应侯
晏成仔	元，死于舟中，尸解成仙。信仰诞生地为江西	晏公庙	—
温太尉	无考	广灵庙	正佑侯
朱彝	宋，溺海为神	朱将军庙	护国宏佑公、灵应将军、宏佑将军
曹春	宋，其他无考	曹将军行祠	—

2.1 春秋战国诞生之潮神——"万物有灵"

伍子胥、文种的信仰，诞生在钱塘江涌潮最开始出现的时代，民众对涌潮一无所知，

186

只能将怒潮想象成神灵的怒火,这是原始时期人们对不能理解的自然现象的解释,体现出万物有灵论的原始宗教特点。伍子胥的信仰处于民众由自然信仰向人格神转化之间,所以伍子胥信仰常带有自然神的气息。

2.2 汉唐时期诞生之潮神——"借力抗潮"

汉代以后,随着人类生产技术的发展,开始修建海塘与自然斗争,民众一边积极探索抗灾御患的方法,一边寻找着强有力神灵,希望借助神灵的力量抵抗潮灾。因此,霍光等生前手握重权的将军成为潮神,这是一类潮神诞生的背景。

2.3 唐宋以后诞生之潮神——"感念恩公"

唐以后,随着工程技术与生产力的发展,海塘技术益加完善,于是,生前修建海塘死后继续保护沿岸人民的人格神大量涌现。由此产生了大量生前或死后显灵御潮有功的人格神,这一类型神灵数量十分庞大。

2.4 外地传入之潮神

随着京杭大运河的开通,钱塘江下游地区贸易往来、人口流动频繁,外来信仰在杭州的兴盛体现了杭州的外来人口结构以及杭州对外来信仰的包容性。外来潮神诞生在钱塘江沿岸以外地带,其最初被神化的原因可能与涌潮并无关联,而外来信仰想要在当地生根发芽也必须入乡随俗实现本土化,于是,拥有抗灾御潮的能力成为潮神的一员,是本土化的重要一步。

下文将针对各类潮神较有代表性的潮神进行具体阐述,分析其产生与发展的历程。

3 传承至清代的各类潮神演变

3.1 春秋战国诞生之潮神

伍子胥被认为是钱塘江最早的潮神,生前原为春秋时期楚国贵族。其父、兄为楚平王所杀后,他逃亡至吴国,成为吴国重臣后率领吴军攻灭楚国,得报父仇。其后又助吴灭越,并劝夫差杀掉勾践以绝后患,反被越国买通的逸臣诬陷谋反,被夫差赐剑自杀。死前扬言:"以悬吾目于东门,以见越之入,吴国之亡也"。夫差命人将伍子胥的尸体用鸱夷包裹投入大江。后越王勾践卧薪尝胆灭吴,伍子胥预言成真。

按时间顺序整理史料可以发现,最早记载伍子胥故事的《左传》《国语》和《史记》并没有任何神话成分。《史记》只称伍子胥死后"吴人怜之,立祠江上"[8]。到东汉的《吴越春秋·夫差内传》开始神化:"吴王乃取子胥尸,盛以鸱夷之器,……,投之江中。子胥因随流扬波,依潮来往,荡激崩岸。"[9] 颇有英雄虽死,其魄不灭的悲壮精神。而东汉袁康所著《越绝书·德序外传》云:"胥死之后,王使人捐大江口。勇士执之,乃有遗响,发愤驰腾,气若奔马;威凌万物,归神大海;仿佛之间,音兆常在。后世称述,盖子胥水仙也。"[10] 明确提出伍子胥是"水仙"的说法。

伍子胥之所以能够成为潮神，与他所处的吴国的历史背景与地理环境，以及他的死亡时间有关。据陈吉余等学者考察分析，钱塘江涌潮开始出现大致发生在2500年前的春秋战国之际。[11] 这便是伍子胥被杀前后的自然条件。最初为伍子胥立祠，只是吴国当地人民出于对忠义之士的怜惜及对有功于当地建设的功臣的感念。而最先开始神化伍子胥的反而是伍子胥效忠吴国时的宿敌——扶越灭吴的功臣范蠡和文种。《吴越春秋·勾践伐吴外传》叙述了伍子胥托梦为范蠡等伐吴军队带路的故事,[12] 伍子胥被蒙上了一层灵异的色彩。李金操等因此推断"钱塘江涌潮形成于伍子胥被杀前后，再加上尸体被抛入江中一事广为流传，故当时及其后的吴越民众极易把涌潮视为伍子胥冤魂不散，伍子胥渐被奉为潮神。"[13-14]

早期潮神体现出万物有灵论的原始宗教特点。在涌潮初现时，古代民众无法理解，故认为有某种神灵在驱动海水产生潮水的运动。伍子胥作为早期的潮神，处于自然神向人格神过渡的状态，后人对伍子胥的形象通常是"素车白马"，与自然神崇拜特有的自然现象结合起来。如萧山的宁济庙建立在西兴镇沙岸之东，祭祀"浙江潮神"，明初官方常在八月十五致祭，其祝词曰："一气通侯，百川孕灵。势倾山岳，声震雷霆。素车白马，出没杳冥。"[15]

3.2 汉唐时期诞生之潮神

人们祭祀伍子胥，是民众对自然灾害无能为力的祈求。生产力发展以后，民众的反抗意识增强，但仍然信心不足，需要一位神明庇佑，反抗暴虐的潮神，于是他们一面积极探索抗灾的方法，一面寻找一位强有力的后盾以保佑人类在与恶神的对抗中成功，以霍光为开始的新型潮神诞生。霍光为西汉名臣，自辅佐汉昭帝后至宣帝地节二年，掌权20年，在他的辅佐治理下，百姓充实，四夷宾服，史称"昭宣中兴"。霍光死后17年，汉宣帝回忆往昔辅佐有功之臣，命人画11名功臣图像于麒麟阁以示纪念，列霍光为第一。此后霍光一直为汉朝皇帝所尊奉祭祀，并且在民间被誉为护国忠臣。

至于霍光被尊为潮神则是在他死后200多年的三国时期。据《至元嘉禾志》卷十二《金山忠烈昭应庙》引《吴国备史》："大将军霍光，自汉室既衰，旧庙亦毁。一日，吴王皓染疾甚，忽于宫廷附小黄门曰'国王封界华亭谷极东南有金山碱塘，风激重潮，海水为患，下民将为鱼鳖所食，非人力能防。金山北古之海盐县一旦陷没为湖，无火神力护也。臣，汉之功臣霍光也。臣部党有力，可立庙于碱塘，臣当统部属以镇。'遂立庙，岁以祀之。"[16]

抛开"神灵托梦"这一虚幻的故事，它记载了吴主孙皓将已故的西汉大将军塑造成镇潮神灵的原委——他希望借用一个强有力的神灵形象以增强民众抗击潮灾的信心。而吴主孙皓选择塑造的神灵的原型为什么是200年前的西汉大将军霍光呢？笔者认为，这与孙皓本人的身份背景有关。孙皓的生平与西汉汉宣帝颇为相似，能够登基也多亏像霍光一样的强臣拥立。然而孙皓登基后的表现并不令拥护他的大臣满意，"皓既得志，粗暴骄盈，多忌讳，好酒色，大小失望。"[16] 孙皓在此时为霍光立庙，一方面，霍光在民间有一定的威信，可以安抚潮灾之下惶恐不安的百姓；另一方面，用霍光映射其拥立汉宣帝后实现"昭宣中兴"的历史，宣扬自己即位的合理性。

3.3 唐宋以后诞生之潮神

钱塘江涌潮形成的初期，从战国至秦汉时期，人们创造潮神伍子胥，以解释新生而神秘莫测的潮水的起因。三国时期产生的霍光信仰，表明民众与潮水对抗的意识开始觉醒，希望借助强有力的神灵以抵御潮灾。到唐代渐至明清时期，随着工程技术与生产力的发展，人们不再单纯寄希望于神灵来抵御潮灾，而是逐渐兴建和完善海塘来抵挡潮水。于是，生前修建海塘死后继续保护沿岸人民的人格神大量涌现。从表1发现，多数唐宋以后出现的潮神，都与修建海塘有关。

石瑰原为唐穆宗长庆年间杭州人氏，时值钱塘江涛为患，石瑰捐献全部家产，筑堤防御，不幸牺牲。民众立石姥庙以示纪念。后来传说其死后屡显灵异，唐懿宗咸通中封为"潮王"，故石姥庙又称为潮王庙。

张夏原为北宋时期开封府雍丘县人，曾任两浙转运使，时钱塘江潮灾为患，以前用柴土混合修筑的防潮堤无法抵御潮水冲击，屡修屡坏，劳民伤财而潮患不息。张夏开始用石料修筑海堤，大大提高了海塘的抗灾水平。当地人在其所筑海塘旁立祠纪念。据朱海滨考证，庙初建时张夏尚在世，该庙实为一座生祠，超自然的灵异传说并不多，而张夏死后，关于张夏神灵异的故事渐渐增多。[6]

陈旭为明代新城茶商，永乐年间，因沿江七十里北至皋亭山，屡受潮患，陈旭出囊中金筑新塘。"士民戴德，奉其神，各方建祀，有上新、中新、下新等祠。"

这些潮神都是生前为抵御海潮而作出过贡献的人物，人们立祠以纪念他们的功德，而后信众对相关灵异故事的演绎又使得信仰的传播更加广泛。除上述原生于钱塘江沿岸的潮神外，还存在许多外来的神灵，虽然他们没有潮神的头衔，却被当成能够抵御潮灾的神灵而被供奉在潮神庙内，如天妃、胡令公、周宣灵王和晏公等。外来信仰在杭州的兴盛体现了杭州的外来人口结构以及杭州对外来信仰的包容性。

4 清代政府引导民间潮神信仰

清代是海塘工程兴修最为频繁的时期，同时也是中央政府对宣扬潮神信仰最为重视的时期。修建海塘与推广潮神信仰，一同成为清代政府对钱塘江沿岸实行统治和治理的关键举措。

4.1 修葺庙宇、推崇神灵信仰以安抚灾后的民心

修建海塘既满足当地劳动人民的需要，也符合统治阶级的利益。但修建海塘征用民夫加重了当地百姓的徭役负担，民间因此常有怨气。清代宋杰《筑塘词》写道：

> 塘北西南年年筑，筑塘歌声声如哭。
> 火精炎炎日三伏，苦恨暑天六月溽。
> 口渴江水两手掬，日食两餐一饭粥。
> 人家饱食昼鼓腹，侬家野处夜露宿。
> 近塘田亩加捐派，一亩三百钱未足。

海塘年年修，年年坏，筑塘的速度赶不上塘崩的速度，百姓在天灾与繁重劳役的双重重担下怨声载道。与此同时，海塘官员贪污渎职的事时有发生。在雍正元年（1723年）九月，皇帝就已经对地方官贪污钱粮致贻误塘工的事情有所了解："数年来，督抚等所修塘堤，俱虚冒钱粮，于不当修筑处修筑，以致随修随坏。"果然，雍正二年（1724年）

七月十八日,"海潮大溢,飘溺庐舍人民,县沿塘决八十三所,圮成、腾等字号石塘一百五十丈,天、地等字号石塘一千四百三十八丈五尺,陷附土石塘一千五百四十五丈五尺。"这场潮灾冲毁海塘酿成漂溺人舍的事故,部分是天灾,部分也是海塘修理不力的人祸。然而面对民间百姓,雍正帝完全不提此事,其上谕中宣称:"浙江又报海宁、海盐、平湖、会稽等处海水冲决堤防,致伤田禾。朕痛切民隐,忧心孔殷。水患虽关乎数,或亦由近海居民平日享安澜之福,绝不念神明庇护之力,傲慢亵渎者有之。夫敬神,固理所当然。……尔百姓,果能人人心存敬畏,必获永庆安澜。"[13] 在这篇上谕中,雍正帝极力塑造自己"痛切民隐,忧心孔殷"的勤政爱民之形象,宣称当地愚民往往信淫祀而不信神明,以致遭到天谴,同时反复告诫百姓要信神明而不要信淫祀,如果人人对神明心存敬畏,则必能永庆安澜。因此,朝廷特别重视潮神庙的修建与维护,从康熙朝开始官方组织正修海塘起至乾隆三年(1738年),政府多次新建或重修潮神庙:沈家埠迤西创于明季之潮神庙,祀敕封静安公张夏、宁江王宋恭、护国随粮王运德等神。清顺治中,负责修塘的佥事杨树翻新庙貌;雍正十年(1732年),总督程元章委州同李宗典督修,拓大庙体;乾隆三年(1738年),大学士嵇曾筠委通判杨盛芳又一次重修。康熙五十九年(1720年),浙江巡抚朱轼题请在海宁县小尖山建造潮神庙;康熙六十一年(1722年),皇帝敕封潮神,享春秋祭祀,钦颁"协顺灵川"匾额。雍正七年(1729年)九月,在海宁春熙门内另有敕建海神庙,奉敕封宁民显佑浙海之神,以唐诚应武肃王钱镠、吴英卫公伍员配享正殿,以越上大夫文种、静安公张夏等18位神灵从祀配殿,雍正帝御书"福宁昭泰"四字制,并命内大臣、直隶总督等朝廷委员告祭;后乾隆帝又钦颁御书"清晏昭灵"四字匾额,悬于正殿。

综上例证,朝廷对钱塘江潮神信仰的重视可见一斑。统治者利用神灵信仰对这种自然灾害的合理性解释,将灾难和不幸归因于百姓自己和神灵操纵,进而使朝廷免于成为民众不满而攻击的目标。而他极力告诫民众要信神明(即朝廷承认的信仰),不要信淫祀,其目的就是要把百姓的信仰转到官方承认的具有政治伦理道德的信仰体系中,以便实现对百姓在精神层面的控制。

4.2 加封符合传统儒家道德的称号,向民众传播儒家思想

在兴修潮神庙的同时,朝廷也会对庙中所供奉的神灵进行加封。如,伍子胥在唐代景福二年(893年)被封"广惠侯";宋代大中祥符五年(1012年)被封"英烈王",政和六年(1116年)加封"威显",绍兴三十年(1160年)加封"忠壮",到嘉定十七年(1224年),累封的称号为"忠武英烈威德显圣王"。霍光在宋代绍兴初年被加封为"忠烈顺济昭应王";石瑰在宋代嘉熙年间被加封为"忠惠显德王"。对照表1中各神的封号,发现众多潮神的庙额或封号,多有"忠""顺"等字。这些封号多包含以下核心意义:第一为灵验,如显、惠、佑、护等字眼,符合百姓对神灵信仰的功利性需要;第二是符合朝廷提倡的伦理道德词汇,如德、仁、忠、顺。通过皇帝的敕封或加封,将有道德模范作用的神灵规范到朝廷提倡的政治伦理信仰体系之中,实现将民间信仰变为统治的工具。当然,敕封这一行为也明确了皇帝在民众信仰中的权威地位——皇帝作为天子的神性高于民间信仰的任何一种神灵,因此皇帝能够对各个神灵进行加封。

5 结论

民众的需求直接导致民间信仰神灵的诞生。人们通过一系列祭祀活动，期待潮神们能为他们抗灾御患。当拜祭某位潮神不灵验时，人们就会转而祈求其他的潮神——这也是种类繁多的浙江潮神（乃至整个中国民间信仰）能够存在的主观条件。在早期蒙昧的春秋战国时期，伍子胥成为潮神，可以给群众一个对自然异象产生原因的相对合理的解释，以安抚民心；在民众决定尝试建设海塘以对抗天灾的三国时期，一个能力出众、曾经手握重权的霍光成为潮神，可以在精神上成为民众的后盾，增强民众对抗天灾的信心；唐宋以后，生产技术继续发展，兴筑海塘抵御天灾前赴后继，这期间涌现了大量有功于海塘的英雄，民众为他们立庙纪念，并产生了这些英雄死后成为潮神继续保佑海塘的传说。对于政府而言，民众对这些潮神的崇拜都是有利于稳定，有利于地方农业发展，有利于政权巩固的。因此，在钱塘江涌潮出现的早期和人们试图以渺小的人力和潮灾抗衡的修塘早期，政府乐于制造潮神；在修塘技术不断发展的宋元以后，民间潮神大量产生，政府也不遗余力地对这些神灵进行嘉封、立庙，用"德""仁""忠""顺"等封号，将各潮神纳入符合儒家道德规范的神灵体系。

参 考 文 献

[1] 吴自牧. 梦梁录 [M]. 符均, 张社国, 校注. 西安：三秦出版社, 2004：206.
[2] 翟灏. 湖山便览 [M]. 上海：上海古籍出版社, 1998：297.
[3] 姚东升. 释神校注 [M]. 周明校注. 成都：巴蜀书社, 2015：93.
[4] 刘传武, 何剑叶. 潮神考论 [J]. 东南文化, 1996 (4)：49-53.
[5] 李金操, 王元林. 由恶变善：潮神伍子胥信仰变迁新探 [J]. 安徽史学, 2017 (1)：33-38.
[6] 朱海滨. 潮神崇拜与钱塘江沿岸低地开发：以张夏神为中心 [J]. 历史地理, 2015 (1)：231-247.
[7] 刘闯. 与潮水的抗争：从钱镠"射潮"看五代时期杭州地区居民的生存环境 [J]. 原生态民族文化学刊, 2014 (4)：14-20.
[8] 司马迁. 史记：伍子胥列传 [M]. 天津：天津人民出版社, 2016：271.
[9] 赵晔. 吴越春秋 [M]. 南京：江苏古籍出版社, 1986：66.
[10] 袁康. 越绝书：德序外传 [M]. 上海：上海古籍出版社, 1985：111.
[11] 陈吉余, 罗祖德, 陈德昌, 等. 钱塘江河口沙坎的形成及其历史演变 [J] 地理学报, 1964 (2)：109-123.
[12] 赵晔. 吴越春秋 [M]. 南京：江苏古籍出版社, 1986：142.
[13] 方观承. 两浙海塘通志：卷十六 祠庙下 [M]. 杭州：浙江古籍出版社, 2012.
[14] 胡梦飞. 明清时期江南运河区域水神信仰文化述略 [J]. 浙江水利水电学院学报, 2018, 30 (3)：9-16.
[15] 单庆修. 至元嘉禾志 [M]. 杭州：杭州出版社, 2009：5975.
[16] 陈寿. 三国志 [M]. 上海：上海古籍出版社, 2011：1072.

西湖历史名人分类及其代表人物举要

陈志根

（杭州市萧山区人民政府地方志办公室，浙江杭州　311200）

> **摘　要**：西湖历史悠久，人文底蕴深厚，与其相联系的历史名人众多。以这些历史名人与西湖联系的方式不同，可以分为治湖名人、写湖名人、游湖名人、墓葬西湖名人与出生于西湖畔名人五大类。各类历史名人中不乏杰出代表。但西湖历史名人类型的划分并非绝对，有的是数者兼而有之。这些兼之者，也可以称为西湖综合名人。如白居易既是西湖的治理者、保护者，也是西湖的游客，同样还是写湖名人。他们是西湖的瑰宝，让西湖自然景观与人文景观交融，更成为人们心仪、向往的旅游胜地。
>
> **关键词**：西湖；历史名人；类型；代表人物

西湖历史悠久，文化底蕴深厚，与其相联系的历史名人特多。清李卫修纂的首部《西湖志》，载入"名贤"门的人物达 220 余人，其中明代就逾 120 人；梅重的《西湖名人》为 68 人。1995 年，由上海古籍出版社出版的《西湖志》入传人物达 168 人。一般著作将这些历史名人以朝代前后，或卒年为序来介绍，当然没错。其实，还可以换一个角度，将这些历史名人分类，笔者以为还可以以其与西湖联系的方式，划分为治湖名人、写湖名人、游湖名人、墓葬西湖与出生于西湖畔的名人五大类。各类西湖历史名人中不乏杰出代表。

1　西湖之治湖名人

西湖之所以有今天秀美的山水风光，是个逐渐的演绎过程，与唐、宋、明、清以来历代先贤对西湖的建设、整治和保护是分不开的。

西湖初步形成于汉初，至唐初仍浩瀚辽阔，湖西一线抵涉西山脚下，东北延伸至武林门附近。唐代白居易是建设、整治西湖的第一人。尔后，直至清末，共进行达三十余次的疏浚。其中，规模较大的，被《杭州辞典》列为"重大史事"的，除白居易对西湖的治理外，尚有袁仁敬植松、李泌凿井、苏东坡浚湖、杨孟瑛治湖、李卫浚治西湖、阮元治湖等。而此中，又以白居易和苏东坡对西湖的治理最为著名。

白居易（772—846 年），字乐天，号香山居士，又号醉吟先生，祖籍太原，到其曾祖父时迁居下邽，生于河南新郑。他在杭州任上，把水利作为任内的头等大事。时正值西湖经常淤塞，起不到天旱蓄水灌溉，汛期时蓄水防洪的作用。他不顾当地官吏及豪强的反对，据理驳斥当地官吏、豪强反对治理西湖的所谓六大理由，力排异议，率领民众挖去葑田，筑起了一条自钱塘门外石函桥北至余杭门（今武林门）之间的湖堤，修筑了堤坝和水闸，开启了治理西湖的先河。白居易还十分注重西湖的环境保护，保护西湖水面不受侵占。他作出规定：谁破坏西湖的环境，就要受到惩罚，如果是穷人就罚他在西湖边上种树，是富人就罚他到西湖上去除葑草。由于白居易的努力，西湖及周围"湖葑尽拓，树木成荫"，更加秀丽。

苏轼（1037—1101年），字子瞻，又字和仲，号"东坡居士"，世称苏东坡。曾于北宋神宗熙宁四至七年（1071—1074年）和哲宗元祐四至六年（1089—1091年）先后两度任杭州通判、太守。在任上，他对西湖进行大规模的疏浚。面对西湖"水浅葑横，如雪翳空"的境况，苏轼认为"杭州之有西湖，如人之有眉目"，是决不可废的。他在《乞开杭州西湖状》中，历陈西湖有水产、饮用、农田灌溉、内河航行、酿造等重大作用，力陈"五不可废"，要求朝廷准许疏浚西湖。元祐五年（1090年），他动员20多万人浚治西湖，把挖出的湖泥葑草筑成长达六里、沟通西湖南北的长堤，"相去数里，横跨南北两山，夹植花柳。"上筑六桥，后人称为"苏堤"。恰到好处地把西湖分为两半，增添了西湖如画的秀色。为了加快工程建设，保证工程顺利进行，苏东坡调集500名兵士，负责用船运载湖中清出的葑草，杭州终成为"绕廓荷花三十里，拂城松树一千株"的风景城市。为了保护疏浚后的西湖，苏东坡还在湖中竖立了三座石塔，禁止在石塔界线内的湖面种植菱藕。这三座石塔为以后的"三潭印月"景区打下了基础。

经过苏轼的这次治理，西湖风景更加艳丽，山水风光变幻不测，让人流连忘返。苏轼将西湖的这种美景，与我国古代美人西施相比："水光潋滟晴方好，山色空濛雨亦奇。欲把西湖比西子，淡妆浓抹总相宜。"从此，西湖又增添了一个美称，人们把西湖称作西子湖。

经过历代先贤对西湖的治理，因而才有西湖的"三堤""三岛"，再加民国时期和中华人民共和国建立以来，特别是改革开放新时期以来，对西湖的整治，西湖的美景风光更加艳丽、完善，被国内外游客所赞誉。

2 西湖之写湖名人

唐代，西湖山水得到有效的开发，西湖艺文也应运而生。唐代诗人宋之问是写湖的开篇者。他于唐中宗期间，第二次被贬越州长史途经杭州，游览了西湖灵隐，赋下了《灵隐寺》之诗。这是歌咏西湖的第一诗，也是吟咏杭州的第一诗。此诗备受后人推崇，成为唐诗名篇，特别是其中的第二联"楼观沧海日，门对浙江潮"，更受人们青睐。

白居易利用公余闲暇，走遍西湖山山水水，赏景吟诗，还写下歌咏杭州及西湖的优美诗词达二百余首，"是历代诗人中写西湖诗篇最多的之人"[1]，开启了讴歌杭州西湖的新时代。"未能抛得杭州去，一半勾留是此湖"（《春题湖上》），"江南忆，最忆是杭州"（《忆江南》）等已成为脍炙人口的诗句。后一首词，文字不多，但意境开阔，感情真挚。他的《杭州春望》以眺望览胜的宽阔视野，对杭州的春景做了全面的描绘。而《春题湖上》，对西湖春景的描写，也可谓是精彩纷呈，美不胜收。这些诗作不仅在西湖艺文中，就是在我国历代山水诗中，也是可数的名篇。明田汝成《西湖游览志余》曰："杭州华丽，虽盛于唐时，然其题咏，自白舍人、张处士之外，亦不多见。"白舍人、张处士指的便是白居易和张祜。他们的吟唱，不胫而走，使西湖名声大振。

苏轼也是写湖名人的代表。他也像白居易一样，留下许多歌咏西湖美丽山水的名诗。《杭州辞典》所载的"西湖诗词"，白居易是 14 首，苏轼是 13 首；收入《杭州市志·文献卷》的，白居易是 13 首，苏轼超过 20 首，收入其散文 3 篇。[2] 他们两人有着非常的相似之处，都在中国文学史上占有重要一席，而且在杭州做官，多有惠政，受到杭州人民的怀念，各在西湖留下一条以自己姓氏命名的长堤——白堤和苏堤。苏轼也将自己比作白居易（乐天），他在诗中说："出处依稀似乐天"[3]。明田汝成的《西湖游览志余》说："杭州巨美，得白、苏而益章，考其治绩、怡情，往往酷似。"梅重的《西湖名人》也称"两人在杭州西湖的作为大体相同"。[4]

其后，历代学者、文学艺术名流都为西湖的景色所倾倒，在史志、诗词、绘画、戏曲、歌谣等领域的作品中对西湖的美景大加记述、赞赏。仅记述西湖的志书就有多种，如由李卫修、傅王露纂的清雍正《西湖志》；乾隆《西湖志纂》；民国《西湖新志》；改革开放新时期，施奠东主编的《西湖志》，尚有《西湖游览志》和《西湖游览志余》等。其中《西湖志》主修李卫，不仅是治湖名人，对西湖景点建设贡献巨大，让"西湖名胜顿复旧观"，同时复增十八景。不少景点如玉带晴虹桥亭，如果置身其中，西湖湖西山水如苏堤、曲院风荷等景观尽收眼帘。他还是写湖名人，于雍正九年（1731 年），主持修纂《西湖志》，延请傅王露、厉鹗、杭世骏等名士为编纂，组织 47 人参与其事。雍正十三年（1735年）志书修成刊印，由他自己作序。全书 48 卷，分列为水利、名胜、山水、堤塘、桥梁、园亭、寺观、祠宇、古迹、名贤、方外、物产、冢墓、碑碣、撰述、书画、艺文、诗话、志余、外记共 20 门。李卫的《西湖志》，是西湖历史上的重要文化工程，是西湖历史上第一部介绍西湖山水地舆、名胜古迹、名人轶事的百科全书，是后人了解古代西湖的一部重要文献。

据杨晓政的《西湖文化读本》记载，在上千年的历史中，古今名人对西湖的歌咏总计达 1800 万字，有 400 余部文学作品和 2000 幅以上的著名绘画作品。"其数量之大，影响之广，持续时间之久，是任何一个园林景观或文化景观所无法比拟的"。[5] 在他们的点赞和推崇下，"上有天堂，下有苏杭"的民间歌谣于 14 世纪的明代已在全国唱响。发生在西湖的《白蛇传》《梁山伯与祝英台》，也成为中国古代民间四大传说。

对这类名人，我们只要翻阅一下《杭州市志·文献卷》[2]，就能了解其梗概。正因为有写湖名人的辛勤耕耘，西湖文化得以普及、传承，魅力四射，享誉中外。

3　西湖之游湖名人

西湖秀美，令人心仪，为历代文人、贤达所倾倒。他们恣情西湖山水，纵情游观，享受着西湖的美丽风光。游湖历史名人中，记载较早游览西湖的是六朝名士谢灵运；最为著名的，文人墨客当为明末的张岱，帝王当推南宋的建立者赵构。

谢灵运（385—433 年），南朝宋之陈郡阳夏（今河南太康）人，为晋安西将军谢玄之孙。少慧而好学，文章之美为江左之最。幼时曾居西湖灵隐，寄养于灵隐杜明禅师处。永初三年（422 年），谢灵运由京师外放赴任永嘉太守，再次抵达钱唐，观览西湖，后浮舟溯浙江水道而行。谢是山水诗的鼻祖，情感丰富，但由于那时西湖风景还不优美；加之他行色匆匆，遗憾没有留下诗作。

张岱（1597—1679年），字宗子，又字石公，号陶庵，又号蝶庵，明清易代之际人。出身于仕宦之家。他前半生过着游山玩水、落拓不羁的生活。然当明朝覆亡后，身历国亡家破之痛之时，性情大变，表现出中国文人的高尚品格与民族气节。他与西湖更有不解之缘。明万历三十三年（1605年），他还只有9岁，就随祖父寓居杭州家寄园。十多岁，因居家读书，往来于绍兴、杭州间。后又更多寓居于杭。"余少时从先宜人至寺烧香"，"余幼时至其中看牡丹"，"余在西湖，多在湖船作寓，夜夜见湖上之月，而今又避嚣灵隐，夜坐冷泉亭，又夜夜对山间之月，何福消受。余故谓西湖幽赏，无过东坡，亦未免遇夜入城。"清顺治十一年（1654年）和十四年（1657年）又两至西湖。前后五六十年的时间，有三分之一的时间在西湖上生活。他尤其喜欢在冬季、月夜和雨雪之时游赏西湖山水。水尾山头，他的身影无处不到；湖中典故，他了如指掌，如数家珍；湖中景物，世居西湖而不能道者，而他却道之有声有色。他对西湖的感情特深。"余之梦西湖也，如家园眷属，梦所故有，其梦也真。"为此作《梦寻》72则，留之后世。

他所撰的《西湖梦寻》五卷，成于康熙十年（1671年）。记叙了杭州的人文掌故，描绘西湖胜景的历史沿革和风俗画卷，追忆旧游，寻觅故踪，睹物思人，与西湖密切相关的李泌、白居易、苏轼、林逋等唐宋名贤，徐渭、黄汝亨、包应登等明代才士，钱镠、岳飞、贾似道、于谦等帝王将相，太监孙隆，及具德和尚、莲池大师、葛洪等名僧高道，苏小小、冯小青等下层妇女，跃然纸上。《四库全书总目》史部地理类著录，《提要》云："是编乃于杭州兵燹之后，追记旧游，以北路、西路、南路、中路、外景五门，分记其胜，每景首为小序，而杂采古今诗文列入其下。岱所自作尤多，亦附着焉。"

南宋定都杭州之后，南宋诸皇帝成了西湖的最高贵的游客，他们乘坐在华丽的龙舟之中，观览西湖的美丽风光。宋高宗赵构更是其中酣游狂。宋高宗赵构（1107—1187年），字德基，宋朝第十位皇帝，宋朝南迁第一任皇帝（1127—1162年），在位35年。他不仅喜欢泛舟西湖、观钱塘江涌潮，而且嗜好书画，使画院日多，许多画家创作出以西湖为题材书画。隆兴元年（1163年），赵构传位孝宗赵昚，退居德寿宫，称"光尧寿圣太上皇帝"，经常坐船游西湖。他游湖，不把老百姓赶跑，而是与民同乐，任老百姓游观。小市民乘机会在湖中做些买卖，也毫无禁止。《西湖游览志余》卷三："乾道、淳熙间，寿皇以天下养，每奉德寿三殿游幸湖山，御大龙舟，宰执从官以至大珰应奉诸司，及京府弹压等，各乘大舫，无虑数百。时承平日久，乐与民同，凡游观买卖，皆无所禁，画楫轻舫，旁午如织。"

游观西湖的名人当中，还有大量的国外著名学者、政要。元代，杭州设市舶使，来自朝鲜、日本、印度等国的商船由澉浦港进入钱塘江，再由市河直接进入杭城。曾在朝廷任职的意大利著名旅行家马可·波罗游览杭州，称杭州为"世界上最美丽华贵"的"天城"，首次把杭州的风景名胜向西欧诸国介绍，使杭州开始走向世界。另有意大利旅行家奥代理谷、摩洛哥旅行家伊本·白图泰曾游览西湖名胜，他们在游记中盛赞杭州。明清时期，抵西湖旅游的外国名人增多。1583年，意大利人利玛窦抵达中国，于1599年记述了"上有天堂，下有苏杭"的说法；17世纪初，德国的克雷菲尔德就同杭州开始丝绸贸易。中华人民共和国建立至2010年年底，有百余位外国元首、政府首脑抵达杭州，游览了西湖。

其中，朝鲜首相金日成、柬埔寨西哈努克亲王、美国总统尼克松均三次抵西湖游览；越南主席胡志明、总理范文同，新加坡总理李光耀两次抵湖游赏。他们众口一词，赞誉西湖，点赞西湖。[6]

4　西湖畔出生名人

西湖所在的杭城，人杰地灵，西湖山水孕育而成的名人荟萃。古代有活字印刷术发明者毕昇；被英国剑桥大学教授李约瑟称为"中国科学史上的坐标"的《梦溪笔谈》作者沈括；清代杰出的戏剧作家《长生殿》作者洪昇；性灵派诗人袁枚；近代改良主义思想先驱龚自珍等。当代有电影艺术家夏衍等。载入《西湖志·人物》的本籍人物达38人，几乎占整个《西湖志》人物卷的1/4。

这类型人物，以于谦和龚自珍为坊间最熟悉。于谦（1398—1457年），字廷庵，号节庵，明永乐进士，宣德初授御史，升兵部侍郎。步入政途后，效法文天祥，以天下安危为己任。他为民请命，平反冤假错案，被民众称为"于青天"。明英宗正统十四年（1449年）蒙古瓦剌入侵，发生"土木堡之变"，明英宗被俘。于谦推朱祁钰为帝。他临危受命，出任兵部尚书，亲自指挥10万军民进行"北京保卫战"，击溃瓦剌。天顺元年（1457年），英宗复辟，于谦惨遭杀害。明宪宗即位后，为于谦昭雪，下谕旨祭于谦墓。明孝宗时，特批在三台山于谦墓前建于谦祠，赐额"旌功"。

龚自珍（1792—1841年），又名巩祚，字璱人，号定庵，生于杭州城东马坡巷，是清代著名思想家、文学家，道光九年（1829年），38岁时考中进士，因不愿当知县，后在礼部、宗人府等衙门任职。18世纪末至19世纪初，清王朝已是内外交困，龚自珍深感"末日"即将来临，便辞职回到家乡杭州。道光十九年（1839年），他路经镇江北固山下的道观时，一位道士请求他写首祈雨的诗，龚自珍便写下了"九州生气恃风雷，万马齐喑究可哀。我劝天公重抖擞，不拘一格降人才"的诗句。他所提出的经济改革和政治改革方案和设想以及他"经世致用"的精神，忧国忧民的抱负，对后来的维新改良运动产生了巨大的影响。他是鸦片战争前夕开一代风气之先的杰出人物。他的这首诗被毛泽东同志多次所引用、称道。

这类西湖历史名人，受着西湖优秀文化的熏陶、滋育，是西湖秀美山水培育而出的钟灵毓秀的杰出人物。他们从这里出发，铸就伟业。反过来，它让西湖、杭州深感荣耀。更加印证杭州是个人杰地灵的地方。

5　墓葬西湖之名人

许多历史名人生前情系西湖，离世后葬于西子湖畔，有些虽生前与西湖关联不大，也魂归西湖。墓葬西湖的历史名人众多，仅《情归西湖——西湖文化名人墓探寻》一书记载的就达94人。此书出版后，后续反馈信息不断，认为还有数十位之多未载入。如此说来，墓葬西湖畔的历史名人应该突破百人。"这些人物的墓址主要分布在灵隐、三台山、九溪、孤山、半山、满觉陇、鸡笼山、九曜山及南山公墓和安贤园内，范围如此之广，人物如此之多，内容如此之丰富，实为全国罕见。"[7]　其中年代最久远者，当推吴越国第二代国王钱元瓘（887—941年），其墓在玉皇山南麓（今南山陵园内），碑亭轩昂，现为杭州市级

196

文物保护单位。最为著名的当推古代"三忠",即南宋岳飞、明代于谦、明末清初张苍水;近代"三烈",即秋瑾、徐锡麟、陶成章。这"三忠""三烈"可谓是这类名人的代表。其中"三忠""三烈"的首位岳飞和秋瑾更是他们的代表人物。

岳飞(1103—1142年),字鹏举,相州汤阴(今属河南)人,是家喻户晓的抗金名将。他精忠报国,以收复失地为己任,与金兵作战,每战皆胜。但,时秦桧力主和议,欲尽弃淮北之地以献媚金人。一日之中降十二道金牌,召回岳飞。后以"莫须有"罪诬陷,于绍兴十一年(1141年)除夕前一日被谋杀于大理寺狱风波亭。岳飞临刑时,悲愤地写下了"天日昭昭!天日昭昭!"八个大字。死时仅31岁。岳飞儿子岳云和部将张宪也被斩于市。岳飞遇害后,无人敢为之收尸。后来,传有一叫隗顺的狱卒,冒着生命危险,"潜负(岳)王尸逾城葬于九曲丛祠"(即后来的忠显庙)[8]。宁宗时追封为鄂王,谥武穆,后改谥忠武,以礼改葬于栖霞岭下,从此岳飞长眠于西湖之畔。同时,还将西湖北山的智果观音院改为武穆香火院,赐额"褒忠衍福寺",作为纪念岳飞的场所。这就是今天的西湖景观岳庙之前世。

秋瑾(1875—1907年),原名秋闺瑾,字璿卿,号竞雄,别署鉴湖女侠。曾两次东渡日本。回国后,进行了一系列的革命活动。曾在上海创办《中国女报》,力主"男女平权"。返回家乡后,以大通学堂教员为掩护,培养革命干部、联络会党,准备配合其战友徐锡麟在安徽安庆起义而在浙江起义。1907年7月6日,徐氏起义失败,大通学堂组织暴露。7月13日,秋瑾被捕,7月15日,在绍兴轩亭口被杀。这就是中国近代史上著名的"秋案"。秋氏在主持绍兴大通学堂前后,曾多次抵杭州进行革命活动,联络革命党人,在白云庵等召开秘密会议,又亲上凤凰山观察杭州道路,绘入军事地图,并写下了不少吟咏西湖诗篇。

就义后,其好友徐自华、吴芝瑛辗转将其遗骸归葬于西泠桥畔。又取其临就义时所吟名句"秋风秋雨愁煞人"建风雨亭及鉴湖女侠祠(即秋社)。1912年12月,孙中山一行抵杭时,曾在西泠桥西祭吊秋瑾烈士墓,并与随从合摄一影,在"秋心楼"又应秋社社长、秋瑾生前挚友徐自华之请,挥毫为秋瑾烈士题写了"鉴湖女侠千古""巾帼英雄"等祭词,并挽之以联:

江户矢丹忱,感君首赞同盟会。
轩亭洒碧血,愧我今招侠女魂。

秋瑾之墓,历尽沧桑,于1981年10月,辛亥革命七十周年时重建于西泠桥南堍旁,墓基高2m,上有汉白玉雕秋瑾立像。

此类西湖历史名人中,也有外国籍的,《浙江民国人物大辞典》就载有4人。司徒雷登就是其中之一。[9] 司徒雷登(John Leighton Stuart,1876—1962年),美国基督教长老会传教士、外交官、教育家。1876年6月生于杭州,父母均为美国在华传教士。他是喝西湖水长大的,从小在杭州接受启蒙教育。1904年开始在中国传教,曾参加建立杭州育英书院(即后来的之江大学)。1946年7月11日,出任美国驻华大使,同年11月,抵杭州参加杭州青年会复会典礼,并祭扫其父母之墓,杭州市参议会授予他"杭州市荣誉公民"的称号。1962年9月19日,司徒雷登在华盛顿病故。其私人秘书傅泾波将其骨灰存放于自己家中,等待合适的时机送到中国。2008年11月17日,终于实现其生前遗愿,将其骨灰安葬于杭州，长眠于西湖之畔。

"西湖名人墓的主人，他们以自己的德行业绩，丰富了西湖，美化了西湖，神化了西湖"。"他们的墓地为西湖的自然景观增光添彩，它们是西湖王冠中闪闪发光的明珠"，成为西湖不可或缺的旅游景观。[10-11]

6 结语

当然，西湖历史名人类型的划分并非绝对，有的是数者兼而有之。这些兼之者，也可以称为西湖综合名人。如白居易既是西湖的治理者、保护者，也是西湖的游客，同样是西湖的歌咏者；张岱既是游西湖的痴者，也是写西湖之高手，他写湖融记事、写景和抒情三者于无间，具有一种清新的风格；林逋既是西湖畔出生的名人，也是写湖之人，他以西湖山水为题材的诗就有150首左右，是一个名副其实的"西湖诗人"。如果将此类历史名人单立出来，那么，西湖历史名人当为六类。

以上不论何种名人，都是西湖的瑰宝，让西湖自然景观与人文景观交融，锦上添花，精彩纷呈，更成为人们心仪、向往的旅游目的地。

参 考 文 献

[1] 施奠东. 西湖志 [M]. 上海：上海古籍出版社，1995：563.
[2] 杭州市地方志编纂委员会. 杭州市志：文献篇 [M]. 上海：中华书局，2000.
[3] 苏轼. 天竺惠净师以丑石赠行作三绝句 [C] //杭州辞典. 杭州：浙江人民出版社，1993：417.
[4] 梅重. 西湖名人 [M]. 杭州：杭州出版社，2007：57.
[5] 杨晓政. 西湖文化读本 [M]. 北京：红旗出版社，2013：60.
[6] 陈志根. 外国元首的西湖情愫 [J]. 浙江水利水电学院学报，2015 (4)：1-4.
[7] 李钢. 情归西湖：杭州人文历史的印记 [C] //西湖文澜：西湖文化研讨会论文集萃. 杭州：杭州出版社，2015：68.
[8] 盛久远. 情归西湖：西湖文化名人墓探寻 [M]. 杭州：浙江古籍出版社，2007：16.
[9] 林吕建. 浙江民国人物大辞典 [M]. 杭州：浙江大学出版社，2013：769-772.
[10] 朱馥生. 关于西湖名人墓及墓文化 [C] //情归西湖：西湖文化名人墓探寻. 杭州：浙江古籍出版社，2007.
[11] 张岱. 陶庵梦忆 [M]. 于学周，田刚，点评. 青岛：青岛出版社，2005：178.

"浙东唐诗之路"的文化坐标及传承价值

徐智麟[1]，虞 挺[2]

(1. 绍兴市水利局，浙江绍兴 312000；2. 浙江越秀外国语学院，浙江绍兴 312000)

> **摘 要**：绍兴镜湖是绍兴的"母亲湖"，亦是"浙东唐诗之路"的"路基"，更是"浙东唐诗之路"的焦点，而剡溪无疑是"唐诗之路"上的亮点，天台则是整条"浙东唐诗之路"干线的终点。"浙东唐诗之路"的建设，重在"古为今用"，应在科学论证的基础上设定诗路建设的整体规划和学术研究方向，同时在具体的游线设计和实施中体现历史性、诗歌性、生态性、地域性的特点。
>
> **关键词**：镜湖；浙东唐诗之路；规划

绍兴南枕会稽山北濒杭州湾，为山—原—海地形，上有山洪流泄，下有海潮顶托，春秋战国时期管子说是"越之水浊重而洎，故其民愚疾而垢"[1]，勾践卧薪尝胆能败吴靠的还是"十年生聚，十年教训"，兴修水利，劝耕农桑，发展军民二用手工业，那时越都城利用城内外河道塘池蓄泄用水，可称之为河道型水库（奠基了今古水城），但这个水库上无坝下没闸，靠平原坡度不到5°而成全，汛期易洪涝成灾，当然池塘水道也为镜湖的创建打下了一些基础。所以到了东汉，马臻太守根据山川实际，修筑了镜湖，其周三百五十里，纳三十六源之水，东至东小江（今曹娥江）西至西小江（钱清江），南并会稽山山麓线，北筑湖堤，溉田九千顷，湖面近二百平方公里，总库容4亿m^3（蓄水2.2亿m^3），形象说即三十个西湖大。镜湖的建成使绍兴从"荒服之地"变成为"鱼米之乡"。[2]

1 镜湖是"唐诗之路"的"路基"

在中国历史上，有两个"永和"年号，对于绍兴来讲，尤其值得纪念和研究，城南有座"永和塔"为此取名。一个是东汉永和五年（140年），马臻太守修筑了鉴湖，奠基了绍兴成为鱼米之乡，这是绍兴物质文明建设的一座高峰；一个是东晋永和九年（353年），曲水流觞这个大家都知道了，但是其背后的历史意义可能未必普及，这是绍兴精神文明建设的一座高峰，因为人们大多聚焦于书法，而忽略了聚会的人物及诗文的思想精神。

这二座高峰对绍兴而言，实在太重要了，对于中华文明来说，其重要性也不言而喻。仅就浙东唐诗之路而言，"路基"就是永和年打下的，没有这个根基就没有浙东唐诗之路。古人云："堰限江河，津通漕输。航瓯舶闽，浮鄞达吴，……，境绝利溥，莫如鉴湖"。[3] 鉴湖造就了越地山清水秀，经济繁华，文化兴盛。镜湖的吸引力在晋唐时达到鼎盛时期，尤其晋室东渡，世家迁越。这二座高峰不仅在哲学层面相连物质与精神，而且在物理层面也紧密相连，这就是山阴道，一条山阴县南北向的普通道路水路至娄宫，再陆路至兰亭和鲜虾山（现王阳明墓园）。读一读王羲之的诗："山阴路上行，如在镜中游"；看一看其子王子敬的话："从山阴道上行，山川自相映发，使人应接不暇。"[4] 一条连接鉴湖和兰亭的山阴道被王羲之父子闪亮了。于是文化大师们都来了，道佛玄学俱兴，一本《世说新语》即实录了一部分盛况；于是书法圣地诞生了，于是山水诗派诞生了，尤其是对山水的审美出现了跃升。"山阴道上桂花初，王谢风流满晋书"（唐羊士谔忆江南旧游二首）。不但道香如桂花初开，而且还弥漫在二十四史中了。

2 镜湖是"唐诗之路"的核心焦点

镜湖这个名三国时已有，并于南朝有载，唐代盛称。《嘉泰会稽志》载有三种说法，最贴切的应是湖畔曾传黄帝获宝镜于此，有轩辕磨镜石，而湖光又清如镜。而鉴湖之名唐代已有，或从镜可鉴人义同而来，宋代因避讳高祖祖父敬而多用鉴湖，此外尚有庆湖、长湖、带湖等名。

唐代骚人墨客竞相游越所形成的"浙东唐诗之路"，其焦点或核心毫无疑问是州城及镜湖。州城自不必说，竺岳兵的《唐诗之路唐诗总集》里所收的诗中近一半是写州城及镜湖，当年的"会所农庄"也多建在湖边，《新唐书》《宋史》艺文志明确载有：大历年浙东联唱集，这个是真正集合游历创作，有197人次之多（有聚会游历的意思）；其他有元白崔聚会，王勃等在云门寺效王羲之行修禊事作诗写序，齐推等人雅集等等。这个在诗路上是别无分店的。"'浙东'之谓，非仅指方位，而是'浙江东道的简称'，越州又为治所，下辖七州"[5]，因此，无论地望及交通，还是诗人及诗篇数量，迨至宋元明清，歌咏赞唱不绝，名篇佳句迭出，仅就诗路中独此一处的镜湖荷花诗篇，誉满诗坛，为镜湖添独特亮色。诗人们不仅写下了鉴湖夏日的美景，更写活了越中美洁的采莲女。如贺知章："莫言春度芳菲尽，别有中流采芰荷。"又如李白："若耶溪旁采莲女，笑隔荷花共人语。""耶溪采莲女，见客棹歌回。笑入荷花去，佯羞不出来。"再如王昌龄《采莲曲》："越女作桂舟，还将桂为楫。摘取芙蓉花，莫摘芙蓉叶。将归问夫婿，颜色何如妾？"透溢出花美人更美的镜湖风情。综上所述，镜湖都是当之无愧的焦点及核心所在。

问题是唐代骚人墨客为什么竞相游越呢？究其原因，主要有以下3点。

（1）神秀山水和文化融合一体的吸引。无论是来体验一下"镜中游"，来看看谢灵运笔下的浙东秀美山水，寄情山水，探究山水诗派诞生的因故，还是魏晋六朝士风，如雪夜访戴，则从"兴尽而返"诠释了事件过程于心路历程的重要性，审美愉悦的关键性，这些都具有很大的磁场效应。唐人更追摹上有所好，仙源道踪大行时髦，"刘阮遇仙"创造了仙子与凡人的故事，是十分具有吸引力的人文山川融合的仙境奇观。加上高士隐居，从司马承祯曾受到武后、睿宗、玄宗的四次召见中，可见高隐之士的形象受人欢迎的程度。能不来赏乎？诸如此类，神秀山水和文化融合一体的魅力，召唤吸引着骚人墨客，能不让诗人产生强烈的心灵碰撞而留下鸿篇巨制？

（2）鱼米之乡和包容移民文化的吸引。从"今之会稽，昔之关中"可知当时绍兴的繁华，越地美酒醉人，山珍海味很多，乃至于杜甫笔下"越女天下白"、李白诗中"耶溪女似雪"都是个中之因。绍兴从越国时就兴崇移民文化，范蠡就是人才引进的楚国人。"东渡世家"的迁入从另一个角度证明了绍兴的包容和移民的进居。绍兴乡贤蔡元培提出的北大校训"兼容并包"也有着深厚的历史渊源。

（3）极为便捷的交通条件是诗人成行的关键。有一句话曾很流行：要想富，先修路。绍兴正是因为有了鉴湖后的富庶，才有了晋代开通浙东运河（山阴故水道及鉴湖基础）的现实需求，而后尤其是隋朝京杭大运河的建成开通，便捷的水上交通终于成为了成就"唐诗之路"极重要的要素条件。

3　剡溪是"唐诗之路"的亮点

剡溪为绍兴市嵊州新昌境内主要河流，由澄潭江、长乐江、新昌江、黄泽江等汇流而成，是今曹娥江之上游段。唐代诗人到越州后，沿镜湖周边游历完了后，便沿运河、曹娥江（剡溪）而上。如李白"湖月照我影，送我至剡溪"、杜甫"剡溪蕴秀异，欲罢不能忘"、崔颢"青山行不尽，绿水去何长"。东山、四明、始宁、金庭山、石城山、沃州山、天姥山这样的文化旅游圈在唐代实在是举世无双，从"今之会稽，昔之关中"可知当时绍兴的繁华，魏晋遗风如雪夜访戴，则从"兴尽而返"诠释了事件过程于心路历程的重要性，审美愉悦的关键性。李白的《梦游天姥吟留别》也好，白居易的"东南山水越为首，剡为面，沃洲天姥为眉目"也罢，都充分佐证了"亮点"之亮度和热度！

4　天台是"唐诗之路"的终点

竺岳兵先生提出的"唐诗之路"中，有"干支线"的说法，[5] 那天台无疑亦是"唐诗之路"上的亮点，从路的角度来说，也是终点。天台自称是唐诗之路的"目的地"，若依此说，李、杜等几百位诗人是奔天台而来越州的吗？那越中是过路地了？孟浩然在西兴舟行就问"何处青山是越中"，李白一介绍就是"遥闻会稽美"，元稹直接说"天下风光数会稽"，这就够了，天台有集中的唐代唱和雅集吗？事实上，大多数诗人都是在游历了越州后，再踏上周边及支线之路的，纯出于个人志趣、同道友人、时间事情等因素，根本就无目的地这个概念，即使当时诗人有外出远游的冲动，其指向也是越州，当然顺便观赏周边也是必然的。南齐沈约《宋书·孔季恭传论》对运河开通后会稽郡的繁荣景象有以下概述，会稽"地广野丰，民：勤本业，一岁或稔，则数郡忘饥。会（稽）土带海傍湖，良田亦数十万顷，膏腴上地，亩直（值）一金，鄠杜（今陕西户县至西安南一带，汉称关中）不能比。"

杜牧在给皇帝起草任命李讷为浙东观察使的文件中更是明确指出：越州"西界浙河，东奄左海，机杼耕稼，提封七州，其间茧税鱼盐衣食半天下"（《全唐文》卷七百四十八）。

唐玄宗开元初年（713年）为山阴县尉的孙逖，对当时越商泛舟五湖的经商活动，在《送裴参军充大税使序》中做如下描述："会稽郡者，海之西镇，国之东门，都会蕃育，膏肆兼倍，故女有余布而农有余粟。以方志之所宜，供天府之博敛……"（《全唐文》卷三百十二）。

吴熊和先生在邹志方《浙东唐诗之路》[6] 序中即言："唐代诗人来到江南，……从西兴进入浙东，再沿剡溪溯流而上，登上天台的石梁。……作为浙东之行的终点"。正是因为越州两个文明的繁华，运河直通，才引无数墨客骚人竞游越。由此想到了"唐诗之路"的研究还是有大量的普及宣传工作要做。

鉴湖到南宋时，又一次的世家大族主流文化南迁，荟集绍兴，终于暴发了"兴废之争",这其实是人与自然的矛盾,当时"亩值一金",向湖要田成为必然,尽管风刹了一下,湖水体又北移了一部分,鉴湖终逐渐"瘦身"为一条长河,以南门为界的东鉴湖湮废更厉害,西鉴湖相对比较好,终老湖边的放翁还是发出了"千金不须买画图,听我长歌歌鉴湖"的吟唱。现在柯岩鉴湖风景区和市区鉴湖整治基本融合了,所以说鉴湖到了今天依然默默奉献,尤其是现今建设绍兴水城以及大湾区大花园,重要性日益显现。现在学界民间话诗路说鉴湖,就是明证。

今天建设"唐诗之路",重在"古为今用",起点要高定位要准,要用盛唐气象宽阔我们的胸怀,滋润我们的心田。不仅要有诗人和诗的具象,而且要保护展示好诗人笔下的山水景象;不仅要建好大湾区的大花园,都来此一游!而且要建成为放飞心灵的后花园,花园里有自由放松,花园里可向往美好!关于大花园的诗路建设,我们具体提出了"五个一":一是一个总规划,包括学术性的研究规划,当然整条诗路的建设规划迫在眉睫,尤其要重视水上游线规划;二是一个央视级的专题片;三是一本高学术水平的唐诗校注集;四是一首集唐人诗句的路歌,唱响全国;五是创作一幅诗人山水的水墨长卷,犹如清明上河图,走向世界。

参 考 文 献

[1] 管仲. 管子:水地 [M]. 李山,译注. 北京:中华书局,2009.
[2] 邱志荣,吴鑑萍. 浙东唐诗之路新探 [J]. 浙江水利水电学院学报,2019,31 (1):1-12.
[3] 悔堂老人. 越中杂识 [M]. 杭州:浙江人民出版社,1983.
[4] 施宿,张淏. 会稽二志点校 [M]. 李能成,注解. 合肥:安徽文艺出版社,2012.
[5] 竺岳兵. 唐诗之路唐诗总集 [M]. 北京:中国文史出版社,2003.
[6] 邹志方. 浙东唐诗之路 [M]. 杭州:浙江古籍出版社,1995.

我国古代镇水神物的分类和文化解读

涂师平

(中国水利博物馆,浙江杭州 311215)

> **摘 要**：镇水神物是指古人赋予神化观念、用来镇压水害的器物。古代镇水神物种类主要有犀牛和铁牛类、神兽类、神人类、兵器类、塔楼类等。古代遗留下来的镇水神物都是珍贵的水文化遗产,寓含了古人的"阴阳五行"相生相克哲学、水神信仰、龙的传说、"厌胜"观念等文化背景,具有珍贵的历史价值、科学价值、艺术价值,应在进行文化解读的同时,进行科学的保护和合理利用。
>
> **关键词**：镇水神物；分类；文化背景；文化价值

中国水文化丰富多彩,其中镇水文化是一项富有特色的文化。我国水旱灾害频繁,按照中国古代镇水文化的观念,建造神牛、神兽、神人、兵器、塔楼、寺庙、桥梁、石碑等都是可以镇水害的,因而,在我国的江河湖海的水里和岸边,遗留下来多种多样带有神话色彩的镇水神物。遗憾的是,对待这些镇水神物,许多人往往目之为古代生产力水平低下、封建落后思想产物,对其不深入研究、保护、利用,甚至加以拆毁,大量文献记载的镇水神物已经流落它处或惨遭毁灭。

古代镇水神物真的是"封建迷信思想"这么一句话简单吗？如果认真去梳理镇水神物种类、解读镇水神物背后的文化意义、分析镇水神物的文物价值,我们会发现,镇水神物远非我们想象的那般简单,镇水神物其实也是珍贵的文化遗产,甚至是水文化之魂,必须加以保护、抢救、利用。

1 镇水神物的主要种类

根据古文献记载、考古成果、现今保存等情况,我国古代镇水神物的主要种类有犀牛和铁牛类、神兽类、神人类、兵器类、塔楼类等。

1.1 犀牛和铁牛类

2013年1月8日成都市文物考古工作队在成都天府广场钟楼下挖出深埋地下的石兽(图1),通体近似犀牛,为整块的红砂岩雕刻而成。耳朵、眼睛、下颌和鼻部清晰可辨,身体两侧装饰卷云图案,四肢短粗,背脊壮硕、头部略尖、四脚有蹄,身体浑圆。长3.3m,宽1.2m,高1.7m,重约8.5t。古人员判定,石兽风格特征属秦汉时期偏早的石雕艺术品。成都市文物考古研究所所长王毅表示,"它的很多表现、表达方式和犀牛是一模一样的,应该是石犀。"[1] 据西汉时期蜀人杨雄所著的《蜀王本纪》记载："江水为害,蜀守李冰作石犀五枚，二枚在府中，一枚在市桥下，二枚在水中，以厌（压）水精。"又有《华阳国志》记载，李冰"外作石犀五头，以厌（压）水精，穿石犀溪于江南，名曰犀牛里。后转置犀牛二头；一在府市市桥门，今所谓石牛门是也，一在渊中。"

蒲津渡是古代著名的黄河渡口，开元铁牛亦称唐代铁牛，铸于唐开元十二年（724年）。据记载，黄河东西原有横跨两岸的铁索浮桥，为拉连和稳固浮桥，铸造了东西各四尊铁牛。元末桥毁，久置不用。后因黄河变迁，逐渐为泥沙埋没。1989年8月在蒲津渡遗址上经勘查发掘，处于黄河古道东岸的四尊铁牛全部出土。

铁牛伏卧，头西尾东，两眼圆睁，栩栩如生，呈负重状。牛尾后均有横铁轴一根，长2.33m，用于拴连桥索。四牛四人形态各异，大小基本相同。据测算，铁牛高1.5m，长3.3m，各重约30t。每只铁牛边上，各有一尊铁铸力士作牵引状，每尊力士各属一个民族，分别是一号维吾尔族人，二号蒙古族人，三号藏族人，四号汉族人。四牛四人形象逼真，既是对距此不远的长安城中四夷来朝者的形象再现，亦有着曾经走过蒲津桥的不同民族人物的影子，[2] 因而形成了风格鲜明、内涵独具的镇水文化雕塑群（图2）。

图1 成都秦代石犀

图2 蒲津渡唐代开元铁牛雕塑群

1.2 神兽类

1.2.1 北京后门桥趴蝮

趴蝮（或写作叭嗄、蚣蝮），又名吞水兽、吸水兽，传说是龙生九子之一，是专职于镇水的神兽。[3] 明代杨慎所撰《升庵外集》中将趴蝮列为龙的第六子。趴蝮擅水性，据说喜欢吃水妖。它的形象有点狮子相，似龙非龙，似虾非虾，头顶有一对犄角，全身有龙鳞（图3）。趴蝮常饰于石桥的拱顶、望柱、桥翅、栏板上，人们既希望它镇伏桥下水怪，又用它来装饰桥身。2000年北京修缮后门桥，在河道淤泥中发掘出土了6尊青石雕刻的趴蝮，与后门桥护岸石雕趴蝮成一体，均呈伏趴状，为元代和明代遗存文物。

1.2.2 沧州铁狮子

在河北沧州旧城原开元寺前有尊铁狮子，当地人也把它称为"镇海吼"。据民国《沧县志》记述，沧州铁狮子的铸造时间为后周广顺三年（953

图3 北京后门桥趴蝮

年），采用"泥范明浇法"铸成，具有很高的科学和艺术价值，列为全国重点文物保护单位。它背上负莲花巨盆，四肢叉开，昂首挺胸，巨口仰天大张。身高 6.6m、长 6.3m、宽 3m，重约 40t，在头顶及颈脖下各有"狮子王"三字。传说沧州东濒渤海，海水频繁上泛成灾，当地人募钱捐资请人铸狮以镇遏水患。狮子为百兽之王，中国传统文化认为狮子具有魇镇邪魅的神性。在佛教里，狮子是文殊菩萨的坐骑，具有无畏、法力无边的象征意义。

1.2.3 昆明盘龙江畔安澜亭铜犴

犴是生活在中国东北、蒙古和俄罗斯的驼鹿。中国传统文化认为，犴是二十八星宿南方井宿化身，五行属木，司水事，故称井木犴。在云南昆明盘龙江畔安澜亭内，安置有一只镇水神兽铜犴，[4]《昆明县志·政典志·祠祀》这样记载："嘉庆年间，蛟汛为患，地绅范铜犴一，以镇水怪，其形似牛，独角伏地，昂头视江水。"罗养儒编撰的《云南掌故》也记载："昔人以铜铸井宿之身像于此，以镇水怪。""传说中的井木犴，其形似牛而实非牛，顶具独角，在兽中名犴，在二十八星宿中曰井木犴，与鬼金羊同为滇之分野也。"

1.3 神人类

1.3.1 李冰石刻造像

1974 年 3 月 3 日，在四川省都江堰市安澜索桥附近外江三号桥河床下出土了李冰石刻造像，为东汉灵帝时文物。造像用灰白色砂石琢成，头向西，背朝天，横伏江心。像高 2.9m，重约 4.5t，平视而立，神态从容，微露笑容，手置胸前，身着秦冠服。两袖和衣襟上，有浅刻隶书题记三行 38 字。中行衣襟上为"故蜀郡李府君讳冰"，左袖为"建宁元年闰月戊申朔廿五日都水掾"，右袖为"尹龙长陈壹造三神石人珍（镇）水万世焉"。专家据文字推断，此像应为李冰石像，可能是三神石人之一，刻造石像的时间是东汉灵帝建宁元年（168 年）。这尊雕造于东汉的李冰石像证明：战国末期蜀郡守李冰组织人民修建都江堰后，被人民神化为具有镇水神力的偶像，并雕刻他的形象用于镇水。[5]

1.3.2 乐山大佛

佛教传入我国后，人们认为佛法力无边，也就雕刻佛像来镇水，其中开凿于唐玄宗开元初年（713 年）的四川省乐山大佛就是一尊神奇的镇水佛像。当时，大渡河、岷江、青衣江三江在这里汇合，水流直冲凌云山脚，过往船只常触壁粉碎。凌云寺名僧海通见此，开始化钱刻佛，想仰仗大佛的坐化之功，镇住三江湍流。乐山大佛历时 90 年终告完成，佛像高 71m，比曾号称世界最大的阿富汗帕米扬大佛（高 53m）还高出 18m，堪称世界之最高大佛。1982 年被国务院公布为第二批全国重点文物保护单位，1996 年又被联合国教科文组织列入世界遗产名录。

除了乐山大佛之外，古代还有不少佛像镇水的例子。《元史》记载说：元泰定帝致和元年（1328 年）三月，"盐官州海堤崩，遣使祷祀，造浮图（像）二百十六，厌（压）之。"除了雕刻佛像镇水外，古代还铸造威猛的铁人镇水，《淮安府志》载："明洪武间，刘诚意（基）登淮城，相度形势，维虑洪泽溃溢，因铸铁人高丈许，以右手指西南压之。"

1.4 兵器类

1.4.1 兖州镇水剑

1988年春,山东兖州城南大桥村的村民在泗河大桥东侧的河里挖沙时,发现了一把巨大的铁剑。长7.5m、重1500kg,在出土的剑文物中无剑能及,被誉为"天下第一剑",现藏于兖州市博物馆。

这把剑由生铁铸成,剑柄铸有铭文:"康熙丁酉二月知兖州府事山阴金一凤置。"据《滋阳县志》记载,康熙五十一年(1712年)夏,兖州城南的泗河洪水暴涨,冲坏了泗河上的大桥中间的三个桥孔。人们传说看见了一条蛟龙,兴风作浪发洪水,并摆尾把泗河大桥中间的三个桥孔给打坏了。因此,洪水退后,知府金一凤便捐资修整此桥,并主持铸造了这把铁剑,插在大桥中间的河底,以镇水伏蛟。

1.4.2 洞庭湖镇水铁枷

在湖南洞庭湖畔岳阳楼下的沙滩上,有三具巨大的铁制物件,整体形状如古代囚系犯人的枷具。枷身长2.60m,厚0.34m,重约7t,人们一直不知是做什么用的。早在宋徽宗时,有个名叫范致明的人,在《岳阳风土记》中说:"不知何用也,或云:'以御风波'。"他推测是古人用来镇洞庭湖妖精的。他同时代的人王梅溪也认为是"断蛟螭害"的东西。

笔者考证,我国古代各地都有锁蛟龙的传说,其中锁龙井是中国神话一个重要文化现象。最早的神话传说是禹王锁蛟龙,之后有四川的传说李冰锁孽龙;江西传说许逊用金刚铁链道法锁住了蛟龙的五脏六腑,把蛟龙精镇服在西山万寿宫山门口的八角井里,并留有偈语"铁柱镇洪州,万年永不收";北京传说刘伯温、姚广孝把孽龙锁在北新桥的海眼里,拴上长长的大锁链,等等。可见,铁枷、铁链都是镇水神物兵器。

1.5 塔楼类

1.5.1 四川广安白塔

广安白塔为宋代四方形楼阁式砖、石混合结构舍利塔,坐落在城南两公里的渠江鳌子滩上,倚江而立,为全国重点文物保护单位。底层边长6.8m,高36.7m,雄伟壮观。据《广安州志》载:"州南五里渠江口,宋资政大学士安丙建此塔以镇水口,……塔内有宋军官王景实绍定元年正纪游题刻,明御史杨瞻、吴伯通、陆良瑜有诗。旧志十六景曰:白塔凌云。"[6]

1.5.2 重庆云阳县镇水龙亭

此亭兴建于清代乾隆二十五年(1760年),相传为皇帝赐封,是威镇长江水患的纪念亭。当时洪水不断,民间认为这是修炼成精的水怪走蛟造成,便在江河交汇处的岸边峭壁修建龙亭镇压之。

同样的镇水楼亭还有:山西祁县于明宣德年间(1426—1435年)筑造了镇河楼,镇昌源河水灾;江西九江(江州)历史上经常遭受洪水灾害,明万历十四年(1586年),江州郡守吴秀为镇锁蛟龙、消灾免患,在长江边上建起了锁江楼、锁江塔;江苏淮安镇淮楼始建于北宋年间,原为镇江都统司酒楼,乾隆年间为震慑淮水水患,更名为镇淮楼。[7]

除上述所列,镇水方法还有很多,比如架桥、制符、堆钱及立碑等。清代朱彝尊《日下旧闻考》记琉璃河镇水事说:"旧有桥,长数十丈,桥畔倚一铁竿,长数十尺,盖镇压之物。"而在都江堰,则有"神禹峋嵝碑""道教符碑"和"佛教焚文碑"等镇水石碑。据传,这些碑下面均压有蛟龙,若蛟龙失镇,便会有水患。故这类碑通称为"镇水碑"。

2 古代镇水文化背景解密

通过对镇水神物的分类,我们发现,除了传说中的神兽趴蝮比较奇异、兵器比较夸张之外,其他的犀牛、铁牛、神人、楼塔等,都是比较写实的雕塑品、建筑,外表看上去并没有神异之处,仅仅是被人赋予了镇水神话色彩。那么,古人为什么会对这些镇水神物赋予这样那样的神话色彩呢?这主要与古人的"阴阳五行"相生相克哲学、水神信仰、龙的传说、"厌胜"观念等思想渊源有关,"解密"如下:

2.1 "阴阳五行"相生相克哲学

阴阳五行学说是中国古代朴素的唯物论和辩证法思想,它认为物质世界是在阴阳二气的推动下滋生和变化;并认为木、火、土、金、水是构成世界五种最基本的物质。这五种物质相生相克:木生火,火生土,土生金,金生水;木克土,土克水,水克火,火克金,金克木。

为什么古人喜欢用石、铁等制成的犀、牛镇水?这是因为按照阴阳八卦与五行相生相克学说,牛能耕田,属坤兽,坤在五行中为土,土能克水。远古犀、牛不分,本属同种。传说战国时期李冰治水、开凿都江堰时,曾化身为牛,征服了江神,同时,他还雕造5尊石犀用来镇水精。故后人也以犀、牛来镇水患。古人还将犀神化为能避水、分水的神兽,《吴越志》云:"钱武肃王时,有献云鹤水犀带者(以犀角嵌于带中,谓之犀带),武肃王登碧波亭命许彦方系带试水,水开七尺许。"这是犀能镇水的早期文字记录。[8]

古人还认为,洪水起,多因蛟龙生,又认为在五行中"蛟木类,畏五金",故以金压之。据《清史·水利志》和《荆州万城堤志》载,清乾隆五十三年(1788年)十一月上谕:"向来沿河险要之区,多有铸造铁牛安镇水滨者。盖因蛟龙畏铁,又牛属土,土能治水,是以铸铁牛肖形,用示镇制。"[9] 现存的洪泽湖镇水铁牛腹部所刻清康熙河道总督张鹏翮作的铭文,则更加明确解释了五行相生相克的镇水原理:"维金克木蛟龙藏,维土制水龟蛇降,铁犀作钲(镇)奠淮扬,永除昏垫报吾皇。""维金克木,蛟龙远藏,土能治水,永钲(镇)此邦。"

2.2 水神信仰

古人认为天人合一,万物有灵,便通过神话传说塑造了大批神灵,其中,就有许许多多水神。面对这些水神,古人往往采用软硬兼施的办法:一方面祭祀供奉,祈求风调雨顺;一方面用神物克镇,希望不要兴水害。历代神话传说塑造的主要水神见表1。

表 1　　　　　　　　　　　各地主要水神统计表

水系	神系	名　称	流域或地域
四渎（黄河、长江、济水、淮河）	江神	江神	长江
		江君	长江上游
		奇相	长江上游
		湘君、湘夫人	长江中游、汉江、洞庭湖
		金龙大王（洞庭君柳毅）	洞庭湖、长江中游
		三洞府神君	长江下游
		潮神（伍子胥）	长江下游、钱塘江
		潮神大姑、小姑	长江下游、采石矶附近
		潮神绍兴孚佑王（白马大王）	长江下游
		潮神（岱石王）	长江下游、钱塘江
		萧公爷爷	长江中游、江西
		晏公爷爷（平浪侯）	长江中下游、江西
	河神	河神	黄河
		巨灵	黄河
		河伯冯夷	黄河
		河侯	黄河
		河阴圣后	黄河郑州段
		河神陈平	黄河
		河神泰逢氏	黄河
		黄大王	黄河
		济神	济水
		无支祁	淮河
四海	龙王	东海龙王敖广（青龙）	东海
		南海龙王敖钦（赤龙）	南海
		西海龙王敖顺（白龙）	西海
		北海龙王敖吉（黑龙）	北海
	四海神	东海之神禺虢	东海
		南海之神不廷胡余	南海
		西海之神弇兹	西海
		北海之神禺彊	北海
	四海君	东海君冯修青，夫人朱隐娥	东海
		南海君视赤，夫人翳逸寥	南海
		西海君勾丘百，夫人灵素简	西海
		北海君视禹帐，夫人结连翘	北海

续表

水系	神系	名　　称	流域或地域
其他水系	其他职责	洛神	洛水
		水德星君	掌管天下一切江河
		水官大帝（夏禹）	掌天下一切江河
		水神共工	掌洪水
		水神郑国	关中一带
		李冰	四川
		二郎神	四川
		阳侯	掌波涛
		乐山通远王	福建

2.3 龙的传说

龙在传说中是一种善变化、能兴云雨、利万物的神异动物，为古代四灵（龙、凤、麒麟、龟）之首。古人尊奉龙为司水的神，这种观念历久不衰，以致后来龙以其矫健的雄姿、威严的神态成为中华民族的象征。[10]

传说夏禹治水，便有应龙以尾巴画地成河道，疏导洪水。古人还认为，凡是有水的地方，无论江河湖海，都有龙王驻守。龙王能生风雨，兴雷电，职司一方水旱丰歉。因此，大江南北，具有镇水功能的龙王庙林立，随处可见。如遇久旱不雨，一方乡民必先到龙王庙祭祀求雨，如龙王还没有显灵，则把它的神像抬出来，在烈日下暴晒，直到天降大雨为止。

民间还传说"龙生九子"，各有所长。明代许多文人笔下提到过"龙生九子"的不同名单，其中影响比较大的要数杨慎，他在《升庵外集》列出如下名单：赑屃，形似龟，好负重，今石碑下龟趺是也；螭吻，形似兽，性好望，今屋上兽头是也；蒲牢，形似龙而小，性好吼叫，今钟上纽是也；狴犴，形似虎，有威力，故立于狱门；饕餮，好饮食，故立于鼎盖；蚣蝮，性好水，故立于桥柱；睚眦，性好杀，故立于刀环；金猊，形似狮，性好烟，故立于香炉；椒图，形似螺蚌，性好闭，故立于门铺首。

后来，龙生的九子便成了镇水、镇宅、镇庙等辟邪神兽形象。

由于水既可利人，也会害民，因此，民间又塑造了能兴水为害、作恶造孽的蛟龙、孽龙，并产生了许多英雄人物斩蛟龙、锁孽龙的传说。据《蜀典》："李冰为蜀郡太守，有蛟岁暴，漂垫相望。冰乃入水戮蛟"。宋范成大《吴船录》卷上说："相传李太守锁孽龙于离堆之下。"而这些蛟龙、孽龙，便成为镇水神物镇压的对象。

2.4 "厌胜"观念

"厌胜"是古代方士的一种巫术，谓能以诅咒制服人或物，后来被引用在民间信仰上，转化为对禁忌事物的克制方法。"厌"字此处念 yā，通"压"，有倾覆、抑制、堵塞、掩藏、压制的意思。"厌胜"一词最早出于《后汉书·清河孝王庆传》的记载："因巫言欲作蛊道祝诅，以菀为厌胜之术。"

镇水神物的出现，实际是厌胜观念在治水活动中的反映。据《后汉书·礼仪志》记载：汉代每当遇到水灾时，官方便会举行祭典，进行"鸣鼓而攻社"或"朱索萦社，伐朱鼓"仪式活动，也就是用朱红色绳索捆绕社祠，并且击打朱红色鼓。这是为什么呢？东汉王充认为，"伐社"或"攻社"的用意是要令"土"（社）厌胜"水"，以达到止水目的。[11] 东晋干宝也有解释说："朱丝萦社。社，太阴也。朱，火色也。丝，离属。天子伐鼓于社，责群阴也；诸侯用币于社，请上公也；伐鼓于朝，退自攻也。此圣人之厌胜之法也。"

3 镇水神物文化价值探析

古代各种镇水神物遗留至今，从历史文物的角度去看，实际上都称得上是文化遗产。我们可以参照世界上有关文化遗产和我国有关文物藏品所描述的价值内容去分析、把握镇水神物的文化价值。

《世界遗产公约实施指南》解释了文化遗产包括三方面的价值：情感价值（惊叹称奇、趋同性、延续性、精神的和象征的崇拜）；文化价值（文献的、历史的、考古的、古老和珍稀、古人类学和文化人类学、美学的、建筑艺术的、城市景观的、风景的和生态学的、科学的）；使用价值（功能的、经济的、旅游的、教育的、展示、社会的、政治的）。[12]

我国颁布的《文物藏品定级标准》，则是根据文物的历史、艺术、科学价值的重要程度，对文物价值进行分级。特别重要的代表性文物为一级文物；重要的为二级文物；比较重要的为三级文物；具有一定历史、艺术、科学价值的为一般文物。

我们可以看出，文化遗产最核心的价值是历史、艺术、科学三方面价值，其他诸如情感价值、文化价值、经济价值、社会价值、使用价值、生态价值及环境价值，都可以归入以上三个核心价值的派生。

3.1 镇水神物的历史价值

我国古代镇水神物年代久远，历代传承，往往与历史上著名的治水人物有关，与历史上重大的治水事件有关，与历代水利工程有关，与治水哲学和民俗信仰有关。它们是水利历史的文物，可以补证水利文献记载，具有极高的历史研究价值。比如，开封镇河铁犀，原物位于河南省开封市铁牛村，铁犀背上有明代著名清官、民族英雄于谦亲自撰写的铭文，是明正统十一年（1446年）五月，于谦任河南巡抚时为镇降黄河洪水灾害而建。

3.2 镇水神物的艺术价值

许多镇水神物往往在雕塑艺术、建筑艺术方面是罕见的、唯一的类型；有的镇水文物是特殊材料、特殊方式的结构物，其构图、工艺代表了当时最高艺术水平，还有的具有文学传说、书法铭文、民俗活动等众多艺术价值。比如，四川成都出土的秦汉时期的大型圆雕石犀，体量庞大，纹饰清晰，保存非常完整，专家们认为"是填补中国雕塑艺术史的重大考古发现"。千奇百怪的镇水神兽除了作为古人期盼镇服水患、防避水害和安澜畅运、祈求吉祥的精神寄托之外，从建筑设计、景观构成方面还具有更重要的装饰艺术作用。

3.3 镇水神物的科学价值

将镇水神物以封建迷信产物一棍子打死的态度是不科学的。其实,古代镇水神物身上恰恰具有丰富的科学价值:它们有的在结构、用材和施工等方面体现了古代科学成就;有的在形式上反映出历史上的科技成果和科技水平;是某一事物、某一领域科技水平的代表。比如,沧州铁狮子的铸造比美国和法国的炼铁术早七八百年,在世界冶金史上具有里程碑的意义。另外,许多镇水文物在当时就具有观察水位线枯涨的科学实用价值,比如,河南周口铁水牛,原坐落于沙、颍、贾鲁三河交汇处,明清时期,流经周口的沙、颍河,每逢汛期河水猛涨,往往泛滥成灾,清光绪四年(1878年),在加固河堤的同时,铸造铁水牛一尊,安置于北岸火星阁"人"字形码头低于堤岸两米处。从此,它便作为记载周口水位涨落、汛期报警的标志。

4 结论

镇水神物是各地水文化之魂。没有神话传说、没有文物遗存的水域,是难于开发成为人文旅游胜地的。当今许多镇水神物或被毁坏,或被搬迁远离原地,或被人作为迷信产物嗤之以鼻,我们要从水文化传承的角度,对各地镇水神物进一步调查、统计和保护。

镇水神物是古代文物中的一种类别,它们具有特色鲜明的历史价值、艺术价值、科学价值,值得我们去深入研究、解密其文化背景,并将其历史文化价值,转化为当今审美、旅游、教育价值。

参 考 文 献

[1] 王圣,谢天. 天府广场石兽被确定为石犀 [N]. 成都商报,2013-01-10 (1).
[2] 苏涵,景国劲. 黄河蒲津渡开元铁牛雕塑群考论 [J]. 晋阳学刊,2004 (4):88-91.
[3] 王培君. 镇水兽与中国传统镇水习俗 [J]. 河海大学学报(哲学社会科学版),2012,14 (2):53-57.
[4] 本报综合. 铜犴:盘龙江畔的镇水神兽 [N]. 生活新报,2005-09-21 (1).
[5] 张剑. 从东汉李冰石像谈起 [J]. 文史杂志,1991 (5):43.
[6] 李明高. 广安白塔 [J]. 四川文物,1985 (4):53.
[7] 王培君. 镇水兽与中国传统镇水习俗 [J]. 河海大学学报(哲学社会科学版),2012 (2):55-56.
[8] 王蔚波. 河南古代镇河铁犀牛考略 [J]. 文博,2009 (3):25-28.
[9] 王元林. 京杭大运河镇水神兽类民俗信仰及其遗迹调查 [J]. 中国文物科学研究,2012 (1):32-33.
[10] 赵爱国. 司水的神 [J]. 治淮,1993 (6):40-41.
[11] 王培君. 镇水兽与中国传统镇水习俗 [J]. 河海大学学报(哲学社会科学版),2012,14 (2):53-57.
[12] 陈志华. 介绍几份关于文物建筑和历史性城市保护的国际性文件:二 [J]. 世界建筑,1989 (4):73-76.

天台山僧赞宁建六和塔治理钱塘江潮考

卢建宇

(台州市人大常委会　民族宗教侨务外事工作委员会，浙江台州　318000)

> **摘　要**：北宋初期佛教界唯一留有盛名的释赞宁，是天台山僧。释赞宁通内外典，工于诗文，是罕见的博物学家，还是治理钱塘江潮的水利学家。赞宁是六和塔的主要创建者之一，在建塔治潮中作用极大。他为治理钱塘江潮惠建六和塔，建塔和修塘并举，高滩筑堤，建立水闸，创新发展，综合施策，取得显著效果，为后人效法。
>
> **关键词**：赞宁；天台山僧；水利学家；六和塔；钱塘江潮

"太平兴国三年（978年）之后，……此时，吴越王钱氏降宋，赞宁随着钱（弘）俶携阿育王寺真身舍利塔进京。太宗在滋福殿召见，一日七次宣召，询问天台石桥，方广寺五百罗汉和高达五丈多的大瀑布崖上的石梁的情况。"[1] "时宋帝常幸相国寺，问赞宁曰：'朕见佛当拜乎？'对曰：'现在佛不拜过去佛。'宋帝大喜，遂为定礼。命充翰林使命编修。"[2] 释赞宁于是名震朝野。

日本著名佛教学者牧田谛亮在他的《赞宁与其时代》中盛赞："在赵宋初期佛教界遗有盛名的，只有赞宁一人。"[1] 可谓评价极高。时北宋名臣，著名诗人、文学家王禹偁在为赞宁文集作序时说："释子谓佛书为内典，谓儒学为外学。工诗则众，工文则鲜，并是四者，其惟大师。"[3] 即称赞赞宁和尚既精内典，复通儒学，不仅工诗，而且善文。其文才学力受到儒学大家王禹偁激赏。

一代名僧释赞宁是一位佛学家，也是一位史学家，更是一名博物学家。他是一位诗人，(今从《学佛考训》中新辑得二残句："数重金色润一片，玉光寒廷臣一时。")[4] 又是一位文学家。此外，他还是一位具有译学思想的佛经翻译家。本文主要介绍释赞宁建造六和塔、治理钱塘江潮的史实，还原其作为水利学家的另一面。

1　创建六和塔，治理钱塘江潮

1.1　六和塔的创建者

六和塔是中国现存最完好的砖木宋塔建筑，享誉海内外。这样一座美丽的建筑到底是谁创建的？建造六和塔的目的是什么？据《（咸淳）临安志》"六和塔"条目下记载："在龙山月轮峰即旧寿宁院。开宝三年（970年），智觉禅师延寿始于钱氏南果园开山建塔，因即其地造寺，以镇江潮。塔高九级，长五十余丈，内藏佛舍利。……钱氏有吴越时，曾以万弩射涛头，终不能却其势。后有僧智觉禅师延寿同僧赞宁创建斯塔，用以为镇。"[5]

《海塘录》也因袭了《(咸淳)临安志》的说法，但又在卷二十六提到灵隐僧治潮时说："钱王时以万弩射潮而潮不能却也。僧都统赞宁与知觉禅师延寿建塔创寺江干以镇之，而潮循故道焉。"[6] 这和《武林灵隐寺志》[7]记载完全相同，都把赞宁名字放在延寿之前。

创建六和塔的目的是为了镇潮，各种史料对此说法一致。而对于六和塔的创建者《(咸淳)临安志》和《海塘录》却出现了三种说法：一是延寿建塔，二是延寿同赞宁建塔；三是赞宁与延寿建塔。

《六道集》记："永明寿禅师，劝王建六和塔江边镇之，其潮遂寝。"[8] 延寿向吴越王钱（弘）俶提出建塔镇潮的建议，"开宝三年，师奉诏于月轮峰建创六和塔。"[9] 这里的师是指延寿。此后，延寿因为工程难度大而邀请在天台山结识的释赞宁一起建塔镇潮，这是完全可能的。因为延寿主持参与了建塔造寺的全过程，因此《(咸淳)临安志》和《海塘录》在说到建塔造寺时只提延寿，而仅在建造六和塔时再提及赞宁。至于《海塘录》提到灵隐僧治潮时，延寿和赞宁名字排序前后出现矛盾，这是由于引用资料不同，不同的作者对延寿和赞宁建塔镇潮的作用，存在着明显不同的认识。

在《十国春秋》"僧赞宁"传中，记载："是时，江潮或溢出石塘，赞宁与延寿建塔于江干镇之。(小麦岭有赞宁塔) 潮由是复循故道。"[2] 因为赞宁写传，完全有可能为突出赞宁，把赞宁放在延寿之前。而同样在《十国春秋》的延寿传中，却只记载："建隆元年，忠懿王重创灵隐寺，命延寿主其事。"[2] 并无提及六和塔。上述记载说明在建造六和塔的过程中，赞宁的作用更加显著。

在《武林灵隐寺志》中，明确把赞宁放在延寿之前，以示在建塔镇江中赞宁的作用举足轻重。据《武林灵隐寺志》记："建隆元年，钱忠懿王请重创灵隐，灵隐之兴由此。故后称住持灵隐者，以为第一代也。"[7] 延寿禅师是灵隐寺的首任住持，灵隐寺的寺志在涉及首任住持的生平事迹时，不可能为了抬高他人而罔顾事实。因此记载是客观可信的，具有权威性。

上述史料表明，赞宁是六和塔的主要创建者之一，在建塔治潮中作用极大。因此，《武林灵隐寺志》记载："然不如六和塔成而潮可平，塘可就也。为之者，僧都统赞宁、禅师延寿也，皆灵隐知识也。"[7]

1.2 建造六和塔的目的

《(咸淳)临安志》记载："相传自尔潮习故道，边江右岸无冲垫之失，缘堤居民无惊溺之虞。"[5]《海塘录》也作了相同的叙述。《(咸淳)临安志》中把六和塔和建塔后相传"自尔潮习故道"放在一起叙述，表明六和塔的建造可以达到镇潮的效果。而1998年出版的《钱塘江志》也沿用了《(咸淳)临安志》的记载："开宝三年，吴越王钱（弘）俶舍杭州月轮山上南果园，命智觉禅师延寿和通慧禅师赞宁创建六和塔，以镇潮水。"[10] 更使人对于建塔起镇潮作用确信无疑。

而在佛教典籍中，塔是"藏佛舍利之冢……使人天瞻仰，灭罪生福。此方不达，以为风水。始由浙江钱塘江。"[8] 建塔祈福由来已久，而用以镇潮在佛教史上是首例。《六道集》记载："永明寿禅师，劝王建六和塔江边镇之，其潮遂寝。今时潮至，浪高不过数尺。因此，后人效之以为风水，亦由如来德所加被福人。然须洁净，不可秽污，方有征验。"[8] 这就更明确地把建塔作为治潮的直接原因加以叙述，突出了佛教的神异力量。

1.3 治理钱塘江潮的根本原因在于修塘

建造六和塔用以镇潮，这显然受到时代局限性并非科学的认识。那么，建造六和塔能镇潮的真正原因是什么？清朝咸丰年间，曾任工部郎中的朱智查考地方志，得知了建造六和塔实现镇潮的真正原因。《杭州府志》记载："智稽考志乘，知六和塔所以镇潮，而塔毁且五十年，乃出己资，修塘兼修塔，鸠工庀材，巨功以蒇，潮不为患。"[11] 其真正原因，就在"修塘兼修塔"，在建造六和塔的同时修筑江塘捍御江潮，这才是镇潮的根本原因。

2 赞宁治理钱塘江潮

2.1 南宋智昙治潮具备的三个条件

对于赞宁如何"修塘兼修塔"，已经没有直接的记录。而《（咸淳）临安志》对南宋绍兴年间重修六和塔却做了较为详细的记录。这次重修六和塔，基本参照了吴越时期释赞宁治理钱塘江潮的成功做法。《（咸淳）临安志》在"捍海塘"条目下记载："二十二年，吏部尚书林文鼐建言乞选择谙晓之士，专置一司，询故老，究利病脉络，而复兴工，且言罗刹江滨旧有三浮屠，唐末神僧创以镇潮脉，名六和塔。"这里，林文鼐提出了主持治理钱塘江潮人选应具备的三个特点：一是通晓钱塘江潮治理历史；二是了解并能深入研究各种治理方略的利弊得失；三是熟谙江潮脉络特点。同时提出应设立专门机构，而且特别提及"唐末神僧创以镇潮脉，名六和塔，积年不修"，把赞宁治理钱塘江潮作为值得借鉴的重要经验。显然，赞宁建造六和塔，治理钱塘江潮是十分成功的，以至过了一百多年，南宋绍兴年间重建六和塔，治理钱塘江潮的主持僧依然按照赞宁的标准来选择。在选择"可主持斯事"人选时，颇费踌躇。据《（咸淳）临安志》记载，主持六和塔的"僧智昙蔬食布衣，戒行精洁，道业坚固，可任以干缘……体识深敏，早受律仪，持教临坛，已逾三纪。信心之士往往聆芳咀妙，割缚导迷，作大方便，护于群生。"[5] 智昙因为其德业精深，又和赞宁一样同属律宗，临坛持教三十多年，因而对于赞宁十分熟悉，具备了上述三个条件。由此可见，南宋绍兴年间重建六和塔，是赞宁创建六和塔过程的翻版重现。赞宁建塔治潮的过程，可以从智昙重建六和塔中一窥究竟。

2.2 赞宁作为水利学家的特质

那么作为水利学家的赞宁除通内外典，工诗善文外，他又具备了哪些与众不同的特质呢？作为博物学家的赞宁，已具有朴素、唯物的自然观。对于海洋潮汐的运动及其成因，有了初步的认识。在他撰写的《东坡先生物类相感志》中写道："《海潮赋》云：'夫潮之生因乎日也，其盈虚系乎月也。及晦而绝，过朔则隆，月弦则小赢，月望则大至。'又云：'日激水而潮生，月离日而潮大。'"[12] 他不仅认识到潮汐与月球的运行有关，还认识到潮汐是日月共同作用的结果。胡化凯在《感应论——中国古代朴素的自然观》中指出："现代科学认为：潮汐是由日月对地球引力及地球绕日运行惯性力效应等多种因素共同作用的结果。"[13] 由此可见，作为一名佛教徒的释赞宁，对于潮汐运动的规律具有唯物求实的认识，摆脱了唯心论的束缚，这种唯物的认识论对于指导他治理钱塘江潮的实践，具有积极的意义。

"僧录赞宁有大学，洞古博物。"[14] 以释赞宁的博学多识，自然对治理钱塘江潮的历史谙熟于胸。（僧录也是僧头，日本圆仁《入唐求法巡礼行记》卷一："僧录统领天下诸寺，整理佛法。"《大宋僧史略》卷中："至元和长庆间，立左右街僧录，总录僧尼，或有事则先白录司，后报官方也。"）

《永明道迹》记载："钱塘古称罗刹江，其潮汐之险，不减瞿塘三峡。"[9]《（咸淳）临安志》纵观历史后指出，"江挟海潮为杭人患，其来久已矣。"[5] 从汉朝开始，历代对钱塘江潮都有治理的记录。

汉时，《玉海》引刘道真《钱塘记》曰："议曹华信家富，议立防海塘，始开募：'有致土一斛，与钱一斗'。塘成，一境蒙利。县本名泉亭，于是改钱塘。"[6] 因豪富人家敛钱雇人辇土筑塘，故名钱塘。唐朝始筑捍海塘。"唐长庆四年（824 年），潮冲杭州江岸，杭州刺史白居易撰文祭江云：'浸淫郊廛，坏败庐舍，人坠垫溺。'"[10] 而"白乐天刺郡日，尝为文祷于江神，然人力未及施"，[5] 难以奏效。而吴越王治理江潮，着力最大，所费甚巨，又近在眼前，因此，也必然是赞宁反复揣摩、重点研究的治潮经验。

在吴越天宝三年（910 年），"八月始筑捍海塘。……初定其基，而江涛昼夜冲激沙岸，板筑不能就。王命强弩五百以射涛头。又亲筑胥山祠，仍为诗一章。函钥置于海门。其略曰：'为报龙神并水府，钱塘借取筑钱城。'既而潮头遂趋西陵。（王乃命运巨石，盛以竹笼，植巨材捍之，城基始定。其重濠累堑，通衢广陌亦由定而成焉。）"[15]

钱镠在治理钱塘江潮时，除了借助神力祈祷，强弩射涛之外，"植巨材"加固塘堤，"又以木立于水际，去岸二九尺，立九木作六重象易"减缓江潮对塘堤的冲击力。在筑土塘捍江潮的基础上，以竹笼巨石，抛石抗潮，在局部地区主动拦截失道江潮。这几种办法在当时均属首创，被后人效法，虽然收到一时之效，但并不能从根本上解决问题。由于"海塘工程质量与防御效果又与人们对钱塘江沙水变化特性的认识紧密相关"[16]，因此，探究江潮为患的根本原因是赞宁必须解决的重大问题。《海塘录》卷三记载："《玉海》：二十二年十一月二十五日，吏部尚书林大鼐❶建言为吴患其来已久，捍御之策见于浙江亭碑。江流失道，潮与洲斗，怒号激烈，千霆万鼓，民不以宁。宜嵩置一司究利病而后兴工。"[6] "浙江亭碑"已难以稽考，而从《（咸淳）临安志》记录六和塔建成，"相传自尔潮习故道"来看，赞宁建六和塔时，钱塘江潮为患的根本原因和南宋绍兴年间是一致的，都是"江流失道，潮与洲斗"。

2.3 治理方略

2.3.1 建塔镇潮

作为佛教徒，赞宁希望借助佛教超自然的力量，因此建造六和塔，供奉佛舍利，以镇江潮。尽管这并不是科学的方法，但以吴越国时期对于佛舍利的崇拜信仰，在当时却最大

---

❶ 林大鼐，《（咸淳）临安志》作林文鼐，"大"疑为"文"之讹。

限度地增强了人们战胜江潮的信心和参与建塔治潮的积极性,从而突破了当时生产力低下、人力财力匮乏的桎梏。由于朝野上下出钱出力,因而无须像汉时敛钱雇人辇土为塘,失信于民。

2.3.2 塔基选择

从六和塔塔基的选择来看,"开宝三年,智觉禅师延寿始于钱氏南果园开山建塔",南宋智昙"因故基成之,七层而止。自后潮为之却,人利赖焉。"塔基的选择显然是经过考量的。"《梦梁录》:临安风俗,四时奢侈,赏玩殆无虚日。西有湖光可爱,东有江潮堪观,皆绝景也。每岁八月内,潮怒胜于常时,都人自十一日起便有观者,至十六、十八,倾城而出,车马纷纷,十八日最为繁盛,二十日则稍稀矣。十八盖帅座出郊教习,节制水军,自庙子头直至六和塔,家家楼层尽为贵戚、内侍等雇赁,作观潮会。"[6] 六和塔作为当时最佳观潮点,自然是江潮最为汹涌澎湃、怒号激烈的地段。因此,六和塔周边也是海塘堤必须加固的地段。

"自武肃以来,率用薪土,屡筑屡圮。"[6] 由于损毁严重,"景祐中(1034—1037年)工部侍郎张夏筑自六和塔至东青门。叶绍翁《四朝闻见录》云:'杭州江岸多薪土,潮水冲激,三载辄坏。夏令作石堤一十二里,杭人德之。'"[6] 六和塔周边的塘堤是钱塘江最早修筑的石塘,这也充分说明这一带江潮冲击最为激烈,损毁最为严重。到了明朝,"往者万历乙亥,塘决六和塔下数百丈,命人修筑。"[6] 六和塔周边塘堤仍然是防御江潮的重要地段。因此,通过建塔来加固塘堤基础,增强防御能力,成为当时的必然选择。

2.3.3 工程量大,建设时间长

从工程建设时间、工程量来看,南宋绍兴岁在壬申开始谋划,自癸酉仲春鸠工,至癸未岁晚,七级就绪,时间共计12余年。"缕陈砖石土木,方隅广袤,所以复塔之意。"[5] 从和义郡王杨存中率先出俸资助,"以致中朝莲社闻风乐施,云臻雾集,虽远在他路,亦荷担而来。"[5] 朝野之间全面发动,"约用工百万,缗钱二十万云。"[5] 工程耗时之长,备材之多,用工之众,花钱之巨,远远超过一般佛塔所需,因此,建塔是一个庞大的修塘治潮的水利工程。

2.3.4 高滩筑堤,稳定江流

由于钱塘江主流频繁摆动,岸崩塘毁史不绝书。"既未济卦由是潮不能攻沙,沙土渐溃,岸益固也。《一统志》云:'吴越王箭所射止处,常立铁幢,因名铁幢浦。'《(咸淳)临安志》云:'初立幢时,塘犹未成,虑潮荡幢,用铁轮护其址,而以铁绀贯幢杆,且引绀维于塘上下之石棍,然后实土筑塘故幢,故幢首出。此说为近之。'"[2]

《十国春秋》在说赞宁整治江潮时,在吴越王留下的铁幢处,待江沙淤成高滩后,乘淤筑塘,"岸益固也"。通过上述措施,缩窄江面,减少河床平面摆动幅度,稳定水流,使其集中在原江道中。这里,作者还专门指出在故幢处实土筑塘,这在历史上是首次。赞宁首创了"高滩筑堤"的办法。待江沙淤成高滩后,再修筑塘堤,这样有利于江槽相对稳定,有利于塘堤保护。该思想后发展为"以围代坝"的治江思路。[17]

2.3.5 建立水闸

"又置龙山、浙江两闸以遏江潮入河。"[2] 《十国春秋》记载在龙山、浙江入江口建立水闸,防止潮水内灌,保证灌溉用水,涝则排水,同时达到改变潮汐流向的目的。

2.4 治理效果

"塔兴之初，土石未及百篑，而潮势虽仍汹涌，浪犹暴怒，已不复向来之害，编氓得袖手坐视，略无隐忧矣。"[5] 六和塔建成之前，潮汐来时，抛下笼石百篑也未必奏效。而建塔之后，土石未及百篑已然收效。以往潮势汹涌，人们高度戒备，随时防止怒涛巨浪伤及无辜，而建成之后，在场平民毫无担忧之色，袖手坐视，观涛赏景。从抛石御潮的效果来分析，可以得出这样的结论，此时，江潮流向发生了变化，对六和塔周边塘堤江潮的冲击力已大为减轻。"相传自尔潮习故道"，这是钱塘江得以治理的根本原因。

治理江潮的效果是显著的，自此"边江右岸无冲垫之失，缘堤居民无惊溺之虞。闻者德之"。孙旭在《吴越国杭州佛教发展的特点及原因》中写道"对内，筑堤海塘，遏潮水内灌。募民能垦荒田者，勿收其税。由是塘内无弃田，疏浚湖浦，发展农桑，国库储备有十年军粮。史称吴越国'民幸富完安乐'"[18]。得到有效治理的钱塘江，还成为繁华的商埠。章垠在他的《钱塘江流域文化治理路径与建议——以杭州市江干区为例》中提到，"吴越国时期的钱塘江更是'东晒巨浸，辕闽粤之舟橹，北倚郭邑，通商旅之宝货'，……钱塘江成为杭州通往世界的渠道和窗口。"[19] 这是赞宁等治理江潮的结果。

3 结语

赞宁治理钱塘江潮，称得上是造福一方的水利学家，而其建造六和塔、治理钱塘江潮的生动传奇，令人叹为观止。就像他写的《悟空塔》里的诗句一样："毫光委坠江月楼，道气馨香海岸风。"至今，他创建的六和塔仍屹立在钱塘江畔，成为一道举世闻名的靓丽风景线。其治理钱塘江潮的传奇故事，透过历史重重迷雾，随着钱塘江风馨香绕梁，百世流芳。

参 考 文 献

[1] 牧田谛亮. 赞宁与其时代 [C] //张曼涛. 佛教人物史话. 台北：大乘文化出版社，1978.
[2] 吴任臣. 十国春秋：卷八十九吴越十三 [M]. 徐敏霞，周莹，点校. 北京：中华书局，1983.
[3] 王禹偁. 小畜集：卷二十 [C] //四部丛刊. 上海：上海书店影印本，1989.
[4] 净挺. 学佛考训 [C] //嘉兴大藏经，台北：中华电子佛典协会，2020：34.
[5] 潜说友. （咸淳）临安志 [M] //四库全书. 上海：上海古籍出版社，1987.
[6] 翟均廉. 海塘录 [M] //四库全书. 上海：上海古籍出版社，1987.
[7] 孙治. 武林灵隐寺志 [C] //中国佛寺史志汇刊. 台北：中华电子佛典协会，2020：23..
[8] 弘赞. 六道集 [C] //卍续藏. 台北：中华电子佛典协会，2020：88.
[9] 大壑. 永明道迹 [C] //卍续藏. 台北：中华电子佛典协会，2020：86.
[10] 钱塘江志编纂委员会. 钱塘江志 [M]. 北京：方志出版社，1998.
[11] 杭州府志：卷一百四十三 [C] //中国地方志集成编辑工作委员会. 中国地方志集成. 上海：江苏古籍出版社，1988.
[12] 赞宁. 东坡先生物类相感志：卷1 [C] //北京图书馆古籍出版编辑组. 北京图书馆古籍珍本丛刊. 北京：北京图书出版社，2007.
[13] 胡化凯. 感应论——中国古代朴素的自然观 [J]. 自然辩证法通讯，1997（4）：53.

[14] 释文莹. 湘山野录: 卷下 [M]. 北京: 中华书局, 1991.

[15] 范坰, 林禹. 吴越备史: 第1卷 [M]. 北京: 中华书局, 1991.

[16] 王申. 清代钱塘江塘工沙水奏折档案及其价值 [J]. 浙江水利水电学院学报, 2020, 32 (5): 1-5.

[17] 潘存鸿. 钱塘江河口治理回顾 [J]. 水利水电科技进展, 1999, 19 (4): 44.

[18] 孙旭. 吴越国杭州佛教发展的特点及原因 [J]. 浙江社会科学, 2010 (3): 103.

[19] 章垠. 钱塘江流域文化治理路径与建议——以杭州市江干区为例 [J]. 浙江水利水电学院学报, 2020, 32 (4): 1-6.

宋代两浙路海溢灾害及政府的应对措施

金 城

(宁波大学 人文与传媒学院,浙江宁波 315211)

> **摘 要**:以960—1278年近320年间宋代两浙路沿海地区的海洋灾害数据为主,统计分析了宋代两浙路沿海地区海溢灾害频发的现状,以及给沿海地区的居民造成大量人员财产损失,进而分析了宋代政府面对海溢灾害所采取的救助措施,主要涉及海塘建设、政府救济和海洋祭祀三方面,这些措施有力地保障了两浙路的社会经济发展。
>
> **关键词**:宋代;两浙路;海溢灾害;救助措施

目前为止,学术界对于中国古代海洋灾害的研究,主要集中在海洋灾害的史料收集和整理方面,此前有陆人骥[1]主编的《中国历代灾害性海潮史料》一书,主要从历史文献学的角度对我国古代海洋灾害在史籍中的记载状况进行了系统整理;又有王子今[2]的《汉代海溢灾害》一文,探讨了汉代海溢灾害产生的原因以及海溢灾害之后政府救助措施;刘安国[3]的《我国东海和南海沿岸的历史风暴潮探讨》一文,主要关注的是东南沿海地区的海洋灾害,并对历代东南沿海海洋灾害进行了梳理。但尚不足以反映我国古代沿海地区海溢灾害的全貌,尤其是宋代两浙路海溢灾害状况,尚未有人对此进行专门的研究。为此,笔者拟聚焦于对宋代两浙路海溢灾害情况,在总结宋代两浙路海溢灾害规律的基础上,探讨有关宋代政府的救助措施。

1 宋代两浙路区域概况

宋代两浙路的地域范围包括今浙江省全境,江苏省的镇江市和苏锡常地区,上海市和福建省闽东地区,比今天浙江省的范围要大得多。宋代两浙路的行政区域设置时有变动,按《元丰九域志》载,宋初太宗雍熙二年(985年)因两浙西南路改称福建路,两浙东北路简称为两浙路[4]。其又载当时两浙路治杭州,领杭州、越州、苏州、润州、湖州、婺州、明州、常州、温州、台州、处州、衢州、睦州、秀州等十四州。[4] 宋神宗熙宁十年(1077年),以两浙东、西路合置。治杭州,领杭州、苏州、湖州、润州、常州、睦州、秀州、越州、明州、台州、温州、婺州、处州、衢州等十四州。[5] 宋室南迁,高宗绍兴元年(1131年),复分置两浙东、西路。[5]

从地域上看,宋代两浙路位于我国东部沿海,直面太平洋;从气候分布特征上看,该地区属于亚热带季风气候区,冬夏盛行风向有显著变化,降水有明显的季节变化,各种气象灾害频繁发生,尤其是夏秋季节易受台风和龙卷风等灾害影,[6] 因此本区域内容易遭受海洋灾害。海洋灾害是指海水激烈运动，海洋自然环境异常变化，且运动变化超过人们适应能力而发生的人员伤亡及财产损失的事件和现象。[7] 现代海洋灾害主要包括飓风、暴浪、大潮、海雾、海冰和赤潮、海洋污染等自然和人为原因引起的多种灾害，而在古代志书中的海洋灾害主要为海溢灾害，如宋代方勺的《泊宅编》卷中记载："政和丙申岁，杭州汤村海溢，坏居民田庐凡数十里。"[8] 唐宋变革之际，宋代两浙路沿海地区较前代有了进一步开发，尤其是在定都临安后，海溢灾害带来的损失愈加突显，因而海溢灾害日益受到宋廷的关注，并积极开展海溢灾害的应对措施。

2 资料来源

文章主要选取960—1278年近320年间宋代两浙路沿海地区的海洋灾害数据进行汇总统计，分析宋代两浙路海洋灾害的情况，包括其时间分布特征和损失强度。所统计的资料主要有《宋史》《续资治通鉴长编》《宋会要辑稿》等史料[9-10]，并参照今人相关的最新研究成果等资料统计[11-12]，以求得到最全面准确的史籍海溢灾害资料。

中国沿海地域历史上出现的海溢灾害，多半与台风有关，同时又当时社会活动紧密相连。每年在我国沿海，就海洋灾害而言，不但发生频次高、分布广，而且灾害强度大，常造成大量人员伤亡和经济损失。宋代人们对海洋的开发力度比之前有较大的进步，尤其在南宋时期政治统治力量南迁后，对海洋的利用日益发展，并对海洋灾害的认识逐渐提高。通过文献记载，宋代两浙路海溢灾害次数为62次❶，下文将从时间分布特征和灾情等级两个方面考察宋代两浙路沿海地区的海溢灾害。

宋代共计320年，在这期间两浙路海溢灾害共62次，平均5年一次，其中北宋168年，期间两浙路海溢灾害23次，平均13年一次；南宋152年，期间两浙路的海溢灾害39次，平均4年一次，南宋海溢灾害平均年发生率远远超过北宋时期。如若加上两浙路发生的水、旱、霜等自然灾害，真可谓"才出火坑，又入泥潭"的困境。

（1）根据图1，宋代两浙路海溢灾害具体可以分为4个发展变法阶段。

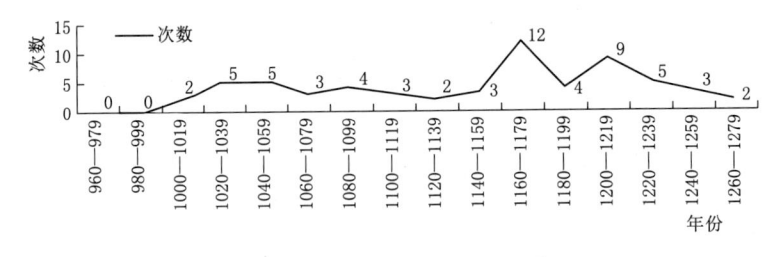

图1 宋代两浙路海溢灾害次数简图

第1阶段：从宋太祖建隆元年（960年）至宋仁宗嘉祐四年（1059年），在这100年间两浙路发生12次海溢灾害，平均年发生率分别为1次/8.3年。值得注意的是，从宋太

---

❶ 需要说明的是：关于海溢灾害发生地。史籍明确记载海溢灾害发生地的记载，当无疑问；没有明确记载海溢灾害发生地点则笔者统计为两浙路海溢灾害；海溢灾害发生次数按年计算；在史料中关于月份出现多次，笔者按时间出现最早为统计原则，记为一次。本数据以及后文表1，是根据《宋史》《续资治通鉴长编》《中国历代灾害性海潮史料》和《浙江灾异简志》核照相关文献、提取统计数据制作而成的。

祖建隆元年（960年）至宋真宗景德二年（1005年）时期，整个40年期间两浙路没有发生一次海溢灾害，这不符合两浙路的自然规律。笔者推测，可能是资料有限，造成了资料漏记的情况；或是由于赵宋初立，当时的海溢灾害没有引起统治者的注意，人为地造成忽略。但是，随着政治形势的稳定，经济中心逐渐南移，宋代两浙路的经济地位日益凸显。从宋真宗景德三年（1006年）至宋仁宗嘉祐四年（1059年），在这60年间两浙路发生12次海溢灾害，频率约为1次/5年，该时期海溢灾害发生的频率明显高于北宋前期。

第2阶段：从宋仁宗嘉祐五年（1060年）至宋高宗绍兴三十年（1160年），在这期间100年两浙路发生15次海溢灾害，频率约为1次/6.6年，海溢灾害爆发的频率放缓，开始进入低谷期。

第3阶段：从宋高宗绍兴三十一年（1161年）至宋理宗嘉熙二年（1238年），在这期间78年，两浙路发生30次海溢灾害，频率约为1次/2.6年，海溢灾害爆发的频率之高，海溢灾害进入了高峰期。

第4阶段：从宋理宗嘉熙三年（1239年）至南宋灭亡，在这期间38年，两浙路发生5次海溢灾害，频率约为1次/7.6年，海溢灾害爆发的频率是整个宋代最低时期，海溢灾害进入新一轮低谷期。

（2）从季节与月份分布分析宋代两浙路海溢灾害特征。从表1可知，见诸文献记载的宋代两浙路海溢灾害共有62次，除了17次海溢灾害发生的季节和月份不详外（约占到总次数的27%），其余海溢灾害的季节和月份都比较详细。在这些季节和月份详细的海溢灾害中，发生在夏季的次数最多，达到28次，约占到总数的45%；其中7月发生的海溢灾害最集中，也是最多，有15次，约占到总次数的24%；6月发生的海溢灾害有10次，约占到总次数的16%；5月发生的海溢灾害有3次，约占到总次数的4%；秋季发生的海溢灾害数量次之，达到16次，约占到总次数的26%；其中8月发生的海溢灾害最多，有12次，约占到总次数的19%；9月发生的海溢灾害有2次，约占到总次数的3%；除此之外，海溢灾害在春季也有发生，春季有1次，约占到总次数的1%；若将夏、秋两季合在一起计算，则记载海溢灾害的次数有44次，约占到总次数的71%。因此可知，宋代两浙路海溢灾害主要是集中发生在夏秋季节，依据两浙路独特的地理位置和季风气候特征，笔者推测，宋代两浙路发生的17次没有明确记载月份的海溢灾害，很有可能也发生在夏秋季节。由于海溢灾害集中于6月、7月和8月，这亦是台风频发的时段，所以，宋代两浙路海溢灾害应主要是由台风造成的，该结论与笔者的其他相关研究文章的论述具有一致性。[13]

（3）从灾情等级程度看两浙路海溢灾害灾情。海溢灾害所造成的危害非常严重，且其带来的危害更是多方面的，但每次海溢灾害发生时，最直接的就是对生命财产造成的损害，

表1　　　　　　　宋代两浙路海溢灾害的季节与月份（旧历）分布特征

春　季			夏　季				秋　季			冬　季			备　注
2月	3月	4月	5月	6月	7月	8月	9月	10月	11月	12月	1月	月份和季节不详的海溢灾害统计17次
0	0	1	3	10	15	12	2	0	0	0	0	
1次			28次				16次			0			

但在史书上通常用记作"毙""溺""漂""覆""坏""杀"等词汇，以此来形容海溢给沿海地区带来的灾难。根据有关两浙路海溢灾害灾情的史料记载描述，笔者把两浙路海溢灾害灾情按照一般、严重和特别严重划分为三个灾情等级。"一般"灾情等级，史料中记载为"海溢"，或者记载为"潮溢"。如宋天禧四年（1020年），"浙江潮溢"。"严重"灾情等级，史料中记载为对海塘造成破坏的，"败堤"和"毁田园"字样，如宋孝宗淳熙四年（1177年）五月，"钱塘江涛大溢，败临安府隄八十余丈，庚子又败百余丈。""特别严重"灾情等级，史料中记载为"坏堤""毁田""溺死"和"害稼"等词汇进行描写。如宋理宗绍定二年（1229年）"台州海溢，死者二万余人。天台溪民流没，一、二十里无人烟"；宋孝宗淳熙三年（1176年）八月，"台州大风雨，至于壬午，海涛溪流合激为大水，决江岸，坏民庐，溺死者甚众"。

如表2所列，在两浙路爆发的海溢灾害灾情中一般等级的海溢灾害发生了14次，占到海溢灾害总次数的22%，在宋代320年间，平均23年两浙路会爆发一次一般性的海溢灾害；严重海溢灾害灾情发生了27次，占到海溢灾害总次数的44%，平均12年两浙路会爆发发生一次严重性的海溢灾害；特别严重的海溢灾害灾情发生了21次，占到海溢灾害总次数的34%，平均15年两浙路会爆发一次特别严重的海溢灾害。而两浙路爆发的海溢灾害灾情在严重等级以上共发生了48次，约占到海溢灾害总次数的78%，平均约7年两浙路爆发一次大海溢灾害，如宋孝宗乾道二年（1166年）八月，"温州大风海溢，漂民庐、盐场、龙朔寺，覆舟，溺死二万余人，江滨骴骼尚七千余"的惨剧。

表 2 宋代两浙路海溢灾害灾情等级表

项　　目	两浙路海溢灾害灾情		
灾情等级	一般	严重	特别严重
次数	14	27	21
占到总次数的比率	22%	44%	34%

3 宋代政府对两浙路海溢灾害的应对措施

《宋史·食货》有言："宋之为治，一本于仁厚，凡振贫恤患之意，视前代尤为切至。"[5] 宋代两浙路海溢灾害不断，对沿海地区造成了不可估量的影响。为了维护自身统治和社会安定，宋廷对沿海地区海溢灾害都较为及时地采取了应对措施，主要涉及灾害前防御措施、灾害时期政府赈济措施和针对海溢灾害的海洋祭祀等三个方面。

3.1 灾害前防御措施

由于两浙路近海的特殊地理位置，经常受到海溢灾害的侵害，因此海塘建设成为两浙路沿海地区重点工程。宋代海塘建设可以分为两个时期，这两个时期具有不同的特点。

第一时期为北宋海塘建设阶段，如宋真宗大中祥符五年（1012年），知杭州府戚纶用柴草修筑钱塘江江塘和海塘。大中祥符七年（1014年），发运使李溥、内供奉官卢守勤经度，"请复用钱氏旧法，实石于竹笼，倚叠为岸，固以椿木，环亘可七里。斩材役工，凡数百万，逾年乃成、而钩末壁立，以捍潮势，虽湍涌数丈，不能为害。"[5] 由于宋廷对所修海塘缺乏有效的管理，导致该段海塘于宋仁宗景祐四年（1037年）六月被毁，"杭州大风雨，江潮溢岸，高六尺，坏堤千余丈。"[5] 因此在宋仁宗景祐四年（1037年），工部郎中张夏重新修建海塘时，"置捍江兵士五指挥专采石修塘，随损随治，众赖以安。"[5] 庆历七年（1047年），谢景初修建余姚海塘，"长二千二百丈，崇五仞，广四丈。自龙山距官浦二千丈修旧而成，增石五版为三十级，自御香亭下创为二百丈。"[14] 此次海塘建设取得良好的成效，使得沿海百姓得以安生，朝廷特此嘉奖张夏为宁江侯。

第二时期是南宋时期。两浙路成为南宋的政治、经济中心，两浙路沿海地区的海塘建设便成为重点工程。高宗绍兴末年（1162年），因钱塘石岸毁裂，潮水漂涨，百姓不得安居，令转运司同临安府修筑。宋孝宗乾道七年（1171年），秀州守臣丘崇上奏朝廷，建议重新修建海塘："华亭县东南大海，古有十八堰，捍御碱潮。其十七久皆捺断，不通里河；独有新泾塘一所不曾筑捺，海水往来，遂害一县民田。缘新泾旧堰迫近大海，潮势湍急，其港面阔难以施工，设或筑捺，决不经久。运港在泾塘向里二十里，比之新泾水势稍缓。若就此筑堰，决可永久，堰外凡管民田，皆无碱潮之害。其运港只可捺堰，不可置闸。不惟濒海土性虚燥，难以建置；兼一日两潮，通放盐运，不减数十百艘，先后不齐，以至通放尽绝，势必昼夜启而不闭，则碱潮无缘断绝。运港堰外别有港汊大小十六，亦合兴修"，[5] 他的建议得到孝宗的批准，着手修建海塘事宜。

南宋时期行都在临安，这是宋廷重视海塘建设的一方面原因，另一方面，南宋在海塘管理和维护上具有创新之处，不仅安排专人对海塘进行维护，而且还将海塘的管理纳入官员的政绩考核当中，这使海塘的建与管相结合，大大延长了海塘的使用年限，对沿海百姓生命财产起到了保护作用。如乾道八年（1172年），海塘工程完成时，丘崇建言加强海塘管理与维护："兴筑捍海塘堰，今已毕工，地理阔远，全藉人力固护。乞令本县知、佐兼带'主管塘堰职事'系御，秩满，视有无损坏以为殿最。仍令巡尉据地分巡察。"[5] 乾道九年（1173年），宋廷又命华亭县作监牐官，招收土军五十人，巡逻堤堰，专一禁戢，将卑薄处时加修捺。令知县、县尉并带"主管堰事"，则上下协心，不致废坏；[5] 宋理宗宝祐二年（1254年）十二月，监察御史崇政殿说书陈大方言："江潮侵啮堤岸，乞戒饬殿、步两司帅臣，同天府守臣措置修筑，留心任责，或有溃决，咎有攸归。"[5] 这些政策中不仅仅是海塘建设的本身，而是将海塘建设与维护融入政府官员的日常管理当中，使之成为一种制度。关于宋代海塘及其海塘技术学界早已达成共识，无须赘言。[15]

3.2 灾害时期政府赈济措施

宋朝政府重视海溢灾害赈济力度，一旦海溢灾害发生，政府就会对受灾地区进行直接救助或者是在政策上给予帮助。宋仁宗"苏州水、沧州海潮溢，诏振恤被水及溺死之家。诏振恤被水及溺死之家"。[5] 宋神宗熙宁二年（1069年），浙、江、湖等地区受到海溢灾害，朝廷下诏"振恤被水州军，仍蠲竹木税及酒课。"[5] 宋宁宗嘉定十年（1217年），朝廷再次"诏浙东提举司发米十万石振给贫民"，嘉定十一年（1218年），六月"诏湖州赈恤被水贫民"，嘉定十七年（1224年），"蠲台州逋赋十万余缗"。[5]

宋廷发放的钱米或者免除赋税等对于两浙路受灾百姓而言，只能解一时之灾，为受灾百姓提供保全生命的可能。但是，这些政策不能消除两浙路海溢灾害存在的危害，因此宋代政府为将海溢灾害带来的危害降到最低,便加大海塘修建工程。一方面宋代政府及时拨款对原有海塘工程及其配套工程进行必要的修复,以期尽快恢复灾区百姓的生产生活,如乾道二年(1166年)十月诏曰:"温州近被大风驾潮,淹死户口,排到屋舍,失坏官物,其灾异常,合行宽恤,可令度支郎中唐瑑同提举常平宋藻、知州刘孝韪共议,酌参措置,条具闻奏。仍令内藏库支降钱二万贯,付温州专充修筑塘堘斗门使用,疾速如法修整,不得灭裂"。[10] 另一方面,正如前文所述宋代政府积极兴建海塘工程及其配套工程,同时吸收前代建设海塘工程的成果经验,并探索适合的海塘建设及其管理措施,使得宋代在海塘建设具有其自身特点,主要体现在两个方面:①在海塘建设技术上继承五代吴越王钱镠开采石块修建海塘,并逐渐加大对海塘的日常维护;②北宋时期注重海塘建设,南宋时期不仅重视海塘建设,而且更加注重海塘管理,在制度上进一步创新,将海塘的日常管理与维护纳入官员的课考当中,虽说加大了地方官员的政务负担,但保证了海塘最大限度地发挥其防潮护民的作用。这也是两浙路灾后重建必要的措施,为宋代两浙路沿海地区的社会经济发展提供了重要保障。

3.3 针对海溢灾害的海洋祭祀

宋代依然受到"天人感应"思想影响,认为自然界所发生的灾害,是为天谴所致,宋徽宗政和年间杭州地区发生海溢灾害,"坏居民田庐凡数十里,朝廷降铁符十道以镇之。壬寅岁,盐官县亦溢,县南至海四十里,而水之所啮,去邑聚才数里,邑人甚恐。十一月,铁符又至,其数如汤村,每一符重百斤,正面铸神符及御书呪,贮以青木匣。府遣曹官同都道正管押下县,县建道场设醮,投之海中。"[8] 正如涂师平所说"古人赋予镇水神物的神化观念用来镇压水害。"[16] 宋代帝王为消弭海溢灾害亦举行海洋祭祀活动,如嘉定三年(1210年)八月,由于行都"大风拔木,折禾穗,堕果实","宁宗露祷,至于丙子乃息。"[5] 宋代官方主持的海洋祭祀行为,尤其是帝王亲自祭祀的行为,对于安抚灾区民心具有巨大作用。

同时,除了官方的祭祀活动外,由于古代沿海地区多海难,民间为祈求安宁,两浙路沿海地区的人们就塑造出了潮神,以此希望借助于潮神信仰的力量保佑平安。在两浙路沿海地区对潮神信仰中有伍子胥信仰,如大中祥符九年(1016年),"郡守马亮祷于子胥祠,下筑之明日,潮神考论潮为之却"。宋代由于张夏建设海塘有功,被封为江宁侯,"邦人为之立祠",[2] 因此两浙地区的百姓为了纪念张夏,将其神格化,成为两浙路百姓所信仰的潮神——张夏神,延至明清时期。[17] 除此之外,两浙路沿海地区的百姓普遍信仰海神妈祖,自宋代开始妈祖信仰的神位越来越高,宋代政府通过降旨不断升格,影响力越来也大,使得天后宫和妈祖庙在沿海地区遍布众多,关于海神妈祖的研究学界成果丰硕无比,不再赘述了[18-19]。总之,两浙路沿海地区的百姓寄希望于海神或者潮神信仰,是为了寻求躲避海溢灾害的一种精神追求和心理安慰。

4 结论

综上所述,随着宋代两浙路地区的进一步发展,海溢灾害造成的危害性越大。海溢灾害频发,不仅给沿海地区造成人员伤亡,而且还造成大量的财产损失,严重地影响到沿海地区的经济发展。宋廷对海溢灾害救济上可谓尽心尽力,一方面为了保护沿海百姓生命财产,积极做好灾前的防御工作,大力兴建海塘工程;另一方面海溢灾害发生后,宋代政府对两浙路灾区进行了直接的物质救济,重视灾区重建,以确保灾区尽早恢复生产生活,同时宋代政府和民间利用海神和潮神信仰对海溢发生后举行海祭的活动,营建精神家园。

参 考 文 献

[1] 陆人骥. 中国历代灾害性海潮史料[M]. 北京:海洋出版社,1984.
[2] 王子今. 汉代海溢灾害[J]. 史学月刊,2005(7):26-30.
[3] 刘安国. 我国东海和南海沿岸的历史风暴潮探讨[J]. 青岛海洋大学学报,1990(3):25-38.
[4] 王存. 元丰九域志[M]. 魏嵩山,王文楚,点校. 北京:中华书局,1984.
[5] 脱脱. 宋史[M]. 北京:中华书局,1977.
[6] 张培坤,郭力民,等. 浙江气候及其应用[M]. 北京:气象出版社,1999.
[7] 秦大河. 中国自然灾害与全球变化[M]. 北京:气象出版社,2003.
[8] 方勺. 泊宅编[M]. 北京:中华书局,1983.
[9] 李焘. 续资治通鉴长编[M]. 北京:中华书局,2004.
[10] 徐松. 宋会要辑稿[M]. 北京:中华书局,2013.
[11] 陈桥驿. 浙江灾异简志[M]. 杭州:浙江人民出版社,1991.
[12] 邱云飞. 中国灾害通史(宋代卷)[M]. 郑州:郑州大学出版社,2008.
[13] 金城,刘恒武. 宋元海溢灾害初探[J]. 太平洋学报,2015(11):92-100.
[14] 闫彦,李大庆,李续德. 浙江海潮·海塘艺文[M]. 杭州:浙江大学出版社,2013.
[15] 张芳. 中国古代灌溉工程技术史[M]. 太原:山西教育出版社,2009.
[16] 涂师平. 我国古代镇水神物的分类和文化解读[J]. 浙江水利水电学院学报,2015,27(3):1-6.
[17] 朱海滨. 潮神崇拜与钱塘江沿岸低地开发——以张夏神为中心[J]. 历史地理,2015(1):231-247.
[18] 蔡少卿. 中国民间信仰的特点与社会功能——以关帝、观音和妈祖为例[J]. 江苏大学学报(社会科学版),2004(4):32-35.
[19] 罗春荣. 妈祖传说研究:一个海洋大国的神话[M]. 天津:天津古籍出版社,2009.

第三篇 不尽思绪为水谋

不尽思绪为水谋，断壁残垣唤涟漪。
千帆乘风横渡海，万物流连尽情怀。
君看天上星辰灿，绿林浅唱起和风。
江河湖海皆智慧，水利生长大国来。

浙江水文化传播机制研究

李 霄，闫 彦

(浙江水利水电学院 经济与管理学院，浙江杭州 310018)

摘 要：人的思维意识是水文化传播的主体，增强民众对水资源的忧患意识有利于水资源可持续利用被受众接纳与采用。水文化传播机制应以水文化传播导向为路径，充分考虑意见领袖和行业人员对潜在采纳者主观评价的影响，创新水文化传播形式，建立区域性的水文化"实践社区"，扩大水文化实践活动影响范围带来的社会规范压力，协调受众的实践行为，使之符合社会规范的约束。

关键词：浙江；水文化；创新；传播

浙江独特的自然地理环境造就了水元素占浙江物质文化重要比重。浙江有钱塘江、欧江、曹娥江、灵江、敖江、飞云江、雨江、东西苕溪八大水系，水网纵横交错，湖荡星罗棋布。浙江的政治、社会、经济和管理系统作为浙江水治理范围的扩展，被用于规范发展和管理水资源，预示着水资源管理正从"硬"技术的集中式方法向"软"途径转变。而管理范例中的信任系统、人类态度以及选择性行为作为外部约束条件，强调了政府的重要性和文化适应性。其中，文化作为理解技术和推行新管理决策采用，优化机构设置，克服障碍的关键因素被倡导[1]。但事实上水利行业单位对水文化引领现代水利尚未建立"政府主导、社会支持、群众参与"的水文化传播机制，水文化研究与浙江急待解决的现实水问题联系不紧密。为提升水治理范畴并刺激整体水资源管理新范式的创新需要水文化素养与水资源管理交叉渗透。

1 水文化传播 S 曲线

S 曲线模型在 Rogers 创新扩散模式的基础上进一步描述了积累接受者的分配状态，即早期采纳者少，进程缓慢，但当采纳者人数扩大到居民的 10%～25% 时达到"起飞点"，扩散速率大幅提升并保持上升趋势；在接近"饱和点"时扩散速率变缓，最终呈 S 形曲线态势[2]。

水文化传播的 S 曲线模型中，水文化的早期采用者愿意率先接受和使用创新事物，虽然比例低于 10%，但在水文化创新扩散中借助大众媒体，成为劝说他人接受创新的社会系统内水文化扩散助推力量，直接影响水文化创新扩散进程。典型的早期采用者有意见领袖和行业从业人员，其中意见领袖具备社会系统内观念领导的影响力，而行业人员具有创新临近效应和行业影响力优势。

1.1 早期采用者与水文化受众的主观评价

我国最早的佛教宗派创立于浙江天台,共约40位中外影响深远的高僧扮演意见领袖从佛学中著书立说,改革振兴,影响社会系统中受众对佛教文化的主观评价。"南朝四百八十寺,多少楼台烟雨中"诗句展现了浙江历史上佛教寺院的盛况。水文化传播中,潜在采纳者同样由于自身知识的局限性,容易受到意见领袖具备的丰富异质性信息资源影响,成为决策"追随者"。根据2008年6—12月针对浙江省水利行业从业人员进行的浙江水文化研究与实践调研显示,意见领袖和水利行业人员集中了更理论和系统的水事观点,体现在对水文化的积累与创新上。

(1) 受众价值预设制约水文化的传播与扩散。浙江水文化通过物质文化影响浙江地区的制度文化和精神文化。囿于价值预设潜在影响人们的行为与思维习惯,受众的价值预设会一定程度上间接阻碍水文化在社会系统内的创新扩散速度与范围。调查显示95.9%的被调查者对于历史存在的水利人文景观应当根据实际情况,将水文化的价值预设贯穿到文化教育、行为规范等管理思维当中。值得一提的是86.1%水利人从深层心理水文化角度出发认为管理者在水利实践中不仅要面临解决城乡的供水矛盾、农田水利优化和周期性的防汛抗旱、干旱地区水土保持等问题,更希望从创新高品质的水文化传播中得到理性的启迪,获取来自和谐自然水资源和人类水利实践关系中的精神愉悦。

(2) 潜在采纳者通过社会学习演变为决策"追随者"。大众媒体通过社会学习过程影响受众的采纳决策。潜在采纳者范畴为可预期为受到社会规范压力和"口碑"影响的决策"追随者",非独立决策者。在社会规范的压力下,潜在采纳者更倾向于追随大多数的采纳决策。通常个体学习基于观察其他个体和他们社会在群体中的社会交互,例如通过模仿榜样。在学习者和环境之间存在迭代反馈,即学习者改变环境而这些变化又反之影响学习者。而社会学习在这个概念下指增长社会实体的能力去表现通常的任务,即包含学习过程也包含结果[2]。由此,受众个体社会关系网中已采纳者数量的增加暗含潜在采纳者收到的社会规范压力相应增大,同时潜在采纳者接受创新的概率也随之提升。

1.2 早期采用者与潜在采纳者的社会交互

浙江地域上均属于拥有互补性、开放性、创造性的海洋文化圈,不仅包含历史因素也折射出现实影响。在"五水共治"的大环境影响下,水文化传播轨迹的趋势正临近早期采用者向早期多数使用者扩散进程的快速上升周期。增加初始采纳者比例,暗含初始采纳者与潜在采纳者之间社会学习为目的的社会交互加强,社会学习过程和社会规范压力成为潜在采纳者采纳创新的主要动因。调查中约39%行业人员在25~35岁之间,约56%在36~40岁之间,基本上以中青年为主,属于行业的中坚力量。以嘉兴市为例:嘉兴市水利行业现有从业人员843人,嘉兴市总人口达454.4万(2012年浙江省人口变动抽样调查主要数据公报),行业人员对当地居民占比约1.85%,考虑到水文化传播达到10%~25%的起飞点,在发展水利行业人员成为水文化早期采纳者的同时,更肩负向行业外受众进行水文化创新传播的责任,成为快速达到起飞着力点。

1.3 潜在采纳者与社会管理者的行为控制

水文化是人类对自然的回应。水文化实践活动的影响范围所带来的社会规范压力可以有效提升潜在采纳者对水文化的接受与采纳概率。吴越地区自远古时代开始就产生了水神信仰，由自然水体神转向社会人物神，如大禹、黄晟等，反映人民的信仰形态从自然神向人格神演变的历史事实。现代的四川都江堰管理者通过民间仪式如灌溉、水神崇拜与岁修等，不仅为水利设施的修缮与建设注入管理活力，更架起普通民众与管理者之间的沟通桥梁[3]。根据调查数据显示水利行业人员在对水文化实践的应用设计与现实的统一性上尚存在较大提升空间。例如，关于实施生态补偿机制80%的被调查者认为，虽然政府提出了建设清洁小流域城市生态机制的思路，但在实际操作中缺乏相应的实施措施。仅有24.9%的被调查者知晓所在的地区开展过相关的宣传活动。更有20%的被调查者认为地区行政管理部门在当地建设水文化名镇方面毫无建树。可以看到，受众对水文化实践活动的知晓与融入尚需要政府干预和有意向的导向作用。

2 水文化传播形式的创新

尽管创新的产生不受时空约束，但其传播形式仍有规可循，而传播形式又决定影响面和深度。一般情况下，通过人际传播渠道受众可获得创新的直接信息，而大众传播则可对创新信息进行更深入的解析。所有的文化传播都通过其外在表现形式即通常所说的传播载体实现，水文化也不例外，其主要表现形式例如水利工程、生态环境和水文化阵地等。文化对受众产生的影响除了其创新的独特内涵外，还受到传播形式带来的传播能力强弱影响。

传统水文化的传播形式主要有以下几种：社会科普作用的读物；政府信息网站；水文化实践活动宣传进社区及中小学；水利风景区等。而继互联网信息化迅猛发展更多社会化创新技术应用于水文化信息传播。

（1）移动互联网新媒介传播。现代社会受众信息的获取大部分依赖互联网社区，自2005年第一个中国水文化网站以来，发展至今约有8万项水文化的相关内容，在全国范围涉及水文化内容的网站已达30多个，互联网扩大水文化影响已经成为政府信息化进步表现。而移动互联网创新是颠覆性的，利用手机、IPAD等ICT设备，集定位、搜索和精确数据库功能的服务，找到核心竞争力，追求用户体验。移动互联网通过个人博客、微博、微信等社交功能甚至拥有属于个体的"媒体"和自由言论空间，强大的实时交互功能成为水文化创新信息传播的重要形式。

（2）水文化虚拟现实技术。通过传统媒体传达给受众的创新信息通常伴随文化剥离行为的产生，即使各种以水为主题博物馆和展览馆等现代化设施的跟进，绝大多数原始背景环境不可逆或面临还原代价过高的尴尬境地。源于人的想象力的VR技术，在三维虚拟环境中，恢复原始背景材料，注重用户拥有在自然景观中的逼真感，强调用户是虚拟场景的参与者而非旁观者。

（3）实践社区。由WENGER 1998年提出"实践社区"，即在人类发展分享领域群体中致力于选择性学习过程的交流参与，这些交互被影响而且可能改变社会结构。实践社区需要一个清晰的目标,同时他们持续重新定义自己通过分享过程(成员,行为)和物化(形式,文件和指令)。因此,水文化实践活动通过个体从群体中获取经验,增长潜在采纳者的能力,去除对社会评价产生的疑虑,最终影响潜在采纳者对水文化的采纳决策。个体更从实践社区中获取经验的学习过程证实和形成了个体在社会环境中的独特性。

(4)高校成为水文化传播的发源地。大学通常是创新技术发源地,每年都有大量毕业生参与到信息社会发展洪流中去,学生成为潜在的水文化传播群体[4],可以即时与个人直接社会关系网络的已采纳者交互并获取其主观评价。而高校文化反映出其主流价值观与高校人的价值预设[5],高校文化竞争对水文化传播也起到推动作用,大学无疑成为创新信息传播的理想渠道。

3 实现水文化传播"临界大多数"的策略

著名传播学者罗杰斯认为,创新在社会系统中的传播和扩散是趋向于 S 曲线的,在扩散网络中存在临界大多数效应,即传播扩散 S 曲线在到达"临界大多数"时将急速上升,尔后再缓慢结束或消失。临界大多数是水文化扩散过程中的一个倾斜点,即社会门槛。当水文化的扩散过程达到临界大多数之后,整个社会系统中形成的水文化认知氛围将有利于社会其他成员对于水文化的接纳。要加快水文化的传播扩散速度,必须采取水文化传播临界大多数策略。

(1)发展意见领袖为水文化传播二级主导者。意见领袖作为水文化早期采纳者,具有引领时尚,乐于尝试新事物的创新精神。因此,可以利用意见领袖和行业人员来影响受众的主观评价,利用具有行业威望和地位的专家学者和行业人员,作为水文化传播的二级传播主导者,通过扩大水文化实践活动的影响范围带来社会规范压力,推进水文化创新相关研究方法和科研成果的物质转化,达到提升水文化创新品质和文化渗透深度的目的。

(2)以价值预设推动潜在采纳者演变为决策追随者。从政策上提供激励机制,发挥行业人员在水文化传播中的作用,对水文化实践活动实施有目的的引导,促使潜在采纳者更倾向于追随大多数个体的采纳决策。通过满足不同层次人员对的水文化需求,使受众从中得到理性的启发,并获取来自和谐自然水资源和人类正常实践关系中的精神愉悦,进而从心理文化和人的价值预设角度渗透推进传统水利向民生水利的转变。

(3)结合"实践社区"使个体从群体中获取经验,增长潜在采纳者能力,去除对社会评价产生的疑虑。利用社会学习的"实践社区",建立区域性的"水文化实践社区",提升水利行业人员的水文化实践应用水平,加深其水文化实践活动的参与度,潜移默化中加强水资源管理者与受众之间各种层面的交互。

(4)结合互联的传播优势与交互性,创新性的将行业研究人员和大学作为水文化实践的根据地与孵化器,有效扩大创新接受主体的人群范畴。水文化传播利用互联网的增值应用服务可以吸引更广泛的大学生群体参与到水文化的传播应用中来,尽可能扩大传播群体对水文化信息获取的"使用与满足"。

(5)增强水文化凝聚力和认同感。大多数情况下,受众自身意识对结果功效赋予期望,潜意识下激发受众行为的主观能动性。大学生对于水文化信息获取和传播,潜在提高了大学生自身对于能否扮演水文化传播重要角色行为的自信程度,促使广大学生成为优秀水文化理论的学习者、实践者和传播者，对发展水文化潜在采纳者比例具有重要推动。

（6）加快水文化可视化研究，便利人类探索各种不宜直接观察的水事活动世界的宏观和微观运动规律。由于水利可视化系统更容易形成访问者对水文化的沉浸感和构思，可最大程度引领学习者经历"自助式"学习的体验，因此，加快水文化可视化研究，并将其现实化，就能真正激发受众对水文化的学习热情和思维拓展。

4 结论

水文化不仅由于创新被受众接受并内化得以沉淀和深化，更对社会规范产生潜移默化的影响。不断改进水文化的传播方式，挖掘水文化的内涵和价值，可以避免生态水文化理念仅停留在口号，从而在水利民生工程实践活动中抽丝剥茧的显现。同时，也监督和协调受众的实践行为，使之符合社会规范的约束。

参 考 文 献

[1] CLAUDIA PAHL - WOSTLA，DAVID TaBARAB，RENE BOUWENC，et al. The importance of social learning and culture for sustainable water management [J]. ECOLOGICAL ECONOMICS，2008（64）：484 - 495.

[2] ROGERS. E. Diffusion of innovations [M]. New York：A Division of Macmillan Publishing Co. Inc，1962：5 - 34.

[3] 赵爱国. 水文化涵义及体系结构探析 [J]. 中国三峡建设，2008（4）：10 - 17.

[4] GOLDFARB AVI. The (teaching) role of universities in the diffusion of the Internet [M]. International Journal Industrial Organization，2006，24（2）：203 - 225.

[5] 郑大俊，刘兴平，孔祥冬. 水文化：现代水利高等教育的重要内容 [J]. 河海大学学报，2010，12（1）：30 - 32.

大运河水利历史营建智慧及人居环境建设的启示
——以杭州上塘河为例

汪天瑜[1]，赵　赞[2]，吴晓华[1]，吴京婷[1]，陈　琳[1]

(1. 浙江农林大学　风景园林与建筑学院，浙江杭州　311300；
2. 中国电建集团　华东勘察设计研究院有限公司，浙江杭州　311122)

摘　要：杭州市区的上塘河是杭州历史上第一条人工开凿的河道。上塘河在实现水利综合发展，改善城市人居环境，传统水利工程与城市人居环境充分融合上意义重大。通过文献查阅、实地调研及历史地图解译等方法，梳理并分析上塘河水利发展变革和历史水利工程概况，结果显示：上塘河历史水利具有系统联合运行、制度持续有效、生态因地制宜和人水和谐共生四大历史智慧。在此基础之上，提出上塘河在人居环境建设的四个建议，即打造功能复合的水工景观、营造生态健康的水域环境、建设动态完善的监管系统及实现水利的人民共建共享。

关键词：大运河；上塘河；水利工程；人居环境

水映照万物，滋养文明，古往今来，人类文明的诞生与发展都与河流有着密不可分的关系。在除害兴利的动机下，历朝历代都会建设大量水利工程来发展航运、治理洪水。上塘河作为大运河世界遗产的重要组成河段，经过数千年的水利建设实践，留下了大量水利工程历史遗产，蕴藏着宝贵的物质和精神财富。然而在实践中，水利的建设多以实现水利工程目的为单一导向，缺少与城市人居环境的充分结合。本文通过分析上塘河历史水利工程营建内容，提炼上塘河水利历史智慧，在现代城市水利建设及大运河历史文化遗产保护开发大背景下，总结水利在人居环境建设视角下的积极意义与融入策略，以实现水利与城市人居环境的有机结合，让古人的水利智慧在当代人居环境的建设中实现延续与发展。

1　上塘河水利发展历史

上塘河是杭州历史上最早的人工河道，起源于秦始皇东巡会稽返程途中征伐囚徒、民夫、士卒等开凿的"陵水道"。隋大业六年（610年），隋炀帝在历代运河基础上，拓宽开凿了江南运河，运河出嘉兴向西南经石门、崇福后的长安、临平至杭城北段便是今日上塘河之水道[1]。唐代由于水源短缺，上塘河一度淤塞难以通行，后经杭州刺史白居易引西湖与临平湖水入河，重新成为杭州与北方的水运交通干道。建炎南渡后，上塘河成为南宋都城临安最重要的一条生命线。其西起德胜桥东，经长安镇转东南，抵海宁县城，形成今日的水道走势（图1）。

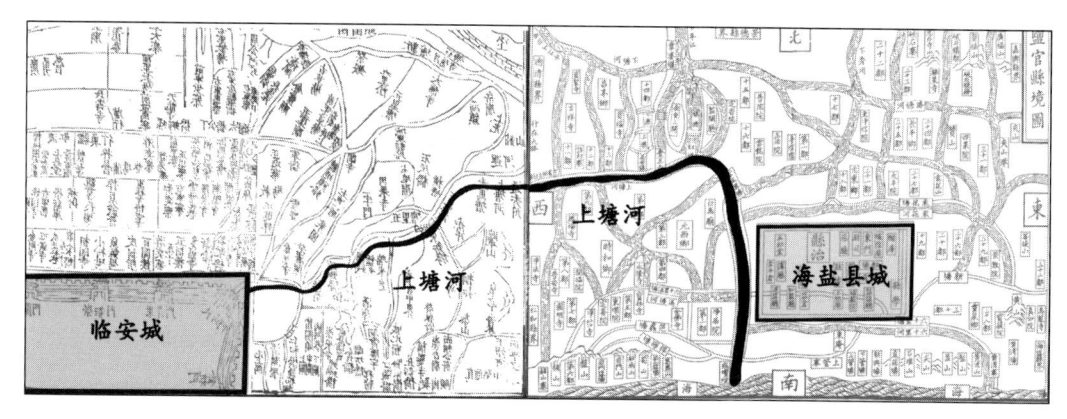

图 1 南宋上塘河
改绘自 宋朝浙江图、盐官县境图 系南宋咸淳四年（1268年）《临安志》附图 选自清同治六年（1867年）辅刊本

元至正十九年（1359年），张士诚占领杭州期间为方便水军粮草通行，"以旧河为狭"为由，召集二十万军民，历时九年，"自五林港口，开浚至北新桥，又南至江涨桥，河广二十余丈，遂成大河，因名新开河"[2]。从此苏杭之间的水运干道线路由上塘河转移到新开运河，上塘河开始走向衰落。明清两代至民国，上塘河虽已沦为江南运河的支流（图2），历代对其进行过数次疏浚，但还是数次淤塞干涸。新中国成立之后，人民政府在上塘河沿线建设了一系列水利工程，2014年上塘河作为大运河杭州段重要组成部分申遗成功，展开了新的篇章。

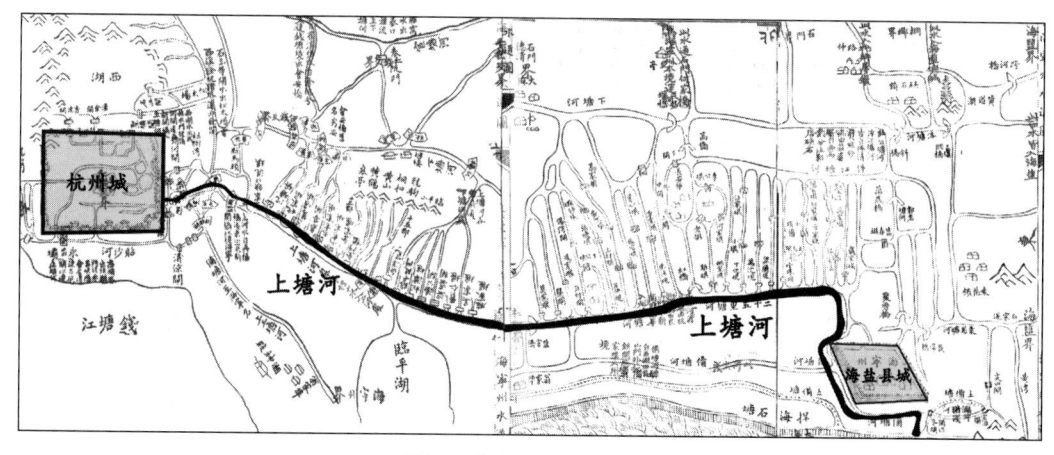

图 2 南宋上塘河海宁段
改绘自 仁和县水道图、海宁州水道图 选自清光绪四年（1878年）《浙江水利备考》

2 上塘河历史水利工程概况

治水是封建社会农业经济发展的重要物质基础，更是维护社会政治稳定的关键，历代对水利工程的建设都非常重视。在悠久的发展历史中，上塘河沿线修建了大量的水利及配套工程。调查上塘河历史水利工程的基本情况，是客观分析其历史智慧，进而获得对当今水利景观建设启示的基础。通过现场调研与历史文献查阅，按照其功能形态，将其分为3

类：驳岸工程、闸坝工程和配套附属工程。

2.1 驳岸工程

上塘河作为人工开凿河道，驳岸是巩固河道两侧自然土方，沿其边坡修筑的重要水利工程。受技术水平和经济条件影响，宋代以前上塘河多为土质驳岸；宋代开始采用青砖和条石构筑驳岸，并沿河铺设纤道。上塘河古纤道由艮山门至海宁，长数百里，后因沿线村民建造房屋需要材料，将纤道青石板逐步拆除移作他用，今仅存总长 20 余米的遗址。纤道由长 1.5m，厚 40cm 的青石板铺成，平日里没于上塘河河水之下，仅枯水期水位较低时才会显现。元代法典《元典章》规定："河渠两岸，急递铺道店侧畔，各随地宜，官栽植榆柳槐树，令本处正官提点，本地分人护长成树。"[3] 在漕运河道两岸栽植树木并派专人管护，以此巩固河堤，防止两侧滑坡阻塞河道，兼顾改善河道水质及周边环境。

2.2 闸坝工程

上塘河是江南航运干道，在亚热带季风气候影响下降水季节性明显，因此水患频发。为防洪蓄水、以利通航，历代人民在上塘河上建设了大量水闸堰坝来调控水源。闸坝工程主要分布河网交汇处，建设年代多在宋至明清，结构主要包括单式闸与复式闸，建筑材料前期以木质为主，后期逐渐转变为石质。根据清光绪十九年（1893 年）《浙江全省舆图并水陆道里记》[4] 记载，清朝末年上塘河杭州段共有 19 处闸坝工程，海宁段共有 6 处闸坝工程（图3）。截至今日，仍有石灰坝、善贤坝、临平石笕、永宁闸、长安闸等闸坝工程遗址存留（表1）。

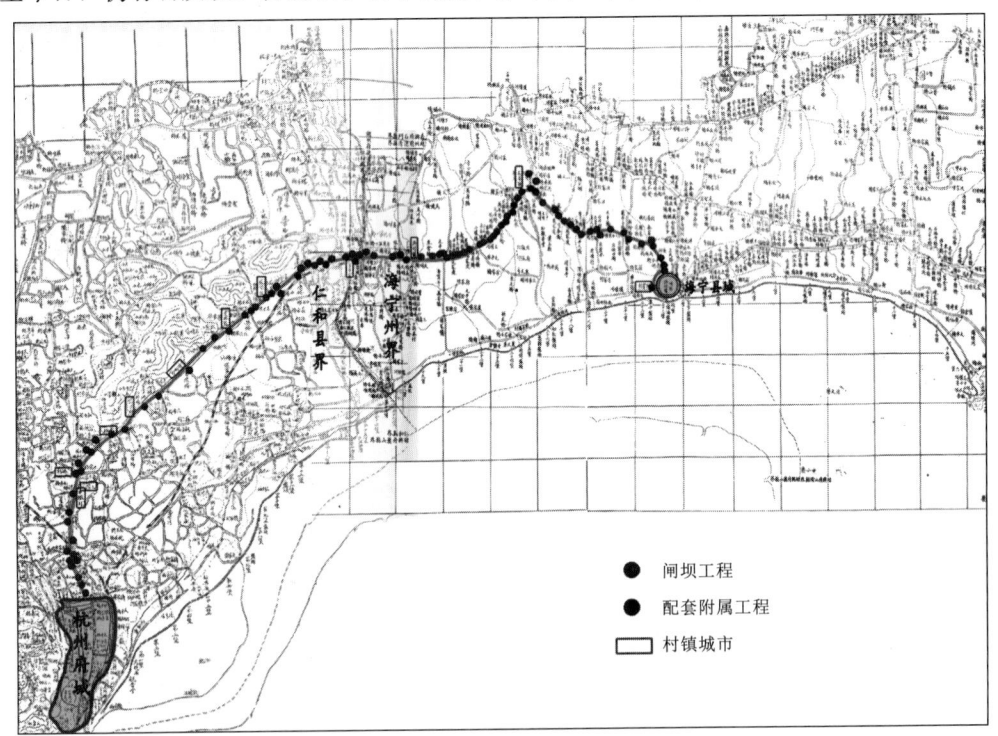

图 3　清代上塘河工程点公布图

改绘自　仁和县五里方图、海宁州五里方图　选自清光绪十九年（1893 年）
浙江舆图局《浙江全省舆图并水陆道里记》

表1　　　　　　　　　　　　　　　　　上塘河现存历史闸坝工程

工程名称	始建年代	简　介
石灰坝	宋	石灰坝始建于宋代，位于德胜桥东，系杭州"三塘五坝"之一。因上塘河水位高于新开运河，为防止上塘河水泄入运河，故筑此坝，系截湖水，使不全泄入下河[5]。旧时船只经过需下船翻坝，翻坝时两边6～10名坝夫人力绞动坝绳将船拖过坝。1963年重建为双孔闸，2009年因石灰桥桥拓宽遭拆除，现仅存遗址与地名
善贤坝	明	善贤坝始建于明代，位于沈塘湾东去城东北12.5km，热水港与上塘河交汇处，为方便船只往来，同时防止上塘河水流入热水港河，于此建坝，闸坝一体。善贤坝原名隽堰坝，该地初民风彪悍，盗匪横行，常有地痞流氓敲诈勒索过路货船，人称"船过三十六码头，难过杭州隽堰头"。民国年间村中有一陈姓良医为劝人向善，将隽堰坝改名善贤坝，后改建为电厂热水河三级电动船闸，现仅存遗址与地名
临平石笕	宋	临平石笕位于上塘河北岸龙王塘路口，原西苎桥南北块，"石笕"是用甃石砌成的通水管道，埋设于上塘河底，又名"河里河"。石笕最早见于明末沈谦所著《临平记》："宋宁庆元年冬十一月重修临平石笕。"[6]古时上塘河南有一曹家渠，用以灌溉今翁梅一带田地，但经常遭受水灾，两岸百姓在上塘河底石砌暗渠，南接曹家渠，北达龙王塘，使曹家渠水河溢皆由此泄入下塘[7]，而不与上塘河纠缠，并于石笕之南建石闸，视水深浅以启闭
永宁闸	明	永宁闸位于临平区东湖街道红丰立交桥东侧，上塘河北侧。宽约5m，始建于明代万历年间，由白条石砌成，闸桥上有万历年间知府刘伯缙题刻，水下结构保存完好
长安闸	唐	长安闸具体由长安三闸两澳和长安坝组成，位于海宁长安镇上塘河与崇长港交汇处。长安闸始建于唐贞观年间，初为木质单式船闸。宋熙宁元年（1068年），建长安上、中、下三闸形成复式船闸。崇宁二年（1103年）"易闸旁民田，以浚两澳，环以隄。上澳约6.533hm²，下澳约2.133hm²，水多则蓄于两澳，旱则决以注闸"[4]形成三闸两澳复式结构。绍兴八年（1138年）用石埭代替累木，加强了船闸结构强度。绍熙二年（1191年）张提举重修，并置闸兵进行管理。元至正七年（1347年）"复置新堰于旧堰之西"[8]，形成一坝三闸两澳的航运中转枢纽。清光绪八年（1882年）海宁知州于坝旁立"新老两坝示禁勒索碑"，记载了坝夫工资以及禁止其向过往船只刁难勒索的规定。上闸1964年重建上闸桥，将遗址覆压于桥下，现为桥闸合一的上闸桥闸；中闸1983年改建为中闸桥，无完整遗址存留；下闸当前仍有闸墙、闸门柱和翼墙的遗迹存留；两澳原址现已填平成为居住区，不复存在。长安闸遗址群现为全国重点文保单位

2.3 配套附属工程

为配合水利工程的建设与运行，保障航运交通等功能，上塘河沿岸建设了一系列配套附属工程，包括桥梁、码头及附属建筑。桥梁主要位于杭州城北水系汇处及临平镇中，多为采用纵联分节并列砌置法的单孔石拱桥。根据清光绪十九年（1893年）《浙江全省舆图并水陆道里记》[4]记载，清朝末年上塘河杭州段共有13座桥梁，海宁段共有26座桥梁（图3）。截至今日，有东新桥、欢喜永宁桥、衣锦桥、赤岸古埠、桂芳桥、隆兴桥、虹桥等存留。

3 上塘河水利历史智慧溯源

3.1 联合运行的系统智慧

为克服自然条件阻碍，更好地利用水道资源，上塘河水利工程通过各要素的联合运行实现水利目标，其中海宁长安闸坝工程便是例证之一。其始建于唐贞观年间，经宋、元两代改建完善，形成了三闸两澳加一坝的复合航运枢纽。三闸两澳部分通过闸门、斗门及翻水车的联合运行，逐级调节水位，实现上下游通船；一坝是指于并行水道上另设船坝，依靠畜力转动绞盘，牵引下河的船只翻坝进入上河。三闸两澳转运耗时颇久，需累积一定数量的船只后一起通行，故以大型载货船只为主要服务对象；而船坝较为灵活便捷，主要用于小船空船或运期紧迫的船只。过闸与翻坝两种不同的模式，分别在两条不同的并列水道上进行[9]。

长安闸坝工程利用精巧的工程设计将上塘河与崇长港水位高差集中到一处之后分级控制，通过克服上下游河道水位差，使得航运水位能平稳过渡。并且，该工程建立闸坝并行的联合通航系统，根据船只运载量大小和紧急程度分开通航，实现了航运交通的"分流"，缓解了往来船只繁忙的压力，优化了航线的时间与成本，使航行条件得到极大改善，体现了古人联合各工程要素运行的系统智慧。

3.2 持续有效的制度智慧

在建设的基础之上，制定持续有效的运维管理制度是保障水利工程持续运行不可或缺的部分。通过对历代文献法规的整理，其制度可总结为 3 类：用水调节制度、疏浚保洁制度和工程运行制度。

3.2.1 用水调节制度

唐代以来经济中心逐步南移，江南地区人口迅速增长，据《旧唐书·地理志》记载：贞观十三年（639 年）至天宝十一年（752 年），杭州五县人口由 153720 人增长到 585963 人，近 3 倍之巨。为满足粮食需求，上塘河沿岸开展了大规模围湖造田运动，农业和航运用水产生了巨大的冲突。唐代白居易在主政杭州期间，制定"准盐铁使旧法，又须先量河水浅深，待溉田毕，却还本水尺寸"[10] 的规定，官府设立专人于灌溉前测量水位，灌溉结束后引西湖或临平湖水入河，恢复航运水位，开创了动态的水位调节制度。

在航运与农耕生产的用水次序上，唐代规定，"凡水有灌溉者，碾硙不得与争其利"[11]；明代在此基础上进行了深化，"硙碓不得与灌田争利，灌田不得与转漕争利"[12]，形成了中国古代漕运—灌溉—碾硙的三级水权法规。

3.2.2 疏浚保洁制度

上塘河是人工河道，且土质松软，因此极易淤积，需及时疏浚。南宋绍兴四年（1134 年），朝廷派两浙路役兵厢军负责上塘运河的疏浚工作，并规定"得遗阑物者以十分之四给之"[13]，将工程中开挖河道所得财物 2/5 用于个人奖励。这一措施在兴修水利的同时减轻了民众徭役，并通过物质奖励激发工程人员的积极性，客观上实现了政府、社会与工程人员三赢的水利工程建设制度。

宋元以来沿河人口益多，居民在生产生活时常将粪土瓦砾等生活垃圾倒入河中，更有甚者"利于得地，增叠基址，规占河道"[14]。为禁止这一现象，政府出台法令，对倾土填河者予以严惩，从立法层面杜绝了居民对河道的污染和侵占。

3.2.3 工程运行制度

在河道及水利工程的维护上，明代有着"岁加修葺，勿令圮坏"[15] 的规定，做到了按时按需维修堤坝。同时，对不同类型闸坝的建设机制也做出了相应的规定[12]，实现了工程的规范化建设。在运河沿线根据实际需要，设立了7种专业服役分别负责[16]，做到专人专用，各尽其责，实现了人员的专业化分类管理。

在工程日常运行方面，明清两代政府均以法令形式予以规范，并刻碑立于闸坝之旁。清光绪八年（1882年）于长安坝旁设立的《新老两坝示禁勒索碑》对大小船只过坝费用进行了明确的规定，禁止高价勒索、故意刁难，是闸坝管理制度的现存例证。

3.3 因地制宜的生态智慧

以《浙西水利备考》中"仁和县水道图"为文献基础，通过历史地图解译法[17]的分析，经历代建设，清代时上塘河杭州城北至临平段共有17处闸坝工程（图4）。工程群落的建设展现出古人因地制宜、因势利导的生态智慧。首先是在自然层面上的"除害"，上塘河临平段西北有皋亭、黄鹤、黄山、桐扣、龙驹、临平山6座横贯东西15km的山体群落，南侧则为杭州湾海水退去遗留下的海迹湖——临平湖，整体地势呈北高南低之势。雨季群山汇水，形成多股支流冲击河岸，对沿岸农业生产、航运交通造成巨大危害。闸坝群落在雨季通过截流阻水，减少支流的径流量，以缓解上塘河驳岸压力，并通过渠道将多余河水排入临平湖；旱季开闸放水，将所蓄水源调入上塘河，以保障航运畅通及沿线农业生产灌溉。在社会经济层面上则以"兴利"为目的，杭州城内运河自城北出分为上下塘河两路，途径临平一带，水系复杂，通航条件不佳。通过这些闸坝工程调节水位，可以使上塘与下塘两河节节流通，完善了杭州城北的航运网络，体现了从场所出发，结合生态环境与社会经济发展需要的耦合设计理念。

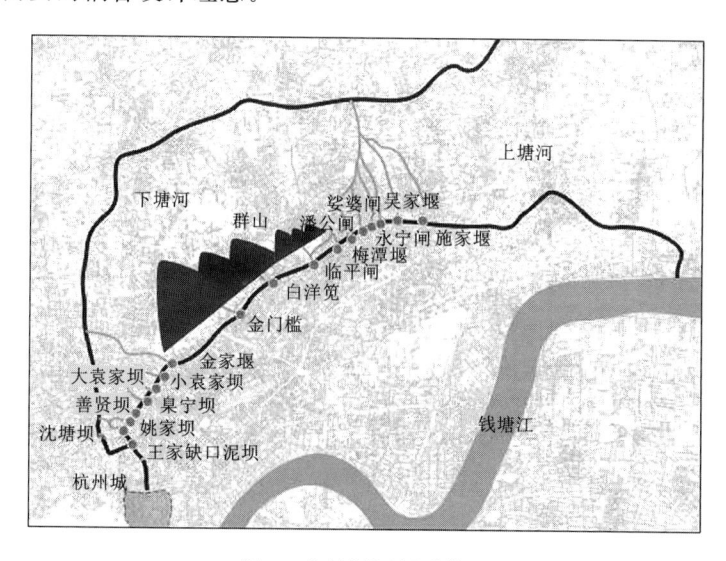

图4 上塘河闸坝群位置

3.4 人水共生的人居智慧

聚落伴水而生，因水而兴，河流两畔聚落地发展轨迹往往伴随着时代的脚步。上塘河从隋唐开始，因经济中心开始南移得以逐步发展；南宋时期因定都杭州从而达到繁荣鼎盛，沿线商业重镇临平、长安也与上塘河一起。兴起于唐，繁荣于宋，一直延续至今。元代江南运河杭州段设有6处水站，上塘河上的重要商埠赤岸站、长安站位列其中，每站设有30只船、30户正式工役及数百户雇佣工役[18]。运河水利工程的修建与运行需要大量的人口支持，水利工程的修建、航运驿路的繁荣带来了人群的聚集，而人群集聚又促进了水利工程的兴建和商贸的繁荣，两者是互相影响、互为因果的关系。在互动过程中，城镇聚落的生成与繁荣成为必然[17]。水利工程的建设在发展航运与农业生产的同时，也带动了沿线的人居聚落的形成。

除了沿岸的人居聚落，上塘河还为地域景观生成提供了良好的自然条件。通过历史地图解译法[11]对《皋亭山志》中临平图进行分析，清代上塘河沿岸存有"临平十景"：萧桥望月、苏村桃李、断山残雪、宝幢叠华、安平晚钟、白洋渔唱、段滨观梅、许庄红叶、枫林夕照、鼎湖玩月（图5）。上塘河与其周边的山水骨架和人文历史经过历代发展，共同构成了独特的地域景观。水利通过对社会发展的促进，完善了聚落结构，也美化了人居环境。

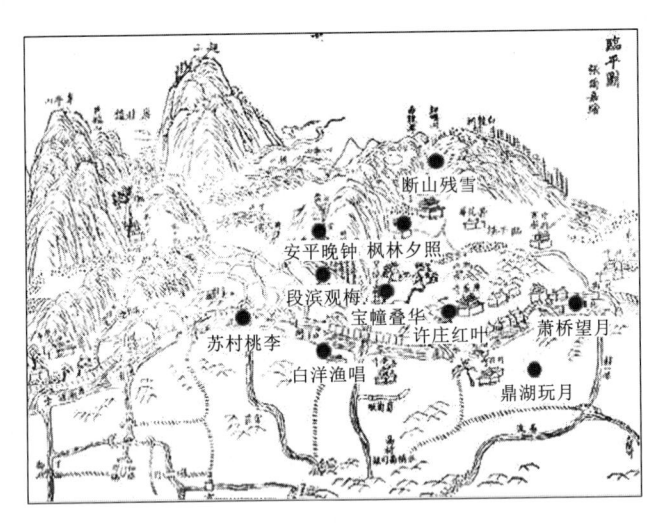

图5　临平十景位置

4 人居环境视角下的水利建设启示

现代水利在科学理论和工程技术上虽然已经有了极大地提升和发展，但通过对上塘河水利历史智慧的分析，我们仍可以从中提取出经久不衰的历史经验。本文从人居环境建设视角出发，结合现代科学技术和时代发展要求，融古通今，总结出4个方面的水利建设启示。

4.1 打造功能复合的水工景观

通过对上塘河水利联合运行智慧的分析，结合21世纪以来城市化进程快速发展背景下市民对于户外休闲游憩需求迅速增长这一时代特征，可以发现，水利作为人类文明的重要组成部分，在承担着防洪排涝等功能性要求的同时，诞生了与景观结合，成为居民观景休闲空间的新目标，对传统水利工程在景观层面的综合开发已成为改善人居环境的重要举措。在当代水利建设实践中,应跳出视野局限,从单一满足功能性的目的导向,向水利与当地人居环境融合发展的角度进行转变,实现防洪排涝、生态保护、景观休闲、历史传承等多种功能的有机融合。对有条件开放的水利工程应融入更多功能性质,通过对其外围空间结构的设计和改造,协调水体、植物、滨水空间、绿道和各类配套设施等各类风貌要素之间的关系,融入景观、文化、休闲、通行、科普等功能。通过营造宜人的景观环境,将传统单一功能的水工建筑改造成内容丰富、功能合理、具有文化魅力和活动吸引力的开放场所(图6),打造功能复合的水工景观。

(a)桥闸结合式水利工程改造意向图　　　　(b)观景台式水利工程改造意向图

图 6　水利工程景观化综合提升

4.2　建立动态完善的监管系统

除了在物质层面上的工程营建智慧,上塘河水利历史还记录了古人在制度系统层面的先进思想。在现代水利的建设过程中,应统筹设计、建设及后续运行各环节,同时联合水利、生态、规划、城建、交通、园林绿化等相关部门,建立多部门协同体系,从不同角度对水利的建设提出建议、策略和标准。在运行管理上则可以运用现代智慧技术,推进水利基础设施的智能化提升改造,实现水文监管系统与"城市大脑"等城市综合智慧管理系统的互通互联,让水文环境变化能动态反映到城市人居环境的建设过程中,实现水利与人居环境建设的良性动态循环。

4.3　营造生态健康的水域环境

通过对上塘河水利工程生态智慧的分析,可以得出在人居环境背景下的水利建设应坚持因地制宜、保护环境的原则。在工程选址方面,贯彻生态文明思想,坚持对水资源的保护性开发,可通过GIS等软件对生态环境敏感性进行分析,选择既能达成水利目标,又能减少对生态环境影响的工程营建位置。在工程建设方面,应坚持生态为先,尊重河湖水体的自然本底,通过加装过鱼设施、河湖近自然化改造、建设生态护岸等方式,恢复河湖自然消落带,修复动植物生境,打通生态廊道,改善生物多样性。通过降低水利工程对自然生态的负面影响,营造生态健康的水域环境。

4.4　实现水利的人民共建共享

历史上上塘河水利的建设发展与沿线人居聚落的繁荣形成了良性互动循环,这对当今水利在人居环境中发挥积极作用有着积极的启示。现代水利工程往往较为独立，缺少与人和社会环境的互动联系，可以通过对水利在景观、历史文化等层面的综合改造提升，让水利工程积极参与到城市发展中，扩展其在社会、经济层面的功能。同时可利用移动通信、大数据及3D模型等现代科学技术搭建公众参与平台，向公众展示水利设计模型及日常运行状况，拓展公众参与渠道，实现水利建设的社会参与，打造全民共建共治共享的治水新格局是水利建设的最终目的。

5 结语

上塘河水利两千余年的发展历史凝结了古人无数的历史智慧，上塘河不仅是历代交通航运的重要水道，而且更是京杭大运河南端终点的历史见证。在大运河历史文化遗产保护传承和现代水利建设背景下，总结上塘河水利历史智慧，结合现代科学技术和时代发展要求，从人居环境建设视角出发，提出水利应突破传统局限，在多个方面实现水利与城市人居环境的有机结合，让传统水利智慧得以延续与发展。

参 考 文 献

[1] 阙维民. 论运河杭州段的水道变迁 [J]. 中国历史地理论丛, 1990, 5 (1): 171-178.
[2] 沈朝宣. 嘉靖仁和县志 [M]. 杭州: 浙江古籍刻印社, 2011.
[3] 中国书店. 元典章 [M]. 北京: 中国书店, 1990.
[4] 宗源瀚. 浙江全省舆图并水陆道里记: 第1册 [M]. 徐则恂, 修订. 北京: 学苑出版社, 2019.
[5] 李楁, 龚嘉俊. 浙江省杭州府志 [M]. 台北: 成文出版社, 1983.
[6] 余杭区地方志编撰委员会. 余杭古籍再造丛书（临平记 临平记补遗 临平记再续）[M]. 杭州: 浙江古籍出版社, 2012.
[7] 浙江省地方志编纂委员会. 清雍正朝《浙江通志》[M]. 北京: 中华书局, 2001.
[8] 穆彰阿, 潘锡恩, 等. 大清一统志 [M]. 上海: 上海古籍出版社, 2008.
[9] 许赛君, 郑嘉励. 成寻《参天台五台山记》中所见的长安闸坝 [J]. 东方博物, 2013, 11 (3): 34-37.
[10] 白居易. 白氏长庆集 [M]. 上海: 上海古籍出版社, 1994.
[11] 李林甫. 唐六典 [M]. 陈仲夫, 点校. 北京: 中华书局, 1992.
[12] 张廷玉. 明史 [M]. 北京: 中华书局, 1974.
[13] 李心传. 建炎以来系年要录 [M]. 上海: 上海古籍出版社, 1992.
[14] 周淙, 施谔. 南宋临安两志 [M]. 杭州: 浙江人民出版社, 1983.
[15] 中国水利史典编委会办公室. 河防一览 [M]. 北京: 中国水利水电出版社, 2017.
[16] 李东阳. 大明会典 [M]. 扬州: 广陵书社, 2007.
[17] 谭瑛, 张涛, 杨俊宴. 基于数字化技术的历史地图空间解译方法研究 [J]. 城市规划, 2016, 40 (6): 82-88.
[18] 解缙. 永乐大典全新校勘珍藏版: 第12卷 [M]. 北京: 大众文艺出版社, 2009.
[19] 李永乐, 孙婷, 华桂宏. 大运河聚落文化遗产生成与分布规律研究 [J]. 江苏社会科学, 2021, 42 (2): 1-12.

中华传统水文化的基本精神及教育意义

沈先陈

(安徽工业大学 马克思主义学院,安徽马鞍山 243032)

摘 要:水文化是中华传统文化的重要组成部分。随着中华民族的繁衍生息,中华传统水文化不断滋养着中国人的精神,成为中国人的精神标识。传统水文化中的坚韧不拔、脚踏实地、珍惜时光、舍私为公等文化元素,对当今社会传承水文化中的优良品质,尤其是对高校学生的品德修养具有重要的教育意义。因而,有必要探寻中华传统水文化的基本精神,从中汲取营养,获得启发,立德育人。

关键词:中华传统;水文化;基本精神;教育

黄河是中华民族的发源地。在数千年前,中华民族的先民们就在黄河沿岸定居生存。每年黄河定期泛滥之后,会留下肥沃的土壤,中华民族的先民们就在这些土壤上开始耕作,种植作物。在黄河沿岸上,中华民族逐步学会利用水来灌溉土壤,发挥水对于土壤的滋润作用。中华民族开始逐步克服对于水的恐慌,开始了利用水资源的第一步。大禹治水是中华民族利用水、治水的先例,凸显了先辈们的智慧。大禹借鉴其父治水失败的教训,变堵水为疏通水,在涂山一带,率领部族挖掘沟河,疏通水道,最终大禹的方法取得了成功,治理了长期存在的水患。

上善若水,是中华民族对于人类与自然关系的探索。道家创始人老子提出,无为而治,人类在处理与自然关系时,不可随意为之,要学会人与自然的和谐相处。这个观点对于今天我们全面建成小康社会,加强生态建设,仍大有裨益。

1 水文化的基本内涵

水文化的概念出现较早,目前学界对于水文化的内涵做出了不少有益的探索,但是学界对于水文化的内涵尚未达成统一的看法。靳怀堾认为,水文化是指人类在与水打交道过程中所创造的物质财富和精神财富的总和,是人类认识水、开发水、利用水、治理水、保护水、鉴赏水的产物[1]。郑晓云认为,水文化简言之,是人类在长期的历史发展过程中,与水产生互动而形成的相关文化[2]。史鸿文认为,中华水文化精髓的形成,来自中华水文化实践的提升和中华水文化理论的凝练,其最高追求便是人水和谐的文化理念[3]。

水文化是指人类在长期的水实践过程中,形成的与水有关的物质文化与精神文化的总和,即包括各种传承下来的治水基本精神,也包括遗留下来的水利工程、水博物馆等物质载体。

2 传统水文化的基本精神

传统的水文化在中华大地上不断地发展壮大，与中华民族命运相连，构成了中华传统文化。在几千年的发展过程中，传统水文化具有中华文化的基本特征，又形成了自己的特色，具有水文化的基本精神。

2.1 持之以恒的实干精神

水文化中的重要组成部分就是治水，对于水的治理是水文化中的重要一面。众所周知，治水非一日之功，而是久久为功，需要长期的艰辛付出。蜀郡太守李冰在担任太守期间，耗费了数十年的心血，治理了蜀郡的水患，建成了至今仍然造福人们的都江堰。今天看来，李冰的治理方法需要耗费长期的时间和大量的人力，但这也从另一方面体现了治水需要持之以恒的实干精神。

著名的三峡大坝也是历经几代中国人的努力才建成的水利工程，从孙中山先生开始构想在三峡修建水利工程，到中国共产党领导人民最终修建成举世瞩目的三峡大坝，这期间时间跨度近百年。百年沧桑，中华民族终用锲而不舍的精神，建成了三峡水利工程。

2.2 珍惜时光、怜惜光阴的奋进精神

逝者如斯夫，不舍昼夜。先秦时期，儒家的思想家们从水的奔流不息，感悟到时光的一去不复返，感叹时间的宝贵。我国古代有多位诗人留下了不少与水相关的诗句，在部分诗句中抒发诗人对人生苦短和时光飞逝的感慨。唐代诗人张若虚的《春江花月夜》和杜甫的《登高》都有诗句来描述水。宋代文豪苏轼在《赤壁赋》中，就感叹人生与浩渺的江水，无边的宇宙相比，是何其的渺小。

长江之水，向东奔流到海，数千年不曾变化，而生活在长江边的人们却一代又一代的繁衍传承下来。古人在看到水流的奔流不息时，立刻就联想到人生苦短，时间飞逝，珍惜上苍给予的美好青春，不要等到华发已生，还妄图向天再借五百年。

2.3 宵衣旰食的奉献精神

在广袤的中华大地上，纵横着多条的河流。养育东北人民的松花江、嫩江；中华民族的母亲河黄河；横跨省份最多的长江；滋养岭南人民的珠江，这些众多的河流在提供丰富水源的同时，也给河流的治理带来了诸多的挑战。

中华民族的先辈们为了治理这些河流耗费了大量的心血，大禹为了治理涂水，三过家门而不入，耗尽了毕生的心血，大禹治水体现了中华民族不畏艰险，勇攀高峰的象征，至今大禹精神仍激励着我们前进。被贬谪至新疆的林则徐，虽仕途不顺，但仍亲力亲为，带领新疆的百姓治理新疆的水患，兴修各种水利工程，发展当地的民生工程。不论是大禹、李冰、孙叔敖，还是近代的林则徐，他们都有一个共同的身份，就是政府的官员，在治理水患时，他们无不选择了公而忘私，以赤诚之心奉献于治水大业，不敢稍加懈怠。这些先辈们治水的事迹，他们宵衣旰食的奉献自我精神，正是公而忘私，造福于民族的崇高奉献

的体现[4]，是留给中华民族一笔宝贵的精神财富。

3 传统水文化的教育意义

传承数千年的水文化，精神意蕴丰富，对于今天高校学生仍具有重要的教育意义。面对今天纷繁复杂的世界，面对着水资源日益变少的事实，我们需要借鉴传承数千年的水文化精神，教育高校学生，树立正确的价值观。

3.1 有利于推动学生的成长

现在的高校学生多是"90"后和"00"后，他们出生时，我国的经济已经有了较大的发展，成长于社会快速发展的 21 世纪初，从小经济基础较好，物质优越。因而，不少人质疑现在的大学生是"温室的花朵"。

基于目前大学生的现状，我们认为恰可以将水文化中的坚忍不拔、脚踏实地等精神引入高校，利用这些优良的品格开展对高校学生的思想政治教育。运用水文化来教育高校学生，形式新颖且具有厚重的历史感。我们的水文化传了几千年，从大禹治水到近代林则徐治理新疆水患及孙中山先生的治水构想，这历史的发展脉络，正是中华民族发展历史的生动写照，将这些精神和历史融入高校的教育，既能够完善高校学生的人格，塑造正确的价值观，也能够增强民族的认同感和历史的自信心。

3.2 有利于培养优秀的水利人才

水利工程及建设水利的人才是水文化建设中的重要组成部分。弘扬和传承水文化，就必须要研究和挖掘遗留下来的水利工程，吸收借鉴古人的智慧。从技术层面来说，我国古代的水利建设技术是领先世界的，集合了历朝历代水利技术集体的智慧。著名的都江堰水利工程从战国时期修建，直到今天仍然在造福都江堰人民。都江堰工程中融合着丰富的生态智慧，堪称处理人与自然关系的典范。这些技术和生态智慧，对于现在我们去考量水利工程的选址，处理人与自然的关系，都非常具有借鉴意义，可以多角度去启迪我们的水利人才，提升他们的建造智慧。

此外，在利用水文化教育高校学生时，可以有效激发对于水利建设感兴趣的学生，激发他们对于水利事业的热爱。兴趣是人们从事实践活动的重要动力。高校学生有了主观上的热爱，必能够以更加饱满的热情投入到专业学习上，立志扎根基层水利事业，建成更多造福人民和子孙后代的水利工程。

3.3 有利于树立高校学生的和合观念

老子说，上善若水。水为万物之源，容纳世间万物，水滋润着世间的万物。林则徐提出，海纳百川，有容乃大；壁立千仞，无欲则刚。这些思想无不体现着水的宽广而能够容万物，无私地滋养着世间的事物。

"和合"是传统水文化中一直贯穿的思想，蕴含着和而不同、和善友爱、协和万邦、和衷共济、天人合一、知行合一等理念[5]。高校学生马上就会走进社会，面临社会各种关系，如何处理这些社会关系，是高校学生首先要解决的。水文化中蕴含的

"和合"观念可以让高校学生在处理社会关系时,以一种更加包容与平和的态度来处理问题。从另一方面来说,这与我们现在提倡的和谐社会也是契合的,符合我们社会发展和前进的方向。

4 高校水文化发展现状

近年来,高校将更多的注意力投入到传统文化上,着力开展了部分传统文化课程,但专门开展水文化的课程则相对较少,对于运用水文化来开展教育意识淡薄,没有充分认识到水文化的教育意义,没能够深入挖掘水文化,还需要进一步弘扬和传承发挥水文化的时代价值。

4.1 对于水文化教学意识淡薄

近些年来,在文化自信的感召下,我们对于优秀传统文化日益感到自信,更加自觉地保护和传承传统文化,但是对于传统文化中的水文化,聚焦较少。在高校中,我们经常能够看到开展的关于传统文化的课程、举办的弘扬传统文化的活动,而对关注水文化较少。高校课程中,有少数的课程会把水文化作为部分的章节提及,以形式化的方式来教授课程,不能够深入的挖掘水文化的内涵,从意识层面就显得较为淡薄。

4.2 相关课程设置不够合理

高校在开设传统文化课程时,课时普遍相对较短,多将传统文化融合相关的文化课程内,并没有单独开始相关的课程。在传统文化课程相对较少的情况下,水文化的课程就显得尤为少,多数高校紧紧将其结合大学语文等课程中来传授。课程数量少的后果就是对于课程考核的宽松,以一种流于形式的交论文的形式考核,是目前高校较多采用的考核形式。此外,高校的相关课程形式是较为单一的,以研究型为主,缺少实践课[6],并没有将理论与实践相结合起来,缺乏必要的实地考察环节,这必然降低教学效果,达不到预期的效果。

4.3 校园水文化活动形式单一

高校在绿色、节约等环保意识的影响下,逐步开展较多的节水、保水等绿色活动。高校在开展这些活动时,常借助于校园社团平台,来组织活动。这些活动受制于活动平台和组织人员的影响,活动形式单一,内涵不够深刻。长期形式的单调状态使得高校学生视觉疲劳,对于活动的敏感性和积极性较低。这类活动的开展,往往只是局限于如何提高学生的环保意识、节约用水,倡导绿色节能的生活方式,而对于传统水文化的精神内涵涉及较少,没能将水文化的基本精神与当下的活动有机连接起来,缺乏历史的厚重感。

5 高校水文化建设途径探析

从实际情况来看,高校水文化的建设确实还存在较多问题,这就亟须我们采取必要的措施来提高人们的水文化意识,充分重视水文化的作用,营造一个良好的学习水文化、弘扬水文化、建设水文化的校园氛围，让传统的水文化在今日的校园发光发热。

5.1 链接高校的课程教学

高校的相关思政课承担着教育学生、塑造学生价值观的重任，是文化建设的重要平台。这就为水文化在高校的传播和发展提供了契机，将水文化融入高校的思政课堂，借助于这个平台，向学生展现水文化的魅力。

目前，高校的相关课程对于文化的关注不够，少数课程涉及水文化的内容，导致学生对水文化的认知不够深刻。若能将水文化的内容，嵌入课堂，则能够丰富课堂内容，增添教学生机。在授课时，教师可以将水文化的基本精神中不屈不挠的精神品格与现实进行对接，引起学生在情感上面的共鸣，达到既学习了基本理论知识，又了解了传统水文化。

5.2 营造校园水文化氛围

校园文化是水文化进校园、进课堂的重要环境载体。营造校园水文化氛围，能够为水文化在高校的发展提供文化上的引导，助力校园水文化建设。当下的高校校园文化可谓是文化多元、价值多元。中华文化内涵丰富，种类繁多[7]。嵌套于传统文化下的水文化在高校处于一个边缘位置，并未受到重视。校园内与水有关的文化少之又少，在特定的节日与特定的活动中，水文化才会出现在高校校园，文化氛围比较淡薄。因而，亟须构建一个校园内各主体参与、定期性、制度化的水文化传承体系，营造浓厚的水文化氛围，让广大学生"知水""乐水""亲水"[8]，实现水文化德育教育效益的提升[9]。

5.3 加强高校之间水文化的交流

水文化在高校之间的发展是不平衡的，有的高校较早关注到水文化，水文化的建设和发展水平较高，而有些高校起步较晚，还处于探索发展阶段。从全国范围内看，以水利工程为特色的高校和地处水系发达地区的高校，水文化建设较别的学校早些，对于水文化的研究也取得了一定成果。这些高校或成立水文化研究教研室或与当地的水利部门合作，来研究和发展水文化。从实际看，这些做法确实取得了不错的成效，值得后进的高校加以借鉴学习。

参 考 文 献

[1] 靳怀堾. 漫谈水文化内涵 [J]. 中国水利, 2016 (11): 60-64.
[2] 郑晓云. 水文化的理论与前景 [J]. 思想战线, 2013, 39 (4): 1-8.
[3] 史鸿文. 论中华水文化精髓的生成逻辑及其发展 [J]. 中州学刊, 2017 (5): 80-84.
[4] 黄英燕, 陈宗章. 继承和弘扬中国传统文化的基本精神 [J]. 文教资料, 2019 (28): 62-63, 70.
[5] 石书臣, 张金福. 中华"和合"文化的当代阐发与实践 [J]. 中国特色社会主义研究, 2019 (4): 46-54.
[6] 元小佩. 高校"水文化"教育的偏失及教育策略研究 [J]. 浙江水利水电学院学报, 2020, 32 (1): 6-9, 22.

[7] 沈先陈. 优秀传统文化的短视频传播策略探析 [J]. 新闻知识, 2020 (1): 72-75

[8] 罗湘萍, 王伟英. 水文化传播教育新媒体平台的构建 [J]. 浙江水利水电学院学报, 2014, 26 (4): 9-12.

[9] 雷春香, 夏远永. 水利高校水文化断想之以水养德 [J]. 浙江水利水电专科学校学报, 2010, 22 (2): 92-94.

西湖旅游历史高峰期的分析与比较

陈志根

(杭州市萧山区政府地方志办公室，浙江杭州　311200)

摘　要：西湖历史悠久，山水秀丽，文化灿烂，充满着秀美和灵气，是一颗永远熠熠闪光的明珠。从古至今曾有过三次旅游高峰期，即南宋时期、清康乾盛世时期和改革开放后的新时期。这三个时期中，又以改革开放后的新时期为最高峰。就旅游人数而言，前两个时期以算术级数增长，而第三个高峰以几何级数增长，且阶层众多；前两个高峰是以观光旅游为主，最后一个高峰西湖旅游业态已更加多元、更加丰富；入境旅游人数大大增多，彰显出改革开放日益扩大的时代特征。

关键词：西湖旅游；高峰期；特征

西湖，又称为金牛湖、高士湖、明圣湖、西子湖等，其历史悠久，山水秀丽，文化灿烂，充满着秀美和灵气，是一颗永远熠熠闪光的明珠，因而成为帝王将相、文人墨客和大众首选的旅游目的地。西湖从古至今有过三次旅游高峰期。

1　南宋：西湖旅游的第一次高峰期

西湖旅游的第一次高峰期之所以发生在南宋并不是偶然的，其原因是多方面的。

（1）西湖旅游早于唐朝已初具规模，山水风光就成为文人雅士题咏对象。北宋时期杭州发展成为"东南第一州"，城市的发展促进了西湖文化景观的发展。特别是熙宁、元祐期间，苏轼两次出任杭州。他上疏朝廷，要求拨银，疏浚西湖，筑成长达3km沟通西湖南北的苏堤，保住和增添了西湖如画的秀色。还写下篇什颇丰的赞美西湖诗篇，给后人留下了宝贵的精神财富。杭州终成为"绕廓荷花三十里，拂城松树一千株"的国内著名风景城市，为南宋西湖旅游高峰期的到来奠定了基础。

（2）南宋定都杭州以后，杭州成为全国的中枢，政治地位提升，人口激增，直接推动了西湖治理与建设。朝廷重视对西湖的精心建设与十景名胜的形成，使杭州赢得了"人间天堂"的美誉。当南宋皇帝终于驻跸临安（杭州）后，更给杭州的发展带来一次空前机遇，西湖的人文建设迈出了极大的步伐。从定都的次年，即绍兴九年（1139年），临安知府张澄开始治理西湖，至元军占领临安府，100多年中，对西湖进行了7次较大的治理，使杭州的游览胜景达9路444处[1]。园林文化也南移至杭州，使杭州不仅有皇家所建的御园，私家园林也得到精华荟萃，形成了"一色楼台三十里，不知何处是孤山"[2]。来自印度的佛教文化的寺庙由原来的360座增至480座，在西湖的周边出现了许多道观[3]。同时，旅游设施开始发展起来，建立了许多宾馆，将原法慧寺扩建成怀远驿，在候潮门外泥西路，建起了都亭驿，以接待国内上京的各地官员。此外，西湖旅游的其他配套设施也进一步完善。游船不但数量多，而且制作精巧，为游客带来了方便并增添了游湖情趣；产生了大量综合的娱乐兼营商业的"瓦子""瓦市""瓦舍"；旅游工艺品日益丰富多彩，介绍杭州和西湖风景的著作纷纷问世，甚至出现了杭州早期的导游地图《地经》。

(3) 南宋诸皇帝都成了西湖的最高贵的游客，他们乘坐在华丽的龙舟之中，享受着西湖的美丽风光。特别是南宋王朝的创建者宋高宗赵构（在位35年），不仅喜欢泛舟西湖，而且嗜好书画，使画院增多，许多画家创作出以西湖为题材的书画。尤其是隆兴元年（1163年）传位于孝宗赵昚，退居德寿宫后，经常坐船游西湖。他游西湖，不把老百姓赶得干干净净，而是与民同乐，任老百姓游观。

上述原因使西湖的旅游得到了很大的发展，各国的使臣、商贾；香汛期间和佛教节日的香客；还有赴京赶考的学子和四面八方抵京的商贾，纷纷进入杭州。每逢春秋时节，西湖游人如鲫，热闹异常。端午节的西湖竞渡，据《南渡稗史》记载，"是日画舫齐开，游人如蚁，龙舟六只，俱装十太尉、七圣、二郎神杂剧，饰以彩旗、锦伞、花篮、闹竿、鼓吹之类。"得胜者，给以奖赏。六月六日"游湖者多于夜间，停泊湖心，饮月达旦"[4]。游船点缀湖中，"湖中大小船只，不下数百舫。有一千料者，约长二十余丈，可容百人；五百料者，长约十余丈，亦可容三五十人；亦有二三百料者，亦长数丈，可容三二十人"[5]；湖畔寺院庵舍佛事热闹非凡。云集杭州西湖观光旅游的游客达20万人[6]。

此次西湖旅游高峰期，颠覆了浙江以往历史上的旅游高峰。此前，浙江历史上曾有过两次高峰期，即东晋南朝时期文人雅士的浙东山水之旅❶和唐代的浙东唐诗之路❷，但均发生在浙东。南宋时期西湖旅游高峰的发生，使浙江旅游的高峰从此转移至以西湖为中心的杭州。

2 清代康乾盛世时期：西湖旅游的第二次高峰期

清代康乾盛世，康熙、乾隆两帝12次南巡，其中有11次驻跸杭州。康熙帝从康熙二十三年到四十六年（1684—1707年）的24年间，除第1次（1684年）南巡到了江南江宁（今南京）巡视后回銮外，其后于康熙二十八年（1689年）、三十八年（1699年）、四十二年（1703年）、四十四年（1705年）、四十六年（1707年）先后5次南巡，主要以杭州为目的地。乾隆帝于乾隆十六年（1751年）、二十二年（1757年）、二十七年（1762年）、三十年（1765年）、四十五年（1780年）、四十九年（1784年）6次南巡，

---

❶ 六朝时期，大批的文士将山水游作为精神寄托，注意力转向大自然，走上了饱览自然风光，以求适意娱情的漫游道路，而且奉为时尚。据统计，仅东晋一代在剡地一带游憩的诗人就占全国诗人总数的28%。其中的名士有戴逵、王治、刘恢、许恂、郗超、孙绰、桓彦表、王敬仁、支道、王文度、何次道、王荣、谢万石、王羲之等。由此形成了浙江观光旅游历史上的第一个高峰期。

❷ 唐代以李白、杜甫为代表的唐代不同时期的诗人，或从京洛车舟南下，或自岷峨沿江东流，过钱塘江后，由萧山（722年前称永兴，此后改称萧山）西陵（今滨江区西兴）出发，入浙东运河，或经渔浦（今属义桥镇），入西小江，纷纷抵达浙东旅游，追慕魏晋遗风，形成了浙东唐诗之路，成为浙江旅游史上的第二个高峰期。据考证，先后踏上或徜徉在这条唐诗之路的诗人总数不下400人，吟诵留下的诗篇达1500多首，涉域面积达2万多 km²。

均以杭州为目的地。两帝南巡浙江，游览杭州西湖山水名胜，对西湖的旅游起到巨大的促进作用。

（1）康熙、乾隆两帝抵浙，促进了地方对杭州的城市基础建设、西湖景区及其旅游设施建设力度加大；促进了京杭运河的疏通，为游客提供了交通之便；促进了风景点的修葺和扩建；增添了杭州的文化内涵。它使得杭州的景点不断修复、增加，从原"西湖十景"，到雍正时"西湖十八景"，再到乾隆时"钱塘二十四景"；并对六和塔、飞来峰造像等历史文化遗存进行保护与整治，使得杭州的旅游资源不断增加、得到开发，范围不断扩大。乾隆年间，西湖游览景点增加至1016处[7]。

（2）游览西湖的配套设施进一步完善。西湖游船大量增加，文化娱乐设施纷纷建立，茶馆已经遍布城乡，旅游活动内容增多，导致观光游客也大量增加，特别是观看西湖竞舟的游客大为增加。

（3）康乾两帝游览西湖，营造了一种氛围，让游览西湖蔚然成风。康熙御定了"西湖十景"之名，并为西湖赋诗30多首；乾隆每次巡游赋诗10首，6次抵杭共为西湖赋诗60首。皇帝对西湖的关注和欣赏，使西湖十景成为全国著名景点，西湖成为全国的旅游品牌。同时，帝王游览西湖，让西湖的文化底蕴加厚，神秘感增加，引诱力加大，贵戚高官、都城市民纷纷效仿。

3 改革开放新时期：西湖旅游的第三次高峰期

改革开放后的新时期之所以成为西湖旅游的第三次高峰期，原因在于：

（1）西湖的旅游环境和设施更加完善。进入改革开放新时期以后，伴随着浙江旅游业的发展，西湖景区景点建设迈入新的历史阶段。党中央、国务院对杭州十分关心，要求"把杭州建设成为国际第一流的风景旅游城市和我国东南部的旅游中心"。遵照党中央、国务院的指示，杭州市政府确立了建设风景旅游城市、加速旅游业发展的指导方针，于1981年就提出了"把杭州建设成美丽、清洁、文明、繁荣的社会主义风景旅游城市"的号召，继而于1985年第六届人大常委会第四次会议又通过了"建设第一流的风景旅游城市战略目标"的决议。之后大力开展以西湖景区为中心的景区建设，净化美化西湖，建成了每日30万t的引钱塘江水入西湖工程，使西湖死水变活水，水质从根本上得到改善，使西湖成为全国同类湖泊中水质最好的湖；完成了30多km长的西湖湖岸的驳磡和10km的环湖污水截流管道的建设任务；改造柴油机游船为电瓶船，消除了西湖湖面和空气的污染；每年挖湖泥约6万m³；改装打捞船，组织力量一日不停地打捞西湖水面的废弃物等，湖水透明度已从42cm提高到64cm。耗资1.2亿元，迁移或停办了地处西湖风景名胜区和居民稠密区内76家污染工厂（其中西湖风景名胜区22家），保护了西湖风景资源，扩大了游览面积。全部改造了西湖周围169个单位的650台炉、灶、窑，初步实现把西湖风景区建设成"烟尘控制区"的目标。至1987年年底，共投资5600万元，扩建园林绿地和修复名胜古迹：拆除了地处沿湖西侧和北侧一公园、少年宫广场、镜湖厅等景点内的民用、破旧建筑物1.3万多m²，扩大了游览绿地4.6万多m²，变封闭、半封闭的公园为开放式的景区；整修和充实了虎跑路、湖上三岛、花港观鱼廊、石屋洞、烟霞洞等一大批风景点；新建、扩建了"曲院风荷"、长桥、金衙庄、半山、拱墅、朝晖、青年、横河等公园，使市区公园从 6 个发展到 23 个；西湖风景名胜区内的园林绿地，从 6.3km² 增加到 37.3km²，西湖风景名胜区绿化覆盖率为 76.15%，全市为 43.6%。终于使西湖被评选为首批国家重点风景名胜区，1985 年入选中国十大风景名胜。

1987 年 4 月，为使中外游客，特别是国外游客能一睹西湖的迷人风采，进行了西湖的亮灯工程。进入新世纪后，杭州开始实施西湖综合保护整治工程，每年都有保护整治项目推出。2002 年实施西湖西进工程。经过 2003 年一年的整治，"西湖西进"工程迈出了实质性的一步，杨公堤、新湖滨、梅家坞茶文化村三大景区中的 9 个景点共 36 个历史文化景观全部向游人免费开放。西湖西进工程使西湖真正成为外观古朴典雅、内涵深刻丰富、自然生态良好的精品之作。经过数十年的整治、开发，西湖越来越美了。茶叶、中药、丝绸、官窑四个博物馆的建成也使西湖锦上添花，吸引力进一步提高。

2011 年 6 月 24 日，在联合国教科文组织巴黎总部召开的世界遗产委员会第 35 届年会上，经世界遗产委员会批准，"杭州西湖文化景观"被正式列入《世界遗产名录》。这让世人更加对西湖充满了好奇，使西湖成为世界各国游人的旅游首选地。

(2) 抵杭州西湖旅游的交通更加便捷。杭州航空始于 20 世纪 30 年代，改革开放以后进入快速发展阶段。1985 年 11 月 16 日，首条省内航线（宁波—杭州航线）开通；1994 年 4 月底，省内首条国际定期班机航线（杭州—新加坡定期航班）开通；2000 年 12 月，新建的杭州萧山国际机场正式启用。高铁的建成与通车及 20 世纪 90 年代以来沪杭甬、杭金衢、杭千、杭徽等高速公路建成与通车；为促进全省旅游中心城市与各旅游城镇间的游客流通网络，2002 年建成了全省 4h 公路交通圈、旅游圈等；这些都极大地提高了游客聚散能力。

(3) 城乡居民拥有充足的时间。1995 年，我国开始实行每周双休日和每年双周带薪休假制，1997 年开始实行"五一""十一"和"春节"黄金周，它们成为西湖旅游的重要转折点，其观光旅游大为发展。同时，随着人们闲暇时间增多、生活水平的提高、消费观念进一步更新，人们对旅游需求更加迫切，旅游开始进入城乡居民的日常生活选项。2002 年"五一"黄金周是我国建立假日旅游工作机制以来的第六个"黄金周"，本次"黄金周"，大量来自周边省市及甘肃、陕西以至东北的客人抵浙西湖旅游。2009 年国庆节，时值新中国成立 60 周年，又与传统佳节中秋节不期而遇，假期长达 8 天，被认为是"史上最长黄金周"。同时，实行市场经济后，竞争加剧，广大城乡居民迫切追求度假、娱乐，在观光、参与、娱乐等旅游活动中增强体质、丰富知识，消除因工作造成的精神紧张、身体疲劳的状况。

(4) 同外地旅游组织和其他国家的联系加强。为扩大杭州，特别是西湖在世界和全国的影响和增加客源，省市旅游局（委）及众多旅行社开展了多种形式的旅游展销、促销、业务洽谈活动，宣传杭州的旅游特色，推销西湖旅游产品，广招海内外游客，努力开辟新的客源市场。

(5) 智慧城市构建与互联网消费的推出。2011 年，杭州西湖推出支持六国语言的免费导游系统"掌上西湖"；2012 年，杭州市旅委又推出"杭州智慧旅游"手机 App 系统，极大方便了广大游客特别是青年游客对旅游目的地的选择，因为他们习惯于在网上预订旅游产品，通过手机 App 下单，他们属于对价格敏感的人群，网络的搜索以及排序功能可以很好地实现"90后""00后"的消费目标。据携程网对有过出行记录的"90后"测算，有91.7%都曾以杭州为旅行目的地。他们通过比对，有超过42.3%的"90后"热衷于在旅行途中欣赏自然风光，而西湖十景能满足他们的要求[8]。正是由于杭州在构建智慧城市以及互联网消费方面深具优势，使西湖"中标"成为旅游首选地。

4 三次高峰期的比较与分析

在上述西湖旅游的三个高峰期中，以改革开放的新时期为西湖旅游的最高峰。

（1）前两个高峰期，就旅游人数而言，与第三个高峰是无法比拟的。1978年抵西湖游览的外宾、港澳同胞计5.3万人次，国内游客约有600万人次。2002年，单是接待入境旅游者就突破了百万大关，达到105.6万人次，旅游外汇收入4.77亿美元。2014年2月1日，是农历正月初一，杭州西湖断桥上人流涌动；当日，杭州最高温度突破24℃，大批游客涌入杭州西湖景区，享受暖冬中的西湖美景。据杭州西湖风景名胜区管委会统计，大年初一，西湖景区共迎客39.6万人次，比去年同期增长13.93%。2015年10月国庆黄金周，西湖游客达378.02万人次，其中10月3日，西湖景区游客达81.17万人次，是全国游客最拥挤的风景区。西湖每年接待游客1亿人次，真正进入了大众旅游新阶段。可以说，前两次旅游高峰期，游览人数呈算术级数增长，而改革开放以来的第三次高峰，游览人数不是呈一般的算术级数增长，而是呈几何级数增长。

就旅游者身份而言，前两个高峰期是以帝王、官宦、文士、僧侣、香客为主，平民有意识地到西湖游览较少，呈现出非大众化、非平民化的特性。只有第三个高峰，抵西湖的旅游者的身份有明显的改观，已经呈现非常大众化、平民化了。

（2）前两个高峰虽有宗教旅游，但是以观光旅游为主；而最后一个高峰西湖旅游业态更加丰富、更加多元化，既有传统的观光旅游，又有度假旅游和各种专业旅游业态。其中，专业旅游业态包括宗教旅游、商务旅游和养生旅游、修学旅游、文化旅游等。

（3）旅游客源地大大扩展，入境旅游大大增多，特别是港澳台地区游客和外国游客抵西湖旅游增多。南宋时的第一次高峰期和清代康乾时期的第二高峰期，抵西湖旅游的虽有各国使臣、商贾和来自杭嘉湖一带以及苏州、常州等地的香客等，但与第三次高峰期相比，可谓是沧海一粟。1982年，《关于外国人在我国旅行管理的规定》放宽了外国人在我国旅行的限制，简化外国人到各地旅行的审批手续，抵浙至西湖旅游的人增多。尔后，西湖旅游随着对外开放越来越"热闹"，呈现出改革开放的时代特征。

如今，为迎接G20峰会，与西湖有关的数百多个工程已经竣工。西湖打扮得更美了，它将迎来更大的旅游高峰期。

参 考 文 献

[1] 王国平. 西湖文献集成·第1册[M]. 杭州：杭州出版社，2004.
[2] 杭州市地方志编纂委员会. 杭州市志·第2卷[M]. 北京：中华书局，1997.
[3] 厉鹗. 宋诗纪事[M]. 上海：上海古籍出版社，1983.

[4] 倪士毅. 古代杭州[M]. 杭州：西泠印社，2000.

[5] 周峰. 南宋京城杭州（杭州历史丛编之四）[M]. 杭州：浙江人民出版社，1988.

[6] 沈者寿. 杭州辞典[M]. 杭州：浙江人民出版社，1993.

[7] 翟灏，翟瀚辑. 湖山便览[M]. 杭州：浙江人民出版社，1990.

[8] 沈国娣. 90后毕业游最爱杭州之思考[N]. 每日商报，2015－06－16（2）.

曹娥江名的孝文化经济解释

蒋剑勇，闫　彦

（浙江水利水电学院　水文化研究所，浙江杭州　310018）

摘　要：曹娥江因孝女曹娥"投江救父"而名。在中国古代农业社会的家庭养老模式下，以曹娥为代表的孝文化是古代中国维系家长制产权制度的道德规范机制，也有利于降低父母与子女间签订投资消费合约的交易费用。在传统孝文化被日益淡化的情况下，应寻找新时期孝道背后的根本内涵，培育孝文化根植的社会基础，并探索孝文化蕴含的核心价值。

关键词：曹娥江；孝文化；产权及交易费用

0　引言

在浙江主要的江河中，曹娥江是唯一因人命名的。相传曹娥江最早称舜江，是虞舜避丹朱之乱来上虞、率百官治江害而得名。后来又因东汉孝女曹娥投江救父，到了汉桓帝元嘉元年（151年）被刚来上虞上任的县令度尚所闻，为表彰曹娥之孝，遂将舜江改名为曹娥江。

曹娥是东汉会稽郡上虞县一位孝女，其孝行最早见于东晋虞预的《会稽典录》，"孝女曹娥者，上虞人，父盱，能抚节按歌，婆娑乐神。汉安二年，迎伍君神，泝涛而上，为水所掩，不得其尸。娥年十四，号慕思盱，乃投瓜于江，存其父尸曰：'父在此，瓜当沈。'旬有七日，瓜偶沈，遂自投于江而死。县长度尚悲怜其义，为之改葬，命其弟子邯郸子礼为之作碑"[1]。后被南朝范晔载入《后汉书·列女传》，"孝女曹娥者，会稽上虞人也。父盱，能弦歌，为巫祝。汉安二年五月五日，于县江泝涛婆娑［迎］神，溺死，不得尸骸。娥年十四，乃沿江号哭，昼夜不绝声，旬有七日，遂投江而死。至元嘉元年（151年），县长度尚改葬娥于江南道傍，为立碑焉。"[2] 北魏地理学家郦道元的《水经注》亦谓，"江之道南有曹碑。娥父盱迎涛溺死。娥时年十四，哀父尸不得，乃号踊江介，因解衣投水，祝曰：'若值父尸，衣当沈；若不值，衣当浮。'裁落便沈，娥遂于沈处赴水而死。"[3] 从此以后，在地方政府和一些文人学士的倡导和渲染下，曹娥的名声越来越大，被后人视为中国古代孝女的典范。

有学者研究表明，曹娥实际上是一位巫女，而对其孝女形象的塑造，是度尚以"神道设教"、因势利导、将中原儒家伦常观念植入曹娥故事的结果。当时，会稽地域进入了一个原始土著文化与中原儒家文化的激烈碰撞与融合时期，地域文化迈开了由原始土著文化向先进儒家文化转型的步伐。孝女曹娥的故事，正是两种文化碰撞和融合的体现与产物。[4]

因此，曹娥因人名江是对其孝道的表彰，更是占据文化主流地位的中原儒家伦理纲常的推广以及会稽地域文化转型的成果。中国的孝文化渊源久远，发端于原始社会的宗教崇拜，到了西周时期，孝作为一种普遍的道德规范初具雏形，春秋战国时期，经由以孔孟为代表的儒家学派的阐释而上升为个人、家庭、社会的伦理道德规范；汉初，经由统治者的大力倡导，孝最终转化为"治天下"的政治工具。[5]

那么，在古代的中国，孝道为什么会成为被大力倡导并被普遍接受的伦理道德规范呢？笔者试图从经济学的视角来寻找可能的原因，阐释其背后隐含的理论含意，并通过古今的对照与中外的比较进行事实的验证。

1 假说的提出——孝文化成因的经济解释

孝道成为普遍接受的道德规范的时期，古代中国处在农业社会，在这个农业社会中，家庭是最基本的单位。每一个家庭是一个生产单位，相当于一家公司，对资源的使用进行有效配置，也需要对如何消费作出合理安排。由于产权界定的需要，家庭必然会形成一个权威，家长是天然的权威，并以此延伸到整个家族，从而形成了一套严格的等级体系。这个等级制度是为了降低租值消散而形成的。在这个等级制度下，家庭或家族内是以等级来分配资源的，对外则是交易的方式。于是，在家庭内，家长拥有绝对的权利，包括对于物质资源如土地、房等的产权，还拥有对于子女的强制性产权[6]。但是，子女是人，人区别于物的关键在于有自主意识；特别是在子女成人、成家之后，就会有获得自主以及家庭产权的需求。因此，为了维系家庭经营方式的稳固，需要有一种机制来规范这种产权安排。于是，孔孟为代表的儒家学派倡导的伦理道德规范就受到了广泛的认可，乃至后来上升到了治国之道的层面。在以家庭为基本单位的农业社会中，为了维持这种产权制度的稳定性，孝道作为一种伦理道德规范，具有非常强烈的约束作用，起到了社会稳定剂的作用。因此，统治阶级为了维护自己的统治地位，必须极力地维护这种机制的有效性。所以，曹娥这样的事迹，自然成为官方推广儒家伦理纲常的绝好契机，影响会稽地域的土著文化，使之得以转型。

那么，古代社会为什么会形成家长制的产权制度呢？在古代社会，养老不是由社会解决的，是要依靠家庭自身的，所以我们有"养儿防老"的说法。也就是说，父母有责任抚养子女成人，而子女在父母年老时则有赡养的义务；经济学的含意是，父母对于子女的抚养是一种对于自己年老时消费的一种长期投资。形成这种消费投资机制的关键在于，人在未成年工作之前没有收入，但是需要消费。原则上，根据经济学的分离定律，消费与投资可以分开来决策，也就是在没有收入的时候，可以借钱进行消费，当长大工作有收入后再来偿还。而在年轻的时候可以进行投资或储蓄，老的时候没有能力工作获得收入之时用投资获得的收入或年轻时候的储蓄进行消费。但是，问题是小孩在成年之前需要获得借贷来维持消费，要等他长大成人有能力偿还借款，这段时间很长，这意味着风险很大，也就是贷款人判断借款人偿还能力的信息费用很高。于是，要制定这种合约的交易费用很高，更何况签约当事人当时根本没有基本的民事能力；除非有相应的担保制度，否则当事人日后违约的可能性也很大。总的来说，虽然明文的抚养投资合约会大大降低合约的履行费用，但是当时的签约费用会高不可攀。由此看见，处于父母对于子女的爱，家长与子女间签订合约的费用就会大大下降。然而，父母对于子女投资的回报要等到很多年后才能实现，而子女是否能对父母履行赡养的合约也有疑问，这表明，合约履行的交易费用会比明文规定的要高。于是，需要建立某一种制度来维护这样合约的有效性，那就是家长制的产权制度；并以孝文化为代表的伦理道德规范来进一步巩固这种产权制度。当然，这也包括了在对子女的教育中，不停地灌输这种伦理道德，使之成为子女的行为规范。

综合以上的分析，笔者认为，在农业社会家庭养老的局限条件下，孝文化是维系家长制产权制度的有效规范机制，也有利于降低父母与子女间签订投资消费合约的交易费用。

2 假说的验证——工业社会与社会养老

上文的分析表明，孝文化形成的背景是农业社会与家庭养老制度；这一点上，中国古代与西方国家有相似之处。因此，对父母孝敬不仅是古代中国的伦理道德规范，古代西方国家也有孝的传统，如《圣经》诫命十条中第五条就要求"当孝敬父母"，而十七世纪的英国法律还有关于孝的条款，规定成年子女要承担父母的经济债务。

在十八世纪，西方发达国家开始了工业化进程。工业化大生产打破了原来的以家庭为基本单位的生产模式，人们经常流动，并开始从农村向城市迁徙。于是，父母对于成年的控制力大为下降，而子女自身的人力资本价值得到了体现，不再需要家庭提供资本。于是，传统的家庭养老模式就出现了危机，应运而生的社会养老模式便有了日益强烈的需求。从开始的教会、私人慈善发展到后来国家社会福利制度，就是为了解决养老问题而产生的。社会福利制度的建立以及工业化发展带来的专业化，西方国家形成了较为完善的教育、金融体系，使得传统的家庭失去了医疗、养老保险、融资等功能。因此，孝文化在西方国家逐步失去了其生存的根基，发展到现代社会，我们观察到的现象是：在西方国家，人们的家庭观念比较淡薄，并不推崇孝道。

我国工业化的时间不过几十年，而社会福利制度到目前为止还很不完善；特别是在农村地区，社会养老模式的实行近些年才开始普及。因此，我们发现，相对于城市，农村地区对于孝道的推崇更为普遍。即使如此，随着中国家庭的进一步核心化，传统的大家庭模式日趋式微，父母子女之间的日常交往也就无可避免地减少。更为关键的是，家庭传统功能的削弱，特别是社会养老模式的普及与深入，子女对父母的责任也大为减轻，传统意义上的孝道可能需要有新的着力点。

3 结论与启示

"曹娥投江救父"的故事流传千年，其背后蕴含的文化意义颇为深远。曹娥因人名江是对其孝道的表彰，更是占据文化主流地位的中原儒家伦理纲常的推广以及会稽地域文化转型的成果。

从经济学视角分析，在农业社会家庭养老的局限条件下，以曹娥为代表的孝文化是古代中国维系家长制产权制度的规范机制，也有利于降低父母与子女间签订投资消费合约的交易费用。

随着中国家庭的进一步核心化，传统的大家庭模式日趋式微，家庭传统功能的弱化、特别是社会养老模式的普及与深入，传统孝文化可能会面临日益淡化的局面。若要重新倡导孝文化，我们需要寻找新时期孝道背后的根本内涵，培育孝文化根植的社会基础，探索其蕴含的核心价值，才能使得孝文化在新时代背景下重新焕发生机，成为人们普遍接受的伦理道德规范，也成为社会主义核心价值观的内容之一。

参 考 文 献

[1] 范晔. 后汉书·卷八十四：列女传[M/OL]. 2015.
[2] 徐震. 世说新语校笺，卷中：捷悟[C]//会稽典录. 北京：中华书局，1984：318.
[3] 郦道元. 水经注·卷四：沔水注[M]. 易洪川，李伟，译. 重庆：重庆出版社，2008.
[4] 李小红. 东汉孝女曹娥原为"巫女"考论[J]. 浙江社会科学，2009（5）：70-75.
[5] 王翠. 孝文化的历史回眸与当代建构[J]. 孔子研究，2013（6）：95-101.
[6] 张五常. 经济解释——张五常经济论文选[M]. 北京：商务印书馆，2000.

水文化传播教育新媒体平台的构建

罗湘萍，王伟英

（浙江水利水电学院，浙江杭州　310018）

摘　要：运用新媒体技术进行水文化传播教育，具有传播速度快，互动沟通易，受众覆盖广，内容维度多等优势，微博、微信、手机App、微课以及手机网站等新媒体各具特点，应相互融合，扬长避短，在水文化教育传播上形成合力。水文化传播内容应由水资源、水工程、水科技、水历史、水文化、水法规等知识和案例构成，形成"知水""乐水""亲水"三大板块，突出系统性、科学性和趣味性。

关键词：水文化；传播教育；新媒体

　　水是人类生活的重要资源，水也是人类文明的源泉。中华民族在长期的治水实践中，形成了丰富的与水有关的科学、人文等方面的精神与物质的文化财产，即水文化。从一定意义上讲，水文化已成为中华文化和民族精神的重要组成部分[1]。

　　然而，尽管水文化建设已取得了一定的成果，但是水文化还没有受到社会各界应有的关注，全社会饮用水危机意识、水资源匮乏忧患意识、水资源节约意识、水环境保护意识以及对优美水环境的生活追求和文化品味等也还需要不断增强，人水和谐的科学理念还没有深入人心。

　　因此，在当今信息化大数据时代，综合运用各种传播教育手段，尤其是新媒体传播教育体系的构建，来推动水文化在新时代的传承创新，成为我们应该关注的重要问题。

1　运用新媒体技术进行水文化传播教育的独特优势

　　新媒体是报刊、广播、电视等传统媒体以后发展起来的新的媒体形态，是利用网络技术、移动技术等，通过互联网、无线通信网等渠道以及电脑、手机等终端，向用户提供信息的传播形态和媒体形态[2]。考虑新媒体对水文化传播的促进作用，首先应该考虑其与传统媒体相比所具有的无法比拟的优势。

1.1　传播速度快，互动沟通易

　　新媒体的信息传播具有极强的即时性，不仅传播速度快，而且反馈及时。当信息传播者发布信息时，传统媒体受制于发行周期、节目板块等，不可能随时发布新闻。新媒体则完全不同，只要网络通畅，它所发布的信息是即时的、不受限制的，这样的发稿频率是传统媒体难以做到的[2]。这种时效性优势，在开展水文化传播时具有非常广阔的应用前景。

此外传统媒体传播手段一般都是单向的，大众很难立刻对所接收的信息进行反馈，而通过新媒体传播可以给予访问者一个前所未有、十分宽广的交流平台。新媒体的信息发布后，其与访问者能够即时互动沟通的特点也是其他传统媒体无法企及的。读者可以通过评论、投票等方式随时发布自己的观点和见解，信息发布者就可以即时了解信息的正负反馈。共享和交流是文化形成的本质，要在社会上形成良好的水文化环境，就不得不考虑利用新媒体构建水文化交流平台的问题。

1.2 受众覆盖广，内容维度多

从媒体发展趋势来看，传统媒体的受众规模不断缩小，越来越多的人通过新兴媒体获取信息，青年一代更是将互联网作为获取信息的主要途径。水文化环境的形成是一个逐渐改变、慢慢培养、渐渐渗透的过程，因此应该利用互联网新媒体，尽可能多的扩大受众覆盖面。

从转播内容来看，新媒体信息浩如烟海，其内容丰富且分类精细，且手段丰富多彩。它可以将声音、图片、动画等多维度的信息同时展现给用户，极大地拓展了访问者的想象空间，相比传统媒体，更容易形成访问者对水文化的沉浸感和构思，使访问者有身临其境的感觉。如可以通过视频和音频技术领略水利工程的动态效果，欣赏水文化艺术作品，真正激发访问者在接受水文化信息过程中对水文化产生的学习热情。

2 水文化传播教育新媒体平台的构建

水文化传播教育平台的构建意指在新媒体环境下，水文化传播教育者利用各类网络信息技术、平台，转化水文化资源，并通过网络传播教育方式实现水文化的共享与传播，面向全社会市民、特别是青少年学生开展水资源、水利科技、水历史、水文化、水警示、水法规、节水知识、社会实践等在内的水文化教育活动的过程。水文化教育传播新媒体平台的构建包含内容：①基于网络的水文化主题教育内容设计；②新媒体融合的网络传播教育平台体系构建。

2.1 基于网络的水文化主题教育内容设计

新媒体时代，受众会选择性注意、选择性理解和选择性记忆传媒信息，由此带来"快阅读、轻阅读、易阅读"的倾向。水文化的传播教育必须跟上这个变化，在内容设计下足功夫，才能增加传播教育的吸引力度。因此，新媒体平台中水文化传播教育内容设计应更加主题鲜明、内容务实、形式新颖，构建更加人性化、趣味性的水传播教育内容体系。

内容可由水资源、水工程、水科技、水历史、水文化、水法规等知识和案例构成，考虑安排"知水""乐水""亲水"三大篇章，从知识介绍、互动讨论、专题讲座、社会实践案例等方面搭建各篇章内容，突出系统性、科学性和趣味性（表1）[3]。

2.2 常见新媒体特点及在水文化教育传播中的应用分析

随着智能手机、平板电脑的崛起，移动互联网时代已经到来，微博、微信、手机App、微课以及手机网站已经逐步被人们所接受，也是目前比较常见的新媒体形式。下面，在分析各自传播特点的基础上，分别提出在水文化教育传播中的应用。

表 1　　　　　　　　基于网络的水文化主题传播教育内容设计

篇　章	主　题	具　体　内　容
知水篇	水情教育	（1）当前水利形势，工程水利、资源水利、现代水利、生态水利、民生水利等概念、特点、内容及水利发展阶段； （2）水资源开发、利用、节约、保护和防治水害的基本措施及法规、政策；水资源的概况和特点，其与经济社会发展的关系； （3）水利史和重要治水人物
乐水篇	以水养德	（1）体悟水的哲学； （2）弘扬治水精神； （3）赏析水文学艺术作品
亲水篇	人水和谐	（1）宣扬"人水和谐"的治水理念； （2）人类典型的亲水活动，国内外典型代表案例； （3）突出水利风景保护区的教化功能； （4）推广节水文化； （5）介绍水民俗

2.2.1　微博

微博是微型博客的简称，即一句话博客，是一种通过关注机制分享简短实时信息的广播式的社交网络平台。微博作为一种分享和交流平台，内容具有时效性、交互性、便捷性和原创性等特点。腾讯和新浪是目前国内相对影响比较大的微博服务商，单位或个人均可以免费申请，几乎不需要研发成本，在电脑和手机客户端均可以实时操作。水文化教育传播机构可以通过建立组织微博，实时发布在水文化领域内容比较权威、影响比较重大的最新事件、活动动态和研究成果等。

2.2.2　手机 App

App 是 application 的缩写，通常专指移动终端上的应用软件，或称手机客户端，本质上就是移动终端的应用程序，可以结合图片、文字、音频、视频、动画等方式展现企业的品牌和产品信息。针对时下主流的两大手机系统（Android 和 iPhone OS），目前手机 App 主要分为安卓版本和苹果版本。研发 App 需要投入一定资金和时间成本，因此对于提供商来说，一般需要同时开发两个版本，而且软件需要经常维护更新。我们可以通过开发手机 App，将相对成熟、不用随时更新的水文化相关内容，按栏目版块，较系统地向社会传播，打造移动版的水文化知识学习平台。

2.2.3　微信公众平台

微信公众平台是腾讯为智能终端提供即时通信服务的免费应用程序，支持通过网络快速发送免费语音短信、视频、图片和文字，能与用户实现实时消息推送和交互。目前有订阅号和服务号两种类型。相对于手机 App，微信公众平台因其账号要与用户手机号、用户 QQ 绑定，传播速度会更加快速；而且可以实现跨通信运营商、跨操作系统，对于微信公众平台提供商，不需要担心用户手机使用的操作系统。需要提醒的是，数据库服务需要依赖腾讯公司,并不是建立在单位自己的服务器上,存在一定安全隐患。水文化教育传播机构可以申请微信公众平台,实时推送水文化领域各类动态,实现水文化常识在线交互查询,水文化知识竞赛,信息上报及相关问卷调查等。

2.2.4 微课

微课是指按照新课程标准及教学实践要求,以视频为主要载体,记录教师在课堂内外教育教学过程中围绕某个知识点(重点难点疑点)或教学环节而开展的精彩教与学活动全过程。微课具有主持人讲授性、流媒体播放性、教学时间较短、教学内容较少、资源容量较小、精致教学设计、制作简便实用等特点。水文化微课,在具体运用时,通过与手机App、微信公众平台等融合使用,将水文化传播更加直观、形象和生动,努力建立高质量水文化网络课堂。

2.2.5 手机网站

手机网站是指用 WML(无线标记语言)编写的专门用于手机浏览的网站,通常以文字信息和简单的图片信息为主。用户可以通过手机可浏览几乎所有的 www 网站,不一定需要智能手机。技术上实现非常简单,成本较低,可以跨平台使用,但交互功能受限制。在水文化传播方面,可以用来发布不需要经常更新的水文化小知识。

以上五类新媒体能在用户的智能移动终端使用,如手机、平板电脑,各有优势和不足,只有相互融合,扬长避短,才能在水文化教育传播上形成合力。

2.3 新媒体融合的网络传播教育平台体系构建

文化传播教育平台的打造是新时代、新技术环境下的必然趋势,水文化传播教育平台的构建也应该顺应时代的需求[4]。鉴于互联网终端尤其是移动互联网终端如智能手机、掌上电脑(IPAD)等的广泛使用,在"新媒体平台体系"中主动融合多种媒介如网站、微博、App、微信公众平台、QQ 等;同时"新媒体平台体系"作为水文化传播的平台,其在用户层面必然考虑如何尽可能地扩大辐射面及增加用户的点击量,以发挥其信息传播的功能,因此"新媒体平台体系"还需考虑各种媒介如何在各自的操作层面上进行联动与融合,某一类的媒介平台上需考虑有其他几类媒介的入口[5]。多种媒介的互通,不仅方便用户在不同媒介间自由点击了解水文化的相关信息,同时也为水文化的信息传播教育提供了多种不同的平台窗口,为日后利用多种媒介进行水文化的合力传播教育,扩大并加强水文化传播教育效果创造了更多的可能性。水文化新媒体平台体系构建思路(图1)。

3 结语

新媒体开拓了水文化的传播教育途径,新媒体传播教育平台体系的构建必能对水文化传播教育整体发展起到促进和补充作用。建设水文化传播教育新媒体平台,将迅速扭转互联网上中国水文化信息匮乏的状况,通过新媒体平台将水文化教育数字资源进行推介,必将形成水文化在互联网上的整体优势,进而不断增强水文化的教育功能。

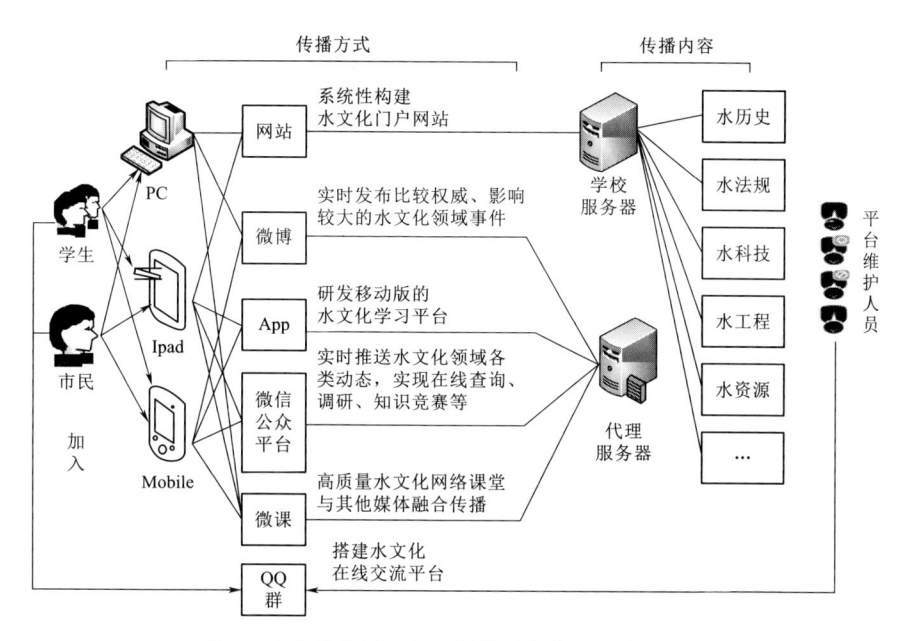

图 1　水文化传播教育新媒体平台体系构建示意图

参 考 文 献

[1] 陈梦晖. 关于加强水文化传播的思考和建议 [J]. 山西水利，2013（1）：1-3，7.
[2] 李娜. 第四媒体：国际互联网传播的特点 [J]. 科技资讯，2007（34）：159.
[3] 王伟英. 浙江特色水教育校园文化建设 [M]. 杭州：浙江大学出版社，2012.
[4] 张凯，王喜芳. 新媒体时代的网上博物馆建设与思考 [C] //上海中国航海博物馆第四届国际学术研讨会论文集. 上海：上海中国航海博物馆，2013：175-183.
[5] 高洁. 新媒体时代的政府形象传播研究——以苏州工业园区"新媒体传播体系"为例 [D]. 苏州：苏州大学，2013.

杭州西湖与湘湖的多维比较研究

陈志根

（杭州市萧山区人民政府　地方志办公室，浙江杭州　311200）

摘　要：杭州西湖与湘湖均是钱塘江两岸的名湖。两湖既有相似之处，也有不同之点。从形成方式比较，两湖最早均为潟湖，后演绎为人工湖，但时间有别；从功能性质方面比较，西湖也曾发挥过灌溉功能，但和湘湖不同，湘湖灌溉时间更长，范围更广。目前，湘湖经过开发，已经走上旅游之路，和西湖类同；两湖目前形态大小基本相当，但从景观品性相比，样貌相似，品性相异；从管治模式相比，西湖为官治，湘湖为官绅民合治，具有社会学意义。两湖的相似与相异，有着政治、历史、地理、文化等方面的深刻原因。

关键词：西湖；湘湖；异同分析

西湖、湘湖分别位于钱塘江南北两岸，两者间距不远。前者犹如弯曲的钱塘江上的一点，让钱塘江形成"之"字形，故钱塘江又称为之江，后者是倒方向一点，故湘湖又称为垂湖。两湖因为是浙江名湖，距离又近，所以历史上的文人墨客常嗜好比较。最先为之者，为明代福建延平人、官至工部尚书充侍经筵加太子少保的刘璋。他将西湖与湘湖作了比较，谓"东坡谓杭有西湖，如人之有目，而王十朋谓会稽山阴之有鉴湖，比之人有肠胃，而予谓湘湖亦然"[1]。同样是明代，散文大家张岱曰，"余谓西湖如名妓，人人得而媟亵之……湘湖如处子，眠娗羞涩，犹及见其未嫁时也。"[2] 自此，把西湖比作名妓、湘湖比作少女的经典说法，一直传诵至今。张岱甚至将西湖的湖心亭和湘湖中的小阜、小墩、小山相比，认为前者是"眼中的黑子"，后者"乱插水面，四围山趾，棱棱砺砺，濡足入水，尤为奇峭"[2]，当代仍不乏其例。著名报人郑逸梅，将两湖相比，"和杭州一水之隔的萧山，有个湘湖，那风景胜迹，不在西湖之下"。[3] 著名作家、诗人，被称为中国文坛"常青树"，做过江西省作协主席的陈世旭也对西湖与湘湖作过比较，湘湖"隔钱塘江与西湖相望，西湖天下知，湘湖腼腆、羞涩，抑或矜持"[4]。

笔者从学术的视角出发，试从形成、功能、品性、管治模式等维度，对西湖与湘湖做综合性比较。

1　西湖、湘湖两湖异同

1.1　形成路径相比：基本相同，时间有别

湖泊按其成因，可分为构造湖、火山湖、冰川湖、堰塞湖、潟湖和人工湖等。湘湖与西湖"出身"相同，前身都是由古海湾而演化成为潟湖的。西湖早期是个海湾，由于钱塘

江洪水和淤积的作用，塞住了海湾口，至西汉与江海隔绝，变成了潟湖。"西湖之形成基本可以确定是在秦以后，东汉以前，最大概率是在西汉年间。"[5] 其西、南、北为现杭州西湖群山，东面滨江（现杭州城区）。唐长庆二至四年（822—824年），白居易出任杭州刺史，重疏唐大历年间刺史李沁在西湖东岸所凿六井，疏凿湖泥，修长堤，筑湖岸，使西湖的蓄水量大为增加。"湖堤的修筑，西湖从此成为一个人工湖泊。"[6]

湘湖经历了大体相同的历程。据地质资料分析，湘湖的前身西城湖系于第三次海退时形成，距今约4000年。因在"浙江南路西城（城山）"之畔而得名，它在北魏郦道元的《水经注》中也有记载[7]。随着海退的继续和泥沙的沉淀，海湾逐渐变小、变浅，大致于春秋时期，由海湾变成了江湾。"湘湖与西湖一样，其前身也是由海湾而演化成滨湖型湖泊。"[6] 西城湖从唐初开始淤塞，湖中先后形成了多处面积不等的沼泽浅滩，湖面逐渐被分割，五代时成为"低洼受浸"之地。唐朝后期，随着生产力的发展，这些湖中湖得到了不同程度的开发利用，但至宋初完全湮废。它严重影响了水利灌溉，萧山乡民曾多次呼吁废田复湖（西城湖），由于多种原因而未曾实现。杨时于北宋政和二年（1112年）任萧山县令后，当了解到萧山民众迫切的筑湖要求和强烈的筑湖呼声后，决定兴筑湘湖。最后经过1年7个月的开筑，湘湖终于形成。

从上述形成来看，西湖、湘湖形成虽然基本相同，是由潟湖转化为人工湖的，但是时间不同。近代从地形、地质、沉积及水动力学等方面考证，有多种说法。民国9年（1920年），我国著名科学家竺可桢，从沉积率推断，西湖开始形成距今已有12000年。1979年，地质工作者再度确认西湖在全新世时期的发育划分为三个阶段，即早期潟湖、中期海湾、晚期潟湖[8]。至于成为人工湖时间是明确的，西湖是唐代，湘湖于北宋。所以，结论是形成基本相同，只是时间有别。

1.2　功能性质相比：大异小同，趋向共同

历史时期，西湖曾发挥过灌溉的功能，但没有像湘湖那么时间久长，很快走向旅游、生态、景观、防洪等功能。唐代西湖山水风光就成为文人雅士题咏对象，北宋时期杭州成为"东南第一州"后，城市发展很快，促进了西湖旅游的建设与发展，西湖开始走上了旅游之路。南宋定都杭州以后，西湖的治理与建设被提上议事日程，西湖十景等名胜很快建成，杭州赢得了"人间天堂"的美誉。南宋王朝的锐意经营，加上南宋诸皇帝嗜好游玩西湖，使西湖历史上的第一个旅游高峰期形成，"奠定了杭州成为举世瞩目的历史文化风景名城的基础"[6]。

清康熙、乾隆两帝12次南巡，其中11次驻跸杭州。它促进了杭州的城市建设，西湖景区及旅游设施建设力度加大。康熙御定"西湖十景"之名，康熙、乾隆两帝频作西湖诗词，营造了氛围，使游览西湖蔚然成风，西湖历史上第二次旅游高峰期形成。进入改革开放后的新时期后，西湖迎来了第三个旅游高峰期[9]。每逢春秋时节，西湖游人如鲫，热闹异常。西湖旅游的特点是，业态丰富，游览人数呈几何级数增长。

而湘湖则不同，自北宋政和年间建成以来，其主要功能或者说性质，是为了满足水利灌溉的需要，从这种意义上讲，把它说成是水利湘湖，是顺理成章的。虽然各个时期灌溉量不一样，建成至明代中晚期约4个多世纪，完全发挥着灌溉功能。"昔龟山杨先生为宰，

开筑湘湖以灌田，其利至于今未艾"[10]；自晚明至 20 世纪 90 年代中期的 4 个多世纪，增加了垦殖和制作砖瓦两种功能，但水利功能依然是主要的。湘湖水最多时，可灌其周边 9 乡农田，计 9791.2hm²。为了灌溉，湖堤沿岸筑有 18 个霪穴，以泄水灌田。后来，虽然面积有所减少，其主要功能还是水利灌溉。水利灌溉和农业休戚相关，因而，历史上将湘湖比作肠胃是十分贴切和形象的，"盖目瞽则不可视，而肠胃稍秘必致，不可为生命而人以绝。其利害所系如是其重且大也。夫前人创之，后人守之原，欲其经久勿替"[1]。

1960 年 8 月，湘湖西南的小砾山机电排灌站建成，翻引钱塘江水灌溉农田，解决了原湘湖灌区的水利问题，湘湖的灌溉功能退出历史舞台。20 世纪 80 年代末，湘湖仅成为"两条面宽 30～50m 的河道"[11]。湘湖何去何从？鉴于湘湖拥有秀丽的山水资源和丰富的人文资源，位置优越，交通便利，以及湘湖和湖中的传统名产等优势，萧山选择了走旅游之路。1995 年，经省人民政府批准，湘湖度假区建立。尔后，杭州乐园、杭州东方文化园等相继开发建成，成为湘湖开发的前奏。进入新世纪后，湘湖开发正式提上议事日程。2006 年 4 月，湘湖一期建成并对外开放。2008 年 8 月，湘湖二期全面启动，于翌年 9 月正式开园。2013 年 7 月三期动工，2016 年 10 月顺利实现对外开放。

新开发之湘湖，我们经常说是"恢复"，其实并不准确。它不是为了水利灌溉，而是为了发展旅游业的需要。湘湖于 2008 年成为 4A 级旅游景区，2015 年 10 月被批准为国家级旅游度假区。湘湖终于经过 20 世纪 60—90 年代近 40 年的过渡期，完成功能转换，走上了与西湖一样的道路。所以，从功能上说，两湖基本上由异转同。

1.3 景观品性相比：样貌相似，品性相异

先比较两湖的形态大小。西湖湖面南北长 3.3km，东西宽 2.8km，水面原面积 5.66km²（包括湖中岛屿 6.3km²），湖岸周长 15km。经过"西湖西进"，扩大为 6.39km，基本达到了清初西湖的面积。湘湖长约 9500m，宽 500～3000m，周围 41250m，西南宽，东北窄。堤塘共长 5km，面积 2466.8hm²。约是西湖的 3.8 倍。湘湖自建以来，由于自然和人为等原因，其面积日渐缩小，至民国 16 年（1927 年），全湖面积比宋时缩小 1/3。至 1966 年，全湖面积仅存 202.67hm²，至 20 世纪 80 年代初期，不到 100hm²。进入 21 世纪后，经过三期开发，湘湖面积为 6.1km²，与西湖面积基本相当。民主革命的先行者孙中山赞美，"西湖之风景为世界所无，妙在大小适中。"[12] 而目前湘湖也达到此最佳面积。

西湖和湘湖均自然景观丰富，"拥有珍贵的人文历史"，两相交融，加上种种有关两湖的神话传说，充满了诗情画意，但品性各有千秋。借用江西省原作协主席陈世旭的话，是最适宜、贴切，最有说服力的了。"湘湖与西湖，样貌相似，品性相异：同是名胜，西湖称人间天堂，湘湖近世外桃源；同是风景，西湖风情万种，湘湖返璞归真；同是唯美，西湖阴柔，湘湖阳刚；同是诗歌，西湖婉约绚丽，湘湖豪迈奔放……同是现实，西湖精致，湘湖雄浑。"[4] 两湖距离相近，存在品性差异，就更有吸引力，旅游者，不妨两者同游。先西湖，后湘湖。反之，亦可。游览中细细品味，也许能品出个味道来。

1.4 管理整治相比：模式不同，各呈千秋

西湖、湘湖两湖管理整治模式各不相同。西湖水权属于国有，历史上为省治、府治

（不同时期，有不同称呼）所在地，吴越国和南宋时还是首都。故对西湖的管理、整治历来依靠官治，是刺史（知府、郡守）们的职责。他们利用权力，对西湖实行一系列的管理和整治。除整个元代，官府对西湖始终采取了废而不治的政策。影响特别大的，就是唐代白居易任杭州刺史，率民众挖葑田，筑起自钱塘门外石函桥北至余杭门（今武林门）之间的湖堤；北宋苏轼任杭州知府，率众浚治西湖，把挖出的湖泥葑草筑成沟通西湖南北的长堤，上筑六桥；明代杭州郡守杨孟瑛将大部分的淤泥筑成北起岳湖、南至小南湖、与苏堤并行的长堤。此三堤，即是现在所称的"白堤""苏堤"和"杨公堤"。

中华人民共和国成立后，官府治理西湖更加有为。1950年把治理西湖列入国家投资计划，翌年，启动了疏浚西湖工程，实施有史以来清除淤泥最多的1次疏浚，至1958年完成，使西湖摆脱了沼泽化的困境。1976年，开始第2次疏浚，国家拨款200万元；1978—1981年，由国家列入环境保护建设计划，拨款150万元，兴建了西湖环湖污水截流工程；西湖引水工程于1985年2月动工，总投资1169万元；进入21世纪后，相继进行了"西湖南线整合工程""西湖综合保护工程"、湖中"两堤三岛"整治等西湖综合保护工程深化项目。政府的有为，让西湖越来越秀美，使西湖的客源地不断扩大，将西湖作为旅游目的地的人越来越多。

而湘湖建成后，实行的是均包湖米，将建造湘湖所废农田原应缴纳的税粮1000石7升5合（约合59204.44kg），平摊至受湘湖水利益处的农田上，每亩农田承担湖田税粮为7合5勺（约合0.57kg）。显然，湘湖的水权属于九乡，是九乡百姓的生命共同体。后经过南宋绍兴二十八年（1158年）县丞赵善济制定《均水法》，淳熙九年（1182年）县令顾冲对此法进行修订，并于淳熙十一年（1184年）十月十二日制定、推出《湘湖均水约束记》后，此制度进一步优化、固化。这种情况一直延至1927年湘湖收为省有为止，历时800余年，于1928年才收为国有。所以，直至民国初期，对湘湖的产权问题仍有很大的争议[13]。

这种"大集体"产权，决定湘湖的使用和管理的行为模式、社会规范与西湖不同，治理模式依靠官与区域内的绅民间的合作，以此来维护湘湖的运作。它以农业水利灌溉为基准，以老百姓的正常诉求为己任，实行官绅民合力对湘湖的保护。官吏中的循吏，如杨时、顾冲、赵善济和郭渊明等，他们视湘湖如生命，懂得湘湖对老百姓的利害关系，十分珍重自己的职责，制定了一系列保护湘湖的制度。所谓绅，即绅士。从明代开始，他们在社会生活中的地位日显重要。清代开始，他们在湘湖的保护方面发挥了更重大的作用。这些绅士，除了个人捐款，完成相关设施的修建外，更重要的是站在保护湘湖的立场上，代表百姓的利益，清除非法所占湖面，制止对湘湖的非法占有。他们当中以明代的魏骥和清代的毛奇龄为代表。湘湖和西湖不一样，不能随便筑堤，轻易筑了，就会使湖水流水不畅。如康熙二十八年（1689年）八月，孙凯臣、孙茂洲、孙广等聚众数千人，在下湘湖筑堤架桥，东自柴岭，西至湖岭，横跨湖面约3里许，时称横塘。它使湘湖储水面积大减，严重影响了湘湖的灌溉。后经本县朝臣翰林院检讨毛奇龄揭发上告，知府采纳，才饬县削堤去桥，惩治了孙凯臣等，并勒石永禁。清乾隆十六年（1751年）后，还将整治湘湖之责移交乡绅，并为防止经费被胥吏侵蚀、挪用，实行"绅董停办，不准假手胥吏"的办法。这些绅士，就是我们现在所说的乡贤。周易藻所撰的《萧山湘湖志》，专门设有湖贤事迹一卷，记载湘湖贤达五十余人，作为全志的第六卷。

以上官绅得到湘湖周边九乡范围老百姓的支持。湘湖周边九乡范围老百姓是捍卫湘湖水利地位的主要群体。他们与循吏和绅士形成合力，积极向官府举报占湖损湖现象，甚至采取必要的行动来保护湘湖。

湘湖还实行过湖长、塘长制度。前者实行于明正德年间，湖长一般两年更替。上级随时阅视湖堤，如果发现湖岸坍塌的，就责成该乡修筑，不致泄漏湖水。工程于每年正月前完工，否则按奸豪占种湖田，盗泄湖水处理。同时，湖长任职期间免丁差。后者由每乡上户推荐出来，分别担任塘长、副塘长。乡以下有塘夫、地总。每年春秋两季，由乡绅率领巡察。县乡两级并设"涉讼委员"，专理湘湖的水利纠纷。如发现有私筑塘堤、私开穴口等破坏湘湖水利的行为，由总甲具报，史典详县，水利署具查上报，后敦促塘夫、地总修复，并给犯者一定的处罚。我们现在实行的河长制、湖长制，从萧山湘湖的历史上也能找到渊源。

在长期的封建土地私有制下，形成了"土地是财富之母"观念，总认为水利不如地利，故而历朝历代垦禁之争相当激烈。明嘉靖四十五年（1566年），城门立有禁占塞西湖的禁约，禁约中曰，"往岁豪右侵占淤塞，已经前院勒石亦戒，岁久法弛，蚕食如故"，故"特立石禁谕，凡有宦族豪民侵占及已占尚未改正者，许诸人指示，赴院陈告"。它表明西湖也曾存在过保护与侵占的矛盾与斗争，但远不及湘湖争斗之激烈、影响之大。正因为湘湖这方面的社会学意义，美国汉学家萧邦齐，日本汉学家佐藤武敏、斯波义信将湘湖作为研究对象，有多种著述问世。

如今，《湘湖度假区管理条例》，于2018年8—9月，被先后召开的杭州市第十三届人民代表大会常务委员会第十三次会议、浙江省第十三届人民代表大会常务委员会第五次会议通过和批准，规定由萧山区人民政府统一负责湘湖度假区的保护、建设和管理工作。湘湖管理也基本走上了与西湖一样的道路。

另外，由于人、自然、社会对两湖的影响差异，导致两湖蕴含的人文历史也存在较大差异。

2 两湖异同原因简析

综上所述，西湖与湘湖在形成、功能、品性、管理整治等方面，既有相同的方面，也存在着许多差异。究其原因，形成方式相同，则是因为均在钱塘江两侧，受洪潮之影响。

功能之别，是因为杭州是个城市，诚如浙江大学侯慧遹老师所言，"西湖和杭州城市是相互依存的"；西湖"和杭州城市的兴废紧密相连，即西湖以它的一湖碧水保证杭州的生存与发展，杭州的兴旺发达又保护西湖的存在"[6]。特别是进入民国以后，阻隔杭州城市与西湖间的城墙逐渐被拆除，城市与西湖的关系更加密切。浙江大学建筑工程学院副教授、韩国首尔奎章阁研究院访问学者傅舒兰亦言，"西湖的存在与杭州城市发展紧密相连。"[14] 而湘湖所在的萧山，历史上是浙东最西北部，属农村范畴，与杭州相比，显得偏僻。不仅如此，它也是历来人口密集的地方，大量的耕地需要灌溉。湘湖最后走上旅游之路，则是机遇产业转型和工业化、城市化的结果。

品性之异，一则是地理环境不同，西湖与城市的依存度强，而湘湖较弱；另一则是文化差异，是吴文化和越文化沉淀的结果。杭州最早属于吴国，后属越国，萧山早属越国，也是越文化的发源地。两地"犹如是一段旋律的两个声部，互有差异，也相互融合"。但

"吴与越相比,吸收外来文化的时间早,范围广,国力也强于越,文化也更发达。越则更多地保留了古老、纯朴、豪放、粗犷"[15]。

管治模式不同,源于水权不同,使用和管理行为模式的不同,也是因城乡结构的不同而致。所以,历史上西湖治理主要依靠官治,湘湖治理依赖官绅民合作,即官治与民治相结合的模式。

3 结语

两湖相较,虽各有千秋,但实事求是而论,西湖有很多优于湘湖的地方,它踏上旅游之路较早,管理经验丰富;人文文化丰富,不仅保护得好,传承也非常之好;国际影响比湘湖要早、要大等。湘湖应该好好地学习,真正在颜值和内涵上做文章,实现当年习近平视察湘湖开发时所提的,将两湖打造成为钱塘江南北的两颗龙眼。

目前,杭州从"西湖时代"迈向"钱塘江时代",走上"拥江发展"之路,萧山从"边缘"走向了"中心",西湖与湘湖真正成了钱塘江南北的双娇。杭州西湖风景名胜区管理委员会(市园林文物局)是由杭州市委、市政府依法设立的独立行政管理机构,其对西湖风景区实施的保护与整治,所需资金全部由财政划拨;整治后或新建的公园景点基本上实行免费开放。这种模式是西湖历史模式的创新,但也存在着困难,特别是大量的财政支出。而湘湖旅游度假区的管理模式也有类似的地方,需要探讨、研究、创新。

参 考 文 献

[1] 周易藻. 萧山湘湖志:卷五[M]. 杭州:杭州出版社,2014.
[2] 张岱. 陶庵梦忆[M]. 青岛:青岛出版社,2005.
[3] 郑逸梅. 文苑花絮[M]. 北京:中华书局,2005.
[4] 陈世旭. 风华绝代说杭州[N]. 光明日报,2018-07-13(13).
[5] 李华明. 西湖漫谈[N]. 光明日报,2019-12-06(16).
[6] 侯慧舜. 论钱塘江下游两岸湖泊的变迁——以杭州西湖和萧山湘湖为例[J]. 南京大学学报(自然科学版),1996,19.
[7] 郦道元. 水经注卷四十·浙江水[M/OL]. (2020-05-11)[2021-08-01]. http://www.360doc.com/content/20/0511/08/4993693_911503082.shtml.
[8] 杭州市地方志编纂委员会. 杭州市志:第2卷[M]. 北京:中华书局,1997.
[9] 陈志根. 西湖旅游历史高峰期的分析与比较[J]. 浙江水利水电学院学报,2016,28(5):5-8.
[10] 杭州市萧山区人民政府地方志办公室. 明清萧山县志[M]. 上海:上海远东出版社,2012.
[11] 杭州辞典组委会. 杭州辞典[M]. 杭州:浙江人民出版社,1993.
[12] 广东社科院历史研究室,中国社科院中华民国史研究室,中山大学历史系孙中山研究室. 孙中山全集:第3卷[M]. 北京:中华书局,1981.
[13] 陈志根. 湘湖历史上官绅民间的合作与冲突[J]. 浙江水利水电学院学报,2015,27(2):1-5.
[14] 傅舒兰. 建构活态文化遗产的认知框架:再谈杭州西湖的形成[J]. 中国园林,2018,38(11):38-47.
[15] 无锡吴文化与越文化研究中心课题组. 试论吴文化与越文化的异同[EB/OL]. 中国柯桥网,(2011-09-05)[2021-08-10]. http://news.zgkqw.com/zhuanti/system/2011/09/05/010171111.shtml.

杭州三江汇的形成及其发展优势研究

陈志根

（杭州市萧山区人民政府 地方志办公室，浙江杭州 311200）

摘 要：杭州三江汇的形成历时四个多世纪。明代中期浦阳江的改道，使其初显雏形；钱塘江由南大门走中小门，再走北大门，杭州三江汇基本成形；中华人民共和国建立后汇口两岸的围垦，使三江汇最终定形。其总面积 458km²，涉及杭州市 4 区 12 个乡镇街道。杭州三江汇有着环境、文化、经济、人文精神、政治等方面的独特优势，如今已成为杭州市"南启"战略的核心区块、拥江发展的战略要地，也是杭州探索新时代人与自然和谐共生营城范式的未来城市实践区。

关键词：杭州；三江汇；钱塘江

古代，我国各地"三江"之名诸多，如《山海经·海内东经》称大江、南江、北江为岷三江；郭璞注《山海经·中山经》称长江、湘水、沅水为三江；《元和郡县志》称岷江、澧江、湘江为三江。明清时以广西漓江、左江、右江为三江。三江交汇处又称为"三江口"，或"三江汇"。杭州三江汇位于钱塘江南岸，杭州主城区西南部，是钱塘江、富春江以及浦阳江的交汇口，是富春江与浦阳江在石牛山、定山、萧然山脉，群山之间汇合流入钱塘江的湾口地区，是浙东与浙西往来的水陆门户。

1 概况

杭州三江口是浙东、浙西的交汇点，地理位置十分重要。三江汇右侧的萧山、滨江两区（滨江区原属萧山，1996 年划出后单独设区）是浙东最西北端，是浙东的西北门户，萧山划入杭州后，被称为杭州的南大门。三江汇地理范围涉及萧山区、滨江区、西湖区、富阳区四区，共 12 个乡镇街道，和之江国家旅游度假区、湘湖旅游度假区两个度假区。按照杭州市委市政府的最新规划测算，总面积为 458km²，相当于杭州主城区的 70%，是滨江区的 6 倍。重点管控区 265km²，面积约半个钱塘区。户籍人口约 46 万人，常住人口 60 万人。

杭州三江汇，由于长安沙洲位居江中，将江面一分为二，水位受潮汐影响较大，一日两潮，潮涨水高，潮落水低。涨潮历时较短，一般 1～2h；落潮历时较长，一般在 10h 以上。据其附近的萧山区闻家堰水文站测算，最高潮位 8.21m（1997 年 7 月 11 日），最低潮位 1.19m（1954 年 8 月 11 日），最大潮差 3.17m（1954 年 8 月 17 日），平均潮差 1.75m。其北接西湖景区，东为湘湖景区，中间跨越钱塘江，汇集了杭州最为稀缺和珍贵的山水资源，也汇集了杭州珍贵的天然禀赋。生态条件十分优越，蓝绿空间占比达 3/5

以上。

2 杭州三江汇形成的历史过程

杭州三江口的形成和发展是个历史过程，与明嘉靖十六年（1537年）绍兴知府汤绍恩建三江闸（绍兴斗门）有关，还和浦阳江改道、钱塘江三门演变和汇口两岸围垦密切相关。

2.1 浦阳江改道，三江汇初显雏形

明中期前，萧山之东北、绍兴之北斗门镇，有钱塘江、曹娥江与钱清江三江的交汇口。其历史悠久，历史文献中屡见不鲜。《明史·地理志》曰，"三江者，一曰浙江、一曰钱清江、一曰曹娥江。"清初著名萧山籍学者毛奇龄还专门撰有《三江考》一文，浦阳者"发源于乌伤，而东迳诸暨，又东迳山阴，然后返永兴之东，而北入于海。其在入海之上流，即今之钱清江也。其接钱清江之下流，即今之三江口"[1]。

此三江口，为海防要地，明于此设三江司，又置三江所城。明嘉靖三十三年（1554年），倭寇萧显部在松江遭击后，经赭山而逃至此，以此为据点，侵犯曹娥、余姚等地，后被参将卢镗追击所斩，才平息下去。还为萧绍水利枢纽。明嘉靖十六年（1537年）知府汤绍恩，为泄下流，抵御水患，于此建三江闸，历时6个月竣工。全闸28孔，以2应星宿，故亦称应宿闸。亘堤百余丈。其底措石，凿榫于活石上，相互维系，灌以生铁，铺以阔石板，每块重千斤以上，十分牢固。同时，刻水则于柱石，用以根据水势启闭闸门。第二年三月，闸外再筑石堤长1330m，宽133m有余，历时5个月完成，以扼潮水冲击；闸内又建三备闸，以备大闸冲溃之御。

三江闸建成后，山会海塘全线连接，钱清江成为内河，形成三江水系。《闸务全书》称，"潮汐为闸所遏，不得上。""水无复却行之患，民无决塘筑塘之苦。""旱有蓄，潦有泄，启闭有则，无旱干水溢之患。""塘闸内得良田一万三千余亩，外增沙田沙地数百顷。至于蒲苇鱼盐之利，甚富而饶。"[2]因其对萧绍平原水利意义重大，所以萧绍一带有谚语曰，"天不怕，地不怕，就怕三江闸不通。"

三江闸建造的同时，还进行了浦阳江的改道。浦阳江起源于浦江县大园湾，流经义乌、诸暨湄池至兔石岭进入萧山境内。萧山境内段称为浦阳江下游。历史上其下游流道经历三个不同的历史时期的变化：

第一个历史时期，是唐代晚期以前散漫北流时期。浦阳江水流经临浦湖由南而北，散漫北流，分为两路：一路由临浦湖经碛堰山北和木根山南的峡口流入渔浦湖，西北出钱塘江，所以《水经·浙江水注》称，"湖水（临浦湖——作者注）上通浦阳江，下注浙江，名曰东江，行旅所出，以出浙江也。"另一路由临浦湖顺地势北经山、会、萧平原沼泽地，又东折钱清入海，所以《汉书·地理志》说，"余暨、萧山、潘水（指浦阳江），东入海。"

第二个历史时期，是唐代晚期至明代中期借道东流时期。浦阳江下游由临浦向东经茅山闸，由麻溪直下内河，西折入西小江，经钱清江注入杭州湾，所以历史上西小江曾是浦阳江的故河道。由于西小江和钱清江不断变深变宽，南宋淳熙年间钱清镇附近的江面变宽达30～40m，到元代末，河面已宽达114m，成为一条滔滔大江，常常淹没西小江沿岸

庄稼。

第三个历史时期，明代中期以后，改道北流时期。为了改变上述西小江经常洪水泛滥状况，明代中期开通临浦镇西面的碛堰山，筑起麻溪坝，浦阳江才流经义桥而在今闻堰街道处注入钱塘江。

碛堰山，位于义桥镇与临浦镇交界之处，史称戚堰山、七堰山、积堰山，主峰称元宝山，海拔 160m，其鞍部不足 20m。它的开通，使其以西的义桥和许贤间平原得以改变，使当时许贤、安养两乡的村庄被新开江所分割，令杭州的三江汇初显雏形。随着三江汇的形成，西江塘进一步加宽加固，成为向南行进的大道。清康熙六十年（1721 年），台湾爆发了由三合会首领朱一贵领导的起义，清朝军队就循着此道进入福建，再渡海入台湾，将起义镇压下去。所以，可以这么说，没有浦阳江的改道，只有二江，就没有杭州的三江口，也无所谓三江汇。不过其形成之初，无人叫它三江口，或三江汇。浙江大学教授陈桥驿主编的《浙江古今地名词典》（浙江教育出版社 1991 年 9 月版）、《杭州辞典》（浙江人民出版社 1993 年 3 月版）均不载其名。进入 21 世纪以后，由于闻堰镇连续举行九届"三江美食节"，三江口之名才逐渐响起来，未来随着杭州市委市政府打造杭州三江汇未来城市实践区，该名声将会真正叫响。

2.2 三门演变，三江汇基本成形

钱塘江是浙江第一大江，又称"浙江""浙水""之江""曲江"等，发源于安徽省休宁县怀玉山六股尖，流经新安江、富春江后，流至萧山闻家堰，最后注入杭州湾。历史上钱塘江先后经历南大门、中小门、北大门之变迁。南大门在航坞山与赭山之间，又称海门。宋初燕肃的《海潮论》中说，"夹岸有山，南曰龛，北曰赭，二山相对，谓之海门。"因航坞山旁有鳖子山，适在海门之中，故又以鳖子门名之。时钱塘江北岸在杭州、观音堂、赭山、雷山、凤凰山一线，南岸在西兴、长山、航坞山、大和山、党山、绍兴三江闸一线。中小门，在赭山与白虎山之间，位于南北两大门之中，较窄，故名；北大门位于中小门之北，在青龙山、白虎山与海宁城南海塘之间。

浦阳江虽于明代中期改道，但由于钱塘江走南大门，南岸海塘西江塘北段（今滨江区境内段）和北海塘一线（两者被称为萧绍海塘），与富春江流道几乎在同一斜线上，三江口形状并不明显，加之广义的钱塘江，富春江是其中游，这可能就是不为史书、辞典所载和坊间传说的原因。

明代以后，钱塘江潮流北趋较前代为烈，据《明实录》《明史》，以及明代省、府、县志记载，海风五变，北面江岸坍蚀严重。因实行阻北导南方针，竭力促使钱塘江流道仍归南大门，但至明末，钱塘江主槽出现陡变迹象。清初海潮终出中小门，南大门已不是主要流道，仅在大潮时有漫流而已，萧绍平原不断向北延伸，面积扩大。钱塘江流道并没有就此而止，水势进一步向北。康熙五十四年（1715 年），中小门全淤，钱塘江海潮尽归北大门出入。康熙五十九年（1720 年），朱轼在奏疏中说，"江海不循故道，直冲北大门而来。"又说，"赭山以北，河庄山以南，乃江海故道（指中小门），近因淤塞，以至江水海潮尽归北岸。"[3] 他提出了开中小门淤沙，使江海尽归赭山、河庄山之间进出的建议。由此，在康熙至乾隆年间分别于康熙五十七年（1718 年），康熙五十九年（1720 年），雍正十二年（1734年），乾隆十一年（1746年），四次开掘。但由于中小门是一条狭长地带，江面较窄，且山根连绵，河床不能深切，门外又有雷山障碍，因而好景不长，两岸相安仅12年，至乾隆二十四年（1759年），中小门逐渐淤塞，江流仍回北大门入海。

随着钱塘江江道向北，滩涂不断向北伸展，群众陆续围堤垦殖，逐步形成蜿蜒南沙大堤的雏形。据民国《萧山县志稿》载，"清光绪二十八年（1902年），于绍萧沿海创筑大堤，长四千八百余丈，底厚三丈，面厚八尺，高一丈，计圈进绍兴三江场粮地一千亩，萧山日月等号生熟地二万余亩，属萧山境者三千六百七十丈。"[3] 三江汇右岸，即现杭州市滨江区境内沙地区域基本形成。

民国16年（1927年），钱塘江自六和塔以东一带江流变化无定，江流又南侵，同时江心积沙逐渐增高，长约2000m，轮渡（西兴至杭州）往返必须上下绕道。下游南沙江岸，同遭坍削。为此，第二年，钱塘江工程局（浙江省水利局前身）实施了块石挑水坝工程，滨江沙地逐渐恢复原状。为保护已涨沙地，沿江人民筑起了堤岸，这就是坊间所称的"防洪埂"，至1949年春，全堤大部分成高2m，厚2m的土塘。中华人民共和国成立以后，对此堤进行连接、整理、架高培厚，因在钱塘江南岸沙地，故名南沙大堤。1956年，十二号台风过境，堤塘遭受严重破坏。灾后，萧山县人民政府组织群众全面修复、加宽，并分期分段抛石防坍，重点地段修筑丁坝、盘头，保护堤坡，制止江岸坍塌。至此，南沙大堤稳固，现滨江区域沙地也才完全稳固下来。

南沙大堤的修筑，不仅圈进约300km^{2}的土地，使萧山在原有浦阳江之南的"南乡"区块、浦阳江以北与北海塘以南的"塘里"区块的基础上，增加了北面的沙地区块。还使三江口向北延伸，口门急剧转弯，弯口右侧岸线微向钱塘江水域凸出，成为货真价实的三江口。

2.3 汇口围垦，三江汇最终定形

萧山围垦蜚声中外，其规模之大，面积之广，浙江乃至举国无双，被联合国粮农组织称为"人类造地史上的奇迹"。萧山围垦最早起源于三江汇东、东北侧，分为自发小规模围垦、大规模人工围垦和机械化围垦三个阶段。

由于南沙大堤的形成，河道水动力条件相对减弱，形成规模较大的边滩地貌。中华人民共和国建立后，位于萧山西部，三江汇东、东北侧的闻堰、浦沿、长河等镇乡的不少村落在南沙大堤外进行自发围垦。如滨江区的浦沿街道（原属萧山）就围有5个区块，即棉场圩，新生小圩，浦联小围，联庄铁塔小圩，冠二、山二小圩，合计围地面积1420km^2。长河乡的江一村、江二村、江三村，西兴乡的星民村均进行了围垦，面积少则几十亩，多则2000多亩不等。围涂累计面积万亩左右，筑起长达近20km"钱塘江小围堤"。后逐年加高培厚、抛石或干砌勾缝护坡。1997年"七九"洪水后，开始筹划钱塘江百年一遇的标准堤塘。全线完工后，又进行了标准塘的提升工程，使其成为融路堤景为一体的钱塘江南岸堤塘。

由于三江汇特殊的地理位置，不断出现富春江、浦阳江洪水侵袭和钱塘江潮汐顶冲的险情。20世纪60年代，杭州西湖区袁浦乡东江嘴高滩围堤，使富春江面的过水断面大为缩小，70年代中期，萧山许贤乡（今属义桥镇）在石门至渔墅抛筑了九条丁堤，又使富阳至闻堰段过水断面大为削减。为扩大三江口的行洪面，20世纪末实施了退堤还江工程。2006年，又实施了东江嘴切滩工程，使江道扩大行洪面积，确保了三江汇的巩固和钱塘江两岸人民的安全。

萧山围垦不仅有效缓解了人多地少的矛盾，还使三江汇的东侧继续向北、向西逶迤延伸。另外，富阳渔山的围涂造田，20世纪50年代中期的西兴保滩工程（加固西兴坝组、兴建临桥三坝），也有效控制了江道的变化。一言以蔽之，沿口围垦，使三江汇湾形最终定型。

3　三江汇发展带来的优势

杭州三江汇的优势是多方面的，除上述地理优势、生态优势外，还具有经济、文化、精神和政治方面的优势。

3.1　经济优势

杭州三江汇由于其优越的水利环境，经济优势极为突出。由于江道的改变，使义桥与闻堰成了活水码头，到清代嘉庆年间，此两镇的市面已经十分繁荣，来自浦阳江、富春江上游的烟叶、桐油、木材、生猪、大米、柑橘等，都水运至闻堰集结，然后转运至浙江各地。同时，还招来大批外地富商在闻堰开店经商，运输业、商会、同业会馆应运而生。历史上，湘湖的黏土层由水云母组成，土质细腻黏韧，是制作砖瓦的优质原料。明弘治年间，就开始烧制砖瓦，明末达数百家。清代继续增加，至康熙时期，湘湖砖瓦业闻名全省，成为与嘉兴、湖州并列的三大砖瓦中心。西江塘北（现滨江区段）还是萧山盐业的中心地带，建有西兴盐场。

可以说，三江汇右岸是萧山盐业和砖瓦业两大手工业的诞生之地，也是萧山历史上商品经济、资本主义萌芽和近代工业的肇始之地。民国时期，一场由浙江省建设厅直接筹划、指挥的"乡村建设实验"在三江汇右侧展开，被称为"浙江乡村建设事业前途的一线曙光"[4]。新中国成立后，三江汇右岸成为萧山乡镇工业特别发展的闪亮之地。进入改革开放的新时期以后，市场经济首先在这里崛起，已有多个产业平台，包含了高新区（滨江）大部分区域和之江文化产业带的核心区域，拥有云栖小镇、湘湖金融小镇、未来智造小镇、白马湖生态创意园等。城市化也在这里取得显著成效。这里的老百姓较早迈入了小康水平。如今，三江汇区域广大民众在党和政府的领导下，经过资本驱动、城镇化驱动和创新驱动，到处春意盎然，经济繁荣。

3.2　文化优势

杭州三江汇是钱塘江诗路、运河诗路、浙东唐诗之路的交汇点，是元朝大画家黄公望《富春山居图》的开卷处，拥有跨湖桥文化、钱塘江文化、渔浦文化等文化印记，也是浙江越文化、吴文化交汇处。"在大多数时间里，越文化与吴文化的发展亦被置于不同的行政区划范围和相对独立的经济社会背景，使得在民风、士风、文风、学风等诸多方面，越文化与吴文化一直显示出不同的特点"[5]，吴越文化互补，融为一体，有着众多的历史遗迹和文化遗存，历史文化积淀深厚。右岸的国家级旅游度假区湘湖，在"浙江湖泊史上有着重要的历史地位,即跨湖桥文化在浙江乃至中国考古史上的里程碑意义、越文化史上的显赫地位、非凡的社会学意义、旅游业上的突出地位和国际影响正在日益扩大"[6]。左岸的杭州之江国家旅游度假区,是国务院1992年10月批准建立的12个国家级旅游度假区之一,总面积9.88km²,主要建有宋城、未来世界、杭州西湖国际高尔夫场三大主题项目和九溪玫瑰园等一批度假单元。2007年,宋城景区秉承"建筑为形,文化为魂"的经营理念,文旅融合,不断完善旅游休闲功能,深化文化内涵,逐渐形成大瓦子勾栏、七十二行老作坊、《宋城千古情》三大旅游核心产品。特别是《宋城千古情》于1997年开始上演后,成为当时世界上年演出场次最多和观众接待量最大的剧场演出,被海外媒体誉为与拉斯维加斯"O"秀、法国"红磨坊"并肩的"世界三大名秀"之一,成为中国文化演艺行业中独具特色的"宋城演艺模式",2009年获第十一届精神文明建设"五个一工程"奖和第七届中国舞蹈剧"荷花奖"[7]。

3.3 精神优势

三江汇区域虽则口右重农、口左尚商,但"工商业日趋发达,交通日趋便利,钱塘江分隔效应大大降低,两地经济社会发展日趋同步化、同一化"[5]。这里的民众有着光荣的革命精神,富阳的渔山是革命老区之乡,萧山区的义桥、滨江区的长河有着多个革命老区村,红色基因深厚。同时,"对他们来说,那钱江涌潮的潮势、性能、流向,了如指掌;对滩涂的形状、高低、宽狭,如同门前的道路一样熟悉"[8]。"独特的地理环境、生活方式以及由此感悟到的朴素辩证认识,孕育了越人直面艰险、敢于拼斗、百折不挠、敢于取胜的精神"[9]。正是从不间息的一日两潮培育了他们敢为人先、奔竞不息的弄潮儿精神。红色的革命基因、弄潮儿精神是巨大的精神财富,是"未来城市"实践的重要精神食粮。

3.4 政治优势

所谓政治优势,杭州市委市政府对其非常重视,于20世纪末开始作"扩市"准备。2001年3月25日,经国务院批准,将萧山、余杭两个县级市并入杭州市区,撤市设区,杭州市区面积虽然扩大至3068km²,但杭州仍受着钱塘江江流阻隔,分成两半,杭州市委市政府决定实施"城市东扩、旅游西进、沿江开发、跨江发展"的战略。从此,杭州的城市格局不再局限于西湖一隅,而是进入一个以钱塘江两岸为发展中心的新时期,人们称之为钱塘江时代。"十五"期间,杭州陆续在已建的一桥、二桥、三桥基础上,新建四桥、五桥、六桥,于是南北沟通,天堑变通途,两岸的市区连成整体。2017年6月,杭州市委市政府又进一步提出"拥江发展行动"战略,要把钱塘江沿线建设成为"独特韵味别样精彩"的世界级滨水区域,重点打造拥江区域六个"带",即生态带、文化带、景观带、交通带、产业带、城市带。三江汇未来城市实践区的开发和建设,又把"拥江发展"提到一个新的高度。

习近平总书记曾在不同场合指出,杭州要唱好"西湘记"。湘湖及三江汇流区块,就是唱响"西湘记"的重要篇章。杭州市委市政府高度重视,2020年12月3日,正式发文建立杭州市三江汇未来城市实践区建设管理领导小组;2020年12月6日,经中央编办、省委编办、市委编办批复同意,设立杭州市三江汇未来城市建设管理委员会,在杭州市钱江新城建设管理委员会挂牌；2020年12月16日，杭州市三江汇未来城市实践区建设管理领导小组办公室召开第一次会议，三江汇正式扬帆起航。迈入2021年，启动"'三江汇'区域文化挖掘与整理项目"，为三江汇的开发建设迈出了良好开端。2021年3月，《"三江汇"杭州未来城市实践区发展战略与行动规划》和《"三江汇"杭州未来城市实践区建设与治理准则》正式发布。不久，《三江汇"未来城市"实践区景观控制规划（草案）》进行了公示。上述诸多优势，为杭州三江汇的建设、发展奠定了良好基础。

4 结语

明代中期，萧山东北、绍兴市北三江口的三江闸建造，终因海涂外涨，失去了三江口的功能（地名仍存在）。从此视角看，绍兴三江口的淤塞过程，也就是杭州三江汇形成的肇始。加之经历了钱塘江的三门演变和三江汇口两岸的围垦，使其成为不折不扣，名实相符的三江口。今三江汇已成为杭州市"南启"战略的核心区块、拥江发展的战略要地，也是杭州探索新时期人与自然和谐共生营城范式的未来城市实践区。拥江发展更进一步，开启了波澜壮阔的新时代。三江汇新的建设将分"保护＋开发"两个步骤实施，在保护现有的自然资源，留出生态廊道、通风廊道、景观廊道的基础上，进行高品质的适当开发。这将是杭州的重要经济增长极，也是三江流域重要的生态屏障，是未来城市实践区的"杭州样本"，一定会进一步提升杭州在全国的魅力值。

参 考 文 献

［1］ 政协杭州市萧山区文史工作委员会. 毛奇龄合集：第九分册［M］. 杭州：杭州出版社，2003.
［2］ 程鸣九. 闸务全书［M］. 郑州：黄河水利出版社，2013.
［3］ 萧山县志编纂委员会. 萧山县志［M］. 杭州：浙江人民出版社，1987.
［4］ 陈志根. 湘湖经济史［C］//傅浩军. 湘湖（白马湖）专题史（上册）. 杭州：浙江人民出版社，2019.
［5］ 潘承玉. 中华文化格局中的越文化［M］. 北京：人民出版社，2010.
［6］ 陈志根. 试论湘湖在浙江湖泊群中的历史地位［J］. 浙江水利水电学院学报，2019，31（5）：5－9.
［7］ 浙江通志编纂委员会. 浙江通志·旅游业志［M］. 杭州：浙江人民出版社，2021.
［8］ 陈志根. 追逐理性：陈志根论文集［M］. 北京：中国文史出版社. 2005.
［9］ 李志庭，张勤. 钱江潮与弄潮儿［M］. 杭州：杭州出版社，2015.

绍兴大禹文化的成因分析与启示

邱志荣,茹静文

(绍兴市水利局,浙江绍兴 312000)

> **摘 要**:大禹文化是中国传统文化的重要组成部分。大禹治水传说源远流长,遍及全国,而其历史最悠久、保存最系统完整的是在以绍兴为中心的浙东地区。其内容主要可归纳为绍兴禹文化的发端和奠定、积淀和丰富、传承和弘扬等。绍兴集大成于禹文化并使其卓然于世、独领风骚,体现了文化积累与传承的长期性,也是绍兴文化对中华文化和人类文化的重要贡献。
>
> **关键词**:绍兴;大禹文化;发端和奠定;积淀和丰富;传承和弘扬

"绩奠九州垂万世,统承二帝首三王。"[1] 大禹,是我国传说中远古时代的治水英雄,是中华民族立国之祖的象征。"盖九州之中,禹之迹无弗在也,禹之庙亦无弗有也。"[2] 而以传说之早、遗迹之多、记载之详、祭祀之盛、文献之丰富、庙宇之宏壮、文化之深厚,非会稽莫属。

1 地平天成,绍兴禹文化的发端和奠定

有关大禹治水的故事在越地广为流传,其中最有原始影响力的是以下诸说。

1.1 大禹宛委山得天书

相传当年大禹在治水之始遇到艰难险阻,受玄夷苍水使者指点,便在若耶溪边的宛委山下设斋三月,得到金简玉字之书,读后知晓山河体势、通水之理,治水终于大获成功。此事《水经注》《吴越春秋》等经籍中均有记载。司马迁《史记·太史公自序》叙及"二十而游江淮,上会稽,探禹穴"中的"禹穴"即是大禹得天书处,"东游者多探其穴也"[3]。宛委山(图1)又称石匮山、石篑山、亦名玉笥山,位于绍兴城东南约6km处,海拔279m,北连石帆山、大禹陵,南倚香炉峰,是会稽山中自然风光、人文景观的荟萃之地。

图1 宛委山

贺循(260—319)《会稽记》[4] 记石篑山:"石篑山,其形似篑,在宛委山上。《吴越春秋》云:九山东南曰天柱山,号宛委。承以文玉,覆以盘石。其书金简,青玉为字,编以白银。禹乃东巡,登衡山,杀四马以祭之。见赤绣文衣男子,自称玄夷仓水使者,谓禹

曰："欲得我简书,知导水之方者,斋于黄帝之岳。"禹乃斋,登石篑山,果得其文,乃知四渎之眼、百川之理,凿龙门,通伊阙,遂周行天下,使伯益记之,名为《山海经》。"

宛委山中今有一巨石,石长丈余,中为裂罅,阔不盈尺,深莫知底,传此洞即禹穴,亦名阳明洞(图2)。口碑相传与记载相符。宛委山是大禹来越治水获取治水方略之处,流传广泛,影响深远。

1.2 大禹治水毕功于了溪

禹溪村地处嵊州城北7km处。据传,古时这里原是沼泽之地,庄稼常为洪水淹没,大禹治水到此,治水终获大成,"了溪"因而得名。史称"禹治水毕功于了溪",就在此地。人们为纪念大禹治水之功,建禹王庙,塑大禹像,并又将村名改为"禹溪"。近处的"禹岭"据说曾是大禹治水时弃余

图2 宛委山禹穴

粮之处。宋代文人王十朋曾有《了溪》[5]诗云:"禹迹始壶口,禹功终了溪。余粮散幽谷,归去锡元圭。"

1.3 禹会诸侯,会稽得名

据我国先秦著作,东汉人再整理成书的《越绝书》卷八记载,大禹曾两次来越,第一次:"禹始也,忧民救水,到大越,上茅山,大会计,爵有德,封有功,更名茅山曰会稽。"

"会稽者,会计也"[6],追根溯源,是因传说大禹在"茅山""大会计"而名"会稽山",再因此而名此地为会稽。

1.4 大禹斩杀防风氏

《国语·鲁语下》记:"仲尼曰:'丘闻之:昔禹致群神于会稽之山,防风氏后至,禹杀而戮之。'"《吴越春秋·越王无余外传》又记禹:"周行天下,归还大越。登茅山以朝四方群臣,观示中州诸侯,防风后至,斩以示众,示天下悉属禹也。乃大会计治国之道。内美釜山州慎之功,外演圣德以应天心。"

绍兴民间相传夏禹治水会诸侯于会稽,长人防风氏后至,禹乃诛之。防风氏身长三丈,刑者不及,筑高台临之,故曰"刑塘"。后人感禹王执法如山,为记其事,留刑塘而戒鉴,岁久谐音,亦避"刑"字,故雅称"型塘",在今绍兴柯桥区南部山区[7]。

1.5 禹葬会稽

《越绝书》卷八等载,大禹第二次来越,病故并葬于会稽山:"及其王也,巡狩大越,见耆老,纳诗书,审铨衡,平斗斛。因病亡死,葬会稽。苇椁桐棺,穿圹七尺;上无漏

泄，下无即水；坛高三尺，土阶三等，延袤一亩。"

《史记·夏本纪》："帝禹东巡狩，至于会稽而崩。"大禹埋葬在绍兴，有了大禹陵、庙。

2 源远流长，绍兴禹文化的积淀和丰富

2.1 四千多年陵、庙历史

2.1.1 大禹后代留驻会稽

《吴越春秋·越王无余外传》载："启使使以岁时春秋而祭禹于越，立宗庙于南山之上。"此为最早祭祀大禹及建庙记载。又："禹以下六世而得帝少康。少康恐禹祭之绝祀，乃封其庶子于越，号曰无余。"大禹后代有了后裔在越地守陵。

2.1.2 绍兴城内之禹庙

《越绝书》卷八载："故禹宗庙，在小城南门外，大城内，禹稷在庙西，今南里。"说明当时在越国大小城内已建有大禹庙。

2.1.3 规模与地位

会稽大禹陵、庙有着独特的地位。李仪祉先生认为："论山川之灵秀，殿宇之宏壮，则当以会稽为最。"[7] 大禹陵在今绍兴古城东南六里的会稽山麓，是一处集陵、祠、庙于一体的古建筑群，高低错落，各抱地势，展示了我国传统的建筑美（图3）。

《汉书·地理志》载："山阴，会稽山在南，上有禹冢、禹井，扬州山。"说明汉代大禹陵在会稽山的记载是十分明确的。据《墨子·节葬下》禹"葬会稽之山，衣衾三领，桐棺三寸"之说，似为薄棺深葬，葬礼简朴。今大禹陵碑亭，亭中碑高丈余，有"大禹陵"三字，每字一米见方，系明嘉靖年间绍兴知府南大吉所书。

图3 绍兴大禹陵、庙

陵的北侧便为蔚为壮观的禹王庙。相传最早为启所建。《史记正义》引孔文祥云："宋（指南朝刘宋）末，会稽修禹庙，于庙庭山土中得五等圭璧百余枚，形与《周礼》同，皆短小。此即禹会诸侯于会稽，执以礼山神而埋之。其璧今犹有在也。"禹王庙建成以来屡有兴废，现存禹王庙，基本保留了明代建筑规模和清代早期的建筑风格。

庙正中央耸立着大禹塑像（图4），高5.85m，执圭而立，神态端庄，令人肃然起敬。这一艺术形象，是后人对大禹功德的极高赞誉。

陵的南侧数10m处有一片古朴典雅的平房，为禹祠。据传，始立于少康时。

2.2 祭禹中心

祭禹之典，传说发端于夏王启。《吴越春秋·越王无余外传》载："禹崩……启遂即天子之位，治国于夏。遵禹贡之美，悉九州之土以种五谷，累岁不绝。启使使以岁时春秋而

祭禹于越，立宗庙于南山之上。"之后"禹以下六世而得帝少康。少康恐禹祭之绝祀，乃封其庶子于越，号曰无余"。"无余质朴，不设宫室之饰，从民所居。春秋祠禹墓于会稽。"

会稽之祭禹不仅历史悠久，而且有多种形式。

2.2.1 皇帝御祭

公元前210年秦始皇"浮江下，观籍柯，渡海渚。过丹阳，至钱唐。临浙江，水波恶，乃西百二十里从狭中渡。上会稽，祭

图4 绍兴大禹庙大禹像

大禹，望于南海，而立石刻颂秦德"[8]（图5）。此为历史上第一次由皇帝亲临会稽祭大禹，不但说明当时的祭禹中心就在会稽，还开创了国家大禹祭典最高礼仪，是为历史之最。

康熙二十八年（1689年），康熙第二次南巡，二月十四日祭大禹陵，是继秦始皇之后又一次皇帝亲祭。康熙题禹庙匾"地平天成"，及联、诗[9]。

乾隆十六年（1751年）春，乾隆于三月初八祭大禹陵。题禹庙匾"成功永赖"及联、诗[9]。

2.2.2 皇帝遣使祭

一类称特遣专官告祭，简称告祭。明、清两朝皇帝即特遣专官告祭，清代又规定国有大事亦特遣专官告祭。另一类称遣使致祭，简称致祭。致祭又分传制祭、随机祭，一般是皇帝派专任使臣送香帛、祝文到绍兴府。明代由绍兴府知府担任主祭；清代或由杭州（或乍浦）副都统（正二品），相当于中将级武官担任主祭。清代，遣官致祭达44次之多[10]。

2.2.3 地方公祭

唐代有"三年一祭……祀以当界州长官，有故，上佐行事"之制。自宋至清，历朝规定岁时春秋祀禹以太牢，祀官为本州（府）长官。

2.2.4 民祭

《吴越春秋·越王无余外传》载："众民悦喜，皆助奉禹祭，四时致贡，因共封立，以承越君之后，复夏王之祭"便是民祭的形式。绍兴民间的农历三月初五日为大统节序之一。《嘉泰会稽志》卷十三记载："三月五日俗传禹生之日，禹庙游人最盛，无贫富贵贱，倾城俱出。士民皆乘画舫，丹垩

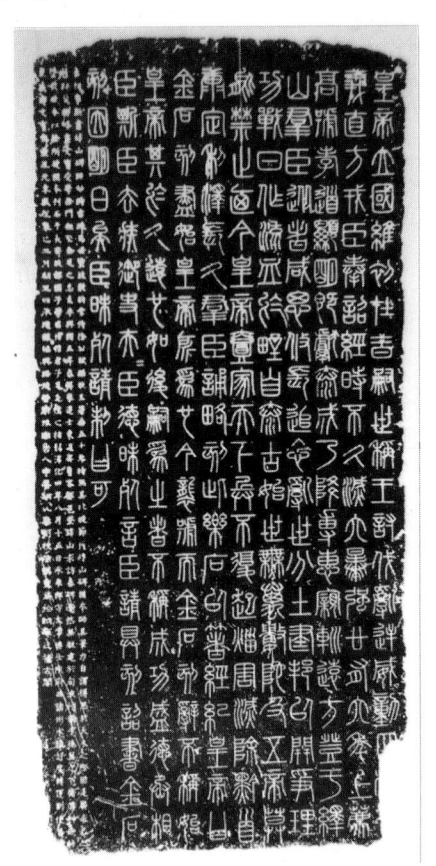

图5 李斯会稽刻石

鲜明，酒樽食具甚盛。宾主列坐，前设歌舞。小民尤相矜尚，虽非富饶，亦终岁储蓄以为下湖之行。春欲尽，数日游者益众。千秋观前，一曲亭亦竞渡不减西园。"民谚云："桃花红、菜花黄，会稽山下笼春光，好在农事不匆忙，尽有功夫可欣赏。嬉禹庙，逛南镇，会市热闹，万人又空巷。"[11]

2.2.5 族祭

为大禹后代专祭，如姒、夏、鲍、余、娄等姓氏，以及守陵村之祭，一般在农历六月初六（图6）。

2.2.6 当代国家祭祀

1995年4月20日，在绍兴大禹陵隆重举行"浙江省暨绍兴市各界公祭禹陵大典"，中央、浙江省、绍兴市领导，学者和包括大禹后裔在内的海内外各界代表数千人致祭。1995年以后，祭禹成为绍兴市一个常设节会，采取公祭与民祭相结合的方式，每年举行祭祀活动。

2006年5月，"大禹祭典"入选第一批国家级非物质文化遗产名录。

2007年4月20日，文化部与浙江省政府共同主办公祭大禹陵典礼，这是中华人民共和国成立后的国家级祭祀活动（图7）。

图6　2016年绍兴大禹陵族祭　　　　图7　2016年公祭祭禹

2.2.7 工程师节及大禹纪念歌

民国36年（1947年），中国工程师学会决议以农历六月六日大禹诞辰日为中国工程师节。民国35年（1946年），中国工程师学会则公开向全国征求了大禹纪念歌词、歌曲，共得应征作品96件，评选结果，阮璞作词、俞鹏作曲《大禹纪念歌》为第一名[10]。

2.3 地名

由于禹的传说在越中流传甚广，所以便产生与禹相关的诸多地名，如会稽、型塘、夏履桥、禹溪村、涂山村等。此外，统计出绍兴、上虞、余姚三地的传说中的禹故迹多于20余处，绝大部分位于会稽山南部地区的山麓地带，这些山麓地带也是宁绍平原经历卷转虫海侵之后最早成陆之地[12]。

2.4 文献

自《越绝书》《吴越春秋》之后，绍兴有关记述大禹的文章不绝于世，内容十分丰富。

主要有"禹言""史志""诏考论""祭文""碑记""游记""诗颂赋歌""题匾联语""专著""论文""传说"等，凝聚成为禹文化的核心元素[13]。

3 经世致用，绍兴禹文化的传承和弘扬

3.1 天人合一

大禹治水的核心思想是天人合一。今天的绍兴是天人合一的产物。历代绍兴官员和民众缵禹之绪，代代不息，绍兴的治水历史是一部不断追求天人合一、人与自然和谐相处，代代相传的光辉之书。

绍兴古代地形地貌、自然降雨、海潮等是客观存在的自然现象，但作为生存环境而言，潮汐直薄，咸潮与淡水在平原交替是影响人们生产、生活的主要制约因素。而人作为万物之灵在这其中就起到了顺应和改造自然的关键作用，也就可以说"天"代表了客观存在事物与环境；"人"代表了调适、改造客观事物与环境的主体；"合"是客观条件的转化与改变，也就是阻潮汐于平原之外，蓄淡水于河网之中，实行顺天时，应地利的人工调控；"一"表明自然与人相依相生，绍兴成为鱼米之乡。郦学泰斗陈桥驿先生的诗作《大越治水》[14]揭示了其中缘由：

神禹原来出此方，洪海茫茫化息壤。
应是人定胜天力，稽山青青鉴水长。

3.2 献身、求实、创新

3.2.1 献身

大禹治水的核心价值是国家民族利益高于一切。在尧之时，洪水滔天，天下受灾。舜"行视鲧之治水无状，乃殛鲧于羽山以死。天下皆以舜之诛为是。于是舜举鲧子禹，而使续鲧之业。"大禹之父鲧受命于洪水滔天之际，"九年而水不息，功用不成。"鲧之治水不可谓不尽力，而真实的原因是这场历史时期的特大洪水，是卷转虫海侵引起的沧海变幻的自然现象，非人力所可抗拒。禹的伟大之处是不计个人的恩仇，而以国家、民族的利益为重，肩负起了治水的重任。禹牢记鲧治水失败教训，"伤先人父鲧功之不成受诛"，"乃劳身焦思，居外十三年，过家门不敢入"[8]，遍行高山大川，历尽千难万险，终获治水成功。《孟子·离娄下》记禹为治平洪水"三过其门而不入"。《韩非子·五蠹》曰："禹之王天下也，身执耒臿，以为民先。股无胈，胫不生毛，虽臣虏之劳不苦于此矣。"又《黄氏逸书考》辑《逸庄子》："两神女浣于白水之上，禹遇之而趋曰：治天下奈何？女曰：股无胈，胫不生毛，颜色烈冻，手足胼胝，何以至是也。"禹治洪水，置生死于外，《淮南子·精神篇》记："禹省南方，济于江，黄龙负舟。舟中之人，五色无主。禹乃熙笑而称曰：'吾受命于天，竭力而劳万民。生，寄也；死，归也。何足以滑和！'视龙犹蝘蜓，颜色不变。龙乃弭耳掉尾而逃。"

承禹之业，后继有人。

东汉会稽太守马臻到会稽后，认为山会平原之水环境现状亟须改造，预计改造后又其利无穷，造福子孙万代。但山会平原南部地区相对北部开发为早，如富中大塘以内开发历

史已达五百余年,是平原粮仓,许多富豪大族多居住在南部。在此筑堤蓄水建湖,无可避免会侵犯相当一部分人的利益,须农田受淹,房屋动迁,祖坟易地。绍兴多有世家豪族居住,在朝廷有较深厚之基础,得罪于人轻则名誉受损,重则丢官丧命,风险甚大。权衡利弊,马臻把山会地区的全局发展和广大民众的长远利益放在首位,毅然决定兴建鉴湖,建成了我国长江以南最古老的大型蓄水工程,较彻底地改造了这里的水环境,为绍兴开发发展奠定了基础,恩泽万代。但绍兴水利史上也由此上演了空前绝后的悲剧,马臻在会稽因损害了当地既得利益者,淹没了土地、房屋、坟墓而被权贵和当地官员联合诬告;在朝廷又被梁氏家族所害,污以贪污皇粮、少交赋税、祸乱一方之罪。朝廷听信谗言,马臻惨遭酷刑,据传被剥皮揎草(剖开肚子后塞进杂草),死得十分惨烈。《后汉书》也不为其立传。然后人称之曰:"境绝利溥,莫如鉴湖。"[15] 赞其:"太守功德在人,虽远益彰。"[16]

又有清绍兴知府俞卿守越 12 年,全心治理绍兴水患。康熙五十九年(1720 年)正在他主持兴建上虞海塘时,传来将提升赴新任的消息,俞卿却表示:"此工不完,后将谁任?设官为民,民事未问,虽超擢不愿也。"[17] 于是为指挥施工方便,他移住至两县工所相近东关镇之天华寺内,更尽心尽力辛勤地主持工程建设,直至全获成功。

3.2.2 求实

为治平洪水,禹深入实地考察,研究治水之理,以求解决办法。《吴越春秋·越王无余外传》载:(禹)"循江泝河,尽济暨淮,乃劳身焦思,以行七年。闻乐不听,过门不入,冠挂不顾,履遗不蹑,功未及成,愁然沉思。"大禹得到高士指点,在会稽宛委山得到金简玉字之书,通晓治水方略后,再深入实地调查研究,"遂巡行四渎,与益夔共谋。行到名山大泽,召其神而问之山川脉理、金玉所有、鸟兽昆虫之类及八方之民俗,殊国异域土地里数,使益疏而记之。故名之曰《山海经》"。又"南踰赤岸,北过寒谷,徊昆仑,察六扈,脉地理,名金石。写流沙于西隅,决弱水于北汉,青泉、赤渊,分入洞穴,通江东流至于碣石。疏九河于涽渊,开五水于东北。凿龙门,辟伊阙,平易相土,观地分州,殊方各进,有所纳贡,民去崎岖,归于中国"[18]。以上均反映了传说中大禹治水的求实精神和科学态度。

大禹治水的求真务实态度为越人崇尚。

东汉绍兴上虞人王充对水、天、地自然界的朴素唯物主义认识就是我国思想学术史上求真务实光辉典范。

明绍兴知府戴琥到绍兴上任后,在对山会平原河道、湖泊进行大量实地调查和多年实践积累的基础上,于成化十二年(1476 年)创建了一座用于控制和观测水位的水则,安置于城内佑圣观前的河中,标志着绍兴古代调控和管理山会平原河湖水利达到了很高的水平。

成化十八年(1482 年)五月,戴琥在离任前夕,根据其在越十年治水的经验,写成专文,并绘制府境八县山川水系全图,勒石立碑于府署,即《戴琥水利碑》,详尽阐述了绍兴水利形势和江河源流的演变、发展,具体提出了规划设想和治理方法,集中体现了戴琥的治水思想和治水理论。

明绍兴知府汤绍恩兴建三江闸之决策,既是他到绍兴实地考察汲取方方面面意见的结果,也是他对前人治水实践之总结。在地理位置上选定马鞍山东麓钱塘江、曹娥江、钱清江汇合处的古三江口作为闸址,又利用"两山对峙,石脉中联"的彩凤山与龙背山之间倚峡建闸,"六易朔而告成"。[19] 作为一个以大闸全控山会水利的枢纽工程发挥效益达四百余年,充分证明其实际使用价值。

3.2.3 创新

鲧治水的做法是"障"和"堙",也就是用堤防把聚落和农田保护起来的办法。但面对滔天洪水,低标准的堤防一冲即溃,于是鲧治水失败,还因此而被"殛""于羽山"。禹受命治水后,不墨守成规,深入实践,虚心听取民众意见,总结鲧及前人治水教训经验,采取了"疏"的办法,因势利导,疏浚江河,即"决九川距四海,浚畎浍距川""导弱水至于合黎,馀波入于流沙。导黑水至于三危,入于南海"[20]。又"江水历禹断江南,峡北有七谷村,两山间有水清深,潭而不流。又《耆旧传》言,昔是大江,及禹治水,此江小不足泻水,禹更开今峡口。水势并冲,此江遂绝,于今谓之断江也"。也就是疏通主要江河,引导漫溢于河道之外的洪潮归于大海。于是"水由地中行,江、淮、河、汉是也。险阻既远,鸟兽之害人者消。然后人得平土而居之"[21]。治水大获成功,地平天成。

对大禹治水这种不断超越创新的思想和态度的承继,使早在句践时期就开创了光辉灿烂的越国水利伟业。公元前七世纪齐国名相管仲来越,所见是"越之水浊重而洎,故其民愚疾而垢"[22]。至句践时,越大夫计倪向句践建议,越国要发展,必先重农业和蚕桑,而首要条件是先改变水利条件,"或水或塘,因熟积以备四方"[23],大夫范蠡带领了勤劳、勇敢、智慧的越族人民进行了开拓和实践,兴建了富中大塘、山阴故水道、吴塘、大小城等山—原—海系列水工程,走出了改造山会平原成功的第一步,形成越国中心。越国水利的规划思想,堤坝工程技术处当时全国领先水平。

之后,绍兴水利精彩纷呈,直到今天的曹娥江大闸建设无不留下了代代绍兴人与时俱进、不断创新的印记。

3.3 忠孝重节

"禹陵风雨思王会,越国山川出霸才。"[24] 大禹治水是为了国家和民众的利益奉献的崇高之事业。越民为大禹治水及大禹陵在会稽感到自豪,有一种巨大的感召力量和忠诚于国家的意识。明末志士、清末辛亥英杰都留存着历史基因。越地普遍流传着大禹涂山娶女的传说,绍兴的曹娥江庙也有着曹娥孝感天地的故事。

4 绍兴禹文化对中国文化建设的启示

4.1 文化积累的长期性

绍兴的大禹文化有着四千多年的积累,博大而宏深,这绝非一朝一夕可成。越王句践是一位很注重树立大禹形象和建立禹文化的君王,他在建设以龙山为中心的越国大小城时同时建立禹庙。句践在临终前(前470年)对太子与夷说,"吾自禹之后",明确了家族是大禹的后代。或许是句践奠定了大禹文化就在越地的基石。《史记·越王句践世家》亦记:"越王句践,其先禹之苗裔,而夏后帝少康之庶子也。封于会稽,以奉守禹之祀。"其形成原因源于自然和社会两方面因素。从某种意义上说大禹文化既是国家战略，也是越民族自身文化发展的需要。

4.2 文化资源需要持久保护利用

可以说越民族是以一种高尚的信仰和十分虔诚的心理奉大禹为永久的神明，祭祀经久不息，文化内涵在不断丰富、吸收和提升。这种文化保护和传承是全方位的，已形成一种文化体系和民族传统，这过程需要有一种坚定的理念之下的精神寄托、物质投入、形式追求（图8）。

4.3 文化的意义和价值

日积月累，时至今日，绍兴大禹文化卓然于世，是一张金光闪亮的名片，举世公认。大禹文化使绍兴受益无穷，无上光荣，也是绍兴文化对中华文化和人类文化的重要贡献。

图8　大禹陵碑

<h1 style="text-align:center">参 考 文 献</h1>

[1] 绍兴县地方志编纂委员会. 嘉庆山阴县志 [M]. 绍兴：绍兴县地方志编纂委员会，1992.
[2] 邱志荣. 鉴水流长 [M]. 北京：新华出版社，2002.
[3] 郦道元. 水经注 [M]. 上海：上海古籍出版社，1990.
[4] 傅振照，王志邦，王致涌. 会稽方志集成 [M]. 北京：团结出版社，1992.
[5] 高似孙. 剡录 [M]. //中华书局编辑部. 宋元方志丛刊. 北京：中华书局，1990.
[6] 施宿. 嘉泰会稽志 [M]. //中华书局编辑部. 宋元方志丛刊. 北京：中华书局，1990.
[7] 邱志荣. 上善之水：绍兴水文化 [M]. 上海：学林出版社，2012.
[8] 司马迁. 史记 [M]. 北京：中华书局，1998.
[9] 徐元梅，朱文翰. 嘉庆山阴县志 [M]. //中国地方志集成·浙江府县志辑. 上海：上海书店出版社，1993.
[10] 沈建中. 大禹陵志 [M]. 北京：研究出版社，2005.
[11] 朱元桂. 绍兴百俗图赞 [M]. 天津：百花文艺出版社，1977.
[12] 邱志荣，陈鹏儿. 浙东运河史（上）[M]. 北京：中国文史出版社，2014.
[13] 绍兴市政协文史资料委员会. 绍兴大禹陵 [M]. 北京：中国文史出版社，2011.
[14] 邱志荣. 鉴水流长 [M]. 北京：新华出版社，2002.
[15] 王十朋. 王十朋全集 [M]. 上海：上海古籍出版社，2012.
[16] 李慈铭. 越缦堂日记 [M]. 扬州：广陵书社，2004.
[17] 王蓉坡，沈墨庄. 道光县志稿 [M]. //中国地方志集成·浙江府县志辑. 上海：上海书店出版社，1993.
[18] 赵晔. 吴越春秋 [M]. 北京：中华书局，1985.
[19] 冯建荣. 绍兴水利文献丛集 [M]. 扬州：广陵书社，2014.

[20] 孔子. 尚书 [M]. 周秉钧, 注译. 长沙：岳麓书社, 2001.
[21] 杨伯峻. 孟子译注 [M]. 北京：中华书局, 2010.
[22] 管仲. 管子 [M]. 杭州：浙江人民出版社, 1987.
[23] 张仲清. 越绝书校注 [M]. 北京：国家图书馆出版社, 2009.
[24] 陈子龙. 钱塘东望有感 [M]. //杜贵晨. 明诗选. 北京：人民文学出版社, 2003.

论萧绍古海塘研究与保护

李续德,李大庆

(浙江水利水电学院 水文化研究所,浙江杭州 310018)

摘 要:萧绍平原与萧绍古海塘密不可分。萧绍古海塘虽已丧失海塘功能,但历史文物、文化教育价值极高。本文从实地考察及分析萧绍海塘列代兴修情况、历史价值,认为萧绍古海塘的研究与保护的紧迫性迫在眉睫,应对萧绍古海塘全线现在所在位置及各段塘型进行测绘考证,开展古海塘保护教育工作、建立"萧绍古海塘保护协会",并逐步恢复已遭破坏的海塘。

关键词:萧绍古海塘;研究;保护

0 引言

随着海平面下降,浙江的先民们从西部的山区、丘陵沿着母亲河—钱塘江一路东进,在富饶的北岸杭嘉湖、南岸宁绍平原繁衍生息,建立起新的家园。钱塘江为两岸人民提供了灌溉之利、舟楫之便,然而特殊的地理位置所引起的钱江潮虽为天下伟观,却也严重地威胁着两岸人民生命财产的安全。在几千年来与浩瀚狂潮所作的坚持不懈的抗争中,人们创造了"海塘"这一有效的捍御潮汐的人工工程。据传4000多年前,大禹两次躬临绍兴治水,沟通畎浍治平田土。而绍兴、萧山之所以存在的根本,在于于一片斥卤沼泽之地围垦田亩兴修水利,在与江洪海潮的抗争中兴建城邦建设乡村,在此过程中,海塘的作用是至关重要的。萧绍海塘兴筑,嘉泰《会稽志》曰"莫原所始"[1],但公认成书于东汉的《越绝书》即有钱塘江南岸绍兴地区"塘"的表述,汉太守马臻所创鉴湖的部分区段,也着拒咸蓄淡的功用[2]。唐以后海塘兴筑有了较为详细的记载,留下了大量宝贵的历史资料。由于目前萧绍古海塘已经失去海塘效用,对其的研究很少且基本从史料出发就史论史。本文试图以现场考察所得为出发点,就萧绍古海塘的研究、保护作一探讨。

1 萧绍海塘列代兴修概况

钱塘江涌潮自古有之,江潮的冲击影响着河床,河床的改变又导引着江潮的走向,故而两岸的受灾区域亦随着江潮走向的改变而改变,迁移无定。钱塘江的江水海潮,元代以前由山会平原北部的龛山与赭山之间的南大亹(鳖子亹)出入,这一带史称后海。这里一日两度潮汐冲刷,轻则倒灌平原河流,重则直接泛溢平原,致使河水海水交混变咸,土地斥卤,沼泽连绵。明确记载海塘建筑的文字始于《新唐书·地理志》,而从李俊之、皇甫温、李左次等增修会稽海塘之举,可见绍兴府境内海塘在唐以前就已存在。嘉泰《会稽志》有"界塘"的记载："界塘在县西四十七里,唐垂拱二年始筑,为堤五十里,阔九尺,与萧山县分界,故曰界塘。"其位于山阴与萧山两县交界的后海沿岸[1]。而有文字记载的钱塘江北岸海塘修筑,始于南朝刘宋元嘉年间曾任钱唐县令的刘道真已亡佚的《钱唐记》,其与《唐书·地理志》所载及吴越王钱镠所筑海塘都是在北岸的杭州。至两宋王安石《海堤记》、黄震《万柳堂记》,海塘修筑重又涉及南岸余姚、萧山等地。萧绍海塘历代兴修情况大体如下。

1.1 历代萧绍海塘修筑

唐开元十年(722年),会稽县令李俊之增修防海塘。大历十年(775年)观察使皇甫温,大(太)和六年(832年)县令李左次又增修之。

宋庆历七年(1047年),余姚县令谢景初自余姚县云柯而西达上林,为堤二万八千尺。

隆兴中,给事中吴芾重加筑会稽县防海塘。

庆元二年(1196年),余姚县令施宿重筑余姚县石隉。

嘉定六年(1213年),山阴县后海塘溃决,守赵彦俅请于朝,重筑。

咸淳六年(1270年),萧山县捍海塘为风潮所齧,尽圮于海,越帅刘良贵移入内田筑之,植柳万余株,名曰万柳塘。

元大德中,上虞县海塘溃,漂没宁远乡田庐,县役合境之民,植建畚土以捍之,费钱数千缗,完而复圮。

至元六年(1340年),募民出粟筑上虞县宁远乡海塘。

至正元年(1341年),州判叶恒筑余姚石隉。

至正元年(1341年),郡守泰不华又作石隉三千一十四丈。

至正七年(1347年)六月,大潮复溃,府檝吏王永议筑塘成凡一千九百四十四丈。

至正二十二年(1362年)秋,飓风大作,土塘冲齧殆尽,府檝断事王芳督治兼县尹总理之及度夏盖湖所灌之田亩出粟一升,于西偏鹊子村作石塘二百三十二丈,而海患以息。

明洪武四年(1371年)秋,上虞县土塘复溃,郡守唐铎檝府吏罗子真重筑。

明洪武二十二年(1389年),萧山县捍海塘坏,命工部主事张杰同司道督修。

明洪武三十三年(1400年),重筑上虞县西塘。

永乐初,于余姚旧塘之北筑塘以遮斥地,曰新塘。

正统十四年(1449年),筑萧山县新林凌家港等处海塘。

弘治八年(1495年),潮啮萧山县长山隉,几圮。太守游兴以闻,事下参政韩镐议,属同知罗璞督工,筑为石隉。

弘治间,修会稽县防海塘,易以石,费巨万。

正德七年(1512年),会稽县石塘复为风潮所坏,仍易以土。

嘉靖十二年(1533年),重筑会稽县土塘。

隆庆四年(1570年),萧山县令许承周创筑北海塘,以遏潮啮,凤仪诸乡赖之。

万历二年(1574年),山阴县白洋口塘圮,知县徐贞明修筑之。

万历二十四年（1596年），萧山县北海塘圮，协同山会二邑修筑。

万历四十一年（1613年），复修萧山县北海塘。

崇祯九年（1636年）秋，萧山县潮冲瓜沥，塘坏，县令顾荣议置石塘。

1.2 清代萧绍海塘修筑

元明以后，海潮冲激北岸愈甚且海盐受灾最重，成化间甚至发生一次溺毙万余人的惨剧，故而元明间的海塘修筑重点主要沿海盐至盐官一线，清代顺治及康熙朝早期，海塘的修葺重点也仍然在海盐。直至雍正年间，海潮直逼北大亹，雍正二年（1724年）七月的潮灾揭开了清代大规模修筑海塘的序幕。然而此一时期钱塘江海塘修筑的重点在北岸，南岸海塘修筑一向归于民修民建，直至乾隆元年（1736年）乾隆帝下旨，将"绍兴府属山阴、会稽、萧山、余姚、上虞五县按亩派钱之例停止。其堤岸工程遇有应修段落，着地方大员委员确估，于存公项内动支银两兴修，报部核销"[3]。

钱塘江南岸因有萧、会等山联络捍卫且于国家经济中所占比例不大，朝廷甚至认为"海塘形势，总须南坍北涨，塘工方能稳固"[4]。故而潮势南趋时朝廷偶有拨款修筑海塘。如乾隆四年（1739年），巡抚卢焯题请兴筑仁和、钱塘、山阴、会稽、萧山、上虞等县江海塘埭。乾隆七年（1742年）巡抚常安题请建筑山会二县交界之宋家溇土塘一百四十丈。乾隆十年（1745年）巡抚常安题请修筑山阴、萧山、诸暨三县石土堤埂，以工代赈。至乾隆二十四年（1759年）潮水全行北向之后，南岸海塘又基本归于民修民建。如《上虞塘工纪略》所载清咸丰、同治年间，上虞连仲愚先生以一己之力督率兴建、维护上虞海塘，此项工程并未动用国帑[5]。这一时期因为潮势尽趋北大亹，"浙江杭、嘉、湖及江南苏、松、常、镇七郡，全赖海宁等处捍海长塘为田庐保障。南岸尚有萧、会诸山联络捍卫，北岸则一带平衍均属田庐，全恃一线危塘与潮争胜"。且于此七郡所征漕粮超过全国一半以上，故国家对北岸海塘极为重视。不惜重金建成的北岸海塘，气势宏伟砌筑考究，为我国古代海塘工程技术的巅峰之作，与大运河并称为我国古代最著名且至今仍在发挥作用的建筑工程。今天海宁、海盐一线古海塘尤巍然屹立，担负着捍御潮沙，保卫人民生命财产的使命。

民国时期，现代技术、材料、机具已逐步应用于萧绍海塘建设。民国14—26年（1925—1937年），先后将三江塘湾、楝树下、南塘头三处土塘改建成新式浆砌块石斜坡塘；用气压灌浆机在三江闸西首、镇塘殿等处石塘灌注水泥砂浆。此后，混凝土用于萧绍海塘工程已较为普遍，海塘更趋坚固，抗洪御潮能力提高。这一时期，又在古海塘之外加筑一道大塘，称为南沙大堤。

中华人民共和国成立后，绍兴、上虞两县也曾对萧绍海塘多次进行加固、改造，但由于潮势的总体北趋，古海塘的功能已逐渐丧失。

那么，南岸人民费尽心力兴建的萧绍古海塘是否还有价值？现状又是如何？

2 萧绍古海塘保护现状与紧迫性

自乾隆二十四年（1759年）潮势全行北冲，使钱塘江潮水对北岸的冲击增大，南岸淤涨，形成南沙，萧绍平原受海潮影响相对减轻。近代以来大规模的围涂，将钱塘江南岸岸线北推数公里，萧绍古海塘逐渐远离岸线，抵御潮汐洪水的海塘功能逐步退化，以致近年以来对萧绍古海塘的破坏处于失控的状态。

随着塘外不断围涂，宋家溇以西至萧山浦沿海塘，渐离海岸，塘面多改作公路。塘堤仍作为全省主要海塘加以保护，临海段海塘，多用干砌或浆砌块石护面。1989年12月，萧绍海塘绍兴段被浙江省人民政府列为浙江省重点文物保护单位。然而从2000年开始，萧绍经济有了快速发展，同时由于城市化的快速发展，整个萧绍平原都在大兴土木建造民房和厂房，并在古海塘上铺设沥青路面。而由于海塘附近的房地产开发，整条海塘已不再连贯，某些区段的柴土塘已彻底消失。

如果我们将萧绍古海塘定义为宋元明清间修筑，并将民国时期以近现代技术所建南沙大堤排除，则萧绍古海塘起萧山之长山，抵余姚之上林，接慈溪至定海，逶迤五百余里。

据万历《绍兴府志》记载[6]，萧绍古海塘具体分段与位置大致为：

萧山北海塘：在县东北新林、白鹤两铺之间，长二十里。西自长山之尾，东接龛山之首。

山阴后海塘：在府城北四十里，亘清风、安昌两乡，实濒大海。

会稽海塘：在府城东北四十里，东自曹娥、上虞界，西抵宋家溇山阴界，亘百余里。

后海塘：在府城东北八十里，周延德乡、篆风镇，凡三千七百一十一丈。

上虞海塘：在县西北宁远、新兴二乡，东自余姚兰风乡而抵会稽延德乡。

余姚海塘：在县北四十里，县之北壤。东起上林，西尽兰风七乡十八都之地，悉濒于海。

官塘：官塘跨山、会二县，在山阴者又谓之南塘。西自广陵斗门东抵曹娥，亘一百六十里，即故镜湖塘也。东汉永和五年，太守马臻所筑以蓄水。明嘉靖十七年（1538年），知府汤绍恩改筑水浒，东西横亘百余里，遂为通衢。

山阴官塘：山阴官塘即连道塘，在府城西十里，自迎恩门起至萧山。

界塘：界塘在府城西五十里，唐垂拱二年（686年）筑，与萧山分界。

萧山西江塘：在县西南三十里，邑之尽处也。

上虞江塘：上虞江塘自十都百官抵七都会稽延德乡，横亘一万五千六百丈，利害与海塘同。

2014年5月16日，钱塘江管理局组织对萧绍古海塘全线进行了一次实地考察。在考察中发现萧绍古海塘基本改作公路路基埋于地下，塘面作为公路路面使用。也有部分被耕地掩埋，甚至有部分石塘用作民房房基，如瓜沥镇塘头街房屋完全建于海塘之上，原海塘上所建茶亭《舍茶碑记》碑石，也嵌入民房墙体。仅部分高于田亩及房屋的石塘可见，塘基因埋于地下未及挖掘考察，柴土等形式的海塘也未能寻访。

目前，萧绍明清古海塘只有绍兴曹娥江畔棟树闸一线全长约6.41km的石塘，仍然发挥着捍御洪水保卫田庐的作用。然而由于沙涂远涨，这段海塘严格意义上来说已成防御曹娥江洪水漫溢，不再抵御钱塘江咸潮的江塘。

由于钱塘江河道的改变，萧绍古海塘早已远离岸线，捍御潮汐保障田庐的功效也早已失去。那么这段埋于地下，或成为路基或作为房基的老旧的石头长墙，目前是否还有存在意义或者保护价值？

3 萧绍古海塘的历史价值

绍兴古称会稽，曾是我国春秋时期越国的都城，至今已有2400多年的历史。春秋战国时，越王勾践建都绍兴，于此卧薪尝胆，是我国的历史文化名城。名人辈出，景色秀丽，物产丰饶，素有"人文之邦、鱼米之乡"之美誉。如今这里依然河道纵横，柔橹声声。而这一切的存在，都与捍御江洪海潮的海塘密不可分。

萧绍古海塘现在虽已丧失了一线海塘的作用，但仍然具有珍贵的历史及文物价值。自古以来，萧绍两地人民深受钱塘江风潮之苦，古海塘一直是保护萧绍人民生命和田庐的屏障。海塘一旦被海潮冲毁，不仅田亩几年颗粒无收，还会危及塘内人民生命，故称萧绍古海塘为萧绍人民的生命塘，似乎并无不当。

由于钱塘江北岸早期的海塘大部分都已经沉埋在钱塘江故道之下，现存的杭州、海宁、海盐一线古海塘都是明清钱塘江改道之后陆续建成，而萧绍古海塘由于基本埋于地下，所以各个时期、各种形制的海塘，都可以在其中找到。在此次考察中就发现了几处南岸海塘独有而他处所无的特点。首先是丁由石塘，丁由石塘由条石叠砌，条石之间用方形丁石如铆钉般楔入，大大地加强了石塘的整体连贯性，提高了海塘抗冲击的强度。在塘湾社区段，在萧山城管局王建欢先生引领下，寻访到一尊由塘石雕成，突出于塘体的牛首（图1）。据当地父老言，如此形式的兽首包括全部十二生肖，除牛首外，其他的兽首和"断鳌立极"御碑都已经埋于民房屋下。史料记载北岸海塘编立字号后，将字号刻于塘石，上百年的风雨侵蚀之后现已无迹可循。而在夹灶等处，海塘字号是刻于石碑立于塘上，碑上字号仍清晰可见。另外，就此次考察所见，萧绍古海塘露于地表的石塘，即使在田野之中，石料的成色仍像才从山间采出，全无几百年海潮、风雨侵蚀的痕迹。

图1 塘体的牛首

在万柳塘所在的新林周，据说由宋时海塘兴建官署改建，奉祠两浙转运使张夏，民间所称张老相公庙的张神殿在"文革"中部分被毁，有少量的碑石、文物及房屋材料散落民间。但修缮后的殿堂仍然香火鼎盛，且有老人于殿外唱颂祈祷。每年农历三月初三、八月十八两日的庙会更是人声鼎沸。万柳塘虽早已远离岸线，当地人民却依然铭记前人捍御潮汐、保护田庐的功德。

由此可见萧绍古海塘历史文物、文化教育价值不可估量。而由于柴土塘的易于毁坏埋没，它的历史价值更显重要，保护的时效性更加急切，亟须进行抢救性的保护。

4 萧绍古海塘的研究焦点与保护措施

4.1 萧绍古海塘的研究焦点

萧绍古海塘保护价值即经确立，需要抓紧进行一些基础研究工作作为对下一步保护措施的指导。

对萧绍古海塘全线现在所在位置及各段塘型进行测绘考证，以经纬度作为地理坐标标示于地图，并对古今地名变迁进行对照与考订。在此基础上制成包括现时海塘、南沙大堤在内的整体沙盘及标识图，并做成电子地图与模型，以利于现时的传播与后人的考订。

沿江各县海塘曾经编定字号，如上虞海塘字号在《上虞塘工纪略》中记载非常详明，其他各县字号也需相应查明编定时间、起始区位、创始人等信息，并将字号标识于上述图形及沙盘。

北岸古石塘多为鱼鳞石塘，以条块石坦水为塘基。萧绍古石塘多为丁由石塘，且丁由石塘下层丁石（图2）分布多而上层分布少。南岸何以弃鱼鳞石塘重丁由石塘，其与洪水、海潮冲刷方向之间的关系都值得研究，同时丁由石塘塘基形式也需发掘考订。

图2 丁由石塘之丁石

塘身兽首于何时由何人基于何种原因或是信仰雕刻嵌于海塘，也有待于深入考证与研究。

史料记载宋景祐四年（1037年），"转运使张夏作石堤十二里，置捍江兵士五指挥采石修塘，随损随治。杭人德之，作庙堤上，今昭贶庙是也"。杭州昭贶庙现已不存，张夏庙所在萧山新林一带的万柳塘，由绍兴知府刘良贵始筑于约230年之后的南宋咸淳六年（1270年）。张夏为萧山人，其于萧山海塘兴筑事迹在新林周地方人口相传，但未见史料明确记载，应收集整理言传资料并深入挖掘史料，以更好的解释张夏庙香火鼎盛的原因。

萧绍古海塘这一萧绍人民珍贵的历史文化遗产同时也是属于世界的，作为浙江水利人有责任有义务将这一份遗产妥善保护留存于后人，同时也有义务将前人的这一伟大功绩宣扬于世界，适当的时候应该协同地方政府申请世界文化遗产保护名录。

由于现在萧绍古海塘已远离岸线，事实上已经失去海塘效用，而萧绍地区又处于经济高速发展期，将其全线整体加以保护既无可能也无必要，如何解决发展与保护的矛盾也是面临的一个重要课题。

4.2 萧绍古海塘的保护

要想做好萧绍古海塘的保护，首先在于教育工作，可以考虑与地方教育部门协作在中小学地理课程中加入一些乡土内容，用一两个课时让孩子们对萧绍古海塘有大概的认识，多一个热爱家乡、热爱土地、热爱海塘的孩子便多一份成功。

急切的任务在于建立萧绍古海塘保护协会，广泛吸收一切有志于研究、保护萧绍古海塘的社会各界特别是萧绍地区的人士，动员先人曾致力于海塘建设的如上虞连氏、萧山长河来氏后人参与。事关家乡和祖先，他们将是萧绍古海塘保护的中坚力量。协会定期或不定期召集会议，通报交流研究、保护工作的动态与成果。需要与地方建设部门、国土管理部门、文物保护部门密切合作，形成萧绍古海塘是萧绍人民珍贵的历史文化遗产这一共识。各方合力，古海塘的保护当能取得一定的成效。

恢复已遭破坏的海塘将是一项艰巨的任务，但一些典型区段的重建必不可免。如镇塘兽首所在的塘湾社区近期将拆迁，应乘此时机与地方部门沟通，以使下一步的建设给海塘腾出一定空间。动员曾经取用海塘建筑材料的将其捐出，涉及文物的可以加大力度，则这一段型式唯一的海塘之修复，可以期待。对于已经或将要成为工厂、居民小区的地段，也应与其协调，以使建筑物稍离古海塘并加以发掘，配合景观设计，使古海塘以景观展示于区域内，也能起到一定的教育作用，同时利于更好的保护。

对萧绍古海塘的测绘考证，制作地图、沙盘及标识图。制作电子地图与模型等工作完成后，应向萧绍各处博物馆等有公共展示平台的单位推介，使更多的各界人士了解、热爱古海塘从而加入保护的队列，对古海塘的保护事业可以起到事半功倍的效果。

参 考 文 献

[1] 施宿. 嘉泰会稽志 [M]. 北京：中华书局，1990.
[2] 袁康，吴平. 越绝书 [M]. 上海：上海古籍出版社，1985.
[3] 翟均廉. 钦定四库全书：海塘录 [M]. 影印本. 台北：成文出版社，1934.
[4] 中国第一历史档案馆. 嘉庆道光两朝上谕档 [M]. 桂林：广西师范大学出版社，2000.
[5] 连仲愚. 上虞塘工纪略 [M]. 浙江图书馆古籍部馆藏抄本，1881（光绪七年）.
[6] 萧良干. 万历《绍兴府志》[M]. 台北：成文出版社，1983.

近世以来余杭北湖的治理及变迁研究

胡勇军[1],陆文龙[2]

(1. 浙江水利水电学院 基础社科部,浙江杭州 310018;
2. 上海师范大学 人文与传播学院,上海 200234)

摘 要:余杭北湖开挖于唐代,是东苕溪上游修筑较早、规模较大的人工湖泊之一,具有蓄水泄洪的重要功能。由于北湖地处偏僻、湖区广阔,自开挖之后历朝政府都没有进行有效的浚治,淤积非常严重。清末曾对北湖进行过一次疏浚,但因客民垦殖,效果并不明显。民国时期,浙江水利局的水利专家和地方人士提出浚湖的规划方案,但因资金缺乏、技术落后以及战争等因素的影响,最后不了了之。

关键词:余杭;北湖;疏浚;治理

余杭南湖和北湖是东苕溪上游最早的分洪、滞洪工程,也是太湖流域兴筑最早、规模较大的人工湖泊,具有蓄水、灌溉和防洪的功能。汉代以降,南湖和北湖在东苕溪流域防洪抗旱方面都发挥了重要作用。南湖开挖于东汉熹平年间(172—177 年),当时的余杭县令陈浑"相形度势,于溪南浚南上、下湖,幅员数十里,筑高塘汇水"。唐宝历中(825—826 年),县令归珧"因汉令陈浑故迹,置县南、县西二湖,又于县北二里开北湖,溉田千余顷"[1]。

目前中外学者对南湖有不少研究,例如:本田治对宋代南湖水利功能的复原研究[2];郑肇经在研究太湖水利技术史时,也论及了南湖的历史与功能[3];斯波义信阐明了东汉至清初南湖水利的变迁、生态环境的变化以及社会反应[4];森田明论述了清末地方政府对南湖的疏浚及客民与水利治理之间的关系问题[5]。然而关于北湖的研究还是一片空白,本文将重点论述北湖的疏浚以及变迁历史。

1 北湖的开挖以及淤积情况

北湖位于余姚瓶窑镇西南,中苕溪左岸,介于中、北苕溪之间,原为一片草荡,古称天荒荡,今称北湖草荡,土名仇山草荡。历史文献中关于北湖最早的记载为《新唐书·地理志》:"北三里有北湖,亦珧所开,溉田千余顷。珧又筑甬道,通西北大路,行旅无山水之患。"[6] 由此可见,北湖的开辟跟当时浙西的水系及其地理环境有莫大的关联。

浙西境内最大的水系为苕溪,其发源于东西天目山。据民国《重修浙江通志稿》记载:"一出天目山之阴。出天目山之阳者,……一曰南苕溪,一曰中苕溪,一曰北苕溪,总称东苕溪。"[7] 苕溪流域发源地天目山是个暴雨中心,洪水多发地,常常造成下游三角洲严重内涝[8]。因此，地方政府非常重视当地的水利治理，正所谓"其民为政，莫要于水利"。

余杭位于东苕溪上游地区，上承天目山系诸水，下贯杭、嘉、湖三府。溪水流至余杭扇形地，襟带山川，地势平衍，易成洪涝，所以余杭"堤防之设，比他邑尤为重要。余杭之人视水如寇盗，堤防如城廓"[9]。东汉熹平年间（172—177年），余杭县令陈浑于县城西南筑塘围湖，凿涵导洪，分杀苕溪水势。唐宝历元年（825年），归珧出任余杭县令。当时南湖年久失修，湮废严重，归珧遂"因其旧，增修南上、下两湖，溉田千余顷，民以富实"[10]。此外，他还在瓶窑镇附近开辟北湖，蓄水泄洪，调节中、北苕溪之水，灌溉农田千余顷。据《惠泽祠碑记》载："昔洪水冲决堤岸，功用弗成。公与神誓，'民遭此水溺，不能拯救，是某不职也。神矜于民，亦何忍视其灾！'堤由是筑就。至今，人名之曰'归长官塘'。"[1]

关于北湖原来的位置以及面积大小，由于记载较少，加上图籍经久失传，故而无可考证。清嘉庆《余杭县志》称：余杭北湖"在县北五里，周六十里，引苕溪诸水以灌民田"。民国时期，德清地方士绅许炳堃在《浙西水利刍议》一文中说："考余杭北门外新岭南北之地势，均极低洼。宣统三年（1911年）水满，至石凉亭之屋顶可乘船至新岭之半腰。以今之情形，证古之传志，新岭南北周五六十里之地，或即为北湖遗址。然以何处为界趾，则无。指名询诸就地父老，只知仇山十八坝，皆侵占北湖而成田者。"根据实地考察，他认为"北湖之界应北至北苕溪之险塘，东至南苕溪之险塘，西北至陶村港、漕桥港合流处，东南至何家陡门，西至中苕溪，在沙塘村出口处"[11]。浙江水利局第二测量队队长赵震有参考晚近图志，并结合实地察勘，对北湖的界线有更加详细的说明。他认为北湖之界"东至南苕溪之险塘，东南至西涵陡门，西北至曹桥，西至小横山，北至北苕溪之险塘，南至西山，周围六十里有奇，面积五万三千二百六十余亩（内仇山占积八百四十亩，土壩占积五百五十亩）。幅员辽阔，三倍南湖"[12]。

关于北湖堤塘的高度，历代的地方志中多有记载。咸淳《临安志》载："其源出诸山，塘高一丈，广二丈五尺，以其在县北，故名北湖。"[13] 嘉庆《余杭县志》记述云："塘高一丈二尺，上广一丈七尺，下广二丈二尺。"康熙《余杭县志》云："查湖县北三十五里，源出诸山，即后汉所封摇泰之湖，溉田甚广。塘高一丈，上广一丈七尺，下广二丈二尺。"

汉代，陈浑在余杭县南开挖南湖，筑塘汇水，主要是调节南苕溪上游的水量，防止县城直接遭受洪水冲激。康熙《余杭县志》载："余水自天目，万山涨暴，而悍籍南湖，以为潴泄。修筑得宜，不独全邑倚命，三吴实嘉赖之。"[10] 民国时期，余杭地方人士傅仁祺也曾说："谈苕溪水利者，莫不颂及南湖。"[14] 唐代，余杭县令归珧又继而开辟北湖，蓄水泄洪，调节中、北苕溪之水，灌溉农田。但相比南湖，北湖地处偏僻、湖区广阔，自从开挖之后，一直未加疏浚，导致湖底淤垫，乡民围垦，湖面日促，淤积情况比南湖更加严重。

1928年，汪胡桢等人根据浙江陆军测量局在1914年所测地形图对北湖面积进行计量，未垦区域"四周不及三十里，面积不过二十三方里，合一万二千四百二十亩"[15]。1931年江浙地区发生重大水灾，时人曾评述："北湖面积五万余亩，今则庐舍桑麻，均成村落，容受之量，因此锐减。"[16] 1936年太湖水利委员会第二设计测量队长章锡绶对北湖进行实地勘察,他在报告中说:"至于北湖之情形,则更非南湖可比,非特历年无人修治,且已大部分成田,无复湖形。蓄洩之能力,仅在未垦殖小部分,约 1.72km² 的面积,于最大洪水位时,如民国 11 年(1922 年)者,尚能容蓄二公尺之水量而已。至于低于民国 11 年(1922 年)之洪水位,而足以为地方之灾者,仍不能灌入暂储,以为救急之用。"[17]

南北湖的淤塞,导致蓄水能力严重下降,在夏季往往发生洪灾。对此,浙江水利局以及当时的水利专家都有评述。浙江水利局在分析苕溪流域受灾的原因时说:"上游有甚大致水源面积,而溪道多在峡谷中,地势下倾特甚,不易蓄洪,山水一发,即一泄而下。上游无蓄水之湖荡,或其他蓄水设备,即东苕溪之南北湖亦淤塞失用。"[18] 扬子江水利委员会总工程师孙辅世在东苕溪防洪初步计划视察报告中也曾说到:"惟瓶窑以下,地势平坦,两岸均赖堤防。东堤关系余杭、杭县、德清、吴兴一带之农田者甚巨,而近年南北湖之效用渐弱,更易漫溢。民国 11 年(1922 年)及 20 年(1931 年),均蒙其害,实为整理东苕溪之主要问题所在"[19]。章锡绶在东苕溪防灾计划中指出:"两湖(南湖和北湖)之效用,日趋荒废,无怪东苕溪之灾患日趋严重。换言之,即东苕溪潦旱之灾患,实系蓄洩之能运用否也。"[17]

2 清末及民国北湖的浚治与争议

从现有的历史文献记载来看,南湖自东汉陈浑开挖以来,较大规模的疏浚次数达十余次;而北湖自唐代以后,历朝政府几乎都未加以浚治,直到清光绪十一年(1885 年),粮储道廖寿丰修浚相公庙一带,拨营兵五百人挑濬北湖,三年完成,"其时尚有湖基万余亩及西溪、南山等草荡共数千亩"[12]。光绪十三年(1887 年),城绅前户部左侍郎王文韶等呈称:"余杭县南北两湖全行淤塞,有关杭嘉湖三郡水利,呈乞筹款浚治。又以两湖并举无此巨款,请先浚北湖。"对此,浙江巡抚刘秉璋给予批准,并"札布政使孙嘉谷、粮道廖寿丰,会同绅士丁丙、仲学辂筹议章程,核办所需经费,在粮道廖寿丰捐存浚湖经费五千两项下支给,如有不敷,再动善后经费"[20]。邑绅仲学辂❶接到浙江巡抚刘秉璋的批示之后,孙嘉谷、廖寿丰和邑绅丁丙等人立即准备浚湖事宜。这时余杭士绅董震向知县路保和提议优先开浚南湖,其理由为"北湖之利不及南湖,与其先浚北湖,工钜而利仅一隅,不若先浚南湖,工省而惠及三郡"。在双方意见不一的情况下,刘秉璋饬令杭州府吴世荣会同地方士绅前往现场查勘。结果,又提出了第三种意见,即"南北两湖均宜开浚,惟工程浩大经费难筹。请于余杭先挑竹木河,再浚南湖。汤湾以下先挖河中积砂,兼培南北塘堤,再浚北湖"。最后,因浚湖的经费没有得到解决,开浚一事只好作罢。实际上,明清以来地方政府以及乡绅关于浚湖问题经常时常发生争议,比如萧山湘湖就因为垦湖种植和产权问题而不断引发纠纷[22]。

同为东苕溪上游的分洪、滞洪工程,为何两湖的浚治情况有这么大的反差。究其原

---

❶ 为瓶窑镇长命仲家村人,是开浚北湖的有力支持者。他认为"苕溪隶杭州者为上游,水势猛厉,经嘉兴湖州者为下游,水势宽缓,故重上游,上游尤重钱塘一节,十塘五闸,独扼险要,以卫杭嘉湖三郡田庐,其持以分水势稍缓冲激者,首在余杭之北湖,次在南湖"[21]。

因，主要跟两者的地理位置和疏浚工程费用有极大的关系。许炳堃在《浙西水利刍议》一文中论述了北湖面积较南湖大数倍，因而疏浚较难。他说："北湖当南、北、中三苕溪会合之冲，与南湖之仅受南苕一溪之水者，较水量多寡相去倍蓰。故其面积亦较南湖为大，徒以僻，在北乡无人注意。故南湖之浚，诸家记载代有篇章，开浚之事，亦每阅数十年而一举。"光绪十六年（1890年），浙江巡抚崧骏奉上谕对南湖进行疏浚，他对南北湖浚治的难易有这样的评述："南北两湖同为三苕暴涨分潴之地，均已淤高。然南湖界址犹存，多浚一尺，即有一尺之利。北湖涨退之后，一望平原，旁无崖岸，工程尤巨，无从措办。"[20] 由此可见，北湖位置较偏北，且面积比南湖大数倍，加上一直没有得到浚治，淤积情况比较严重。故而要对其进行疏浚，无论是人力和财力都比疏浚南湖花费要多，并且效果不一定理想。

尽管清光绪年间廖寿丰对北湖进行挑浚，恢复湖基一万余亩，但是到了民国时，客民不断垦殖，当时就有"挑草荡一担泥，年多余杭一石米"[23] 的俗语。1915年春，许炳堃亲自前往北湖进行实地调查，结果不容乐观，昔日恢复的湖基，"今又桑田交错、草舍相连，只未筑隄拒水，佔作坝田耳。然久而不治，必渐有筑隄者，隄成则北湖痕迹更荡然无存矣。北湖久不挑濬，而光绪初年尚有万数千亩，今不出三十年而侵占如此之甚者"[11]。

1916年，浙江省水利局第二测量队队长赵震有对三苕的地理环境进行实地勘察后分析说："南、北二苕环束东北，中苕横贯湖中，天目万山之水由此过脉如沟浍。然中、南二苕直趋余杭之汤湾渡，两水会合，北行五里至瓶窑之相公庙，北苕来注之，此为三苕会合之处。"故而，他认为北湖的形状为三角形，"巨浸适当其冲，承受三苕之流，停顿湍急之势，与南湖仅受南苕一溪之水者，其水量多寡相去倍蓰，故北湖之形势较南湖尤为险要也"。对此，赵震有提出解决浙西水利的正本清源之道，即"三苕亦宜择要与北湖并加疏浚"，且修浚之举"不能视为缓图"。同时，他还对疏浚三苕和北湖的工程费用进行了概算。

除了赵震有之外，余杭北一区自治委员施广福也认为，"治本之要，厥惟开浚北湖，上有容纳之量，下无冲突之虞"。他认为，疏浚北湖主要有三利："其利一，潦则藉以储蓄，旱则资以灌溉；其利二，瘠土化为腴壤，险塘永庆安澜；其利三，但言之匪艰，行之惟艰。"对于时人所说的"工程之钜需数十万，际此财政竭绌之时，安能办此不急之务？"他却大不为然，认为如果北湖一年不遭水患，"丰收何可臆算，一邑计之固不足，三郡计之则有余"[22]。

1927年南京国民政府成立之后，浙江省政府鉴于北湖"年久失修，淤成平陆，强豪侵占，填地垦植桑竹"，而"湖泽有关农田灌溉，年久淤塞者急应修理，以利耕泄"[24]，遂组织清理委员会对北湖进行实地测量和勘界。由于历代乡民垦殖，湖界已经模糊不清，以致在清丈过程中时有纠纷发生。1933年，余杭县商会、农会、教育会电呈浙江省政府，称清理界址委员会组织的清丈队将本在北湖在身之外的姚坝、黄坝、蔡家塘、李坝、仇山塘等处划入界湖以内，遍竖红椿，以致数千农民非常惶骇。随后，浙江省政府饬令浙江水利局进行审核，清理余杭北湖界址委员会遂召开第五次常会，并议决"根据杭州府志、余杭县志、北湖地形图及本会调查报告，说明各坝塘在北湖范围以内"[25]。对此，余杭和德清县农会等机构表示不满，再次呈请浙江省政府复议。最后，经界址委员会第七次委员会议议决：一是苕溪测量尚存进行，将来测竣后，计划之时，必须择适当地点建筑蓄水库，如在北湖范围之内，应尽先使用北湖草荡及仇山草荡等处，至姚坝、黄坝，应视所需蓄水量之多寡，酌量情形，分别先后办理；二是此次清理之后，应请重申禁令，姚坝、黄坝不准再行升科，北湖草荡及仇山草荡等处应禁止升科及开垦，嗣后如有围垦情形，即可证明侵占[26]。然而由于资金缺乏、技术落后以及战争等因素的影响，清理委员会并没有对北湖进行有效的浚治。

从北湖的浚治可以看出，民国时期中国水利发展史处于承前启后的重要阶段，地方水利事业也从传统向现代转变。西方先进的科技理论和工程技术逐渐替代了中国古代的治河思想和水利技术，但是由于受到人力、资金、技术、战争等多种因素的制约，民国时期水利建设举步维艰。

参 考 文 献

[1] 张吉安，朱文藻. 嘉庆余杭县志 [M] //中国地方志集成·浙江府县志辑. 上海：上海书店出版社，1993.

[2] 本田治. 宋代杭州及び后背地の水利と水利组织 [R] //梅原郁. 中国近世の城市と文化. 京都大学人文科学研究所，1984.

[3] 郑肇经. 太湖水利技术史 [M]. 北京：中国农业出版社，1987.

[4] 斯波义信. 浙江省余杭县南湖水利始末 [C] //布目潮风博士古稀纪念论集：东亚的法与社会. 东京：汲古书院，1990.

[5] 森田明. 清代水利与区域社会 [M]. 雷国山，叶琳，译. 济南：山东画报出版社，2008.

[6] 欧阳修，宋祁. 新唐书 [M]. 北京：中华书局，1975.

[7] 浙江省方志办. 重修浙江通志稿 [M]. 北京：方志出版社，2010.

[8] 陆建伟. 秦汉时期浙江苕溪流域的开发 [J]. 中国历史地理论丛，2004 (2)：17-23.

[9] 李卫，嵇曾筠. 雍正浙江通志 [M] //文渊阁四库全书. 台北：台湾商务印书馆，1983.

[10] 张思齐. 康熙余杭县志 [M] //中国地方志集成·浙江府县志辑. 上海：上海书店出版社，1993.

[11] 许炳堃. 浙西水利刍议 [J]. 河务季刊报，1923 (9)：17-18.

[12] 余杭县志编纂委员会. 余杭县志 [M]. 杭州：浙江人民出版社，1990.

[13] 潜说友. 咸淳临安志 [M] //永瑢，纪昀. 文渊阁四库全书. 台北：台湾商务印书馆，1984.

[14] 傅仁祺. 疏浚余杭南湖计划之商榷 [J]. 浙江建设月刊，1934 (5)：61.

[15] 林保元，汪胡桢. 调查浙西水道报告书 [J]. 太湖流域水利季刊，1928 (4)：36.

[16] 周可宝，卢永龙. 二十年浙江省之水灾 [J]. 浙江省建设月刊，1933 (6)：70.

[17] 章锡绶. 浙西东苕溪防灾计划之商榷 [J]. 扬子江水利委员会季刊，1936 (2)：12-13.

[18] 浙江省水利. 浙江省水利局年刊 [R]. 杭州：浙江省水利局，1929.

[19] 孙辅世. 东苕溪防洪初步计划视察报告 [J]. 扬子江水利委员会季刊，1937 (1)：55.

[20] 褚成博，褚成亮. 光绪余杭县志稿 [M] //中国地方志集成·浙江府县志辑. 上海：上海书店出版社，1993.

[21] 仲学辂. 南北湖开浚说 [J]. 浙江省通志馆馆刊，1945 (2)：105-106.

[22] 陈志根. 湘湖历史上官绅民间的合作与冲突 [J]. 浙江水利水电学院学报，2015，27 (2)：1-5.

[23] 施广福. 余杭绅士广福节略 [M]. 石印本. 浙江图书馆藏，1916.

[24] 整理湖泽 [N]. 申报，1933-10-09 (08).

[25] 浙江省水利局. 划分余杭北湖界址 [J]. 浙江省建设月刊，1933 (6)：11-12.

[26] 浙江省水利局. 清理余杭北湖界址 [J]. 浙江省建设月刊，1934 (10)：21.

清末浙江客民的迁入及对当地水利的影响

郭温玉

（西北民族大学 历史文化学院，甘肃兰州 730030）

> **摘 要**：清朝末期，浙江地区客民数量不断增加。随着经济重心的南移，客民对当地水利事业产生了重要的影响。客民的出现和增多，客观上为南方经济的发展带来了劳动力，丰富了当地的文化，同时，客民数量的增多及生活所需对当地水利也带来诸多不利因素，导致生态环境恶化，湖泊淤塞现象不断出现，严重影响了当地水利的运行和发展。
>
> **关键词**：清末；浙江；客民；水利

我国客民的形成可谓历史悠久，自秦汉时期，由于战乱的不断出现，出现人口的迁徙，形成最初的客民。到明清时期，客民规模不断扩大，对社会也产生了深刻的影响，尤其是农业的发展，而农业的发展是离不开水利的作用，所以客民的出现对水利的发展也有较大的影响。

1 客民的形成

在我国历史上，客民的产生可以追溯到秦汉时期。但从明末到整个清代，客民成为影响我国东南地区社会的大问题。尤其是到太平天国之后，客民问题日益严重。

1.1 客民的形成及其背景

客民，泛指外来移居民，是相对于本地土著的一个用语，在很多地方的解释中，客民又称为"棚民"。关于"棚民"，日本学者田中正俊在其《亚洲历史事典》第八卷中这样定义："棚民是指中国清代在福建、浙江、江西、安徽各省山中搭建临时窝棚居住，靠开垦山地种植麻、茭白为生，或以制钢、造丝为生的贫民。主要是从邻省流徙而来的人。[1]"除此之外，在我国学术界，对客民的解释，一般没有时间限定，通常是指流入省境交界处并在当地搭建临时窝棚居住下来开垦附近的山地耕种的人，其有两个特点，一是社会流动性，二是经济贫困性[2]。

客民的形成在各地区是不一样的。通常来讲，对于明末之后客民的形成是这样定义的："明代中期以后，随着一条鞭法的实行，货币经济的发展和商业高利贷资本的渗透，农村土地集中更为严重，在此基础上阶级分化也更为迅速。结果，以土地集中为背景，被排挤出生产手段的多数农民，不得不沦落为以高额地租换取零星土地来耕种的佃户。但是成为佃户以后，他们的活路越来越窄，于是贫民开始向海外流浪当侨民，或向山地流动当山民，依靠垦种山地而活命。"[3] 在这个时期的客民，基本上是依靠山区山地的环境而生存。

清代之后，虽然客民的生存状态基本上没有发生大的变化，但客民人数却大幅增加，分布区域也扩大了。随着人们对山地的进一步开发和生产的不断扩大，商品经济出现，并不断波及山区，山区也开始纳入了生产和流通环节。遍及城乡的商品经济不断发展，使得人们不得不尽快地开发出更多的原料商品，这也使得清代山地经济开始活跃，全国性的客民人口流动开始出现。浙江地区成为客民流动的主要地区。

1.2 太平天国运动后的客民问题

太平天国运动无疑是清代政治层面和经济层面的一个分水岭，太平天国运动的发生，对中国社会产生了重要的影响。1860—1864年，南方地区成为太平天国军队与清政府的湘军以及法国军官率领的"常胜军"作战的主要战场。随着战争的破坏，出现了大片土地荒芜、人口减少的现象。南方地区开始面临严峻的问题——农业劳动力不足。同时，遭到破坏的农业生产力严重下降，作为清朝政府主要财政收入的田赋也大幅度减少。在此背景下，清政府将开垦荒地作为首要急务，广泛在江苏、浙江和安徽等长江下游各省积极推行招垦政策。招垦政策实施后，长江下游各省的客民数量逐渐增加，浙江地区在其中具有独有的代表性。

在太平天国军队与清政府和国外势力对抗的时候，以杭嘉湖三府为重心的浙江可以说得上是受害最严重的地区。战后长江下游各省面临的土地荒芜、人口减少的问题，浙江地区最为严重。所以，清政府的招垦政策在其范围内推行力度较广。在清政府政策的基础上，浙江省地方政府也制定了相应的招垦政策，使那些被农村析出的失业农民，以及镇压太平天国运动后出现的"散兵游勇"，陆续进入浙西地区，同时，一些来自江西、福建、湖南和河南等地的流入者也进入浙江地区。这些进入浙江地区的客民，在各自所在地形成了一个同乡组织，这个同乡组织也叫作"帮"，组织的头目被称为"客总"，通常是由他们率领大家进行农业生产[4]。随着浙江客民的数量增多，也给当地带来了不少的问题。

数量庞大的客民流入浙江地区，其生产活动给当地带来了种种不利影响和灾害。首先，由于浙江山岳地带耕地面积有限，容易受到水旱之灾。随着客民对山地开垦的不断推进，泥沙不断顺水下流，逐渐堵塞了灌溉水渠，严重影响了作物的收成，而泥沙的不断流失，对当地居民的住宅安全也构成了严重的威胁。其次，泥沙的不断流失，使河床不断变高，导致了水路贩运困难，物价也随之高涨，影响了当地人民的日常生活。最后，客民在流入过程中，其中的壮年男子难免会惹出一些不利于社会治安的事件来，对社会的稳定也构成了隐患。

可见，客民数量的不断增加，虽然在一定程度上带来了丰富的劳动力，但是也对当地带来了生产（包括灌溉）、生活的影响。浙江地区的水利是比较发达的，所以客民的到来，对浙江水利的影响也是非常大的。

2 清末时期浙江水利的发展

浙江水利的发展可以说是历史悠久，有南湖水利的发展、西湖水利的发展等。清朝年间，比较著名的就是清政府对西湖水利和南湖水利的开发。

2.1 西湖水利的开发与发展

自古以来，西湖不仅是众多文人骚客品论的对象，而且在与周边地区而言，功能是不可磨灭的。西湖同杭州及其周边地区的社会、经济、生活都有着极为密切的关系。

西湖的功能不仅体现在鱼类生长、饮水供给、运河航运等方面，还体现在农田灌溉、普通生活方面。要确保西湖如此多的功能，西湖的管理与开发是关键。在我国学术界，对西湖开发的评价为"在这一水环境和地理条件下，历史上人民不断地修筑海塘，开发西湖，浚治河道，开展城市水利建设，取得了防洪、排涝、供水、防火、航运、环境等综合效益，对推动城市发展和当地农业发展做出了很大的贡献"。而清代，对西湖的开浚事业可以说是政策和实践的结合。

从明清开始，西湖由最先的自然淤塞发展到人为的湖田化。从清雍正二年（1724 年）开始，朝廷开始大规模地发展西湖水利事业，其中，主要是疏浚和疏通周边小河，而在此时，西湖的管理一直置于地方官吏的行政责任之下，也就是"官支官办"，这种管理办法使得西湖的管理与发展完全依赖于朝廷的收入。随着朝廷收入的减少，西湖的管理与开发也变得愈加困难。这种现象一直持续到道光时，在当时浙江巡抚刘彬士的指导下，以及杭州绅宦及盐业四所属下的商业行会的支持下，西湖新的管理体制确立。随着新的管理体制的确立，对西湖的管理开始实行定期浚治，即每年从农历二月到五月，从农历八月到十一月，分两次进行作业。在此基础上，为了更好地利用西湖原有的堤坝，开始采用以开浚挖出的土方充当堤土、以树木、竹篱笆、土石固堤的方法。同时，为了加固堤坝，政府开始实行种植柳树的办法来加固堤坝。

在清时期，随着西湖自助管理体制的确立，到道光九年（1829 年）正式运转，可以说大大加固了西湖的堤坝，为西湖水利的进一步发展奠定了基础。为之后西湖周边地区防治水旱灾害，更好地进行农田灌溉，提供生活用水提供了条件。

2.2 南湖水利的开发

在浙江省余杭县的南面，之前有一处叫作"南湖"的人造官湖，它的面积只有 913.33 公顷。南湖自东汉建成之后，一直到清代，从未干涸。期间南湖功能主要有两点：一是与稍北的北湖一道，起着防洪的作用，保障杭嘉湖三府广大地区的农田、居民安全；二是为东南五乡所辖的多达十万亩的农田提供灌溉用水。可以说，历史上的南湖作用十分重要的。

到清代，南湖开始出现淤塞的现象，清政府开始加强对南湖的治理。到光绪十六年（1890 年），清政府解决了南湖开浚的经费问题，开始南湖开浚之举。《余杭县志稿》中记载："至光绪十六年六月，前扶宪崧奉旨，以工代赈，苕溪南湖同时开浚。"该书中也记载了在开浚过程中采取的方法，即"就湖四围堤内及十字堤两面，一律挑深，约估十余万方。所出之土，即各就近培堤。湖中旧有土山，亦可就近出土。此外，应就湖身积土尤厚之虞，度势挑挖……或另开低区，又约挑十余万……"[5]。在开浚南湖的同时，为了使南湖水利更好地发挥作用，清政府遂对苕溪也进行开浚，配合南湖开浚及之后南湖水利的发展。

在光绪年间，为了进一步开发和发展南湖水利，光绪十六年（1890年），清政府制定了《开浚南湖章程》，以进一步完善南湖水利开浚事业。为了加强和保持南湖的功能，章程特地制定了水利设施修复计划，以及水利设施恢复之后保持水利功能的措施。

不管是西湖还是南湖，其水利功能在一段时间内都出现了下降的现象。当时清政府试图以抑制过度开发的办法，恢复其昔日水利功能，但效果并不是很明显，这不仅仅和当地人民的破坏有关系，数量日益增多的客民的出现，对其水利功能的影响也是巨大的。

3 清末浙江客民问题对当地水利的影响

浙江湖泊的问题，最主要的就是淤泥问题，造成淤泥问题的最主要的原因就是人为的环境破坏[6]，其中客民数量的增加，是导致环境破坏加剧的主要原因。客民开山垦种导致山地表层导致土壤侵蚀加剧，泥沙随水入湖后淤积在湖底，导致湖泊淤塞，而湖泊的淤塞又导致了浙江地区湖泊水利功能的不断下降。清末，客民影响下的浙江水利灾害比较明显的阶段分为两个，即开浚之前和开浚之后。

3.1 开浚之前浙江客民对当地水利的影响

清乾隆年间，在杭嘉湖三府中的临安、于潜等县的山间地带，居住着很多来自福建及周边区域的客民，他们从事着开垦和种植业，山间地带的生态遭到破坏，不仅仅是余杭，包括南湖在内的很多湖泊的下游生产环境也受到了侵害，最终导致的结果就是浙江水利灾害的不断加重。

在道光时期，御史汪元方"以浙江水灾多由客民开山、水道淤阻所致，疏请禁止"[7]由客民增多导致的湖泊水利灾害在太平天国之后进一步加剧。太平天国运动之后，客民数量进一步增加，他们无视清政府颁布的禁湖政策，不择手段地垦殖，就连当地居民也加入乱垦的行为，使得包括西湖和南湖在内的众多湖泊湖田化现象加剧。光绪年间，为了解决客民造成的湖泊淤塞问题，政府颁布了《善后章程》，严格监视随意乱垦的行为，设立界碑明示禁垦区域。但是，这样的政策并没有有效地控制客民及当地居民的开山和乱垦。随着浙江客民乱垦的不断推进，浙江地区，尤其是浙西，湖泊淤塞现象逐渐严重，湖泊水利功能下降严重，严重影响了当地居民的生活。

3.2 开浚之后浙江客民对当地水利的影响

光绪十六年（1890年）之后，清政府加强了对浙江地区湖泊的开浚，地方政府进而期望在禁垦方面也能有有效的措施。首先，为了解决客民对当地生态的问题，清政府强制在位于港内的湖田、有碍于水利发展的地方实行抛荒；其次，抛荒之后对客民的巨大影响，使得很多客民对清政府产生了不满情绪，他们私自恢复被抛荒的湖田。所以，尽管清政府制定了抛荒政策，但是并没有有效地阻止客民开垦湖田。最后，为了保障其自身生活，数量较大的客民在其"帮主"的带领下，公然实行暴力占垦，其中比较暴力的是迁徙到浙江台州和温州地区的客民，他们集体悍立界址，公然强行开掘，横暴之极。

客民在实行暴力强垦之外，还在湖泊周围肆意地搭建窝棚，以保障自己的居住环境。

虽然之后遭到当地政府的强拆，但是，还是严重影响了周边湖泊的水流，造成湖泊的淤塞。

这种现象一直持续到光绪三十一年（1905年），清政府的措施不但没有减少客民对当地水利的影响，反而严重影响了浙江地区水利设施的运用和发展。到光绪三十二年（1906年），清政府逮捕了一批强垦和强占的客民，对当地客民明示了惩戒之意，这种现象才有所好转。

不过，虽然客民数量的增加对浙江地区水利造成了严重威胁，但是客民的到来，也给该地区的发展带来新的劳动力和新的变化。例如在浙西地区，由于当地很多人从事经济效益较高的蚕桑业，所以有大片农田出现空置现象，客民的到来，使空置的土地得以很好的利用。太平天国运动之后，浙西地区无主荒地无不被客民占据开垦，他们还搭盖草棚居住下来。不同地区的客民有不同的租垦方式、种植作物、居住形态，这不仅丰富了当地的经济发展模式，而且给当地带来了苎麻、蓝靛、花生等作物，农作物种类的丰富，促进了当地农业的发展，也直接影响到当地水利资源的发展[8-9]。

水利对当地经济的发展有重要的作用，为当地人民的生活带来了极大的便利。清代后期，数量较大的客民涌入浙江，虽然在一定程度上为当地带来了劳动力，但是大量客民的出现，必要的居住、开垦、耕作活动，给河流带来了种种不利影响，尤其是湖泊的淤塞，为湖泊水利体系带来了严重的危害。虽然清政府一直颁布禁令，禁止客民开垦耕种、围湖开发，但是客民数量和规模的不断增加，禁令并没有起到很好的作用。所以，清政府在后期不断加强对客民的管理和安置，以求更好地维护湖泊水利的发展。

参 考 文 献

[1] 冯贤亮. 社会变动与地方行政—清代江南的客民控制［M］//上海社会科学院《传统中国研究辑刊》编辑委员会. 传统中国研究辑刊：第六辑. 上海：上海人民出版社，2009：450－466.
[2] 周向阳. 档案资料所见清代客民的社会关系［J］. 求索，2017（6）：181－187.
[3] 柳岳武. 清末民初江南地区主客冲突与融合［J］. 史林，2012（2）：128－136.
[4] 森田明. 清代水利与区域社会［M］. 雷国山，叶琳，译. 济南：山东画报出版社，2008.
[5] 朱文藻. 余杭县志［M］. 台北：成文出版社，1970.
[6] 洪航勇，林霜昌. 对21世纪杭州城市水利的展望和思考［J］. 成都水利，1995（5）：41－45.
[7] 赵尔巽. 清史稿［M］. 北京：中华书局，1977.
[8] 邱志荣. 论海侵对浙东江河文明发展的影响［J］. 浙江水利水电学院学报，2016，28（1）：1－6.
[9] 冯贤亮. 清代浙江湖州府的客民与地方社会［J］. 史林，2002（2）：42－87.

生态文明理念下的宁绍平原水文化遗产资源保护与开发

房 利，苏阿兰

（浙江机电职业技术学院，浙江杭州 310053）

摘 要：宁绍平原积淀了内涵丰富、形态多样和特色鲜明的水文化遗产资源，凝聚成江南水乡独特的灵魂。当前，宁绍平原水文化资源建设存在着新发展理念贯彻不到位、保护开发缺乏整体规划、旅游国际知名度有待提高等问题。因此，在当今建设生态文明和美丽中国的背景下，宁绍平原水文化遗产的保护和开发要在坚持生态文明观的前提下，不断进行传承和创新，通过与地域文化相互影响、相互渗透，发挥水文化的历史文化作用，成为生态、文化、经济效应的综合体。

关键词：生态文明；水文化遗产资源；保护与开发；宁绍平原

水文化是指人类或者是某一个人类的群体，以水为基础所产生的生活方式、生产方式和相应的思想观念，应该包含物质文化、精神文化和制度文化三个方面[1]。因此，水文化遗产是历史时期人类对水的利用、认知所留下的文化遗存，以工程、文物、知识技术体系、水的宗教、文化活动等形态而存在，主要包括古代水利工程、水利文物、水文化建筑、遗址（或遗迹）等[2]，其涵盖物质形态水文化遗产、制度形态水文化遗产和精神形态水文化遗产三个层面[3]。宁绍平原河流众多，河网密布，阡陌纵横，水系发达。数千年的治水、用水、亲水、乐水等实践活动为这一地区遗留了数目众多、种类丰富的水文化遗产，如浙东运河、大禹陵、三江闸、它山堰等。当今生态文明理念主要指以人与自然和谐共生为核心的生态观和以绿色为导向的新发展观。那么，新时代，如何让水文化遗产的保护和利用符合生态文明的建设理念是宁绍地区面临的重要问题。本文在考察宁绍平原水文化遗产资源概况、特点和保护开发现状的基础上，着重从生态文明的角度阐述该地区水文化遗产的保护和开发的对策和建议，以期推动我国水文化遗产研究和保护工作的开展。

1 宁绍平原水系变迁

宁绍平原是钱塘江和杭州湾南岸的一片东西向的狭长海岸平原，由钱塘江、曹娥江、姚江、奉化江、甬江等河流冲积而成，主要包括绍兴平原（旧绍兴府萧山县、山阴县、会稽县、上虞县）、三北平原（旧绍兴府的余姚县、旧宁波府的慈溪县和镇海县这三个县的北部）、三江平原（姚江、奉化江、甬江流域），是著名的水网地带。宁绍平原最有代表性的文化是7000年前的河姆渡文化，其遗址中发现大量干栏式房屋的遗迹和人工栽培的稻谷，这充分说明遗址附近水源丰富。

作为我国著名的水网区域，宁绍平原的河网水系环境是在自然和社会共同作用下形成的。整个平原的地形特点是由南向北呈现出山地—平原—海洋的台阶式格局。上述地理环境一方面便于降水在南部山区中汇集，并通过河流汇入北部的杭州湾中，另一方面其受海侵的影响极大，海侵极盛之时，海水直拍南部山麓，而当海水退去，南部曲折的山麓被泥沙封积形成潟湖，并最终在平原上演变为一系列淡水湖泊[4]。纵观宁绍平原河网水系变迁史，该区域河网水系变迁的根本原因在于人—地—水关系之间的动态变化。基于人地关系的改变，其大致经历了自然水环境中的平原小规模水利开发、湖泊水利主导下河网水系的构建以及河网水系主导下的平原水系格局的形成等阶段[4]。自春秋战国以来，人类和水系之间这种既相互依存又相互矛盾的关系造就了今天宁绍平原极为丰富宝贵的水文化遗产资源。

2 宁绍平原水文化遗产资源

历史时期，随着自然和人文环境的变化，宁绍平原河流湖泊经过消长兴废，形成了纵横交错的水系格局，成为我国著名的水网平原之一，水文化遗产资源相对丰富。

2.1 宁绍平原水文化遗产资源概况

几个世纪以来，宁绍平原在自然和人类活动共同作用下积淀出类型多样的水文化遗产资源。下面从三个层面了解一下该区域的水文化遗产资源概况。

就物质性水文化遗产而言，宁绍平原内与水资源相关的历史文物、历史建筑、人类文化遗址等都属于水文化遗产的范畴。区域内一些比较重要的且具有历史文化价值的古代水利工程、人工水道、桥涵码头、水利碑刻、水神实物、水利文献、文书档案以及与水利相关的民俗仪式等都属于此种类型水文化遗产。大型古代水利工程遗址主要有东汉会稽太守马臻修筑的大型灌溉工程鉴湖、西晋时期的山阴运河、浙东海塘、元代永丰库遗址、唐代的它山堰等；桥梁堰闸码头主要有八字桥、纤道桥、太平桥、镜水桥、画桥、系锦桥、淞浦闸、三江闸、宋代渔浦门码头遗址等；还有一些水利建筑，如浙东沿海灯塔、马太守庙、三山遗址、大禹陵等；此外，一些古代水利文献也是水文化遗产的重要内容，如《闸务全书》《塘闸汇记》《经野规略》《麻溪改坝为桥始末记》《上虞塘工纪略》《上虞县五乡水利本末》《上虞塘工纪要》《上虞五乡水利纪实》《咸丰元年起捐修柴土塘并石塘各工案》《四明它山水利备览》等。

除了丰富的物质水文化遗产外，宁绍平原先民在用水、治水、善水的过程中，还积累了丰厚的以水为载体的制度水文化和精神水文化等非物质文化遗产。就制度文化遗产而言，与水利相关的水利法规、风俗习惯、祭祀信仰等属于水文化遗产，例如大禹祭典、渔民开洋和谢洋节、象山晒盐技艺等。其中，大禹祭典是典型的绍兴水文化遗产，该项祭祀风俗主要是缅怀大禹治水的精神，距今已有几千年历史。据文献记载：尧舜年代，洪水泛滥，人民深受其害，禹奉命治水，八年与外，三过家门而不入，历经艰辛，终于治平洪水，继而大会诸侯于会稽，计功行赏。禹死后葬于会稽山，后人每年春秋祭禹，绍兴成为人们祭祀和瞻仰大禹的圣地。我们从大禹祭祀中可以感受到"献身、负责、求实、创新"

的治水精神。另外，因水而兴起的绍兴三江口水灯节、曹娥庙会等水民俗，亦是绍兴的历史水文化遗产之一。就精神水文化遗产而言，以水为载体的神话传说、诗词歌赋、音乐戏曲等都是水文化遗产。如神话传说有曹娥投江寻父的故事、镇海口海防历史故事、浦阳江上西施"沉鱼"的传说等；音乐戏曲有澥浦船鼓、奉化布龙等。明代文学家袁宏道在《初至绍兴》写道："闻说山阴县，今来始一过。船方革履小，士比鲫鱼多。聚集山如市，交光水似罗。家家开老酒，只少唱吴歌。"描绘了绍兴的水乡特色，从中可以体会到当地深厚的水文化底蕴。

2.2 宁绍平原水文化遗产资源特点

经过千百年的奋斗和开拓，宁绍平原先民们在这块土地上孕育了与水相融共生、人水和谐共处的水文明，留下了人文内涵丰富、文化形态多样和地域特色鲜明的水文化遗产资源。

2.2.1 人文内涵丰富

宁绍平原在春秋战国时期属于越国境地，为越文化的诞生地和发祥地，是吴越文化、江浙民系的摇篮，开发历史悠久。自古以来，宁绍平原先民们择水而居，早期先民在防御水患和开发利用水资源的治水过程中，创造了独具特色的水文化遗产，这些遗产历史久远、内涵丰富。在漫长的治水历史中，7000年前的河姆渡人创造了河姆渡文化，它是典型的水文化遗产。河姆渡文化遗址，表明其早在7000年前就开始栽培了水稻和使用独木舟。另外，考古学家还挖掘出我国史前时期的水井和数量众多的干栏式建筑。在这片因水而兴的土地上，众多的水文化资源都具有历史悠久、内涵丰富的特点，例如鉴湖，作为东汉时期修建的长江以南最古老的大型蓄水灌溉工程，它历史久远，承载着几千年宁绍平原先民们的治水记忆。

2.2.2 文化形态多样

纵观宁绍平原的水文化资源，文化形态多样是其一大特点。宁绍平原河道纵横、江河密布，自古以来就是与水共生的江南水乡区域，境内拥有江、河、湖、海、溪、潭、桥、闸、坝、砌、浦等各种水利形态，由此造就了多样的水文化资源格局。水文化遗产主要包括物质水文化形态、制度水文化形态和精神水文化形态。在宁绍平原，这三种形态的水文化资源数量都非常丰富，多样性突出。物质水文化资源的核心代表是古水利工程，宁绍平原的水利工程众多，如鉴湖、浙东运河以及密如棋布的闸坝桥梁等工程等；制度水文化资源主要以水利文献、祭祀民俗等为代表，如绍兴的大禹祭祀、象山县的渔民开洋和谢洋节等；精神水文化形态主要以神话传说、诗词歌赋等形式存在，如慈溪地名典故等。

2.2.3 地域特色鲜明

宁绍平原水网密布，无论是城市还是村镇都是依水而建、因水而兴、人水相依。得天独厚的水环境优势造就了宁绍平原的江南水乡特色，因此，其水文化资源具有特色鲜明的水域特征。对于宁绍水乡来说，船和桥是生活中不可或缺的，这里船和桥文化历史悠久，形成了独特的水文化资源。目前在宁波已发现了唐、宋、明、清时的5艘古船，包括龙舟、货船、战船三种，其数量、种类之多，在全国罕见[5]。在唐代和宋代，这里曾是著名官营造船厂——明州船厂所在地。宁波城内古桥众多，也是其一大特色。据南宋宝庆年间统计，宁波城内四厢的桥梁就多达120座，到民国1928年道路改造前，桥梁更是多达227座。即使到1990年宁波老城区的街、路、巷、弄名称中，以桥名命名的也有70条，占总数的13.18%，可见桥梁众多[5]。

3 宁绍平原水文化遗产保护开发现状和存在的问题

水文化遗产作为文化遗产的重要组成部分，其保护和开发越来越受到官方、民间和社会各界的关注和支持，宁绍平原作为水文化资源较为丰富的江南水乡，近年来在保护和开发方面走在前列，但新时代水文化资源保护的内涵和外延发生了变化，一些保护和开发理念、措施已不能适应新情况、新变化，如何在新发展理念的指导下，充分按照新时代生态文明建设的要求对水文化遗产资源进行合理科学的保护开发，是目前亟待解决的重大课题。

3.1 新发展理念贯彻不到位

自春秋以来，几千年人水关系的实践活动使宁绍平原成为以水为乐、因水而兴的水上乐都，富有厚重历史气息的水文化遗产更为区域注入了灵魂之气。改革开放后，随着工业的发展，宁绍平原也在发展中付出了水环境恶化、水文化遭到破坏的代价。20世纪以来，人们开始理性思考经济发展中的人水关系，意识到水文化资源的重要性。2013年宁绍平原地区抓住"五水共治"的契机，积极作为，开始修缮水环境，整顿水文化遗产，水文化资源保护和传承理念得到初步贯彻。党的十九届五中全会通过的《中共中央关于制定国民经济和社会发展第十四个五年规划和二〇三五年远景目标的建议》明确提出要坚持新发展理念，把新发展理念贯穿发展全过程和各领域，构建新发展格局，切实转变发展方式。近年来，宁绍平原水文化资源保护和开发理念得到初步贯彻，但距离新发展理念的要求还有一定的差距，因此，水文化遗产资源的保护和开发应该落实新发展理念，在创新、协调、绿色、开放、共享中提高水文化遗产资源保护和开发力度。

3.2 水文化资源缺乏整体规划

当前，宁绍平原地区开始解放思想、与时俱进，突破以水论水的传统思想束缚，不断推进文化开发战略，一些水文化资源得到有效开发，部分现有的水利工程得以修缮和维护，如绍兴市对鉴湖环境进行清理和疏浚，开发成绍兴市比较有特色的水上公园；宁波市的河姆渡遗址、东钱湖等地得以开发，建成旅游风景区。但宁绍平原水文化资源开发缺乏整体规划意识，都是典型的单元水文化资源建设思路，没有形成全域开发规模效应，不能达到人、水、城镇和谐一体的意境，离建设美丽乡村的目标尚远。

3.3 "江南水乡"知名度有待提高

宁波和绍兴都是著名的"鱼米之乡"，自古就有"水城"的称谓，区域内江河相连，河网密布，阡陌纵横，水巷、闸坝、桥梁码头等水利工程镶嵌其间，历来被文人墨客称为"江南水都"。"因水而生，因水而美，因水而兴"的宁绍平原的水文化资源也十分丰富和璀璨，但是水文化旅游国际知名度却相对不高，"江南水都"的世界品牌效应没有得到体现，这和宁绍平原内的水文化资源数量和内涵品位极其不相称。

4 宁绍平原水文化遗产资源保护开发思路与对策建议

当前中国正处在快速城市化发展进程中，文化遗产的挖掘与保护受到了前所未有的重视，同时也受到了前所未有的冲击。国家大型基础设施建设和大规模城市建设虽然使许多文物破土而出并得以保护，但许多饱含极丰富历史信息、不可再生的历史文化层被永远破坏了。快速城市化进程是一把双刃剑，推进城乡建设的同时也在加速文化遗存的破坏[6]。党的十八大把生态文明建设纳入中国特色社会主义事业"五位一体"的总体布局，提出要努力建设美丽中国，实现中华民族永续发展。因此，在当今建设生态文明和美丽中国的背景下，新时代水文化遗产资源的保护和利用要符合生态理念，不仅要发挥水文化的历史作用，而且要成为生态、文化、经济效应的综合体。

4.1 贯彻生态文明理念，坚持生态优先，走可持续发展路线

水文化作为人水关系的表现形式，在人类社会中产生了积极的影响，尤其是在维持人与水环境之间的良性关系方面。水文化不仅是人类保护水环境的重要基础，同时也是人类享受水的高级形式[7]。对于人类来说，水文化遗产不仅是人与自然关系的历史见证，而且是人类发展的重要助推器，因此，保护和发展水文化是贯彻生态文明理念的重要举措，是提升城市品牌和建设美丽乡村的内在需要，也是促进水利事业的必然选择。

4.1.1 注重顶层设计，科学编制规划

要做好宁绍平原水文化遗产传承保护和发展工作，必须要注重"顶层设计"，科学编制保护和开发规划。近年来，宁绍平原地区也针对文化旅游资源和名城名镇的保护，专门进行了规划方案。早在2009年绍兴市就编制了《大运河（绍兴段）遗产保护规划》，宁波市在2013年公布了《宁波市大运河遗产保护办法》，宁绍平原地区都对境内的运河通过规划进行保护和开发，有力促进了浙东运河水文化遗产的保护和利用。2016年绍兴市和宁波市相继公布了《"十三五"水利发展规划》，明确提出要推进水生态格局建设。宁绍地区的水利和文化顶层规划都是从单个地区利益出发制定政策，没从战略高度上系统地阐述整个宁绍平原水文化资源保护和开发问题；没有专门出台《宁绍平原水文化资源保护和开发规划》，对宁绍整个区域水文化遗产资源进行整体规划。因此，应该结合宁绍平原区域实际，从整体性视角制定中长期《水文化资源保护和开发规划》，明确水文化建设的指导思想，结合美丽乡村建设任务，确定建设的具体措施和路径，确保区域内水文化资源保护和开发目标的落实。

4.1.2 健全管理机制，强化法制引领

宁绍平原地区是一个独具特色的水文化地域，虽然城镇不同，但无论是地理环境上还是文化脉络上都共同拥有相似基因。要实现宁绍平原水文化遗产资源整体和系统性规划和开发，落实生态水利目标，必须要加强各地交流、协作和区域联动。首先明确领导协调机构，成立浙江省级水利部门牵头的"宁绍平原水文化协调机构"，这样便于对区域内的水文化资源进行统一规划、协调和管理；其次成立管理机构，宁绍平原成立由各地水利、文化部门和生态环境等部门参与的管理机构，具体负责执行水文化保护和开发工作；最后强

化法制引领作用，水文化保护和开发涉及方方面面利益，必须根据国家和地方相关法规制度，加强监管力度。无论是在工程修缮还是后期环境整治和保护方面，我们都要强化法制引领作用，加强生态监管和制度执行，使宁绍平原的水文化资源得到有效保护和合理开发，达到建设美丽乡村的目标。

4.1.3 保护和开发并重，走可持续发展

在开发水文化遗产时，经常出现破坏文物的现象，有些地区不尊重自然，违背生态环境，强行开发自然景观，打造人造景观，破坏了历史文化古迹，不仅造成生态破坏而且没有达到开发效果。因此，我们在开发水文化遗产过程中，"要把水文化遗产的开发、利用和保护统一起来，防止只开发利用而不保护，造成水文化遗产被破坏的现象"[8]。在处理水文化遗产保护和开发二者关系时，应该坚持保护和开发并举，执行"开发中保护，在保护中开发"的原则，走可持续发展道路。我们可以通过如下途径对水文化遗产进行保护和开发：一是建专门的水文化博物馆对水文化遗产进行保护。对一些历史价值较高、易遗失和破坏的水文化遗物要在博物馆里进行原貌保存，如散落民间的水利碑刻、水利文献等。一些水利民俗、水利工程、治水人物等都可以在博物馆里展示，对现存仍发挥作用的水利工程，我们要在维持原貌的基础上进行生态修缮，发挥其价值，如各种桥梁、闸坝工程等；对于民俗类文化更需要传承创新，以便服务社会，在宁绍平原修建的浙东运河博物馆就是典型的例子。二是与美丽乡村建设结合，进行旅游开发。水文化资源的水利景观、传统的农耕文化、独具特色的水利文化遗物等都对游客有强烈吸引力，另外，宁绍平原江河水系几乎都镶嵌在乡村之间，其水文化资源散落乡村沿线，因此，可以对其进行旅游开发，对水文化资源进行修缮整治，以适应美丽乡村环境建设的需要。

4.2 融入文化元素，挖掘人文内涵，提升文化品位

传统文化遗产是一个地区的灵魂，它是古代先人智慧的结晶，承载着区域发展的历史，也是城市独具特色的文化基因。因此，我们在保护和开发水文化遗产时必须要融入地方文化元素，深挖人文内涵，提升地区的文化价值品味。

4.2.1 开展全面调研，完善档案资料

宁绍平原文化遗产数量众多，许多遗产都流落于民间，而且人们对水文化遗产的认识还停留在孤立的文物、建筑、遗址、风俗之上，这种现状不利于水文化遗产保护工作的开展。因此，需尽快启动宁绍平原水文化遗产摸底和调研工作，全面地记录水文化遗产数量、分布情况、重要数据和现存状况，对散落民间的遗物要进行修缮、保存和归类，建立一套体系化的水文化遗产保护档案资料库。这样，根据调研情况，可以对水文化遗产按照物质形态、制度形态和精神形态进行归类，进而有针对性地进行保护和利用。

4.2.2 深挖人文内涵，凝练精神价值

水文化遗产承载着地区发展的精神价值。数千年来，宁绍平原先人们在与水和自然的互动过程中，留下了独具一格的水文化精神遗产，它不仅包含了宁绍平原独特的地域特征，而且凝聚了先人们的精神力量，体现了古人开拓进取的治水精神和价值追求。如相继几千年的大禹祭典活动，实质是大禹治水精神的弘扬，是发扬民族精神的重要举措。大禹治水精神的核心是国家利益高于一切，是人类献身、求实、创新精神的价值升华，其祭典

的制度和礼仪，无不蕴含了中华民族的传统文化信息。
4.2.3 丰富文化内涵，讲好水文化故事
宁绍平原之所以被称为"江南水乡"，正是因为其水文化历史悠久，价值高，内涵丰富。因此，我们应对水文化遗产进行追根溯源，充分挖掘水文化与地域文化的关联，展示新时代治水思想、当地人文精神和自然禀赋，丰富水文化内涵，讲好当代水文化故事。如浙江沿海灯塔，它建于1840年鸦片战争以后，一部分灯塔为西方人出资建造，另一部分则为中国航海人士所建，至今仍在为宁波舟山港承担航标任务。浙东沿海灯塔是中国沿海开埠通商和近现代海事科技发展历史的见证，体现了我国航海人勇立潮头的奋斗拼搏精神。

4.3 整合社会资源，强化社会分工，打造文旅融合品牌
当今世界，文化越来越成为民族凝聚力和创造力的重要源泉，成为国家之间、城市之间综合实力竞争的重要因素[9]。因此，宁绍平原水文化资源保护和开发除了顶层设计外，要以整合社会资源为基础，强化社会分工协作，共同打造文旅特色品牌。

4.3.1 加强水文化研究，推进宣传平台建设
水文化研究是水文化保护和开发的重要工作之一。当前进行水文化研究只有水利部门在做，而文化旅游部门很少对水文化进行单独研究，这不利于水文化资源拓展和宣传。宁绍平原地区不仅要在各地区各部门进行水文化研究，而且要进行跨区域合作，共同研究，如绍兴、宁波相关部门进行区域合作研究。另外还要与全国各领域部门进行合作，深入挖掘文化内涵，传承和创新水文化价值，如可以和水利部等国家相关部门进行合作研究，共同打造"宁绍平原水文化研究中心"。除此之外，我们要积极推进水文化宣传平台的建设，对水文化遗产宣传推广。宁波和绍兴都有各自的水文化刊物，也出版了相关专著，但力度不强，没有在全国推广开来。我们要充分利用自媒体和国家级综合报刊，推动宁绍平原水文化资源建设，开展全国性的水文化活动，打造宁绍地区的水文化品牌。

4.3.2 文旅融合，开发人文景观
人文景观是展示城市形象重要窗口和平台。城市的人文景观能够唤起人们对城市历史岁月的追忆，其特色在于独有的文化元素。宁绍平原"江南水城"形象的重要体现就是源于水文化的独特性。因此，要展示水城形象的特色，必须依靠水文化景观支撑城市的文化底蕴。我们要把水文化与旅游融合，打造与城市、乡村环境和谐统一水文化景观，创造水文化旅游经济价值。通过对一些荒废的水文化遗址，如古庙、古堰、古井等加以保护并复原旧貌，使之成为镶嵌在城市乡镇间的水文化人文景观；对一些水文化的诗词歌赋和水利文献典籍的词句应加以活化利用，通过广告牌匾的形式进行展示；对具有特色的街道和村庄要还原历史真实的水文化场景，打造生态水利文化景观。

5 结语
宁绍平原丰富的水文化遗产资源凝聚成江南水乡独特的灵魂，深深扎根在这片古老的土地中，影响着宁绍平原人的思想和生活。十九大报告中明确提出，生态文明建设功在当代、利在千秋，牢固树立社会主义生态文明观，推动形成人与自然和谐发展现代化建设新

格局。因此，宁绍平原水文化遗产的保护和开发要在坚持生态文明观的前提下，不断进行传承和创新，与地域文化相互影响、相互渗透，打造特色鲜明、自然和谐、文化底蕴深厚的江南水乡旅游品牌。

参 考 文 献

［1］ 葛剑雄. 水文化与河流文明［J］. 中国三峡建设，2008（6）：108-110.
［2］ 谭徐明. 水文化遗产的定义、特点、类型与价值阐释［J］. 中国水利，2012（21）：1-4.
［3］ 毛春梅，陈苡慈，孙宗凤，等. 新时期水文化的内涵及其与水利文化的关系［J］. 水利经济，2011（4）：63-66.
［4］ 张诗阳，王向荣. 宁绍平原河网水系的形成、演变与当代风景园林实践［J］. 风景园林，2017（7）：89-99.
［5］ 徐爱军. 宁波水文化遗产的保护和利用［J］. 宁波通讯，2014（17）：56-57.
［6］ 张金池，毛峰. 京杭大运河沿线生态环境变迁［M］. 北京：科学出版社，2012.
［7］ 任维东，曹元龙. 加强国际合作 搞好水文化研究：访法国水科学院士、湖北大学特聘教授郑晓云［N/OL］.（2019-06-05）［2020-11-13］. https：//www.hbskw.com/p/41510.html.
［8］ 孙配锋，尉天骄. 从中外比较视角看当前中国水文化建设存在的问题与对策［J］. 华北水利水电学院学报（社会科学版），2011（2）：13-16.
［9］ 陈湘波. 整合社会资源 完善文化服务［N/OL］.（2018-05-08）［2020-11-15］. http：//art.people.com.cn/GB/n1/2018/0508/c226026-29971065.html.

后　　记

十年坚守，十年初心。

《浙江水利水电学院学报》"水文化栏目"创立十年，携手作者和读者，通过品味水利工程与古迹遗产岁月变迁，纵览之江大地的水韵万象，传承江河奔腾的时代精神。在这十年，我们见证了浙江水文化的蓬勃发展和不断进化，珍视和保护好水资源，也同步激活和传承好水文化，让浙江水文化在未来的十年继续绽放。

十年笔耕，勇毅前行。

一个个熟悉的作者，十年如一日，和我们一起浇灌、培育了"水文化栏目"园地。他们中，有经验丰富的水利工作者，一直在绸缪帷幄修水利，并以水利工程为研究案例，分享给同行；有苦中作乐的水文化科研学者，本着智者乐水忧水事的情怀，不断探析解读浙江水文化内涵，发掘水文化价值；有辛勤耕耘的高校教师，教学笔耕两不误，不尽思绪为水谋，如春蚕吐丝般为水文化事业和产业谋划方略，经世致用。一路走来，不少作者已经花甲退休，尤满腔热血，潜心研究，壮心不已！不少作者工作繁忙，尤挑灯夜战，夜以继日，皓首穷经！书中的一篇篇、一章章、一句句，是作者的心香一瓣瓣、汗水一滴滴！

本书作品精选自《浙江水利水电学院学报》"水文化栏目"近十年所发表论文。特别感谢涂师平、蒋屏、王伟英、宋坚和邱志荣等先生们为本书策划和论文遴选提供了有益建议。同时，本书的出版，也得到了浙江水利水电学院高度重视和大力支持，并列为七十周年校庆展示成果之一。七十载风雨兼程，走过艰辛，初心隽永，砥砺奋进，愿浙江水利水电学院在新发展阶段再次走向辉煌。

编者

2023 年 5 月 25 日